全国高校教材学术著作出版审定委员会审定

水产养殖学概论

主　编　蔡生力

副主编　黄旭雄　刘　红

海洋出版社

2021 年·北京

图书在版编目（CIP）数据

水产养殖学概论/蔡生力主编 . —北京：海洋出版社，2015.11

ISBN 978-7-5027-9235-0

Ⅰ.①水… Ⅱ.①蔡… Ⅲ.①水产养殖–教材
Ⅳ.①S96

中国版本图书馆 CIP 数据核字（2015）第 214542 号

责任编辑：苏　勤　常青青
责任印制：安　淼

海洋出版社 出版发行

http://www.oceanpress.com.cn

北京市海淀区大慧寺路 8 号　邮编：100081

廊坊一二〇六印刷厂印刷

2015 年 11 月第 1 版　2021 年 8 月第 3 次印刷

开本：787mm×1092mm　1/16　印张：20

字数：474 千字　定价：52.00 元

发行部：010-62100090　邮购部：010-62100072
总编室：010-62100034　编辑室：010-62100038

海洋版图书印、装错误可随时退换

序

2012年，世界水产养殖产量已达9 000余万吨，产值超过1 400亿美元。自20世纪80年代以来，水产养殖浪潮席卷全球，兴起一波又一波的革命性浪潮，而中国在其中一直扮演着弄潮儿和领头羊的角色。1980—2000年的20年间，中国的水产养殖产量持续维持在一个高速增长期，几乎每5年翻一番。进入新世纪后仍以较高速度在增长，2012年养殖总产量达4 100万吨，占世界养殖总量的61.9%。在人类陆地开发接近极限的今天，海洋、湖泊将是为人类提供健康高质量食品的广阔天地。可以预言，水产养殖业将会吸引越来越大的人力、金融和技术投资，水产养殖这个曾经辉煌的朝阳产业，必将依旧辉煌、朝气蓬勃。

水产养殖学是一个在水生生物学、农学、海洋与湖沼、化学、动物和植物生理学、物理学、工程学、经济学，甚至法学和商学等不同学科基础上建立起来的应用性学科。在我国，从最初创立到现在已有近百年的历史，水产养殖学科在积极实践和发展中，融各个学科的理论、知识为一体，不断吸纳、兼并、包容、完善，形成了自身独立而又完整的学科理论体系，借助该体系，为我国培养了成千上万名从事水产养殖行业的教育家、科学家、技术员和管理人员。据统计全国有47所高等院校开设了水产养殖专业，每年为国家培养几千名水产养殖学毕业生。

过去几十年中，我国各家出版社出版了众多有关水产养殖的教材、专著以及专为水产养殖专业学习的系列教材。这些教材有的涉及鱼类、甲壳类、贝类、藻类以及其他特种水产的养殖，有的专注生理学、生态学、水化学、营养学、水产病害等。这些专著、教材为培养水产养殖人才起到了主导作用。

蔡生力教授长期从事水产养殖教学、科研和生产工作，具有丰富的理论基础和实践知识，在参考了上述有关水产养殖学专著、教材的基础上，归纳提炼、大胆创新，编写了《水产养殖学概论》。本书内容精练、水产理论体系完整、篇幅不长，但读来让人耳目一新。书中对于世界水产养殖发展历史叙述甚为详细、全面；有关水产养殖学基础内容简要而系统，对于传统鱼、虾、贝、藻的育苗养殖的叙述清楚、准确。本书无论是对于从事水产养殖的学生、科技人员还是相关企业家、工作人员都不失为一本很好的参考书。为此我向各位从事水产养殖的相关业者、在校学生以及对水产养殖感兴趣的读者推荐此书，相信你能从中收获良多。

中国工程院院士

2015年3月

前　言

　　水产养殖是一个方兴未艾的产业，与之相适应的是水产养殖教育在世界各国，尤其是在我国也受到高度重视，据统计，我国有47所高等院校开设水产养殖专业，还有更多与之相关的中等专业教育和职业技术学校也在从事水产养殖学教育。

　　水产养殖学是一个在水生生物学、农学、海洋与湖沼、化学、动物和植物生理学、物理学、工程学、经济学甚至法学和商学等不同学科基础上建立起来的应用性学科。在我国，水产养殖学从最初创立到现在已有近百年的历史，在积极实践和发展中，水产养殖学科融各个学科的理论、知识为一体，不断吸纳、兼并、包容、完善，形成了自身独立而又完整的学科理论体系。在过去几十年中，我国一些著名水产教育学家编撰了众多经典的专著和教材，如《鱼类增养殖学》（王武，2000）、《虾类健康养殖原理与技术》（王克行，2008）、《海水贝类养殖学》（王如才，2006）、《水产养殖生物学》（刘焕亮，2014）等。这些专著和教材为我国水产行业人才培养起到了主导作用，然而令人略感遗憾的是至今尚未有以"水产养殖学"命名的专著或教材问世。为此，我们在全面参考了国内外大量与水产养殖相关的专著、教材之后，将其归纳、提炼、创新编撰，并定名为《水产养殖学概论》。本书共分两篇，第一篇为"水产养殖学基础"，主要介绍与水产养殖相关的物理、化学、工程以及生物学知识，第二篇为"水产生物养殖"，重点叙述鱼、虾、贝、藻的育苗和养成。目的是希望此书除了能作为水产养殖专业学生的教材外，还能吸引与水产养殖相关的如水生生物学、海洋生物学专业的本科生、研究生的兴趣，同时也可以作为从事相关行业的技术人员、企业管理人员的参考书籍。

　　本书的第一章、第二章、第三章、第五章、第六章（第二节、第三节）、第八章、

第九章由蔡生力编撰，第四章、第六章（第一节）、第七章、第十章由黄旭雄编撰、第六章（第四节）、附录等由刘红编撰、整理。在本书编撰过程中，得到了上海海洋大学及水产与生命学院的大力支持和资金资助。承蒙赵法箴院士特为本书作序，李家乐、严兴洪、沈和定等教授对本书进行了审阅和修改，徐静珍老师帮助校稿，史杰、刘志轩等同学参与了部分图表的制作，在此深表感谢。

　　水产养殖科学技术日新月异，尽管本书编者期望能尽量吸收国内外最新的成果资料，但仍不免多有疏漏，留下许多遗憾，在此深表歉意，并欢迎各位专家同行批评指正。

蔡生力

2015年2月25日

目　录

第一章 绪 论

第一节 水产养殖学定义及相关学科

一、定义

水产养殖学（Aquaculture），从英文词义看，是由"水产的""水生的"（aquatic）和"养殖"（culture）缩写而成的。因此早期的学者把水产养殖学定义为："水生生物在人工控制或半控制条件下的养成"，简称为"水下农业"，其意义与"农学"（Agriculture）一词最为接近。然而这一定义把水族馆展示的活体标本培养、实验室的实验动物培养以及居民为自身食用的小水体养殖都包括进了这一词的概念中，显然不够合适。因此 Matthew Landau（1991）提出了一个概念相对完整而又简洁的水产养殖学定义："具商业目的的大规模的水生生物育苗或养成"。（The large scale husbandry or rearing of aquatic organism for commercial purpose）。这一表述也能很好地定义"淡水养殖学""海水养殖学"或"鱼类养殖学""甲壳动物养殖学""贝类养殖学""藻类养殖学"以及近几年兴起的"观赏鱼养殖学"等学科的内涵。

二、相关学科

水产养殖学属"水产学"一级学科下的二级学科，可以说是一门独立学科。但从学科的内涵分析，水产养殖学属于应用性学科，是多门学科的综合。渗入到学科内部或与之有密切关系的学科有：水生生物学、农学、海洋与湖沼、化学、动物和植物生理学、物理学、工程学、经济学甚至法学和商学等。作为应用性学科，每一个从事水产养殖的企业家，都会有遵循如下相似的企业规划和操作流程。

（1）经济效益分析；

（2）选择合适的养殖场所；

（3）购买或租赁养殖场地；

（4）养殖工程的设计、总体规划；

（5）养殖池、流水养殖设施的建造，水泵、过滤池等配套设施及工人的雇佣；

（6）水处理：包括养殖用水，生活用水；

（7）亲体（种鱼、种虾等）的购买、培养。

第二节　水产养殖发展历史

一、古代

水产养殖历史最早可追溯到公元前2500年，古埃及人已开始了池塘养鱼，至今埃及的法老墓上还有壁画描绘古埃及人在池塘里捞取罗非鱼的场景。

在中国，关于池塘养鱼的最早文字记载是《诗·大雅·灵台》："王在灵沼，於牣鱼跃。"诗中记叙了商朝的周文王征集民工在现甘肃灵台建造灵沼，并在其中养鱼之事（公元前1135至前1122年）。传说周文王还亲自记录鲤鱼的生长和生活行为。春秋战国时期，越国范蠡在帮助越国吞灭吴国后，隐身在齐国以养鱼为生并致富，世人称之为"陶朱公"。范蠡撰写了国内外公认的世界上最早的鱼类养殖专著《养鱼经》。现存的《养鱼经》约400余字，描述了鱼塘的建设、雌雄亲鱼的选择、搭配以及鲤鱼的繁殖和生长规律。并专门指出为什么要选择鲤鱼作为养殖对象，"所以养鲤者，鲤不相食，易长又贵也"。

汉朝（公元前202—公元220年）时，养殖池塘已经很大，据《史记》记载，一个池塘可出产千石鱼（合50~100 t）。鲤鱼养殖传到唐朝（618—907年）遭到了禁止，原因只是唐朝皇帝姓"李"，"李"和"鲤"同音。朝廷规定，百姓不得食用或养殖鲤鱼，捕到鲤鱼必须放生。这一禁令使得以前一直单一养殖鲤鱼的境况在唐朝发生了革命性的变革。唐朝人发现与鲤鱼相近的青鱼、草鱼和鲢、鳙鱼也是很好的养殖品种，而且将这几种鱼混合搭配在同一个池塘养殖会因为不同的食物结构和生活空间而收到意想不到的良好的养殖效果，这就是闻名中外的池塘"综合养殖"（Poly-culture），并一直延续至今。

宋朝（960—1279年）的鱼类养殖业已经相当发达，渔民对鱼类的食性，饲养方法尤其混养技术都有很多经验总结，《癸辛杂记》和《绍兴府志》等文献中有记述。宋朝已开始将野生鲫鱼进行驯化成为金鱼，在家居、庭院进行养殖用于观赏，在皇家宫廷和民间逐步流行，驯养野生金鱼被列为宋朝百项科技成果之一。

明朝（1368—1644年）的鱼类养殖业更为发达，养殖经验和技术得到了系统的总结，形成了专著如黄省曾的《养鱼经》和徐光启的《农政全书》。黄省曾（1496—1546年）的《养鱼经》又名《种鱼经》共三篇：一之种、二之法、三之江海诸品，分别阐述鱼种、鱼苗、养殖方法及鱼的种类。书中记述了鲟、鲈、鳜、鲳等19种鱼类。还特别讲述了河豚的毒性、鉴别和解毒之法。徐光启的《农政全书》是一部集天文、历法、物理、数学、水利、测量和农桑等的科学著作。全书共12篇60卷，其中第四十一卷专门论述养鱼。内容涉及池塘底质、水质要求，鱼种、鱼苗繁殖培育，草鱼、鲢鱼混养比例，密度以及鱼病防治等，是一部内容系统、论述独到的鱼类养殖著作。明末郑成功收复台湾后，在台湾开始养殖遮目鱼，受到台湾人民的欢迎，遮目鱼也因此被称为国姓鱼。

中国的养鱼技术大约在1700年前传到朝鲜，以后再传至日本。

古希腊著名哲学家亚里士多德（公元前384至前322年）也是公认的有史以来第一位海洋生物学家和生物学奠基人。他开创性地做了动物分类、动物繁殖、动物生活史等工作，记录了170多种海洋生物，其中特别指出鱼是用鳃呼吸的，鲸是哺乳动物等。他在书中还提到了鲤鱼以及当时欧洲人也热心于养殖鲤鱼。罗马人在公元1世纪就开始在意大利沿岸建池塘养鱼，养殖品种除鲤鱼外，还有鲻鱼。据传早期罗马人的养鱼技术是腓尼基（Phoenicians）人和伊特拉斯坎（Etruscans）人从埃及传入的。到中世纪，亚得里亚海附近的潟湖和运河成为当时欧洲的水产养殖中心。法国从8世纪中叶开始利用盐池进行鳗鱼、鲻鱼和银汉鱼（sand smelt）的养殖。英国从15世纪初开始养殖鲤鱼。最初是将野生的鲤鱼养殖在人工开挖的池塘（stew-ponds）里暂养作为食物备用，以后逐步变为增养殖。这种养殖方式在欧洲流行很长一段时间。由于当时牛羊肉来源困难，因此鱼类蛋白就变得十分珍贵，以至于如果发现有人偷鱼，法庭甚至可以重判他死刑。德国人斯蒂芬·路德威格·雅各比（Stephen Ludwig Jacobi）于1741年建立了世界上最早的鱼类育苗厂，主要繁殖培育鳟鱼苗以供应当时日益兴旺的游钓业。雅各比把他的繁殖技术发表在《Hannoverschen》杂志上，可惜没有引起人们的注意。直到1842年他的鳟鱼繁殖技术被法国科斯特（Coste）教授等人再次发现才得以广泛传播。在捷克斯洛伐克，至今存有延续900年的养鱼池塘。波西米亚和马洛维亚最早的一些池塘可以追溯到10世纪和11世纪。到16世纪时，捷克斯洛伐克的鱼塘面积规模相当大，据估计约有120 000 hm^2，位列世界各国之首。

夏威夷的水产养殖始于1000年，技术可能是从波利尼西亚传入的。养殖池塘一般建在海岸地带，通常都用石块切成，既牢固，面积也可以建得很大，主要养殖海水种类如遮目鱼、鲻鱼以及虾类。印度尼西亚是遮目鱼养殖大国，该国的遮目鱼养殖历史至少可以上溯到600年前，虽然现存的记录是在1821年由荷兰人所做的。

除鱼类养殖外，贝类养殖的历史也很悠久。贝类是沿海居民十分喜爱又容易采集的食物，尤其是牡蛎，可能是无脊椎动物中最早被养殖的水产品种，从罗马皇帝时代就已开始进行。1235年，爱尔兰海员Patrick Walton在法国海边泥滩上打桩张网捕鸟时，发现了一个非常有趣的现象，木桩上附满了贻贝，而且附着在木桩上的贻贝比泥地上的长得快得多。这一偶然发现成就了后来法国日益兴旺的贻贝养殖产业化。300多年前的日本人应用类似的技术进行牡蛎增殖。1673年，Koroshiya发现牡蛎幼体可以附着在岩石或插在海滩的竹竿上生长，否则幼体将被海流冲到海底不知所踪。这一发现奠定了后来在日本盛行的浮筏养殖，并且由牡蛎等贝类养殖扩展到紫菜养殖。今天，紫菜是日本十分重要的海产品，它的养殖在16世纪末的广岛湾和17世纪末的东京湾就已经很盛行了。

二、19世纪和20世纪初的水产养殖

从18世纪中叶开始，欧洲的科学技术突飞猛进，从不同渠道和层面进入到水产养殖领域，极大地推动了水产养殖业的发展。

19世纪50年代，欧洲的鱼类养殖技术已日臻成熟。1854年法国政府在Alsace投资建设了一座设施齐全的鱼类养殖场。而此时的美国，水产养殖也在起步。1853年，克利夫兰和纽约Bloomfield开始兴建鱼类养殖场。1856年俄国的Vrassky发明了鱼卵"干法授精"技术，即将精子直接与卵子混合，中间不加水。这一干法授精技术大大增加了许多种鱼类的受精率。

1857年，加拿大首任渔业主管Richard Nettle成功孵化了大西洋鲑和美洲鲑，随之

又繁殖了溯河洄游鲑鳟鱼类如大鳞大马哈鱼和银大马哈鱼，这一技术很快就传到了美国南部。1864年，Seth Green在纽约成功创建了鲑鳟鱼育苗场，他改进了鲑鳟鱼产卵和授精技术，受精率提高了50%。1877年，这项技术又从北美传到了日本，之后从日本传向亚洲大陆。1927—1928年，俄罗斯在Teplovka湖和Ushkovskoye湖边建起了最早的鲑鳟鱼繁殖场。尽管这一时期世界各地都建有鲑鳟鱼繁殖场，然而当时的成功率一般都较低。直至1940年，人们对鱼类生理学、行为学以及饵料需求有了更深的了解之后，成功率才得到大幅度提高。

鱼类育苗场在早期的增值放流上也起了重要作用。从19世纪中叶起，美国的渔民就发现大西洋的渔获量在逐年减少，多数人认为这是由于过度捕捞造成的。因此有专家建议通过人工培育鱼苗进行放流可以补偿过度捕捞的资源。1871年，美国联邦政府首任渔业专员Spencer F. Baird领导实施了鱼类人工放流增值计划，首选目标是曾经资源丰富而近几十年不断衰退的美洲河鲱（shad）。项目组将人工培育的35 000尾鲱鱼从美国东海岸长途运输到以前没有鲱鱼资源的西海岸萨克拉门托河进行放流，其结果使该种类在这里首次形成了种群，并成为西部重要的经济鱼类。不久其他一些鱼类如鲱鱼（herring）、黑线鳕鱼（haddock）、绿鳕（pollack）的繁殖也相继取得成功。1885年，在马萨诸塞州的伍德霍尔建立了美国第一家商业化海洋鱼类育苗场，紧接着在Gloucester港和Boothbay港也建起了鱼类育苗场，专门繁殖鳕鱼（cod）及相近的种类。到1917年，这三家育苗场每年育苗达30×10^9尾，其中主要是绿鳕和比目鱼，其次是鳕鱼和绿线鳕。

同时期，欧洲也在进行类似的实践。1882年，挪威船长G. M. Dannevig在私人和政府的共同资助下建立了一家商业化鱼类育苗场，所培育的幼鱼主要用于补充挪威海湾鳕鱼资源。1916年，这家育苗场改变为完全由政府管理经营。Dannevig的育苗技术有较大的改进，与美国育苗场露天经营不同，他在室内建设很大的产卵池来收集卵，并且还发明了一个震动孵化器以增加卵的孵化率。挪威的育苗技术进步刺激了苏格兰政府于1883年在Dunbay海洋生物实验站也建成了一个鱼类育苗场，主要进行鲆鲽类育苗，并且还邀请了Dannevig担任技术顾问。1902年，Dannevig离开苏格兰来到了澳洲，他把鲆鲽鱼类亲鱼带到了澳洲，当地政府在新南威尔士Gunnamatta湾专门为Dannevig建设了一个育苗场。1906年，他已拥有几千尾鲆鲽类亲鱼，年培育幼鱼苗种2×10^8尾。在英国，经过著名科学家W. A. Herdman的不懈努力，也于1890年在利物浦等地建起了鱼类育苗场，主要繁殖培育鲽类和其他比目鱼。

对于欧、美各国不断兴起的通过育苗场培育鱼苗放流以增殖渔业资源的行动也招致了一些专家的质疑，"放流计划真的有助于渔业资源恢复吗？"带头提出挑战的是Kurt Dahl和J. Hjort，他们认为那些认为鱼苗放流后，鳕鱼捕获量增加的说法不过是那些育苗场想继续他们经营的宣传借口，市场上鳕鱼捕捞量统计数据上下波动有人为编造嫌疑。根据他们从1903—1906年的研究发现，挪威和其他国家在放流后渔业资源马上增加，是将一些幼鱼也统计进去了。尽管Dahl和Hjort的研究和质疑也并不令人信服，但是育苗场也没有强有力的研究数据进行反驳，因此鱼类育苗场的放流计划也逐渐失去了资助。美国的育苗放流仍然坚持了很长一段时间，直到1943年伍德霍尔育苗场被海军部门接管。Boothbay和Gloucester育苗场也分别于1950年和1952年关闭。显然政府部门觉得放流计划的资金投入并没有预期的那么好，增加的渔业收入补偿不了项目的投入。欧洲各国也遭遇到同样的境遇，在第一次世界大战爆发后，这些育苗场纷纷关门或转为他用。

尽管大规模的鱼类繁殖放流项目停止了，但水产养殖科研工作仍在稳步前行。1920年，在美国新泽西州鳟鱼繁殖场，G. C. Embody 成功进行了促进鱼类生长和疾病防治的品种选育。1930年，意大利首次实现了遮目鱼的人工产卵。1932年，巴西人首先使用激素注射进行亲鱼催熟，这一技术一直沿用至今，成为刺激人工养殖条件下难以成熟的鱼类性腺发育的关键。20世纪30年代，水产科技工作者开始使用卤虫卵作为水产动物幼体饵料，由于卤虫卵个体小，孵化容易，营养价值高，非常适合作为鱼类早期幼体饵料，以后又被成功应用到甲壳动物育苗中。

罗非鱼养殖起始于1924年的肯尼亚，1937年发展到刚果。1939年在印度尼西亚的爪哇发现了来自非洲的野生罗非鱼自然群体，至于它究竟如何从非洲来到亚洲，至今仍是个谜。当时遮目鱼养殖在爪哇岛已经衰退，逐渐被罗非鱼取代。第二次世界大战期间，日本人占据该岛，将罗非鱼养殖从马来西亚扩展到亚洲大陆，并成为当地的重要养殖品种。

在很长一段时期，牡蛎一直是美国东北部新英格兰沿海居民的大宗水产品。但是当成体牡蛎不断被采集，牡蛎幼体数量也急剧减少。这并不仅仅是由于能够繁殖的亲体减少，更重要的是因为成体牡蛎采集后，贝壳不再回到海区，而成体贝壳是牡蛎幼体的最佳附着基，缺少贝壳，幼体无处附着，贝类资源势必衰退。为此当时的殖民政府曾禁止居民带走牡蛎贝壳，但效果不佳，1800年，这一带沿岸的牡蛎资源仍然衰退得很厉害。现代牡蛎养殖研究始于19世纪50年代法国的 M. de Bon & M. Coste。1879年，美国约翰霍普金斯大学的威廉·布鲁克斯首次在实验室使牡蛎产卵，孵出幼体，但是，在很长一段时间内，科学家们始终未能将幼体培育成稚贝。其主要原因是当时还没有人工培育的牡蛎饵料。科学家试图将含有新鲜饵料的海水引进育苗池，可是，水一进来，贝类幼体就被冲走了，实验仍不成功。直到1920年，William Wells 和 Joseph Glancy 通过一套充气系统和离心设备才将牡蛎幼体成功培育至附着阶段。Victor Loosanoff，美国首任国家海洋渔业实验室（康涅狄格州 Milford）主任与他的同事对牡蛎养殖做出了杰出的贡献，详细描述了大规模牡蛎养殖的工艺流程，牡蛎各阶段幼体的发育细节，以及如何人工诱导牡蛎产卵技术。

其他一些种类的贝类育苗和养殖研究也在同期展开。位于密西西比河爱荷华州的 Fairport 渔业生物中心在20世纪初开始了淡水珍珠贝的生活史研究和养殖实验。1935年，日本的 Saburo Murayama 通过人工授精的方式成功繁殖出了鲍的幼苗。1935年，T. Kinoshita 首次尝试采集自然海区扇贝幼体用于养殖。1943年，他成功地运用升温或调节水质酸碱度来刺激扇贝产卵。

人工培育浮游单细胞藻类投喂牡蛎等滤食性贝类的研究也经历了一个复杂艰难的过程。P. Miquel 最早在19世纪90年代开始在实验室培养了几种硅藻，很快他就发现培养藻类的水无论是采自湖泊、池塘还是海洋，都无法持续培养，除非在水中添加矿物质溶液。1943年，Foyn 发明了一种藻类培养基，其中含有矿物质溶液和土壤浸出液，这种培养基对许多藻类都有极佳的培养效果。20世纪40年代，来自中国的朱树屏领先发明了各种单细胞藻类培养基以及人工海水配方。藻类连续培养在20世纪初的捷克斯洛伐克就开始尝试了，但该项技术一直到20世纪40年代，经过 J. Monod，B. H. Ketchum & A. C. Redfield 等人的努力才逐步完善成熟。

龙虾也曾像鱼类一样作为资源增殖的对象，在美国大西洋沿岸进行放流。19世纪末、20世纪初，为了增殖龙虾资源，美国罗德岛渔业协会发明了一种海上浮动实验室，配备有许多小网箱，里面养殖龙虾幼苗，直到幼体发育到第四期，即将转入底栖生活时，将其放流。1934年日本的藤永原（Motosaku Fujinaga）首次人工成功培育出了日本对虾幼苗。他的工作一度因为第二次世界大战而停止，战后又得以继续，20世纪五六十年代，对虾育苗技术传到亚洲中国、东南亚以及美国，并很快得以推广和应用。20世纪40年代，法国的 J. B. Panouse 发现眼柄是甲壳动物的内分泌中心，切除眼柄可以诱导亲体成熟，这一技术被广泛应用于一些在人工控制条件下难以成熟的甲壳动物种类育苗，尤其是对虾，如斑节对虾、日本对虾、凡纳滨对虾等。

有关水产养殖最具传奇色彩的故事要数罗氏沼虾育苗了。20世纪50年代，来自中国的林绍文在任联合国粮农组织（FAO）渔业官员时，发现东南亚市场上销售的罗氏沼虾（俗称马来西亚大虾）很有养殖前途，就开始在马来西亚槟城进行育苗实验，一开始屡受挫折。从野外捕获亲虾、产卵到孵化都很顺利，可是幼体每每发育到第五六天时就全部死亡，连续几个月的实验都是同样的结果。他给幼体投喂各种食物诸如茶叶、鱼肉等，都不见效，最后把他夫人为他做的牛肉汤倒进育苗缸后，奇迹发生了，幼体竟然成活而且成功变态为仔虾。他忽然领悟到，是肉汤中的盐而非牛肉发挥了关键作用。因为罗氏沼虾如同河鳗、河蟹等降海产卵种类一样，终其一生基本都是在淡水中生活，但是在其早期幼体发育阶段，必须在海水中完成其生活史中的一个特殊阶段。林绍文这一发现为东南亚国家以及其他亚洲国家的罗氏沼虾大规模养殖做出了开拓性贡献。

第三节　现代水产养殖业的发展

过去的近半个世纪是水产养殖大发展的时代，世界五大洲多数国家都开展了水产养殖实践和研究。据统计，1987年，全球的水产养殖产量占总渔业产量的12.3%，并且以很高的年增长率在不断发展。表1-1是1985年和2012年世界主要水产养殖国家的主要养殖品种的年产量对比。

表1-1　世界重要水产养殖国家主要养殖种类年产量（t）

国家	1985年			
	鱼类	甲壳类	贝类	其他
中国	2 392 800	54 000	1 120 000	1 689 400
日本	283 900		359 000	540 600
韩国	3 700		369 000	417 500
菲律宾	243 700		37 900	212 800
美国	195 200		128 000	30 000

续表

国家	2012年			
	鱼类	甲壳类	贝类	其他
中国	35 990 000	6 150 000	13 190 000	3 220 000
日本	284 000	1 600	346 000	1 100
韩国	90 000	2 800	373 000	17 700
菲律宾	672 000	73 000	46 000	
美国	207 000	45 000	167 000	

一、北美洲

加拿大的水产养殖已有100多年的历史，主要养殖鲑鳟鱼类。1988年鲑鱼产量为10 000 t。20世纪80年代，加拿大的水产养殖业增长趋势十分明显。以不列颠哥伦比亚为例，1982年仅有10家养鱼场，1986年就发展到82家，面积283 hm²，而1988年有178家，面积达984 hm²，而且这一趋势有增无减。加拿大养殖的贝类主要是牡蛎，东西两岸都有养殖。

美国的水产养殖业在过去的三四十年取得了长足的发展。美国每年人均水产品消费7 kg，对水产品的旺盛需求，促使了水产养殖技术研究和行业发展。政府、私营企业以及各类大学都对水产养殖的发展给予了很大的支持。其中鲇鱼、虹鳟、牡蛎、对虾、龙虾等种类深受美国市民喜爱，成为主要养殖对象，而一些世界普遍养殖的鲤鱼、罗非鱼在美国颇受冷落。虽然美国的水产养殖业取得了一定的发展，但许多业内人士认为，其发展速度没有达到应有的程度，其中可能有部分是技术原因，更多的是政治、经济、社会等因素，如果消除这些因素，美国水产养殖业会有更大的发展。

鲇鱼是美国最重要的水产养殖品种，其养殖池塘面积超过所有其他种类。进入20世纪80年代后，发展速度明显加快。1982年，养殖场为987家，而1988年迅速增加到2003家，面积57 730 hm²。鲇鱼主产地位于密西西比河两岸，仅18%的养殖场产出全国80%鲇鱼。1987年，全国各鲇鱼加工厂共收购养殖鲇鱼127 000 t。

美国鲑鳟鱼类的养殖仍以育苗放流为主。1982年仅在太平洋沿岸，就放流鲑鳟鱼苗62×10^8尾，其中40%~50%的鱼苗是由政府部门育苗场培育的。放流所增殖的渔业资源可以供市民游钓和捕捞。据哥伦比亚河的放流效益评估，用于放流育苗的投资收益比是1∶4。政府部门利用出售游钓许可证征集的资金进行鲑鳟鱼类育苗放流进而支持游钓业。

游钓业的发达刺激了美国钓饵鱼养殖成为一个特殊水产行业。1987年，全国约有14 000家钓饵鱼场，年产12 200 t鱼饵。另一个特殊的水产行业是观赏鱼养殖，这是一个水族爱好者钟爱的行业，每年的交易额为2亿美元，从而催生了观赏鱼的育苗和养殖。仅佛罗里达州就有220家热带鱼养殖场。由于海洋野生资源的不足及进口来源受限，许多养殖场更多地进行人工育苗，尤其是从事比较容易培养的淡水热带鱼，虽然从观赏性和销售价格上比海水品种要低一些。

小龙虾（crawfish 或 crayfish）是美国相当普遍的养殖品种，尤其在东南部的路易斯安那州，小龙虾养殖是该州的重要经济产业。1987年，产量为40 000 t，产值超过5 000万美元。对虾养殖近几十年在得克萨斯州、南卡罗来纳州等地也广泛开展。另外，加利福尼亚州的卤虫产业也受到重视。

许多学者认为美国的西海岸很适合鲍的养殖，而东海岸较适宜养殖双壳类如贻贝、蛤蜊、扇贝等，也确实有一些东海岸企业尝试开展双壳贝类养殖，然而最普遍、受欢迎的还是牡蛎养殖。牡蛎养殖遍布整个美国沿岸，各地的养殖种类不尽相同，养殖场的经营业也各有不同，有的只培育苗种，有的只负责养成，有的从育苗到养成全经营。1987年，美国的牡蛎产量是11 800 t，产值约为5 000万美元。

除了鱼类、虾类和贝类，美国各地也尝试开展其他水生动物的养殖，如蛙类、海龟、鳄鱼等，这类养殖多数是出于保护资源的目的。

尽管美国、加拿大的水产养殖历史悠久、技术先进、养殖种类丰富，但面积和产量并不大，2012年的水产养殖产量低于世界总产量的1%，约为60×10^4 t。

二、拉丁美洲

在20世纪80年代初，拉丁美洲的水产养殖产量一直较低，约占全球1%，然而到80年代中后期，随着对虾养殖的迅猛发展，拉丁美洲各国的水产养殖业发展得非常快，2012年养殖总产量已达2.6×10^6 t，约占世界的3.8%。1987年，厄瓜多尔对虾产量已达70 000 t，而在70年代末年产量仅有4 000 t，由此可见其发展速度之快速。对虾养殖飞速发展的关键因素是解决了苗种问题。过去只能靠捕获自然幼苗进行养殖，而1983年以后，对虾人工育苗在当地获得成功，有了稳定的苗种来源。产量也由原来的400 kg/hm^{2}增加至600 kg/ hm^2。

厄瓜多尔对虾养殖的成功也带动了其他周边国家，如巴拿马、多米尼加、智利、哥伦比亚、巴西、波多黎各、洪都拉斯、墨西哥、秘鲁等。

智利除对虾外，鲑鱼养殖发展也很快，1989年，鲑鱼产量就达15 000 t，另外还建有大型贝类育苗场，繁殖太平洋牡蛎、秘鲁扇贝等。

墨西哥拥有漫长的海岸线和亚热带气候，水产养殖潜力巨大。在墨西哥开展水产养殖需要获得政府渔业部门的支持。一旦获得政府支持，相关金融机构可以提供低息贷款进行生产。80年代末，墨西哥虾类产量约为4 000 t。

拉丁美洲的水产养殖潜力巨大，但影响这一地区生产进一步发展的因素也不少。首先是当地居民对水产品的消费较少，基本都出口。而且养殖收获的水产品的流通环节也问题多多，如冷藏保鲜、运输加工等环节不完善，都带来了不小的负面影响。

三、欧洲

在20世纪80年代，欧洲水产养殖发展最突出的要数挪威的鲑鳟鱼养殖。从1977年年产2 000 t起步，到1989年已达年产约80 000 t，占世界鲑鳟鱼养殖产量的63%。其中的40%销往法国和美国。挪威现有300多家鱼类育苗场，其养殖技术已广泛传播到北欧许多国家和地区，如苏格兰等。

鳟鱼尤其是彩虹鳟是欧洲许多国家的主要养殖种类。1985年欧洲鳟鱼的产量为

150 000 t，其中丹麦（24 000 t）和法国（27 000 t）占了其中的1/3。意大利、芬兰、德国、西班牙以及英国等也养殖相当数量的鳟鱼。除鳟鱼外，鲤科鱼类仍是欧洲的大宗养殖产品，年产400 000 t，其中250 000 t产自俄罗斯。法国也是欧洲鲤鱼养殖大国，产品主要销往德国。匈牙利有20 000 hm²鲤鱼养殖池，水产养殖受到政府及相关水产生物研究部门的大力支持。葡萄牙是鱼类消费大国，人均年吃鱼约38 kg，仅次于日本。主要养殖品种是鳟鱼和鲤鱼。1985年，波兰的水产品产量为19 000 t，罗马尼亚为52 000 t，捷克斯洛伐克为16 000 t。

在欧洲值得一提的是贝类养殖，尤其是贻贝养殖。西班牙年产贻贝250 000 t，仅在Galicia沿岸，就有3 500家贻贝养殖单位。荷兰也是欧洲贻贝养殖的主要国家。法国则在牡蛎养殖上领先欧洲各国，年产牡蛎100 000 t。

2012年欧洲的水产养殖产量占世界总量的4.3%，为2.9×10^6 t。

四、中东

以色列可能是世界上最依赖水产养殖来满足对水产品需求的国家之一，超过一半的水产品来自养殖池塘。主要养殖品种有鲤鱼、罗非鱼以及对虾、沼虾、遮目鱼等。由于受水资源限制，以色列的养殖面积被控制在4 500~5 100 hm²，但养殖产量增加很快，从1979年的3 490 kg/hm²增加到1987年的4 910 kg/hm²，约增加40%。由于受到政府部门对水产养殖技术研究的支持和鼓励，以色列的水产养殖技术领先世界。

中东的水产养殖仍属起步阶段，约旦算是发展较早的。1983年，约旦建起了第一家商业化水产养殖场，以后逐步建起了几家私营的鱼类养殖场，主要养殖鲤鱼、罗非鱼、鳟鱼等。这一地区近年来水产养殖也在逐步开展，2012年养殖产量已达3×10^4 t左右。

五、非洲

非洲虽然有悠久的养殖罗非鱼的历史，但现代意义的水产养殖业在非洲起步较慢，但这一现象在进入21世纪后发生了根本性的改变，近年来非洲的水产养殖发展和技术进步列各洲之首，年均增长11.7%。原因是人们已经认识到，水产养殖可以很大程度地解决非洲目前普遍存在的蛋白质食物缺少的问题。1986年非洲的有鳍鱼产量是11 616 t，贝类养殖仅278 t，而2012年养殖总产量已达1.5×10^6 t。

六、大洋洲

澳大利亚的水产养殖起步较慢，1980—1990年，仅新南威尔士州年产近10 000 t牡蛎。另外还开展微藻养殖用于工业所需。澳大利亚海岸线长，水温适宜，发展水产养殖潜力很大。新西兰也建有十几家鲑鱼育苗场，主要开展网箱养殖，80年代的年产量约为500 t。近年来一直在增长，2012年养殖总产量为18×10^4 t。

七、亚洲

亚洲是世界最主要水产养殖地区，占全球80%以上的产量来自亚洲。2012年水产养殖产量为58.9×10^6 t，约占世界总量的88.4%。

亚洲水产养殖不仅产量大，而且养殖的种类相当多，常见的有大型海藻（海带、紫菜、裙带菜等），各种贝类（扇贝、牡蛎、贻贝、珍珠贝、蛤、蚶、蛏、螺、鲍等），各种甲壳动物（对虾、沼虾、龙虾、河蟹、梭子蟹、青蟹等）以及各种鱼类（鲤科鱼类、石斑鱼类、鲆鲽鱼类、鲑鳟鱼类、遮目鱼、罗非鱼等）。亚洲国家尤其是东亚和东南亚国家水域面积广阔，地处温带或温热带，特别适宜开展水产养殖。20世纪80年代兴起的海水虾类养殖在亚洲地区表现尤为突出，1986年，亚洲对虾养殖产量192 000 t，约占世界养殖产量的80%以上。其中以日本和中国为主。海藻养殖同样以亚洲国家为主，尤其是日本、中国和韩国，三国中，作为食品需求以日本最大，尤其是紫菜。中韩养殖的海藻也主要销往日本市场。除食用外，海藻还被大量用于提取工业用原料，如琼胶、卡拉胶、藻酸盐等。据估计，1980年，约有176 000 t干海藻被用于生产上述藻胶。表1-2是1985年世界各洲甲壳动物和海藻养殖产量。

表1-2　1985年世界各洲甲壳动物和海藻养殖产量（t）

地区	甲壳动物	海藻
非洲	100	0
北美洲	33 800	200
南美洲	32 900	4 900
亚洲	198 500	2 767 500
欧洲	300	4 500

资料来源：M. Landau, 1991

除传统的海藻和甲壳动物外，日本的鱼类养殖发展也很快，其重要养殖种类有鲑鱼、鳗鱼、鲕鱼等。鲑鱼除网箱养殖外，还进行人工放流，1983年，曾放流20×10^8尾。鲕鱼是日本养殖最多的鱼类，1978年养殖产量就已达到12 200 t，而同期海区捕捞量仅为30 t。2012年日本的水产养殖产量已达63×10^4 t。

韩国的水产养殖种类与日本相似，其养殖鱼类的产量和价值远高于捕捞。与日本临近的俄罗斯对于鲑鱼的增值放流也颇有兴趣，1978年，约有$8 \times 10^8 \sim 9 \times 10^8$尾大马哈鱼被用于放流。2012年水产养殖产量约为$48 \times 10^4$ t。

印度有近67×10^6 hm²的淡水养殖和2×10^6 hm²的海水养殖水域，水产养殖发展潜力巨大。其淡水养殖以鲤科鱼类的综合养殖为主。近年来海水虾类和淡水虾类的养殖也发展很快。2012年水产养殖总产量已达4.2×10^4 t，占世界总量的6.3%，仅次于中国。

东南亚由于其温暖的气候，漫长的海岸，良好的水源，发展水产养殖潜力巨大，据估计，可用于水产养殖的面积达6×10^6 hm²，至20世纪80年代末已开发约80×10^4 hm²，养殖产量约100×10^4 t。尤其是印度尼西亚、菲律宾和泰国发展较快。

菲律宾养殖面积约20×10^4 hm²，1985年水产养殖产量约50×10^4 t，2012年增加到80×10^4 t。主要养殖品种为遮目鱼，产量占总量的一半以上。苗种以捕捞野生鱼苗为主，养殖方式有池塘养殖和围塘养殖，多数属自然纳苗的传统粗放型。此外，菲律宾还养殖斑节对虾、牡蛎、石花菜等海水品种，还从中国引进鲤科鱼类进行淡水养殖，生长很快。

印度尼西亚的水产养殖潜力最大，可发展进行水产养殖的水域约 $3 \times 10^6 \text{ hm}^2$，1990年仅利用约1/10。20世纪80年代前主要养殖遮目鱼，年产量约为 $30 \times 10^4 \text{ t}$，养殖方式与菲律宾类似，粗放养殖为主。80年代后斑节对虾成为主要养殖种类之一，年产量 $5 \times 10^4 \sim 10 \times 10^4 \text{ t}$。印度尼西亚的淡水养殖较普遍，养殖方式多样，如池塘养殖、稻田养殖、流水养殖、网箱养殖等，主要养殖鲤鱼、罗非鱼等。2012年养殖产量已达 $3.1 \times 10^6 \text{ t}$，未来仍有巨大的潜力。

泰国传统水产品来源于海洋捕捞，20世纪80年代起开始发展水产养殖，主要养殖对虾、罗氏沼虾、罗非鱼、鲇鱼等。泰国的海水对虾养殖发展较快，1988年产量超过 $5 \times 10^4 \text{ t}$。1986年水产养殖产量约为 $1.3 \times 10^5 \text{ t}$，2012年产量已达 $1.2 \times 10^6 \text{ t}$。

越南也是亚洲水产养殖大国，主要养殖各种鱼类，对虾等。2012年养殖产量达 $3.1 \times 10^6 \text{ t}$，位列世界各国前列。

中国台湾地区的水产养殖业在亚洲乃至世界占据重要一席之地。从郑成功鼓励渔民养殖遮目鱼开始，至今已有300多年的历史，然而真正进行产业化生产是在20世纪80年代，得益于水产苗种技术的突破和人工饲料生产技术的成熟。目前在台湾养殖的水产品种类有70余种。遮目鱼是传统养殖品种，20世纪70年代以前，主要养殖该品种，面积曾达 $16\ 000 \text{ hm}^2$，产量最高达 $9 \times 10^4 \text{ t}$。80年代最为成功的是对虾养殖，主要养殖日本对虾和斑节对虾，1987年产量达到 $5 \times 10^4 \text{ t}$，以后因虾病等原因，产量下降幅度较大。淡水养殖品种主要有鳗鱼、罗非鱼、罗氏沼虾等，其中罗非鱼年产量可达 $5 \times 10^4 \text{ t}$。近年来，随着一些名贵海水鱼类如石斑鱼的人工育苗技术逐步成熟，台湾的石斑鱼养殖方兴未艾，养殖成鱼主要销往中国大陆和日本等地。由于受地域面积所限，台湾水产技术人员将成熟的育苗、饲料生产技术带往东南亚及中国大陆进行合作生产，收到较好的效益。

八、中国大陆

毫无疑问，中国是当今世界第一水产养殖大国，其巨大成就的取得起始于20世纪50年代，新中国成立后的60余年，其养殖规模、面积之大，养殖产量之高，参与水产养殖行业人员之多，发展速度之快在世界范围绝无仅有。特别是改革开放以来，水产养殖业快速发展。1988年，中国水产养殖产量超过捕捞产量。从20世纪90年代起，中国的水产养殖产量就一直稳居世界之首，而且养殖产量开始超过捕捞总量。中国的水产品产量占世界渔业总产量的1/4，水产养殖产量占世界养殖总产量的50%以上。2010年中国的水产品总量达 $5\ 373 \times 10^4 \text{ t}$，其中养殖产量 $3830 \times 10^4 \text{ t}$，超过总产量的70%（表1-3）。2012年养殖总产量进一步增加到 $41 \times 10^6 \text{ t}$，占世界养殖总量的61.7%；2013年继续增长至 $46 \times 10^6 \text{ t}$，超过总产量（$61 \times 10^6 \text{ t}$）的74%。特别值得关注的是1980—2000年的20年间，中国的水产养殖产量持续维持在一个高速增长期，几乎每5年翻一番，淡水养殖和海水养殖情况均如此，虽然各个阶段主要养殖种类变化很大（表1-3）。

1. 淡水养殖

1958年，中国水产科学研究院珠江水产研究所（广州）钟麟（1915—1996年）成功突破了鲢、鳙鱼人工繁殖，一举改变了千百年来依靠捞取江河中自然鱼苗进行养殖的历史，1962年人工育苗即达 10×10^8 尾，1987年，人工培育淡水鱼苗超过 2×10^{11} 尾，是

1957年江河中自然捕捞鱼苗最高纪录234×10^{8}尾的10倍，为淡水鱼类大规模养殖奠定了坚实的基础。

表1-3 1980—2010年中国渔业产量统计

年份	渔业总产量 /（×10^{4}t）	养殖总产量 /（×10^{4}t）	养殖占总产量之比/（%）	海水养殖 /（×10^{4}t）	淡水养殖 /（×10^{4}t）
1980	450	134	29.8	44	90
1985	619	245	39.6	64	181
1990	1 152	575	49.9	158	417
1995	2 517	1 353	53.8	412	941
2000	4 279	2 578	60.2	1 061	1 517
2005	5 102	3 393	66.5	1 385	2 008
2010	5 373	3 830	71.3	1 483	2 347

中国的池塘养鱼综合技术始于唐朝，一直延续至今（图1-1）。20世纪六七十年代，上海水产大学谭玉钧等在前人养殖经验的基础上，不断总结、形成了以"水、种、饵、混、密、轮、防、管"八字精养法理论为核心的一套新的池塘高产养鱼综合技术，逐步推广应用到全国，单位面积产量稳步提升，到20世纪八九十年代，高产池塘产量达10~20 t/ hm^2。全国淡水鱼类养殖产量1980年约为90×10^4 t，1990年增加到400×10^4 t，2000年猛增到1 300×10^4 t，2010年再增加到约2 000×10^4 t。

图1-1 中国的淡水池塘养殖

目前中国淡水养殖主要鱼类仍以鲤科鱼类草鱼、鲢、鳙、青鱼（四大家鱼）和鲤鱼、鲫鱼、鳊鱼等大宗鱼类为主，其次是罗非鱼、加州鲈、乌鳢、鳜、鮰、鳗鲡等，年产量均在20×10^4 t以上。

中国的淡水甲壳动物养殖起步于20世纪70年代末。安徽水产研究所赵乃刚首先应用人工半咸水配方及工业化育苗工艺培育中华绒螯蟹幼苗获得成功，推动了长江流域多省市的河蟹养殖产业，以后河蟹养殖向西扩展到西藏，向东推广到台湾。2010年，全国河蟹产量57×10^4 t，产值超过200亿元。同时期其他淡水甲壳动物如罗氏沼虾、青虾

（日本沼虾）、克氏原螯虾以及凡纳滨对虾的养殖在内陆地区也迅速发展，2010年，产量分别为 14×10^4 t、20×10^4 t、48×10^4 t 和 54×10^4 t。

内陆最重要的淡水养殖贝类是用于产珍珠的三角帆蚌。珍珠贝养殖起始于20世纪五六十年代，在成功掌握了人工繁殖小蚌和插核技术后，八九十年代迅速发展，主要集中在长江下游两岸省市如浙江、湖南、安徽、江苏、江西、湖北等地，2010年，全国淡水珍珠产量为 1 800 t，占世界淡水珍珠产量的90%以上，直接产值约100亿元。用于食用的淡水养殖贝类有河蚌、螺、蚬等，2010年养殖产量达 25×10^4 t。

其他内陆大宗养殖种类还有螺旋藻（1×10^4 t）、龟鳖类（50×10^4 t）、蛙类（8×10^4 t）、观赏鱼（20×10^8 尾）、螺旋藻（1×10^4 t）（2010年统计数据）。

2. 海水养殖

中国的海水养殖在过去的60多年发展过程中，曾因主要养殖种类的转换而兴起四次产业化养殖高潮，被誉为"海水养殖四次浪潮"。

海带养殖可以说是开中国海水养殖的先河。20世纪50年代，在中国政府和各科研机构的大力支持下，中国科学院海洋研究所（青岛）曾呈奎（1909—2005年）、中国水产科学研究院黄海水产研究所（青岛）朱树屏（1907—1976年）等开始进行了海带生物学和养殖技术研究，先后探索、掌握了海带自然光育苗，筏式人工养殖、施肥等技术，使海带养殖获得空前成功，成为北方沿海辽宁、山东等省市的经济支柱产业。以后又将海带成功南移至浙江、福建等地养殖，也获得成功。1977年，全国海带总产量达 78×10^4 t，以后持续维持，2010年为 88×10^4 t。

继海带养殖后，另一重要海藻养殖种类紫菜也受到重视。从20世纪50年代开始黄海水产研究所（青岛）、上海水产学院等地科研人员开始研究紫菜生物学和养殖技术。60年代，中国政府部门组织15家科研生产机构进行紫菜养殖科研攻关，先后探索发明了紫菜自然附苗、半人工采苗、全人工采苗以及各种海上养成技术，至80—90年代，紫菜养殖技术日臻成熟，逐步形成了种苗、养殖、流通、加工、出口一条完整的产业链，成为继海带之后又一重要的海水养殖种类。1985年，全国紫菜产量约 1×10^4 t，1995年，约 3×10^4 t，2010年达 10×10^4 t。主要产地为江苏、浙江和福建，长江以北主要养殖条斑紫菜，而福建等地主要养殖坛紫菜。除海带和紫菜之外，中国沿海养殖较多的大型海藻还有裙带菜（11×10^4 t）、江蓠（11×10^4 t）等（2010年统计数据）。

对虾养殖是继海藻养殖之后兴起的第二波海水养殖浪潮（图1-2）。20世纪60年代，在农业部组织支持下，黄海水产研究所赵法箴作为全国对虾养殖研究组组长带领研究组开始了中国对虾育苗和养殖实验，经过十多年的努力和探索，在70—80年代，育苗养殖技术日臻成熟并逐步在山东、江苏等地推广，取得很好的经济效益。受此鼓励中国对虾养殖迅速在整个中国沿海北至辽宁，南到广西展开，产量迅速从1978年的450 t猛增到1991年的 22×10^4 t，成为世界第一养虾大国。然而，中国的对虾养殖充满了戏剧性的起伏。1993年因为对虾白斑病毒病流行，对虾养殖业遭受到灭顶之灾，全国各地虾场几乎无一幸免，产量从年产 20×10^4 t直降至 $3 \times 10^4 \sim 4 \times 10^4$ t。直到20世纪末，从西半球引进另一对虾种类凡纳滨对虾（南美白对虾）后，中国对虾养殖业又重新崛起。而且由于凡纳滨对虾特殊的广盐性，不仅在沿海养殖，而且可以在内陆养殖，因此对虾养殖也再次成为中国养殖面积广，产量高，经济价值显著的产业。2005年，全国对虾

养殖产量为 62×10^4 t。2010年，对虾总产量增至 140×10^4 t，其中凡纳滨对虾约 120×10^4 t（其中包括了淡水养殖的 60×10^4 t）。其他主要养殖对虾种类是中国对虾（4.5×10^4 t）、斑节对虾（5.6×10^4 t）、日本对虾（5.4×10^4 t）（2010年统计数据）。

图1-2　中国的对虾池塘养殖

20世纪初，另一类海洋甲壳动物蟹类养殖也随之开展，主要养殖种类是三疣梭子蟹和青蟹，2010年产量也达到 22×10^4 t。

以扇贝尤其是海湾扇贝为代表的海洋贝类的大规模养殖可以说是海水养殖的又一次浪潮。20世纪50—60年代，中国的贝类增养殖已在沿海各地展开，主要种类是贻贝、牡蛎、蛏蛏等，但养殖比较分散粗放，规模不很大，没有形成有影响的产业。1982年中国科学院海洋研究所张福绥从美国引进海湾扇贝，经过几年的努力，建立了一套工厂化育苗及全人工养成技术，并从1985年开始向各地推广，90年代在黄渤海迅速形成新兴的养殖产业。与此同时，当地产的另一扇贝种类栉孔扇贝养殖也快速发展，与海湾扇贝同时形成扇贝养殖产业，成为北方沿海地区的又一重要经济支柱产业。1990年全国扇贝产量 13×10^4 t，到2000年增加到 71×10^4 t，2010年达到 140×10^4 t。

进入21世纪，沿海各地的其他贝类养殖也没有停止发展的步伐，主要养殖种类有牡蛎、贻贝、蛤、蛏、蚶、螺、鲍等。2010年，全国贝类养殖总产量为 $1\,100 \times 10^4$ t，其中牡蛎 360×10^4 t、贻贝 70×10^4 t、蛤 350×10^4 t、蛏 71×10^4 t、蚶 31×10^4 t、螺 21×10^4 t、鲍 6×10^4 t。

与淡水养殖兴起于鱼类不同，中国的海水鱼类养殖一直落后于藻类、虾类和贝类，1990年全国的海水鱼养殖产量仅 4×10^4 t，与同时期海水养殖的对虾、贝类和海藻类产量差距相当大，与淡水鱼养殖产量（1990年，400×10^4 t）相差更大。这种局面持续到20世纪末，由于北方大菱鲆和南方大黄鱼全人工育苗和养殖技术的突破，形成新的规模化产业，海水鱼类养殖才后来居上，形成新一波也被誉为第四次海水养殖浪潮（图1-3）。

1992年黄海水产研究所雷霁霖从英国引进大菱鲆，经过7~8年的研究，在20世纪末成功突破了大菱鲆规模化育苗技术和工厂化室内养殖技术，并迅速在中国北方首次形成了一个融育苗、养成、加工、运输、销售乃至渔业机械、仪器等各行业参与的产业体系（图1-4）。2005年，已发展到育苗企业近千家，养殖工厂600多家，养殖面积达

$500 \times 10^4 \mathrm{m}^2$,年产量达$4 \times 10^4 \mathrm{t}$,约占世界鲆鲽类养殖产量的1/3。2010年达$9 \times 10^4 \mathrm{t}$。

大黄鱼是中国东南沿海的重要经济鱼类,20世纪70年代前资源一直丰富,年捕捞量在$10 \times 10^4 \mathrm{t}$左右,1974年最高达$20 \times 10^4 \mathrm{t}$。70年代末由于过度捕捞,资源迅速减少,接近枯竭。为此从80年代开始,福建省闽东水产研究所刘家富等开始了大黄鱼育苗技术研究并于1987年获得成功,随后逐步推广,20世纪末在南方福建、浙江等地形成了一个与北方工厂化大菱鲆相呼应的大黄鱼网箱养殖产业,2005年产量为$5 \times 10^4 \mathrm{t}$,2010年达$9 \times 10^4 \mathrm{t}$,产量增长趋势仍在延续(图1-5)。

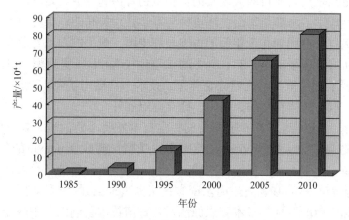

图1-3 中国历年海水养殖鱼类产量

图1-4 工厂化鱼类养殖

图1-5 海上网箱养殖

在第四波海水养殖浪潮的带动下,其他种类的鱼类养殖也同时快速发展,其中产量最高的是鲈鱼,2010年达$11 \times 10^4 \mathrm{t}$,基本以池塘养殖为主。大菱鲆的工厂化、大黄鱼的网箱和鲈鱼的池塘养殖构成了中国当前海洋鱼类养殖的鲜明特色。

除上述3种鱼类外,其他比较重要的养殖鱼类有石斑鱼($5 \times 10^4 \mathrm{t}$)、鲷鱼($5 \times 10^4 \mathrm{t}$)、美国红鱼($5 \times 10^4 \mathrm{t}$)、军曹鱼($4 \times 10^4 \mathrm{t}$)、鲕鱼($2 \times 10^4 \mathrm{t}$)、河豚($2 \times 10^4 \mathrm{t}$)(2010年统计数据)。

快速发展的水产养殖业为市场提供优质蛋白需求作出了巨大贡献,同时还创造了大量的就业机会,尤其使原先从事捕捞的渔民顺利转行进行水产养殖,使千百万人走上致富之路。然而飞速发展的水产养殖业也同样受到增长极限的困扰和负面效应的反馈。过分追求产量所导致的环境污染、病害泛滥,养殖产品品质下降等一系列问题正考验着中国水产养殖业，如何在稳定发展的同时，解决这些问题使水产养殖真正走向健康、可持续发展之路，是中国政府各相关部门以及从事该行业的科技工作者和行业参与者未来的艰巨责任。

小　结

水产养殖定义是具商业目的大规模的水生生物育苗和养成，是一门与农学、水生生物学、化学、物理学、海洋与湖沼、环境科学等学科相关联的综合性应用性学科。

水产养殖最早可追溯到几千年前的古埃及和中国，最早的养鱼专著是中国春秋战国时期范蠡（公元前536至前448年）所著的《养鱼经》。中国从唐朝（618—907年）开始就已成功开展了鲤科鱼类的池塘综合养殖，技术一直沿用至今。欧洲罗马人从公元1世纪开始养鱼，以后陆续在法国、英国、捷克等地展开。

进入19世纪，各种与水产养殖相关的科学技术发明不断涌现，如欧洲早期进行的商业化鱼类育苗场建设；俄国Vrassky鱼卵干法受精；挪威Dannevig的鱼类育苗技术；美国西海岸鲱鱼、鳕鱼人工放流增值实践；巴西人的激素注射催产鱼类性腺成熟；中国朱树屏的单细胞藻类培养基和人工海水配方；法国Panouse的甲壳动物眼柄作为内分泌中心调控蜕皮和生殖的发现；日本藤永原的对虾育苗技术首创以及中国专家林绍文的罗氏沼虾育苗传奇研究；等等。

20世纪50年代以后，水产养殖业已在全球范围展开，遍布世界各洲，亚洲、欧洲和北美洲成就突出，尤其是亚洲，水产养殖产量约占世界总量的80%，其中特别是中国大陆。自50年代以后，中国的淡水养殖以四大家鱼、河蟹、甲鱼为代表，养殖技术和产量一直居世界前列，而海水养殖以海带、对虾、扇贝及鱼类的不同时期的兴起被比喻为"四次浪潮"。2013年，中国的水产养殖总产量为 $4\,600 \times 10^4$ t，占世界总产量的60%以上。

第二章　水　　质

　　水质对于水产养殖者来说是一个十分重要的概念，水质变坏，水生植物和动物将无法生长和繁殖。就像在工厂和办公室中，空气闷热，污浊，人容易生病一样，水生生物在不良的水质环境中，生理上会持续处于应激（stress）状态，很容易遭受病原体的侵袭而得病。与此同时，水体也会累积各种毒素，加快水质恶化，形成恶性循环。

　　水作为水生生物的栖息环境，是一种介质，犹如空气对人或陆上动物一样。作为一个成功的水产养殖者，必须对养殖对象的生活环境——水——有一个清晰的概念，首先要了解水的基本理化特性。

第一节　水的理化性质

　　首先我们来回顾一下纯水的结构和理化性质，有助于进一步理解淡水和海水的性质。

一、纯水的性质

　　1.结构

　　水分子是由两个氢原子和1个氧原子构成，氧原子最外层有6个电子，其中有两个电子与两个氢原子的电子形成共享电子对，另外两对电子不共享。这样就产生了极性，共享的一端为正极，另一端为负极，因此水分子为极性分子。这一结构特征导致了水的特有氢键（hydrogen bonds）的形成，即非共享的两对电子的负电子云所形成的弱键可以吸引相邻水分子的正电子云（图2-1）。氢键的形成与否直接与水的物理性质、形态相关。

　　2.形态

　　日常可观察到水有3种形态，即固态（冰）、液态、气态（蒸汽或水蒸气）。

　　液态水经加温到一定程度就转变为气态。这是由于水分子因加温而获得能量，发生振动，从而导致彼此间的氢键断裂，运动加快，相互分离。因此气态时，水分子相互独立，无氢键形成。气态水无固定体积和形态，除非被压缩在一特定的容器中。

　　与气态相反的是水的固体——冰，不仅有固定的体积而且还有固定的形状。这是因为在冰点时，水分子之间形成了比较牢固的氢键，振动很小。冰是一种由氢键主导形成的晶体结构，其比重小于液体，因此冰通常浮于水面。

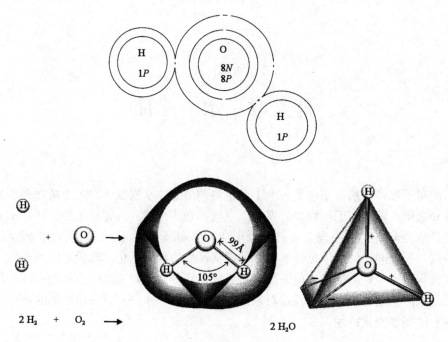

图2-1　水分子结构

资料来源：M. Landau, 1991

　　液体的水有体积而无一定形状，其形状取决于容器。大于4℃，液态水与其他物质一样随温度的下降相对密度增加。而小于4℃时，随着温度的下降，水的相对密度反而减小，这是由于小于4℃的水，其结构趋于晶体化，密度减小。

　　水的这种物理特性对水产养殖者来说十分重要，因为在冬天冰就成了冷空气与下层水之间的隔层。如果水的理化特性与其他物质一样，就有整个池塘或湖泊从底层到表面都会变成固体冰的危险。

　　3. 温跃层（thermocline）

　　作为一个水产养殖者来说，可能更关心的是在常温条件下液态的水。液态水的性质主要体现在水分子间的氢键不断形成又不断地断裂，随着温度的升高，氢键的形成和断裂的频率就增加，这也是为什么液态水没有固定体积的原因。

　　池塘水的相对密度取决于温度。当温度升高，冰开始融化，4℃以下，水的相对密度随温度的增加而增加。而当温度达到4℃以后，继续升温，相对密度逐步降低。通常在一个具有一定深度的水体中，表层水与底层水是不发生交换的。这是因为在这种水体中形成了一个固定的密度分层系统（density-stratified system），也就是池塘或湖泊中由温热水层突然变为寒冷水层的区域称为"温跃层"（thermocline）。

　　这种水体分层在较浅的池塘中一般不会形成，但在有一定深度的池塘中，就有可能形成，而且会造成很大的危害。因为表层水由于温度高，相对密度轻，始终处于底层温度低、相对密度大的水体之上，导致底层水体因长期不能与表层水交换而缺氧。

　　在深度较深的湖泊和池塘会发生上、下水层交换的现象，称为"对流"（turnover）（图2-2）。对流通常发生在春、秋两季，当表层水密度增加时，整个水体会产生上、下层水的混合。

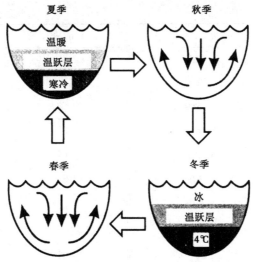

图2-2　深水池塘或湖泊的温跃层和对流

资料来源：M.Landau 1991

4. 热值

水的热值很大，比酒精等液体大得多。这是由于必须用很大一部分能量去打破氢键，尤其是在固体变液体，液体变气体的过程中。

将1 g液体的水温度升高1℃需1 cal[①]；

将1 g 100℃的水变成100℃的水蒸气需540 cal；

将1 g 0℃的冰变成0℃的水需80 cal。

二、海水的性质

海水的理化性质与淡水有许多相似之处，但又有一定的差异。海水的基本组成是：96.5%的纯水和3.5%的盐，因此有盐度一说。盐度指一升海水中盐的含量，因此正常海水的盐度是千分之三十五，习惯用35 ppt、35‰等来表示，现通行标记为"盐度35"。海水盐度在不同地理区域如内湾、河口而发生变化，过量蒸发就导致盐度升高，如波斯湾、死海，而在位于河口的地区，由于大量的内陆径流注入，致使盐度降低。

海水中融入了各种不同的离子，其中主要有以下8种：Na^+、Cl^-、SO_4^{2-}、Mg^{2+}、Ca^{2+}、K^+、HCO_3^-、Br^-等。Na^+和Cl^-约占86%，SO_4^{2-}、Mg^{2+}、Ca^{2+}和K^+约占13%，其余各种离子总和约占1%（表2-1）。

表2-1　海水的组成（Spotte 1973）

成分	浓度/（$\times 10^{-6}$）	成分	浓度/（$\times 10^{-6}$）
氯化物	18 980	碳酸氢盐	142
钠	10 560	溴化物	65
硫酸盐	2 560	锶	13

---

① cal为非法定计量单位，1 cal=4.185 5 J。

续表

成分	浓度/（×10⁻⁶）	成分	浓度/（×10⁻⁶）
镁	1 272	硼	4.6
钙	400	氟化物	1.4
钾	380	铷	0.2
铝	0.16～1.9	铯	～0.002
锂	0.1	锰	0.001
钡	0.05	磷	0.001～0.10
碘化物	0.05	钍	≤0.000 5
硅酸盐	0.04～8.6	汞	0.000 3
氮	0.03～0.9	铀	0.001 5～0.001 6
锌	0.005～0.014	钴	0.000 1
铅	0.004～0.005	镍	0.000 1～0.000 5
硒	0.004	镭	8×10^{-11}
砷	0.003～0.024	铍	—
铜	0.001～0.09	镉	—
锡	0.003	铬	—
铁	0.002～0.02	钛	微量

海水中绝大多数元素或离子（无论大量或微量）都是恒量的，也就是不管盐度高低，他们相互之间的比例是恒定的，不会因为海洋生物的活动而发生大的改变，因此称为恒量元素（conservative element）。与之相反的是非恒量元素（non-conservative element），如氮（N）、磷（P）、硅（Si）等这类元素会因为浮游植物的繁殖利用，它们之间以及它们与恒量元素之间发生显著改变。这类元素通常为浮游植物繁殖所必需的营养元素，因此也称为限制性营养元素。

盐溶解在水中后还改变了水的其他性质，其影响程度随着水中盐的含量增加而增强。盐溶解越多，水的密度、黏度（水流的阻力）越大。折光率也发生改变，光线进入海水后发生比在淡水中更大的弯曲，意味着光在海水中的行进速度比在淡水中慢。海水的冰点和最大密度也随着盐度的升高而降低。

第二节　水质指标

作为一个从事水产养殖的工作者而言，有一些水质指标是必须熟悉的，如pH值和碱度（alkalinity）、盐度和硬度、温度、溶解氧、营养盐（包括氮、磷、硅等），因为这些指标直接影响养殖水环境和养殖生物的健康生长。由于水质指标无法用肉眼观察判断，只能借助仪器工具进行测试，因此水产养殖者必须掌握对各类水质指标的测试方法，并且了解测试结果所代表的意义，犹如医生拿到化学检验结果后，能判断此人是否健康一样（水质指标测试方法见附录1水质检测技术）。

1. pH值

pH值是氢离子浓度指数，是指溶液中氢离子的总数和总物质量的比，表示溶液酸性或碱性的数值，用所含氢离子浓度的常用对数的负值来表示，$pH = -\log[H^+]$，或者是$[H^+] = 10^{-pH}$。如果某溶液所含氢离子的浓度为0.000 01 mol/L，它的氢离子浓度指数（pH值）就是5，与其相反，如果某溶液的氢离子浓度指数为5，他的氢离子浓度为0.000 01 mol/L。

氢离子浓度指数（pH值）一般在0~14之间，在常温下（25℃时），当它为7时溶液呈中性，小于7时呈酸性，值越小，酸性越强；大于7时呈碱性，值越大，碱性越强。

纯水25℃时，pH值为7，即$[H^+] = 10^{-7}$，pH=7，此时，水溶液中H^+或OH^-的浓度为10^{-7}。

许多水体都是偏酸性的，其原因为环境中存在酸性物质，如土壤中存在偏酸物质，水生植物、浮游生物以及红树林对二氧化碳的积累等都可能使水体pH值偏酸。有的水体受到硫酸等强酸的影响，pH值甚至可能低于4，在如此酸性的水体中，无论植物、动物都无法生长。

养殖池塘中水体偏酸可以通过人工调控予以中和，最简便的方法就是在水中加生石灰。但这种调节不可能一次奏效，一个养殖周期，可能需要几次。实际操作过程中要通过检测水中pH值来决定。

2. 碱度（alkalinity）

养殖池塘水体也可能发生偏碱性，虽然发生频率比偏酸性要少得多。鱼类不能生活在pH值超过11的水质中，水质过分偏碱性，也可以人为调控，常用的有硫酸铵$[(NH_4)_2SO_4]$，但过量使用硫酸铵会导致氨氮浓度的上升。因为在偏碱性水体中，氨常以NH_3分子，而不是以NH_4^+离子形式存在于水中（$NH_4^+ \rightleftharpoons NH_3 + H^+$），而$NH_3$分子的毒性远高于$NH_4^+$离子。

碱度是指水中能中和H^+的阴离子浓度。CO_3^{2-}、HCO_3^-是水中最主要的两种能与阳离子H^+进行中和的阴离子，统称碳酸碱。碱度会影响一些化合物在水中的作用，如用$CuSO_4$控制微藻、原生动物等。一般$CuSO_4$在低碱性水中毒性更强。

3. 缓冲系统（buffering system）

与其他溶解于水中的气体不同，二氧化碳进入水中后与水发生反应，形成了一个与大多数动物血液中相似的缓冲系统。首先，二氧化碳溶于水后，与水结合形成碳酸，然后部分碳酸发生离解产生碳酸氢根离子，进一步碳酸氢离子发生离解产生碳酸根离子：

$$CO_2 + H_2O \rightleftharpoons H_2CO_3$$
$$H_2CO_3 \rightleftharpoons H^+ + HCO_3^-$$
$$HCO_3^- \rightleftharpoons H^+ + CO_3^{2-}$$

在上述缓冲系统中，若pH值为6.5~10.5时，系统中HCO_3^-为主要离子；pH值小于6.5时，H_2CO_3为主要成分；而pH值大于10.5时，则CO_3^{2-}为主要离子。这一缓冲系统可以有效保持水体稳定，防止水中H^+浓度的急剧变化。在一个pH值为7的系统中添加碱性物质，则系统中的碳酸氢根离子就会离解形成H^+离子和碳酸根离子以保持pH值的稳定。相反，如果添加酸性物质，则反应向另一个方向发展，碳酸氢根离子会与H^+离子结合，形成碳酸以保持水体酸碱稳定。

在一个养殖池塘中，白天由于浮游植物进行光合作用，需要消耗溶于水中的二氧化碳，缓冲系统的反应就朝形成H_2CO_3方向发展，水中pH值就会升高，水体呈碱性。反之，在夜晚，光合作用停止，水中二氧化碳增加，反应朝相反方向发展，pH值降低，水体呈酸性。

4. 硬度（hardness）

硬度主要是研究淡水时所用的一个指标。自然界的水几乎没有纯水，其中或多或少总有一些化合物溶解其中。硬度和盐度是两个密切相关的词，表达溶解水中的物质。

硬度最初的定义是指淡水沉淀肥皂的能力，主要是水中Ca^{2+}和Mg^{2+}的作用，其他一些金属元素和H^+也起一些作用。现在硬度仅指钙离子和镁离子的总浓度，用$\times 10^{-6}$表示，表示1 L水中所含有的碳酸盐浓度。从硬度来分，普通淡水可分为四个等级：①软水：$0\sim 55\times 10^{-6}$；②轻度硬水：$56\times 10^{-6}\sim 100\times 10^{-6}$；③中度硬水：$101\times 10^{-6}\sim 200\times 10^{-6}$；④重度硬水：$201\times 10^{-6}\sim 500\times 10^{-6}$。

Ca^{2+}在鱼类骨骼、甲壳动物外壳组成和鱼卵孵化等中起作用。有些海洋鱼类如鲯鳅属（*Coryphaena*）在无钙海水中不能孵化。而软水也不利于养殖甲壳动物，因为在软水中，钙浓度较低，甲壳动物外壳会因钙的不足而较薄，不利于抵抗外界不良环境因子的影响。镁离子在卵的孵化、精子活化等过程中有重要作用，尤其是在孵化前后的短时间内，精子活化作用尤为明显。

5. 盐度（Salinity）

盐度是研究海水或盐湖水所用的水质指标。完整的定义为：1 kg海水在氯化物和溴化物被等量的氯取代后所溶解的无机物的克数。正常的大洋海水盐度为35。

盐度对海洋生物影响很大，各种生物对盐的适应性也不尽相同，有广盐性、狭盐性之分。一般生活在河口港湾、近海的种类为广盐性，生活在外海的种类为狭盐性。绝大多数海水养殖在近海表层进行，这一区域的海水盐度一般较大洋海水低，盐度范围多为$28\sim 32$。

在小水体养殖中，可通过在养殖水中添加淡水来降低盐度，也可以通过加海盐或高盐海水（经过蒸发形成的）来升高盐度。对于一些广盐性的养殖种类，人们可以通过调节盐度来防止敌害生物的侵袭。如卤虫是一种具有强大渗透压调节能力的动物，可以生活在盐度大于60的海水中，在这样的水环境中，几乎没有其他动物可以生存了，从而有效地避免了被捕食的危险。

6. 溶解氧（Dissolved Oxygen DO）

溶解氧是指溶解于水中的氧的浓度。我们空气中氧的含量约占21%，但在水中，氧的含量却很低。正常溶解氧水平为6~8 mg/L，低于4 mg/L则属于低水平，高于8 mg/L则属于过饱和状态。水中的氧含量与温度、盐度等有关，温度、盐度越高，水中溶解氧含量越低。正常情况下淡水的溶解氧浓度比海水稍高。另外，水中溶解氧水平还与水是否流动、风以及水与空气接触面积大小等物理因素也有关。

所有水生生物都需依赖水中的氧气存活。高等水生植物和浮游植物在白天能利用太阳光和二氧化碳进行光合作用制造氧气，但它们同时又需要从水中或空气中呼吸得到氧气，即使夜晚光合作用停止，呼吸作用也不停止。因此如果养殖池中生物量很丰富，一天24 h溶氧的变化会很剧烈，下午2:00—3:00经常处于过饱和状态，而天亮之前往往最低，容易造成缺氧。

鱼类以及比较高等的无脊椎动物都具有比较完善的呼吸氧的器官——鳃，鳃组织很薄，表面积大，以利于氧和二氧化碳在鳃组织内外交换。水中氧渗透进血液或血淋巴后，通过血红蛋白或其他色素细胞输送至身体各部。因此鳃是十分重要的器官，也极易受到各种病原体的感染。

溶解氧是水产养殖中最重要的水质指标之一，如何方便、快速、准确地检测这一指标也是所有水产养殖业者所关心的，从早先的化学滴定法到现如今的电子自动测试仪，都在不断地改进。化学滴定准确，但费时费力，而电子溶氧测试仪方便、快速，但仪器不够稳定，且容易出现误差。随着仪器性能的不断改进，溶解氧自动测试仪使用范围越来越广，尤其对于检测不同水深溶解氧状况，自动测试仪的长处更明显，而对于夏季水体分层的养殖池塘来说，第一时间掌握底层水溶解氧状况是每一个养殖业者最为关心的。

在自然水环境中，溶解氧水平足够维持水中生物的生存，然而在养殖水环境中，溶解氧不足这一矛盾却十分突出，其原因主要如下：①高密度养殖的生物所需；②分解水中废物（剩饵、粪便）的微生物所需；③浮游植物、大型藻类及水生植物所需。

我们把上述原因对氧的消耗称为生物耗氧量（Biological Oxygen Demand，BOD），是指水中动物、植物及微生物对氧的需求量。

生物耗氧量高是水产养殖的常态，解决溶解氧缺乏的办法有直接换水、机械增氧以及化学增氧等，其中机械增氧是最常用、便捷、有效的方法。增氧机的工作原理是增加水和空气的接触，促使空气中的氧溶于水中。能否有效达到增氧效果，不仅取决于水体本身的理化状态（温度、盐度等），更主要的是与以下几项因子有关：①与进入水中气体的量以及气体的含氧量有关，气体进入越多，气体含氧量越高，增氧效果越好。②与气、水接触的表面积有关，1 L空气产生10 000个微泡比产生10个大泡有更大的表面积，也就更利于氧气融入水中。③与水体本身溶解氧浓度有关，水体溶解氧越低，增氧效果越明显。

化学增氧通常是在养殖池塘发生严重缺氧的情况下偶尔使用，常用的是$Ca(OH)_2$、CaO、$KMnO_4$等，主要目的是氧化有机物、降低其对氧的消耗。

通常一个养殖池塘中，溶解氧的分布并不均匀，由于温跃层的存在，通常是表层高，底部低。这是因为表层水与空气接触更容易，而且光合作用也主要在水表层进行，而细菌的耗氧分解恰恰又发生在底部水层。另外，养殖动物往往会聚集在池塘底部某一区域，这样也很容易造成局部区域缺氧。

水产养殖对溶解氧的要求一般高于5 mg/L，然而各种生物对溶氧的需求不尽相同，鲑鳟鱼类要求高，而攀鲈、泥鳅很低。同一种生物对溶解氧的需求又因个体大小，温度及其他环境条件不同而差异很大。如一种原螯虾（*Procambarus*），其半致死量LC_{50}在9～12 mm幼体时是0.75～1.1 mg/L，而在31～35 mm大小时，则降低到0.5 mg/L。

如果要建立一个数学模型来预测水中溶解氧昼夜变化规律，需要考虑的因素很多，如温度、生物量、细菌和浮游生物活动、水交换、水和底质的组成、空气中氧的溶入等。

7.温度（Temperature）

温度是水产养殖中另一个十分关键的指标，几乎所有的水产养殖对象，在生产开始前，首先需弄清楚它们适应在什么温度条件下生长繁殖。

可以说几乎所有的水生生物都属于冷血动物，其实这种表述也不完全正确。所谓的冷血动物虽然不能像鸟类和哺乳类一样能够调节身体体温，保持相对稳定，它们仍能通过某些生理机制或行为机制来维持某种程度的温度稳定，如趋光适应、迁移适应，动脉静脉之间的逆向热交换等。在过去的几十年里，冷血动物和温血动物的界限似乎已变得不那么明显了。

尽管一些水生动物具有部分调控体温的能力，但水产养殖者还是希望为养殖对象提供一个最适生长温度，使它们体内的能量可以最大限度地用于生长，而不是仅仅为了生存。最适温度（Optimal temperature）意味着生物的能量可以最大限度地用于组织增长。最适温度与其他环境因子也有一定的关系，如盐度、溶解氧不同，最适温度会有一定差异。在实际生产中，养殖者一般选择适宜温度的低限，以利于防止高温条件下微生物的快速繁殖。

最适温度基于生物体内酶的反应活力。在最适温度条件下，生物体内的酶最活跃、生物对食物的吸收、消化率最佳。虽然检测养殖动物生长如何，需要有个过程，但要了解温度是否适宜，体内酶反应是否活跃，可以从动物的某些行为状况进行判断。如贻贝其适温为15~25℃，在此温度范围内，贻贝滤食正常，而超过或低于此温度，其滤食率显著下降，而在这种不适宜的温度条件下，经过一段时间的养殖，其个体生长就会表现出来。

低于适温，生物体内酶活力下降，新陈代谢变慢，生长速度降低。如果温度突然大幅度下降会导致生物死亡。有时低温条件下，生物新陈代谢降低也有利于水产养殖的一面。如低温保存的作用，冷冻胚胎、孢子、精液等。

温度的突然显著升高同样是致命的。一方面由于迅速上升的温度会导致池塘养殖动物集体加快新陈代谢，增加BOD，导致缺氧情况发生；其次是过高的温度会导致生物体内酶调节机制失控，反应失常；另外高温也容易导致养殖水体中病原体繁殖，疾病发生。显然细菌等病原比养殖动物更能适应温度的剧变。但控制得好，适当升温也有正面作用，如生长速度加快，即使冷水动物也如此。比如美洲龙虾、高白鲑等水生生物自然生活在冷水水域，但将其移植到温水区域养殖，也能存活，而且生长加快。鳕鱼卵，15~90 d 孵化都属正常，温度高，孵化就快。

与盐度相似，动物对温度的适应也可以分为广温性和狭温性。一般近岸沿海以及内陆水域的生物多为广温性，而大洋中心和海洋深层种类多为狭温性。生物栖息环境变化越大，其适应温度范围就越广。

8.营养元素（Nutrient elements）

营养元素指的是水中能被水生植物直接利用的元素，尤其指的是那些非恒量元素，如氮、磷等，这类容易被水生植物和浮游植物耗尽从而限制它们继续生长繁殖的元素也称限制性营养元素。通常在海水中，控制植物生长的主要是氮，而在淡水中则是磷。这些限制性营养元素被利用，必须是以一种合适的分子或离子形式存在，且浓度适宜，否则反而有毒害作用。

（1）N：氮是参与有机体的主要化学反应、组成氨基酸、构建蛋白质的重要元素。它的存在形式可为氨（NH_3）、铵（NH_4^+）、硝酸氮（NO_3^-）、亚硝酸氮（NO_2^-）、有机氮以及氮气（N_2）等。从水产养殖角度看，能作为营养元素被利用的主要是前3种，尽管亚硝酸氮和有机氮也能被一些植物所利用，而N_2只能被少数青绀菌（cyano-bacteria）和陆生植物的根瘤菌直接利用。

在养殖池塘中，有一个自然形成的氮循环（图2-3），在此循环中，有机氮被逐步转化为水生植物可直接利用的无机氮。这是一个复杂的循环，影响因子很多，如植物（生产者）、细菌或真菌（消费者）以及其他理化因子如溶解氧、温度、pH值、盐度等。

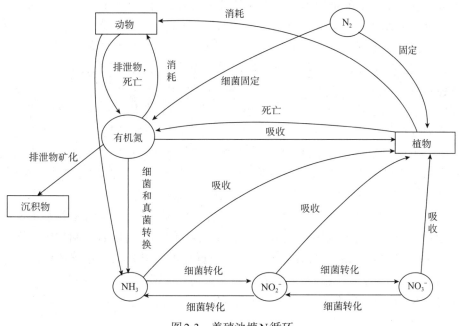

图2-3 养殖池塘N循环

资料来源：Landau, 1991

上述含氮化合物浓度过高对生物尤其动物有毒害作用的，其中氨氮的毒性最强。而铵的毒性相对较低。氨氮和铵在水中处于一个动态平衡之中，其反应方向主要取决于pH浓度。

$$NH_4^+ \rightleftharpoons NH_3 + H^+$$

pH浓度越低，水中H^+离子越多（偏酸），反应就朝形成NH_4^+方向发展，对生物的毒性越小，反之则反。温度上升，NH_3/NH_4^+的比例上升，毒性增强。而盐度上升，这一比例下降。但温度和盐度对氨氮和铵的比例影响远不如pH值。不同种类的生物对NH_3的敏感性不同，而且同一种类不同发育期的敏感性也不一样，如虹鳟的带囊仔鱼和高龄成鱼比幼鱼对氨氮敏感得多。另外，环境胁迫也会增强生物对氨氮的敏感度。如虹鳟稚鱼在溶解氧5 mg/L的水质条件下对氨氮的忍耐性要比在8 mg/L条件下低30%。

NH_3被氧化为NO_2^-后毒性就小得多，进一步氧化为NO_3^-毒性就更小。一般在水产养殖中，这两种物质的含量不大会超标，对于它们的毒性考虑得较少，但并非无害。过高的NO_3^-易导致藻类大量繁殖，形成水华。而NO_2^-能使鱼类血液中的血红蛋白氧化形成正铁血红蛋白，从而降低血红蛋白结合运输O_2的功能。鱼类长期处于亚硝酸氮过高的环境中，更容易感染病原菌。

（2）P：磷同样是植物生长的一个关键营养元素，通常以PO_4^{3-}的形式存在。磷在水中的浓度要比氮低，但需求量也较低。磷和氮类似，一般在冷水、深水区域含量高，而在生产力高的温水区域，植物可直接利用的自由磷含量较低。更多的是存在于植物和动物体内的有机磷。与氮一样，自然水域中也存在一个磷循环，植物吸收无机磷，固定成有机分子，然后又通过细菌、真菌转化为磷酸盐。

有些有机磷农药剧毒，其分子结构中有磷的存在，但磷酸盐一般不会直接危害养殖生物。最容易产生问题的是如果某一水体氮含量过低，处于限制性状态，而磷酸盐浓度过高时，能激发水中可以直接利用N_2繁殖的青绀菌（又称蓝绿藻）大量繁殖，在水体中占绝对优势，从而排斥其他藻类，形成水华（赤潮）。这种水华往往在维持一段短暂旺盛后，会突然崩溃死亡，分解释放大量毒素，并且造成局部严重缺氧状态，直接危害养殖生物。

表面上看，氮、磷浓度升高，只要比例适当，不会有什么危害，也就是导致水中初级生产力增加而已，其实问题不仅如此。因为首先水中植物过多，在夜晚光合作用停止时，植物不再制造氧气，却要消耗大量氧气，致使水中溶解氧大幅下降，直接危害养殖生物。而白天则因光合作用过多消耗水中的二氧化碳，使水体酸性减弱，碱性增强，NH_4^+离子更多地转化为NH_3分子，增强了氨氮对生物的毒性。

（3）其他：在自然水域中，磷、氮为主要限制性营养元素，而在养殖水域中，若磷、氮含量充足，不再成为限制性因素，其他元素或物质可能成限制性因素了，如K、CO_2、Si、维生素等。缺K可以添加K_2O，使用石灰可以提升二氧化碳浓度。在正常水域中硅的含量是充足的，但遇上某水体硅藻大量繁殖，则硅也会成为限制性因素。一般可以通过加$Si(OH)_4$来改善。一些无机或有机分子如维生素也同样可能成为限制性营养元素。

9. 其他水质指标

（1）透明度（Transparency）：指的是水质的清澈程度，是对光线在水中穿透过程中所遇阻力的测量，与水中悬浮颗粒的多少有关，因此也有学者用浊度（turbidity）来表示。若黏性颗粒，小而带负电，则称胶体（Colloids）。任何带正电离子的物质添加，均可使胶体沉淀，如石膏、石灰等。许多养殖者不愿意水质过于浑浊，即通过泼洒石膏或石灰水来增加水质透明度。

透明度太小，或浊度过大，不易观察鱼类生长状况，也容易影响浮游生物繁殖，导致N的积累，而且也会使鱼、虾呼吸受阻。但水质透明度太大易使生物处于应急状态，也不利于养殖动物的生长，如俗语所说的"水至清则无鱼"。

透明度有一个国际上常用的测量方法：用一个直径25 cm的白色圆盘，沉到水中，注视着它，直至看不见为止。这时圆盘下沉的深度，就是水的透明度。

（2）重金属：重金属污染对水产养殖的危害不可忽视，在沿海、河口、湖泊、河流都不同程度地存在，而且近几十年来有逐步加重的趋势。重金属直接侵袭的组织是鳃，致其异形。另外对动物胚胎发育、孵化的影响尤为严重。为减少重金属危害，育苗厂家通常都在育苗前，在养殖用水中添加2~10 mg/L的EDTA-Na盐，可有效螯合水中重金属，降低其毒性。一般重金属在动物不同部位积累浓度不同，如对虾头部组织明显大于肌肉。一些贝类能大量积累重金属。

（3）有机物：水中某些有机物污染会影响水产品口味，直接导致整批产品废弃。如受石油污染的鱼、虾会产生一种难闻的怪味，受青绀菌或放线菌污染的水产品有一股土腥味等。

小 结

如果说水产养殖是养殖水生生物，那么首先就必须了解水生生物的生活环境：水。水是一种极性分子，因此形成的氢键决定了水的各种性质，如：密度、热值、形态等。海水3.5%为盐，96.5%是水，海水中最重要的离子是Cl^-、Na^+、Mg^{+2}、SO_4^{-2}、Ca^{+2}和K^+。盐含量影响海水的诸多理化性质，如：密度、冰点、蒸汽压、黏度和折光率等。海水中绝大多数元素和离子相互之间的比例是恒定的，除了少数被生物大量利用的元素如氮、磷、硅等。

有一些重要的水质指标是每一个水产养殖者必须熟知的。pH值是水中H^+离子浓度指数，正常情况下应该是7 ± 1，碳酸碱度则是反映水体能够平衡pH值变化能力的指标。盐度是指溶解于水中盐的含量，而硬度是指淡水中的Ca^{+2}和Mg^{+2}的浓度。溶解氧含量反映了池塘养殖状况是否健康正常，它在一天24 h内变化很大。最适温度是指在此温度下，养殖生物生长最佳。营养盐是指能被水中植物光合作用时利用的元素或分子，如氮、磷以及其他一些作用相对较小的元素，这些元素通常以某种分子或离子形式被利用。其他指标还有透明度、重金属、影响水产品风味的物质等。

第三章　养殖用水过滤和处理

在开放式养殖模式中，养殖用水无须处理，但在封闭或半封闭系统中，养殖用水必须经过处理，包括过滤、消毒、充气或除气等，从而提高水质条件。水处理的目的是为养殖生物提供一个良好的生活环境，可是实际生产中没有一种最佳的水处理方法，而且经过处理的水虽多数情况可能是有益的，但有时也会对养殖生物带来不利影响，因此只能根据不同企业的自身需求和条件来选择应用。本章将叙述水产养殖中常用的水处理方法。

我们可以通过几种常用的方法来提升水质。过滤是去除水中的颗粒物和溶解有机物，包括我们不希望看到的营养物、污染物、水生生物以及其他杂质；消毒是利用臭氧、紫外线和含氯化合物等来消除潜在的病原体、寄生虫、竞争者和捕食者；充气一般用于养殖密度比较高的水体，防止溶解氧水平低于正常状态；而除气的目的是针对气体溶解过饱和状态的水体，消除溶于其中过多的氮气，防止气泡病的发生。

第一节　过　　滤

一、机械过滤（Mechanical filters）

1. 网、袋过滤

这是一种最基本也最简单的过滤方式，目的是去除漂浮在水中的粗颗粒物，一般用于将外源水泵入蓄水池以及池塘养殖进水过程。使用时，将网片、网袋套在进水管前段，防止外源水中一些木片、树叶、草、生物以及其他一些颗粒较大的物质进入养殖系统，消除潜在的危害。根据外源水的状况不同，网片可以用一层，也可以数层，同样，网目也可以有小有大，在生产中调整使用，要求是既能过滤绝大多数颗粒物，又不需要经常换洗网片，进水畅通。

当外源水颗粒物较多，网片网孔经常堵塞，流水不畅时，可改用大小不一的尼龙网袋。由于网袋具有较大的空间，能容纳一定量的颗粒物而不影响进水，通过换洗网袋可以持续进水。

2. 沙滤

沙滤是一个由细砂、粗砂、石砾及其他不易固积的颗粒床所组成的封闭式过滤系统（图3-1），水在重力或水泵压力作用下，依次通过不同颗粒床，将水中的杂物去除。沙滤系统中各过滤床颗粒的大小直接影响过滤效果。颗粒大，对水的阻力小，透水性能好，不易固积，但它只能过滤水中大颗粒物质，而一些细小杂物会穿过滤床。而过滤层颗粒很细，虽可以过滤水中所有杂物，但是流速非常慢，过滤效率很低，而且要经常清洗过滤床。如果采用分级过滤，由粗到细，则可以提高过滤效率，但要增加过滤设备和材料用量。

沙滤系统必须阶段性地进行反冲清洗。反冲清洗过程中，水的流向与过滤时相反，且流速也大。为增加清洗效果，有时还将气体同时充入系统，增加过滤床颗粒的搅动、涡旋。此时的过滤床处于一种流体状态。反冲时，过滤床颗粒运动频繁，相互碰撞，可以有效清除养殖用水黏附在滤床颗粒上的杂物，达到清洗目的。反冲清洗完成后，水从专门的反冲水排放口排出。

由一组不同规格沙滤床构成的系列沙滤系统效果是最理想的。但若条件不具备，也可以用一个过滤罐组成独立过滤系统，虽然过滤速度较慢。独立过滤罐内部有系列过滤床，颗粒最细的在最上层，最粗的在最下层。这样设置的理由是，养殖用水杂物不会积聚在不同过滤床中间形成堵塞，反冲时，底部的粗颗粒最先下沉，保持沙滤层原有排列次序。这种独立过滤系统实际上只是上层最细颗粒床起过滤作用，而下层粗颗粒层只是起支撑作用，所以过滤效率较低。

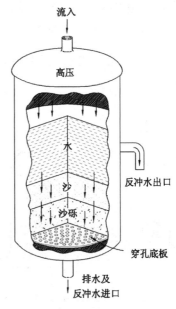

图3-1 沙滤罐结构示意图

资料来源：M. Landau, 1991

生产上所建造的沙滤池与沙滤罐原理结构基本类似，但体积大得多，通常在沙滤池最下层有较大的空间用于贮水，同时起到蓄水池的作用。

二、重力过滤（Gravitation filters）

重力可以使养殖用水中的水和比水重的颗粒分开，密度越大，分离越快。

1. 静水沉淀

这是一种在沉淀池中进行的简单而有效的过滤方法，利用重力作用使悬浮在水中的颗粒物沉淀至底部。在外界，水中的一些细小颗粒物始终处于运动中，而进入沉淀池后，水的运动逐步趋小，直至处于静止状态，水中颗粒物也不再随水波动，由于密度原因，渐渐沉于底部。这种廉价、简单的过滤方法可以去除养殖用水中大部分颗粒杂物。

2. 暗沉淀

一般大型沉淀池都在室外，虽然能沉淀大部分非生物颗粒，但一些小型浮游生物仍然因为光合作用分布在水的中上层，无法去除。如果将水抽入一个暗环境，则由于缺少光，无法进行光合作用，浮游植物会很快沉入底部，随之浮游动物也逐渐下沉。通过暗沉淀，可以有效去除水中的小型生物颗粒。

3. 絮凝剂沉淀

养殖用水在沉淀过程中如果加絮凝剂，则可加快沉淀速度。这是因为絮凝剂可以吸附无机固体颗粒、浮游生物、微生物等，形成云状絮凝物，从而加速下沉。常用的絮凝剂有硫酸铝、绿矾、硫酸亚铁、氯化铁、石灰、黏土等。根据不同的絮凝剂，适当调整

pH值，沉淀效果更好。

絮凝作用除了可以消除水中杂物外，还可以用来收集微藻。一种从甲壳动物几丁质中提取的壳多糖可以用来凝聚收集多种微藻，而且壳多糖没有任何毒副作用，适合用于食用微藻的收集。受海水离子的影响，絮凝作用在海水中效果较差，除非联合不同絮凝剂，或预先用臭氧处理水。

三、离心过滤（Centrifugation filters）

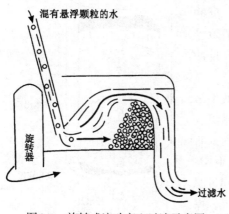

图3-2　旋转式流动离心过滤示意图

资料来源：M. Landau, 1991

沉淀过滤是由于重力作用将水中比重较重的颗粒物与比重较轻的水分离，如果增加对颗粒物的重力作用，则过滤速度会加快，这就是离心机的工作原理。许多做科学实验的学生对小型离心机用试管、烧瓶进行批量离心较熟悉，显然这种离心方法不可能用于养殖用水过滤。一种较大型的连续流动离心机（图3-2）可以达到目的。养殖用水从一端进入，经过离心机的作用，清水从另一端排出，颗粒物聚积在内部。这种离心机适用于小规模的养殖场，尤其是饵料培养用水。除了处理养殖用水，这种离心机也适用于收集微藻等。

四、生物过滤（Biological filters）

1. 生物过滤类型

几乎所有的水产养殖系统中都存在某种程度的人为的或自然的生物过滤，尤其在封闭式海水养殖系统中（如家庭观赏水族缸）中，生物过滤是不可或缺的。与机械过滤和重力过滤不同，生物过滤不是过滤颗粒杂物，而是去除溶解在水中的营养物质，更重要的是将营养物质从有毒形式（如氨氮）转化为毒性较小形式（如硝酸盐）。

在生物过滤中发挥主要作用的是自养细菌，尽管藻类、酵母、原生动物以及其他一些微型动物也起一些协助作用。这些自养菌往往在过滤基质材料上形成群落，产生一层生物膜。为使生物过滤细菌生长良好，生物膜稳定，人们设计了许多过滤装置如旋转盘式或鼓式滤器、浸没式滤床、水淋式过滤器、流床式生物滤器等，各有利弊。

（1）浸没式滤床（Submerged filter）是最常用的生物过滤器，也称水下沙砾滤床。破碎珊瑚、贝壳等通常被用作主要滤材，不仅有利于生物细菌生长，而且因这些材料含有碳酸钙成分，有利于缓冲水的pH值，营造稳定的水环境。生物过滤的基本流程见图3-3：水从养殖池（缸）流入到生物滤池，经过滤池（缸）材料后，再回到养殖池（缸）。当水接触到滤床材料时，滤器上的细菌吸收了部分有机废物，更重要的是将水中有毒的氨氮和亚硝酸氮氧化成毒性较低的硝酸氮。这一氧化反应对于细菌来说是一个获取能源的过程。浸没式滤床的一个主要缺点是氧化反应可能受到氧气不足的限制，一旦溶氧缺乏，就会大大降低反应的进行甚至停止。有的系统滤床材料本身就作为养殖池底的组成成分，此时，滤床就可能受到养殖生物如蟹类、底栖鱼类的干扰破坏，从而使生物过滤效果降低。

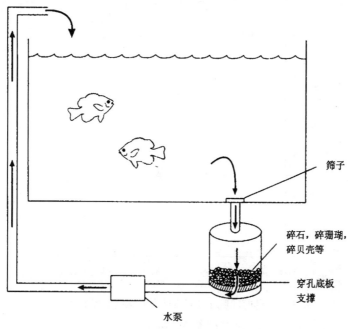

筛子

碎石，碎珊瑚，
碎贝壳等

穿孔底板
支撑

水泵

图3-3　浸没式生物过滤示意图

资料来源：M. Landau, 1991

（2）水淋式过滤器（Trickling filter）的最大优点是不会缺氧，过滤效果比浸没式高，缺点是系统一旦因某种原因，水流不畅，滤器缺水干燥，则滤材上的细菌及相关生物都将严重受损无法恢复。

（3）旋转盘式或鼓式滤器（Rotating disks/drums）也不受缺氧的限制，它的一半在水下，一半露在空中，慢慢旋转。滤盘一般用粗糙的材料，以利于细菌生长。滤鼓的外层包被一层网片，内部充填一些塑料颗粒物，增加滤材表面积，以利于细菌增长。

（4）流床式生物滤器（Fluidized bed bio-filter）是由一些较轻的滤材如塑料、沙子或颗粒碳等构成，滤材受滤器中的上升水流作用，始终悬浮于水中，因而不会发生类似浸没式滤床中的滤材阻碍水流经过的现象，保证溶解氧充足。有实验表明，这种滤器的去氨氮效果可以提高3倍。

2. 硝化作用（Nitrification）

动物，尤其是养殖动物在摄食人工投喂的高蛋白饲料后，其排泄物中的氮绝大部分是以氨氮或尿素形式排出的，尿素分解产生2分子的氨氮或铵离子（注意：氨氮和铵离子是一种可逆平衡，其各自浓度取决于温度和pH值浓度）（图3-4），氨氮是有毒的，必须从养殖系统中去除。

在生物滤床中，存在着一种亚硝化菌（*Nitrosomonas* spp.），它可以把强毒性的氨氮转化为毒性稍轻的亚硝酸盐：

$$NH_4^+ + 1.5O_2 \rightarrow NO_2^- + 2H^+ + H_2O$$

虽然亚硝酸盐比氨氮毒性要低些，但对养殖生物生长仍然有较大危害，需要去除。生物滤器中同时还存在着另一种细菌硝化菌（*Nitrobacteria* spp.），能够将亚硝酸盐进一步转化为硝酸盐：

$$NO_2^- + 0.5O_2 \rightarrow NO_3^-$$

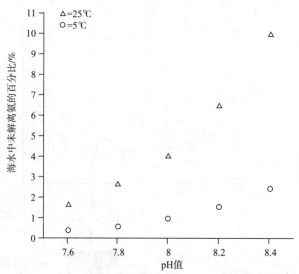

图3-4　不同温度、pH值条件下的氨氮浓度的百分比

资料来源：M. Landau, 1991

　　将氨氮转化为亚硝酸氮进而转化为硝酸盐的过程成为硝化反应（Nitrification reaction），参与此反应的细菌通称为硝化菌。注意，上述两步反应都是氧化反应，需要氧的参与，因此，反应能否顺利进行取决于水中的溶解氧浓度。还需关注的是反应中氮由氨氮中的-3价上升到硝酸盐中的+5价。

　　上述两类细菌自然存在于各种水体中，同样也会在养殖系统中形成稳定的群落，但对于一个新的养殖系统，需要一个过程，一般20~30 d，在海水中，形成过程通常比淡水长。如果要加快消化细菌群落的形成，可以取一部分已经成熟的养殖系统中的滤材加入新系统中，也可以直接加入市场研制的硝化菌成品。硝化菌群落是否稳定建立，生物膜是否成熟是该水体是否适合养殖的一个标志。

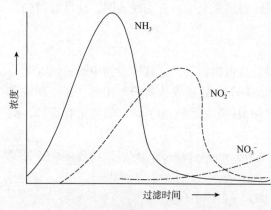

图3-5　在生物滤器中，氮的氧化过程

资料来源：M. Landau, 1991

　　如果对一个养殖系统进行氨氮化学检测，会发现在动物尚未放入系统之前，氨氮浓度处于一个峰值，如果有硝化菌存在，首先是氨氮被转化为亚硝酸盐，然后再转化为硝酸盐（图3-5）（检测实验最好在暗环境中进行，以消除植物或藻类对N吸收的影响）。

　　养殖者应该清楚，对于一个新建立的养殖系统，必须让系统中的硝化菌群落先建立，逐步成熟，能够进行氨氮转化，具备了生物过滤功能后，才能放养一定量的养殖动物。否则硝化菌无法去除或转化动物产生的大量氨氮，养殖动物就会氨氮中毒。

生物过滤的效率受众多因素的制约，首当其冲的是环境因子，如温度、光照、水中氨氮浓度以及系统中其他溶解性营养物质或污染物的多寡等，这些因素都会影响硝化细菌的新陈代谢作用。

生物滤器设计时需要重点考虑的是过滤材料颗粒的大小，过滤器体积与总水体体积之比，以及水流流过滤床的速度。但彼此之间是相互联系又相互制约的。如减小滤材颗粒大小可以增加细菌附着生长的基质面积，有利于细菌数量增加，因而促进生物过滤效率。但是太细的滤材颗粒又容易导致滤床堵塞，积成板块，影响水从滤床中通过，而且会在滤床中间产生缺氧区，导致氧化反应停止。为此，养殖用水在进入系统之前最好先进行机械过滤和重力过滤，减少颗粒杂物进入系统堵塞滤床，这样可以增加滤床的使用时间。另外有机颗粒如动物粪便等物质存留在滤床上，会导致异养菌群的繁殖，形成群落与自养菌争夺空间和氧气，降低硝化作用效率。在硝化菌群数量够大且稳定时，加快系统水流速度可以加快去除氨氮，虽然水在滤床中的停留时间会缩短。

所有生物滤器在持续使用一段时间后，最后总是会淤塞，水流不畅，氨氮去除效果降低。因此经过一段时间的运行，需要清洗滤床。通过虹吸等方法使滤材悬浮于水中清除滤床中的杂物。清洗过程会使生物膜受到一定的损伤，但水的流速加快了。总之，一个理想的滤床应该是既能支持大量硝化菌群生长又能使水流通过滤床，畅通无阻。对于生物滤器的设计制作有许多专业文献可供参考。

3. 其他生物过滤

硝化作用是最常见的生物过滤方法，此外，还有其他一些方法，如高等水生植物、海藻等也可以用作生物过滤材料，在条件合适时，这些生物的除氮能力和效率非常高。而且这类植物或藻类具有细菌所不具有的优点就是它们本身就是可被人类利用的水产品，可作为养殖副产品。缺点是如果将动物与植物混养在一起，会给收获带来较大的麻烦。除非将动植物的养殖区域分开（图3-6）。

反硝化作用过滤系统也可作为一种生物过滤方法，其原理是硝酸盐在缺氧状态下分解成氮气，起作用的是诸如气单胞杆菌等细菌。但是反硝化作用过滤系统比正常硝化作用系统难维持，这是因为首先一般养殖系统都是在氧气充足的条件下进行的，而反硝化作用却需要在几乎无氧状态下完成；其次反硝化作用需要有碳源（如甲醇）的加入，因为反应的终末产物是二氧化碳；另外如果在反应过程中溶解氧过高，而碳源不足，则会导致硝酸盐转化为亚硝酸盐，毒性增强，适得其反。

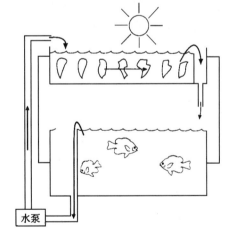

图3-6 水生动植物分养的生物过滤系统示意图

资料来源：M. Landau, 1991

五、化学过滤（chemical filters）

与生物过滤类似，化学过滤也是去除溶解于水中的物质。这些物质包括营养物质如氨氮等，而且还能去除一些硝化菌无法有效去除的物质。

1. 泡沫分馏

泡沫分馏的原理比较简单，将空气注入养殖水体中，产生泡沫，水中的一些疏水性溶质黏附于泡沫上，当泡沫从水表面溢出时，水中的溶解物质也随之得以去除（图3-7）。有时泡沫形成不明显，但位于泡沫分馏的表层水中所含的溶质浓度比底层高得多，可以适当排除以达到过滤效果。影响泡沫分馏的因素很多，如水的化学性质（pH值、温度、盐度），溶质的化学性质（稳定性、均衡性、相互作用、浓度等），分馏装置的设计（形状、深度）等，另外充气量、气泡大小等都会影响泡沫分馏的效果。

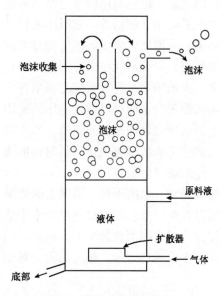

图3-7 泡沫分馏装置示意图

资料来源：M. Landau, 1991

2. 活性炭过滤

活性炭过滤是日常生活中常见的水过滤方法。也用于小型或室内水产养殖系统的水处理。一般是将活性炭颗粒放置在一个柱形、鼓形的塑料或金属容器中，水从容器的一端进入，在活性炭的作用下得以净化，贮留一定时间后再流入养殖池。活性炭的作用主要是去除浓度较低的非极性有机物以及吸附一些重金属离子，尤其是铜离子。用酸处理的活性炭也可以去除氨氮，但几乎不会用于水产养殖。

当水从活性炭过滤床的一端进入，靠近进水端的活性炭可以迅速吸附水中溶质分子，随着水流继续进入，很快进水口端的活性炭逐渐失去了吸附能力，吸附作用需要离进水口稍远的滤材，这样逐步向出水口转移，直至整个滤床的吸附趋于饱和，净化能力迅速衰减，此时系统处于临界点（图3-8），已无法继续净化水质，除非对活性炭进行重新处理或更换新滤床。

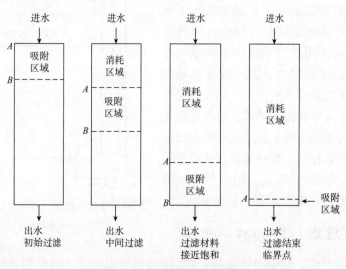

图3-8 活性炭过滤原理示意图

资料来源：M. Landau, 1991

活性炭过滤通常与生物过滤系统联合使用，起到净化完善作用。如果经过生物过滤的水中仍含有较高浓度的氨氮或亚硝酸氮，则细菌会很快在活性炭表面附着生长，堵塞活性炭表面微孔，从而降低其吸附作用。

活性炭的材料来源很广，可以是木屑、锯粉、果壳、优质煤等，将这些原料用一定的工艺设备精制而成。其生产过程大致可分为炭化→冷却→活化→洗涤等一系列工序。

活性炭净化水的原理是通过吸附水中的溶质起净化作用，因此活性炭的表面积越大，吸附能力越强，净化效果越好。在活化过程中，使活性炭颗粒表面高度不规则，形成大量裂缝孔隙，大大增加表面积，一般1 g活性炭的表面积可达$500\sim1\,400\ m^2$。

活性炭的吸附能力与许多因素相关。首先取决于溶质的特性尤其是其在水中的溶解度，越疏水，就越容易被吸附。其次是溶质颗粒对活性炭的亲和力（化学、电、范德华力）。另外与活性炭表面的已吸附的溶质数量直接相关，越是新活性炭滤床，具有更多的空隙，吸附能力越强。pH值由于能对溶质的离子电荷发生作用，因此也影响活性炭吸附能力。温度对活性炭的吸附能力也起作用。温度升高，分子活动加强，就会有更多的分子从活性炭表面的吸附状态逃离。

3. 离子交换

离子是带电荷的原子或原子团。有的带正电荷，如NH_4^+，Mg^{2+}，称为阳离子；有的带负电荷，如F^-，SO_4^{2-}，称为阴离子。

离子交换的材料通常是一类多孔的颗粒物，通称树脂。在加工成过滤材料时，有许多离子结合在其中。将树脂如同活性炭一样，放置在一个容器中制成滤床，当水流入树脂滤床时，原先与树脂结合的一些离子被释放出来，而原来水中一些人们不需要的离子与树脂结合，水中的离子和树脂中的离子实现了交换（图3-9），这一过程就称为离子交换。树脂可以根据需要制成阳离子交换树脂或阴离子树脂。树脂交换的能力有限，由于海水中各种阴、阳离子浓度太高，无法用于海水，一般只用于淡水养殖系统。

在水产养殖中使用最多的离子交换树脂是沸石（zeolite）。沸石是一种天然硅铝酸盐矿石，富含钠、钙等。沸石通常是用于废水处理，软化水质的，有些沸石如斜发沸石可以去除氨氮。各种树

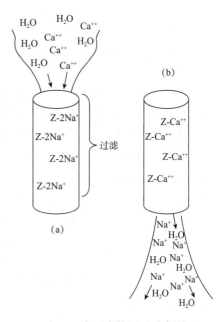

图3-9　离子交换原理示意图

资料来源：M. Landau, 1991

脂、沸石对于离子的交换有其特有的选择性，如斜发沸石对离子的亲和力从高到低依次是：K^+、NH_4^+、Na^+、Ca^{2+}、Mg^{2+}。离子交换的能力也受pH值的影响。

如果水体有机质含量较高的话，在离子交换之前先进行活性炭处理或者泡沫分馏，因为有机质很容易附着在树脂表面阻碍离子交换进行。被有机质附着的树脂滤床也可以用NaOH或盐酸清洗，但处理过程一定要谨慎，清洗不当，很可能影响其离子

交换功能。

在经过一段时间的水处理后，离子交换树脂会达到一种饱和状态，此时，需要进行更新处理。每一种树脂材料都需要有特殊的方法来处理。如斜发沸石的再处理方法是在pH值为11~12的条件下，将沸石置于2%的NaCl溶液中，用钠离子取代结合在树脂中的铵离子。其他树脂也有各自特别的方法来处理，一般生产厂家会有比较详细的说明。

第二节 消 毒

消毒（disinfecting）一词的意思是杀灭绝大多数可能进入养殖水体中的小型或微型生物，目的是防止这些生物可能带来疾病，或成为捕食者，或与养殖生物竞争食物和空间。消毒与灭菌（sterilization）一词意义不完全相同，后者是要消灭水中所有生命。从养殖角度讲，既无必要，也不现实，不经济。紫外线、臭氧和含氯消毒剂是水产养殖使用最广、效果最好的消毒方法。

一、紫外线

紫外线是波长在10~390 nm范围的电磁波，位于最长的X射线和最短的可见光之间。紫外线可以有效杀死水中的微生物，前提是紫外波必须照射到生物，而且被其吸收。一般认为紫外线杀菌的原理是源于紫外线能量，但其作用机理仍在探讨之中。有学者认为是由于细胞核中的分子因为吸收了紫外线后导致其不饱和键断裂，首当其冲的是嘌呤和嘧啶分子。消毒效果最好的紫外线波长是250~260 nm。

不同生物对紫外线的敏感程度各不相同，因此在消毒时，要根据实际情况调整控制紫外线波长和照射时间。紫外线通常被用于杀灭细菌、微藻以及无脊椎动物幼体，其实对杀灭病毒的效果也很好，如科赛奇病毒（coxsackie virus）、脊髓灰质炎病毒（polio virus）等。一般认为紫外线对于动物的卵或个体较大的生物杀灭效果较差，一种通俗的规则是：如果你肉眼可见，则常规紫外线就不易杀灭了。

在紫外线消毒过程中，影响消毒效果的因素有许多，当然最关键的是紫外线的强度和照射时间，相比之下，温度、pH值的影响显得很微小。

在纯水中，紫外线光波几乎没有被吸收，可以全部用于消毒，因此消毒效果最好。当水中溶解了物质以后，溶解颗粒会吸收紫外线的能量，因此溶解物大小和浓度对于紫外射线的强度就会产生影响。有实验证明，氨氮和有机氮对常规使用波长的紫外线的消毒效果有显著的影响。

由于紫外线消毒取决于射线的强度和照射时间，因此接受处理的水量越小，消毒越彻底。如果水量较大，则照射时间需要越长，水流速度越慢。因此这种消毒方法一般适合小规模水产养殖的水处理。紫外线消毒的优点是方法简便实用，消毒彻底，而且不会改变水的理化特性，水中没有任何残留，即使过量使用也无不良影响。

紫外线消毒系统生产厂家关注的焦点是光源即水银蒸气灯。它的工作原理是电流通过紫外灯时，激发汞原子回到初始低能量状态，同时发出紫外射线。生产上常用的紫外灯有两种形式：悬挂式和浸没式。

　　悬挂式紫外消毒由反射板和一组灯管组成，悬挂在即将通过水流的水槽上方10~20 cm，水槽可以设置一挡板控制水流（图3-10）。紫外灯的数量、间距、悬挂高度都必须确保紫外射线直接照射进所处理的水体，否则就是浪费紫外线能量。浸没式紫外消毒器是将紫外灯安置在石英管中，并将其安置在水流将流过的水槽内部（图3-11）。两种消毒器都需注意保持水银蒸气等的清洁。悬挂式要防止水溅，留下水迹，浸没式同样需要经常擦洗防止脏物黏附石英管表面，影响照射效果。

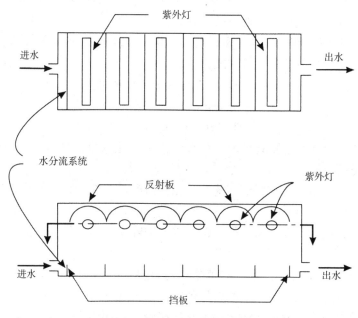

图3-10　悬挂式紫外消毒示意图

资料来源：M. Landau, 1991

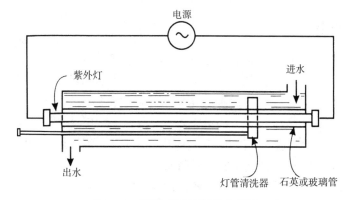

图3-11　浸没式紫外消毒示意图

资料来源：M. Landau, 1991

二、臭氧

　　臭氧（O_3）与氧分子属同素异形。由于臭氧可以有效去除水中异味、颜色，因此被广泛用于处理废水，在欧洲已有近百年的使用历史。20世纪末逐步推广使用于水产养殖，尤其是室内封闭系统养殖和苗种培育系统。

臭氧是一种不稳定的淡蓝色气体，带有一种特殊的气味。当臭氧进入水中还原为氧气时，会释放热量，提升水温。由于臭氧很不稳定，无法运输，因此水产养殖场都需要自购臭氧发生器，即产即用。臭氧发生器是使用一定频率的高压电流（4 000~30 000 V）制造高压电晕电场，使电场内或周围的氧分子发生电化学反应，从而产生臭氧。

臭氧作为高效消毒剂是因为它的强氧化性，同时它又具有很强的腐蚀性和危险性。臭氧可以与塑料制品发生反应，但对玻璃和陶瓷没有作用。臭氧杀灭病毒的效果最好，对细菌效果也很好，作用机理是通过破坏其细胞壁。

臭氧在水中的溶解度比氧高得多，约为570 mg/L（水温20℃），是氧气的几十倍，但小于氯气。其溶于水后的反应方程式如下。

$$O_3 + H_2O \rightarrow HO_3^+ + OH^- \rightarrow 2HO_2$$
$$HO_2 + O_3 \rightarrow HO + 2O_2$$
$$HO + HO_2 \rightarrow H_2O + O_2$$

自由基HO_2和HO都是强氧化剂，在水中很快转化为O_2，HO_2和HO在水中作用的原理可能有以下两方面。

（1）无机的：如将硫化物或亚硫化物转化为硫酸盐，亚硝酸盐转化为硝酸盐，氯化物转化为氯，亚铁、镁离子转化为不溶于水的离子形态形成沉淀。

（2）有机的：通过破坏有机物的不饱和键而消除腐殖酸、农药、酚类及其他有机物的危害性。

经过臭氧处理的水对某些水产养殖品种是有害的，尽管臭氧在水中很快就分解为氧。如果经过臭氧处理的水再用活性炭处理，就不再有危害。

臭氧消毒效果取决于气体与微生物的直接接触，接触面小，效果就差。因此在臭氧处理水时，需要确保气体与水的充分混合，一般通过充气就可以达到臭氧与水充分混合的目的。

三、氯化作用

氯气（含氯消毒剂）是最常使用的消毒产品，价格低廉，使用方便，形式多样，广泛应用于工、农业及日常生活中，在水产养殖中应用也越来越广泛。氯气是一种绿黄色气体，具有强烈的刺鼻气味，可以通过电解NaCl进行商业化生产。市场上销售的含氯消毒剂有多种形式，如高压状态下的液态氯气，干粉状的次氯酸钙，$Ca(ClO)_2$，或液体的次氯酸钠，NaClO。氯气易溶于水，在20℃条件下，溶解度为700 mg/L，与其他卤素元素一样，氯也是因其强氧化功能而杀菌的。

当氯气与水混合时，迅速形成次氯酸，HClO

$$Cl_2 + H_2O \rightarrow HClO + H^+ + Cl^-$$

次氯酸是弱酸，会进一步分解成次氯酸根离子，ClO^-

$$HClO \rightleftharpoons H^+ + ClO^-$$

显然上述反应与pH值关系密切，当pH值降低，次氯酸浓度升高，当pH值为4时，所有氯都转化为次氯酸，而pH值为11时，只有0.03%的氯转化为次氯酸，而99.97%以次氯酸根的形式存在。由于水产养殖中存在各种不同的pH值，因此次氯酸和次氯酸根也就同时存在。HClO 和 ClO⁻ 通常被称为游离氯，游离氯的氧化功能比氯气分子强很多。

氯的杀菌机制到目前为止还不是很清楚。一种观点认为，氯进入细胞后与一些酶发生反应，这是基于氯容易与含氮化合物结合，而酶就是一类蛋白质，由许多含氮的氨基酸所构成。自由氯越容易穿透细胞膜进入细胞，其杀菌效果就越好。实验表明，次氯酸比次氯酸离子更容易进入细胞，因此其消毒效果更好。这也就是为什么含氯消毒剂在低 pH 值条件下消毒效果更好的原因。

在讨论氯化学时，还有一些专用术语需要加以关注。水中没有与其他物质结合反应的 HClO 和 ClO⁻ 称为自由余氯（free residual chlorine）；与水中所有有机物和非有机溶解物发生反应所需的氯的数量称为需氯量（chlorine demand）。氯与水中氨氮反应产生氯胺（cloriamines），氯胺也具有杀菌效果，其数量反映了水中综合有效氯的含量。氯胺的消毒反应比自由氯慢，但在高 pH 值条件下，速度加快。

当水中加入足够的有效氯后，会导致氯直接将氨氮氧化成为氮分子（N_2），这一反应称为断点反应（breakpoint reaction），其反应式如下：

$$NH_4^+ + 1.5HClO \rightarrow 0.5N_2 + 1.5H_2O + 2.5H^+ + 1.5Cl^-$$

注意，上式中有一项反应产物是 Cl^-，它可以与水结合再产生 HClO。

有余氯残留的水不适宜进行水产养殖，必须在放养生物之前去除余氯。去除余氯的方法有很多种。如果余氯残留量很大，则用二氧化硫处理效果最好。通过添加二氧化硫使氯转化为氯化物或亚硫酸盐，进而转化为硫酸盐离子。但此种方法比较适宜于较小的水体，对于大规模的水产养殖用水未必合适。其他去除余氯的方法有离子交换，充气、贮存，活性炭等。氯胺不像氯能够被活性炭处理。一般在低 pH 值条件下，余氯的去除效果较好。

除了处理养殖用水，其他进排水管道、养殖池底、池壁也大多用含氯消毒剂进行处理。

第三节　充　　气

对于水产养殖者来说，有一项十分关键的指标就是水中的氧气含量，也就是溶解氧（DO）。所有的动物都需要氧气维持生命。植物虽然在阳光充足的条件下能通过光合作用来制造氧气，但在晚上或阴天，也需要耗氧。因此，作为一个水产工作者，不能只依靠植物制造的氧气来维持动物的生存，尤其在养殖密度较大的情况下。溶解氧的需求因养殖动物的生存状况、水温、放养密度以及水质条件等而不同。

增加水中氧气的方法有多种，最常用的是将空气与水混合，使空气中的氧气（占空气的21%）穿过气/液界面，溶解于水中。氧气溶解于水受以下因素制约：①浓度梯度：如果水中氧气浓度较低，则溶解较快；②温度：随着温度的升高，溶解度降低；③水的纯度：水中溶质影响氧气的溶解，即盐度越高溶解度越低；④水的表面积：多数情况下，与空气接触的水表面积是影响氧气溶解度的最重要因子，通过增加空气与水的接触面，可有效增加溶解氧的浓度。大多数增氧技术就是根据这一原理而设计的。

另外需要考虑的是水的垂直运动。在一个相对静止的池塘，表层水通常溶解氧很高，而底部却很低。因此在养殖时，要设法使池水进行垂直运动，即使底部水上升到表层，而表层含氧量高的水降到底部，从而避免底部因缺氧而形成厌氧状态。此类问题在夏天特别容易发生，因为夏天的池塘容易形成温跃层，阻隔上下水层的交流。

充气系统大致可以分为四类：重力充气、表层充气、扩散充气以及涡轮充气。

一、重力充气

重力充气是最常见和实用的充气方法，其原理是将水提升到池塘或水槽的上方，使水具有重力势能，等其下落时势能转化为动能，使水破散成为水珠、水滴或水雾，充分扩大了水与空气的接触面，从而增加氧气的溶入。

二、表层充气

表层充气与重力充气有相似的原理，利用一些机械装置搅动表层养殖水体，将水搅动至水面上，然后落回池塘或水槽，增加水与空气的接触，从而达到增氧的目的。通常有如下几种形式：水龙式、喷泉式、漂浮动力叶轮式。

1.水龙式

水龙式充气常用于圆形的养殖水槽。水通过一个水龙注入水槽水面，由于水压动力通过水龙射入水体，使水体流动，不仅起到增氧的目的，而且还能形成一股圆形的水流。

2.喷泉式

喷泉式充气是通过一种螺旋桨实现的。螺旋桨一般设置在水面以下，旋转时，将表层和亚表层的水搅动至空气中。氧气的溶解度取决于螺旋桨的尺寸大小，设置深度以及旋转速度。

图3-12　叶轮式增氧机

3.漂浮叶轮式

漂浮叶轮式是一种流行的增氧方式（图3-12）。与螺旋桨式不同，这种方式增氧其机械装置是浮在水面的，而旋转的叶轮一半在水面，另一半在水下。这种方式增氧效果好，能量利用率最高。通过叶轮驱动水体，不仅达到增氧效果，而且还能使池水产生垂直流动和水平流动。这种机械装置可以多个并列同时工作。其增氧效果同样取决于叶轮的大小和旋转速度。

三、扩散充气

扩散充气的作用也是使水和空气充分接触，所不同的是将空气充进水体，氧气通过在水中形成的气泡扩散至水中。扩散充气的效果取决于气泡在水中停留的时间，停留时间越长，溶入水中的氧气越多。如果需要，充入水中的可以不是空气，而是纯氧。由于氧浓度梯度差之故，纯氧的增氧效果远好于压缩空气，但纯氧的成本也比压缩空气高。

扩散充气装置也有多种，如简单扩散器、文丘里（venturi）管扩散器、U型管扩散器等。

气石是最常用的空气扩散器，将一个连接充气管的气石放置于养殖池池底，气石周围即会冒出许多大小不等的气泡，这些气泡从水底一直漂浮到水面，氧气通过气泡溶入水中。在气泡上升过程中，一些小气泡在水中不容易破裂，可以一直升到水表层，从而带动一部分底层水上升，有助于池水的混合，均匀分布。

文丘里扩散器是通过压力下降使水流高速流过一个限制装置（图3-13），在这限制装置中，有一个与空气联通的开口，在水流高速流过这个限制装置时，会有一部分空气通过开口进入水流，产生水泡，氧气溶入水中。这种扩散器的优点是不需要专门的空气压缩器。

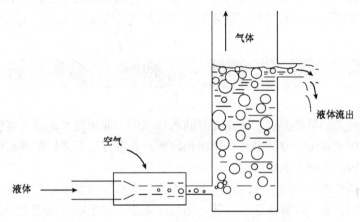

图3-13 文丘里（venturi）气体扩散器示意图

资料来源：M. Landau, 1991

U型管扩散器的设计较简单，其原理是增加气泡在水中的驻留时间。水从U型管一端流入，同时注入空气形成气泡，水流的速度要比气泡上升的速度快，保证气泡能沉至底部，然后从另一端上升随水溢出（图3-14）。氧气的溶解度与气体的成分（空气还是纯氧）、气泡的流速、水流的速度、U型管的深度相关。

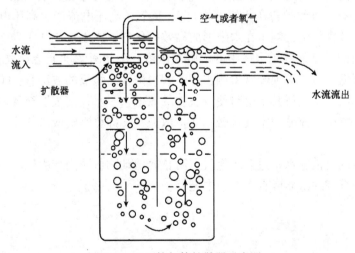

图3-14 U型管气体扩散器示意图

资料来源：M. Landau, 1991

第四节 除 气

充气是往水中注入气体如氧气，而除气是消除水中的气体如氮气。由于氮气是大气中的主要气体，占78%，因此，溶于水中的主要气体也是它。高浓度的氮气溶于水中会达到过饱和状态，从而引起水生动物气泡病（即在鱼类、贝类等生物血液内产生气泡）。气体过饱和是一种不稳定状态，通常由于池塘养殖水体在遇到物理条件异常变化如温度、压力等而发生。一般水生生物可以在轻度气体过饱和状态（101%~103%）下生活。水中氮气过多的话，可以通过真空除氮器或注入氧气等方法消除。

小 结

鱼类、甲壳类和贝类必须生活在良好的水环境中。养殖用水在进入养殖系统之前可以通过物理、化学和生物方法进行处理得到改善。处理方法需要根据养殖生物种类、养殖系统以及水源的不同来选择应用。

除去水中颗粒物可以增加水的透明度，为藻类生长带来更多阳光，也可以防止它们黏附动物鳃组织，影响呼吸或堵塞水管，还可以防止一些生物颗粒成为潜在的捕食者和生存竞争者。机械过滤可以消除一些大颗粒物，而沉淀过滤则可以使一些比水略重的颗粒物沉降到底部。溶解性营养物质会导致一些微藻和细菌过量繁殖，而且对养殖生物也可能有直接危害，可以通过生物过滤方法予以去除，主要是通过一些细菌将氨氮转化为硝酸盐。水中营养物质或一些溶质也可以通过化学过滤方法予以去除如活性炭和离子交换树脂，前者是利用溶质的疏水性质，后者是通过树脂中的无害离子与水中相同电荷的有害离子进行交换。

养殖用水需要消毒处理，以防止微生物和一些动物幼体在养殖系统中生长繁殖。通常的消毒方法有紫外线消毒（水银蒸汽灯）、臭氧（高压电流产生高压电晕电场激发氧化学反应）以及含氯消毒剂（在水中形成高效氧化剂，$HClO$、OCl^-）。

充气的目的是增加养殖水体中的溶解氧浓度。溶解氧浓度低会导致动物生长缓慢，食物消化率降低，所以必须经常检测水中溶解氧浓度。增氧的方法有：①重力充气，即提升部分水体离开水面待其下落时使空气中的氧融入于水；②表层充气，利用机械装置搅动表层水至空中，充分与空气接触；③扩散充气，即将空气或氧气注入水中形成气泡使氧溶于水。

除气的目的是消除水中过多的氮气以防止养殖动物血液内产生气泡导致气泡病。消除方法有使用真空除氮器或直接在水中充氧。

第四章 水产苗种培育设施

我国水产养殖业的快速发展，主要得益于种苗繁育技术和饲料开发两方面的突破性进展，尤其是人工种苗繁育技术，破除了特定品种养殖的首要制约因素。而规模化种苗繁育技术的突破，除了得益于对特定养殖对象生物学的了解，更离不开种苗培育设施等硬件的支撑。本章介绍水产苗种培育设施。

第一节 水产苗种场的选址及规划设计

一、水产种苗场的选址

为了实现稳定、高效、大规模地进行苗种培育，在选择繁育场场址时，应首先对候选地点的各种条件进行充分的调查。育苗场场址的选择非常重要。总的原则是要利于大规模生产，易于建设，节约投资。因此，在选择繁育场场址时，应考虑到以下几方面。

（1）地理条件。靠近江河湖海、地势相对平坦，最好在避风内湾有一定高度的地方，便于取水和排水，方向宜坐北朝南。

（2）水质状况。能够抽取到水质良好的海水或淡水，水质无污染，无工厂废水排入，远离码头、密集生活区，水质符合渔业用水标准。若是海水种类的苗种培育场，周年盐度相对稳定，受江河水流影响小，悬浊物少等；同时要有充足的淡水水源，以解决生活用水、种苗淡化等用水。

（3）交通运输。交通要方便，不仅有利于建场时的材料运输，而且有利于建场后苗种生产中饵料、材料的运进及种苗的进出等。

（4）电力设备。必须有充足和持续的电力供应，除有配电供应外，还需自备发电设备，以备停电时应急使用。

（5）其他。还需考虑周边人力资源、贸易状况、人文、治安环境等因素。

二、育苗场的规划设计

育苗场选好建厂地址后，要做一个规划或方案设计。首先要确定生产规模，也就是需要确定育苗水体。以对虾育苗厂为例，一般培育 1 cm 以上虾苗的实际水体平均密度为 $(5\sim10)\times10^4$ 尾/m^3。育苗厂可依此标准根据计划育苗量计算虾苗培育池总水体，再根据拟定的育苗池水深计算出池子的面积，由这个面积数，按照对虾育苗室建筑面积利用率 80% 左右的比例，可以计算出育苗室总建筑面积。至于饵料培养室的水体、面积，可以根据育苗池的情况相应地按比例进行匹配，育苗池、动物性饵料池、植物性饵料池水体比以 1∶0.1∶0.2 为宜。一般育苗厂的设计规模分大、中、小三类，育苗水体在 2 000 m³ 以上的为大型，1 000~2 000 m³ 为中型，500~1 000 m³ 为小型。因育苗的种类、育苗企业的经济实力的不同，育苗厂的设施及布局也有差异，应尽可能结合当地的具体情况，设计出效率高、造价低的育苗厂。在设计生产规模时，一定要考虑多品种生产的兼容性。

育苗场的设计配套合理与否，将直接影响将来苗种的生产能力以及建场后的经济效益。因此，育苗场的总体布局，要根据场地的实际地形、地质等客观因素来确定。总体布局要尽量合理适宜，应符合生产工艺要求，需考虑包括水、饵、苗、电、热、气等几大系统，流程要尽量利用高差自流，各类水、电、气、热、饵等管线要力争布局简捷。总体布局要一次规划，但可分期实施，绝不能边建边想逐年扩建，导致破坏总体布局的合理性，使操作工序烦琐。设计育苗场各建筑物和构筑物的平面布局主要原则如下。

（1）育苗室与动、植物饵料培育室相邻布置；水质分析及生物监测室应与育苗室设在一起，并应设在当地育苗季节最大频率风向的上风侧。

（2）锅炉房及鼓风机房适当远离育苗室，并处于最大频率风向的下风侧。

（3）变配电室应单独布置，并尽量靠近用电负荷最大的设备。

（4）水泵房、蓄水池和沉淀池相邻布置在取水口附近。

（5）需要设预热池时，应靠近锅炉房及育苗室。

（6）各建筑物、构筑物之间的间距应符合防火间距要求，即根据建筑物的耐火等级，按照《工业与民用建筑防火规范》的有关规定执行。

（7）场区交通间距应符合规定，即各建筑物之间的间距应大于 6 m，分开建设的育苗室和饵料培育室的间距应大于 8 m，育苗室四周应留出 5 t 卡车的通行空间。

（8）育苗厂应利用地形高差，从高到低按沉淀池、饵料培育室、育苗室的顺序布置，以形成自流式的供水系统，育苗室最低排污口的标高应高于当地育苗期间最高潮位 0.5 m。

根据水产苗种生产的工艺流程，苗种生产的主要设施应包括供水系统、供电系统、供气系统、供热系统、育苗车间及其他附属设施和器具等。图4-1和图4-2分别显示了两个对虾苗种培育场的整体布局。其他如蟹类或贝类育苗场基本布局与此大同小异，可以相互参考。

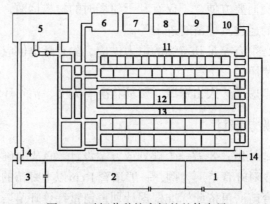

图4-1　对虾苗种培育场的整体布局

1.亲虾暂养池（土池）；2.潮差式蓄水池；3.沉淀池；4.水泵房；5.高位水池（水塔）；6.锅炉房；7.实验室；8.仓库；9.配电室（发电室）；10.鼓风机房；11.饵料微藻培养室；12.轮虫培养和卤虫孵化室；13.幼体培育室；14.排水沟

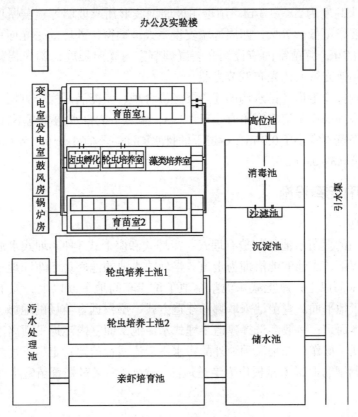

图 4-2　对虾苗种培育场的整体布局

资料来源：王克行，2008

第二节　育苗车间

育苗车间是苗种培育场的核心生产区。一般包括种苗培育设施、饵料培育设施、亲本培育设施、催产孵化设施等。繁育不同水产生物种苗的育苗车间有所差异，如海藻繁育就不需要饵料培养设施；贝类繁育则需要更多的植物性饵料培养设施；而鱼类繁育则通常需要有催产孵化设施。为了提高育苗厂的利用率，需要多种类（虾、蟹、贝、鱼），多品种育苗生产，有的甚至要求达到常年生产的目标，因此，育苗厂的工艺设计上要能满足多功能育苗要求，育苗设施的设计强调统筹兼顾，强调设备的配套，增大设备容量。

大多数水产生物人工育苗生产过程需要控温与控光，以便将环境因子控制在特定水产种苗生长发育适宜的范围内，从而提高种苗培育成活率和效率，因此要建造育苗室。育苗室的总体要求是结构既要有利于透光和调光保温，又要通风和抗风，经久耐用。育苗室多采用温室型，为了减少气温对水温的影响，要求尽量减少室内空间，但必须满足生产操作的要求。育苗室屋架一般采用小坡度轻型拱形屋架，具有造价低、建筑空间比较宽敞的特点，屋架用料常用自重轻的角钢、槽钢、钢管等，屋面倾斜坡度为30°左右为宜，檐头高度为2.8～3.3 m。用透明玻璃钢波形瓦或玻璃等覆盖屋顶，透明玻璃钢瓦的透光率要求不低于70%；四周外墙安设高大玻璃窗，外墙的采光面积不小于育苗室建筑面积的1/10；育苗室内应设调光装置调节室内光照强度，调光装置设在屋面下和窗内侧，可用遮光帘或遮光布调节光照。

育苗室内操作走道及排水沟的建造要经济合理，要能满足操作方便、排水通畅的要求；育苗室中间操作走道净宽不宜小于1.2 m，走道下的排水沟净宽不宜小于1.0 m；墙边操作走道净宽不宜小于0.8 m，走道下的排水沟净宽不宜小于0.8 m。沟底标高应比池底排水管底低0.3～0.4 m。

一、苗种培育设施

1.育苗池

育苗室内的育苗水池的建造有埋式、半埋式和座上式3种。埋式水池整个池子位于车间地平面以下，水池的池沿即为走道；半埋式水池的池底位于车间地平面以下，而池壁部分在地平面以上；座上式水池整个池子位于车间地平面以上，池子底部与地平面齐平或略高于地平面。育苗池采取哪种建造方式，要根据育苗场的地势、地形、繁育种类及建造成本而定；一般多选择建造半埋式水泥池，即室内走道平面离池沿0.7～0.8 m，这样做一是便于操作，二是流到池外的污水不会流回育苗池；走道下可放置管路，管路之上放置预制钢筋混凝土盖板作为走道地面。图4-3为某对虾育苗室半埋式水池的横断面图。

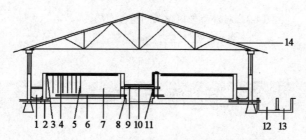

图4-3 对虾育苗室半埋式水池的横断面

资料来源：王克行，2008

1.室内排水沟；2.排水管；3.输气管；4.输气支管；5.输气软管；6.散热管；7.育苗池；8.供热回水管；9.供热进水管；10.桥板；11.供水管；12.集苗槽；13.室外排水沟；14.玻璃钢瓦

育苗池一般为水泥池，大小以每个池容纳20～100 m³水体为宜，以30～50 m³水体的育苗池操作管理较为方便，若太大则不利操作，水交换也不好，若太小则降低了利用面积。池形以长方形为好，以利于吸污、投饵等操作。但需要指出的是，育苗池的大小和性状要根据苗场繁育的主要品种的生产需求同时兼顾其他品种而设计。

对虾育苗池的平面形状通常以长宽比为2：1的长方形为好，池深为1.5～1.8 m，容积在10～50 m³为好。罗氏沼虾育苗池一般要比对虾育苗池小而浅，形状以长条形为主，一般池深为1.0～1.5 m，宽为1.5～2.0 m，长为4～6 m，容积多在6～10 m³为好。

海水鱼类苗种培育池以方形池、圆形池或八角形池为好，池深为1.2～1.5 m，容积在20～50 m³为好，且池底向排水处有一定的斜坡（图4-4和图4-5）。

海带育苗车间的育苗池一般为长方形池子，池深一般为30~40 cm。在进水端的池壁上有2~3个进水孔，进水孔应高于育苗池水面10~15 cm，利用自然落差形成水流，另一端有一个排水孔。

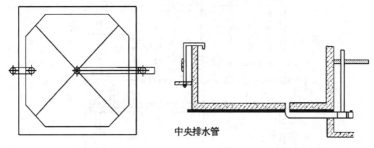

中央排水管

图4-4　海水鱼类育苗池的平面及剖面示意

如果地形允许，育苗车间的走向最好为东西走向，车间内矩形育苗池的布局通常为两排布局或4排布局，每两个池子为一组，排间距为1.0~1.5 m，组间距为0.5 m（图4-6）。

图4-5　海水鱼类育苗池　　　　　图4-6　育苗车间内育苗池的布局（一角）

育苗池池壁及池底可用钢筋混凝土结构，池壁也可用水泥砂浆砖砌结构，在高度为0.8 m处加一道圈梁。池底基础要求在地基上填土夯实，以30 cm三七灰土或15 cm地瓜石灌浆作为基础。池壁及池底均以5层防水做法抹面，要求平整光滑。池转角处为弧形；池底倾斜坡度为2%~3%，以利于清池排污。在池底最低处排水（排污）孔，便于排水（排污）和出苗。与排水口相连的管道埋于基础上，伸向育苗池外的出苗井，管端以阀门控制。一个育苗池或两个育苗池配一个出苗井，规格为1.2 m×1.0 m×0.8 m。出苗井底应低于育苗池底排水孔0.4 m以上，以便于出苗网箱的放置和出苗操作。出苗井要有排水设施，设闸板控制水位。

育苗池还应设有进水、加温、充气管道，必要时加设淡水管道。各种管道安装要稳固、安全、操作与便于维修。图4-7为某对虾育苗池中相应管道的布局。

2.幼体培育水槽

除了育苗池外，有时根据生产及试验的需要，还可以配备一些大小在1~5 m³的玻璃钢水槽，作为实验性苗种培育用。幼体培育水槽的形状多为圆形、椭圆形或矩形。图

4-8和图4-9分别为某海水鱼类育苗场及某虾类育苗场的幼体培育水槽。

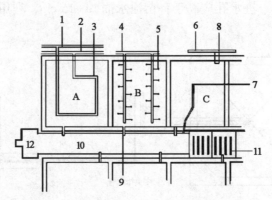

图4-7 对虾育苗池中相应管道的布局

A.加热管道；B.充气系统；C.进排水系统

1.供热管；2.回水管；3.加热管；4.送气管；5.散气石；6.供水管；7.换水器；
8.水龙头；9.出水口；10.排水沟；11.排水沟盖板；12.集苗槽

图4-8 鱼类育苗场的圆形鱼苗培育水槽

图4-9 虾类育苗场的矩形虾苗培育水槽

二、饵料培养池

生物饵料是水产动物苗种阶段优良的饵料，因此水产动物苗种繁育场必须配备一定体积的生物饵料培养池。生物饵料培养池主要包括动物性饵料培养池和植物性饵料培养池。饵料培养池的基本结构与育苗池相同，面积视育苗方式、规模和使用饵料的种类不同而异。

在双壳贝类育苗生产中，由于贝类幼体以单细胞藻类为饵料，所以只需植物性饵料培养池。在头足类、鱼类及甲壳类幼体发育过程中，其生物饵料（含间接饵料）除了单细胞藻类之外，还需要有轮虫、卤虫无节幼体及桡足类等生物饵料，因此，在头足类、鱼类和甲壳类育苗生产中，除了要有单细胞藻类培养池外，还需要有轮虫培养池、卤虫孵化池等饵料培养池。

在对虾育苗生产中，若用生物饵料作为对虾育苗的饵料，饵料池面积占育苗水体的比例大，若采用非生物饵料为主的育苗方法，可以不设专用饵料培养池。但是，育苗生产实践表明，单细胞藻类作为对虾育苗前期的饵料，育苗成活率较高，育苗能稳产高产。因此，不少地区采用单细胞藻类和卤虫，并适当加非生物饵料的方法培育幼体。

1.单细胞藻类培养设施

单细胞藻类的培养一般分三级进行，一级为培养藻种，一般在三角烧瓶及100 L以下的透明密闭容器中进行。二级为扩大培养，在室内面积为5 m²、水深为0.8 m内壁贴白色瓷砖的水泥池内进行或在密封的各种光生物反应器及培养桶、培养袋中进行（图4-10和图4-11）。饵料室要求光照强度在晴天为10 000~20 000 lx，屋顶及墙面必须透光性好，一般用玻璃或透明玻璃钢瓦覆顶，外墙玻璃窗采光面积不小于饵料室建筑面积的1/10。饵料室要起着保温、防雨和调节光照的作用。三级为生产性培养，可在室内育苗池或室外跑道式水泥池中进行（图4-12）。

图4-10　用于饵料微藻二级培养的柱状光生物反应器

图4-11　用于饵料微藻二级培养的柱状培养袋

图4-12　用于微藻三级培养的循环跑道式培养池

2.轮虫培养池

轮虫培养可借用育苗池或玻璃钢及PVC水槽（图4-13），也可在室外土池进行培育。

图4-13　鱼类育苗场用于轮虫培养及营养强化的培养水槽

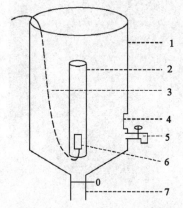

图4-14　卤虫卵孵化水槽示意图

1.不透明槽壁；2.气升导管；3.输气管；4.透明窗；5.无节幼体收集口；6.气石；7.排污口

3.卤虫卵孵化池

卤虫卵孵化池可用砖、石砌成的水泥池或玻璃钢水槽（图4-14），体积为 $1 \sim 10 \ m^3$。卤虫卵孵化过程中需要有光照，且要有合适的温度及充足的氧气，因此孵化池需要安装有照明、加热及充气装置。孵化容器的底部以锥形漏斗状为好。在这种容器中孵化，容器底部放一气石，充气后不易形成死角，虫卵在容器内上下翻滚，始终保持悬浮状态，不会堆积在一起，影响孵化效果。

三、亲本培养设施

亲本培育室结构上同育苗室，要求具有加温、遮光设施。

亲虾培育要求室内光照非常暗，一般保持500 lx左右，因此，必须用黑布或黑塑料布作为遮光帘遮住房顶和窗外射入的强光，可将挂帘横杆固定在屋架下面，以手动或电动开关控制遮光帘的遮与开。为避免亲虾有时因跳跃或急游，碰到池壁而受伤，在离开池壁10 cm左右的地方可挂一圈小网目网衣，使亲虾碰不到池壁。在设计培育池时应在池沿上预埋好挂网的钩。为了设计合理和节约费用，兼作越冬池用的池子最好安排一个独立单元，将加温、遮光、防碰的设计一并加上。一般情况下，规格较大的育苗池可兼作越冬池或亲本培育池。但对于一些产浮性卵的海水鱼类而言，为了方便收集受精卵，通常需在亲鱼成熟前将其转移到产卵池中。

四、催产孵化设施

虾类亲本培育池可兼作产卵池，受精卵收集后移入育苗池孵化。为了提高受精卵的孵化效果，可考虑建小型的产卵孵化池，让亲虾产卵孵化后，将幼体收集起来移入育苗池培育。一般产卵孵化池面积为 5~10 m²，水深为 1.0~1.2 m。

贝类的产卵池通常与育苗池通用。一般讲，将亲贝用笼子或网箱吊挂在育苗池中产卵受精，待池子中受精卵的密度达到预定的布卵密度后，将亲贝连同网箱（笼子）一并移走，受精卵在育苗池中孵化并转入培育阶段。

蟹类的孵化池也与育苗池通用。将培育好的行将孵化出幼体的亲蟹用笼子吊挂在育苗池中孵化，待池子中幼体密度达到预定的布苗密度后，将亲蟹连同笼子一并移走，幼体在育苗池中培育。

鱼类的催产孵化通常需要有专门的催产孵化设施。

1. 鱼类产卵池

亲鱼蓄养培育产卵池的面积一般为 20~100 m³，最好为 50~100 m³。形状有圆形、八角形、方形等，以圆形为好。圆形或八角形池，排水口设在池底中央，池底边缘略向中央排水口倾斜，倾斜度为 3%~5%。由排水管通向排水沟。进水管向池壁倾斜以利于形成水流，并将污物集于水池中央然后由排水口排出。在亲鱼产卵池水面下 20~30 cm 开 1~2 个口通向集卵槽，在集卵口处装上一个用直径为 8~10 cm 管材剖成两半的管片，利用池子形成旋转的水流将卵子导入集卵槽（图4-15）。

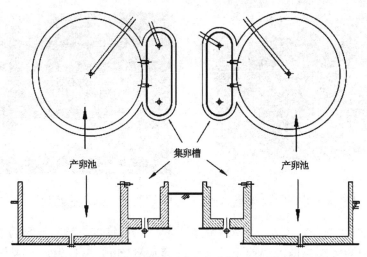

图4-15　亲鱼产卵池平面（上）和剖面（下）示意图

2. 鱼类受精卵孵化设施

为了顺利地进行孵化，有必要寻找合适的孵化器。几十年来，各国专家学者和养殖工作者制作了多种形式的孵化器。具体因鱼类受精卵的孵化所需的条件而定。淡水的四大家鱼等种类属于敞水性产卵类型，其卵子的孵化需要充足的溶解氧和一定的水流，人工孵化时需要创造适宜的孵化条件，常在家鱼孵化桶、孵化环道及孵化水槽中进行孵化。而大多数海水鱼类产浮性卵，对水流的要求不大。目前国内海水鱼卵孵化常在孵化水池、孵化网箱和海水鱼孵化桶中进行。

（1）孵化水池。浮性海水鱼卵人工孵化可用玻璃钢水槽、强化玻璃钢（FRP）水槽、聚碳酸酯水槽，容积约为 0.5~8 m^3（水深 0.8~1.0 m）。圆形或方形水泥池，面积为 4~10 m^2，池深为 0.6~1.0 m。孵化水槽基本同幼体培育水槽。孵化过程中视种类及孵化进程调节充气及水质。

（2）海水鱼孵化桶。用塑料、玻璃纤维材料等制成的孵化器，形状多为圆形，内壁光滑，一般容水量为 250 L 左右（图4-16）。每 50 L 水可放受精卵 5 万~10 万粒。水源从孵化桶面靠边流入，排水管设在孵化桶的中央，排水管外包 60 目的筛绢网，以防受精卵流失。要注意调节水的流速，并在排水管底部放一散气石，以增加水中溶解氧和使受精卵分布均匀，避免受精卵随水流集中在排水管周围。孵化桶放卵密度大，孵化率高，操作轻便灵活。当孵化卵是卵粒较大的沉性卵时，采用锥形底的孵化桶效果较好。

（3）孵化网箱。孵化用的网箱比较小，且简单、使用方便，可置于室内外静水或流水池中，大小可依需要而定，以 1.5 m×1.0 m 左右较为方便。网袋用 80 目左右的筛绢制成，系于木框或 PVC 管架之上，置于水池或海上鱼排的网箱中。可在网箱底部安置通气石，用空气压缩机送气，以促进水的循环以增加溶氧，同时使卵翻滚并均匀分布箱内，箱底要绷平，防止风浪使卵子堆集一角。孵化期间，要经常用水冲洗或用软毛刷刷去网箱布上附着的污物，保持水流畅通。在室外使用时，可加上盖网，以免污物落入和日光暴晒（图4-17）。

图4-16　海水鱼繁殖中用的受精卵孵化桶　　图4-17　海水鱼繁殖中用的受精卵孵化网箱

（4）家鱼孵化桶。家鱼人工繁殖中的孵化桶多用白铁皮、塑料或钢筋水泥制成（图4-18）。孵化桶的大小根据需要而定，一般以容水量 250 L 左右为宜。孵化桶的纱窗可用铜丝布或筛绢制成，规格为 50 目/cm^2。鱼卵放入孵化桶前应清除混在其中的其他浮游生物及杂物，然后计数放入孵化桶中孵化。放卵密度约为每 50 L 水放卵 5 万~10 万粒。水温高时，受精率低的鱼卵密度宜适当减少。受精卵孵化时，水流从孵化桶锥形底部进入，并从桶上部的出水口溢出，从而保持孵化过程中水质待鱼苗鳔充气（见腰点）、卵黄囊基本消失、能开口主动摄食和游动自如时（一般孵出后 4~5 d），即可下塘。鱼苗下塘时应注意池塘水温与孵化水温不要相差太大，一般不宜超过 ±2℃。这时鱼苗幼嫩，操作要细致。

（5）孵化环道。孵化环道是用水泥或砖砌的环形水池。其大小依生产规模而定。小型孵化环道直径3~4 m，大型的8 m，环道宽约为1 m，深0.9 m，分别可容水7 t及20 t左右，放卵密度一般仍为1~2粒/mL。孵化环道适用于较大规模的生产（图4-19）。除圆形环道外，也有椭圆形环道。将孵化环道的过滤纱窗加大，增加有效过滤面积对防止贴卵有良好效果。孵化环道的管理工作和孵化桶相似。

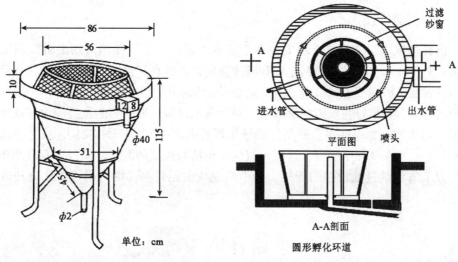

图4-18　家鱼繁殖中用的受精卵孵化桶　　　图4-19　家鱼繁殖受精卵孵化圆形环道

（6）孵化槽。孵化槽用砖（石）和水泥砌成的一种长方形水槽。大小根据生产需要设计。较大的长300 cm，宽150 cm，高130 cm。每立方米可放70万~80万鱼卵。槽底装3只鸭嘴喷头进水，在槽内形成上下环流（图4-20）。

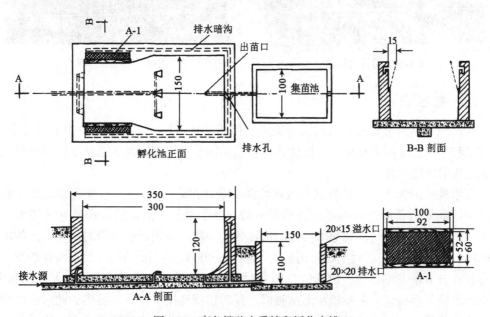

图4-20　家鱼繁殖中受精卵孵化水槽

第三节　供水系统

供水系统是水产种苗培育场最重要的系统之一。一般来讲，完整的供水系统包括取水口、蓄水池、沉淀池、沙滤池、高位池（水塔）、水泵和管道及排水设施等组成。

一、取水口

苗种场取水口的设置有讲究。对于淡水水源，一般设在江河的上游或湖泊的上风口端；对于海水水源，则根据地形和潮汐流向，设置在潮流的上游端。而将育苗场的排水口设置在下游端或下风口端。由于陆地径流及降雨潮汐的影响，取水口一般离岸边有一定的距离，且最好在水体中层取水。对于海水水源，取水口的位置应设在最低低潮线下3~6 m为宜。如果底质是砂质，最好用埋管取水的方法（图4-21），或是在高潮线附近挖井，用水泵从井中抽水，这样不仅能获得清新优质的海水，而且还有过滤作用，这样可以节省后续过滤设施的规模。若中高潮线淤泥较多，则可用栈桥式方法取水（图4-22）。

图4-21　埋管式取水

图4-22　栈桥式取水

二、蓄水池

在水源水质易波动或长时间大量取水有困难的育苗场，一般应建一个大的蓄水池，起蓄水和初步沉淀两大作用，可以防止在育苗期因某种原因短期无法从水源地获得足够优良水质的困境出现。

蓄水池一般为土池，且要求有效水位深，最好在2.5 m以上，且塘底淤泥少。蓄水池在使用前要进行清池消毒。清池消毒一般在冬季进行。消毒的药物最好采用生石灰和漂白粉，剂量通常比常规池塘消毒的浓度要大一些。采用干法清塘时，生石灰的用量1 500 kg/hm²，带水清塘时生石灰用量为2 000~3 000 kg/（hm²·m）。蓄水池在清塘消毒后最好在开春前蓄纳冬水，因为寒冬腊月时节，水温低，水体中浮游生物及微生物少，蓄水后水质不容易老。在春季水温回暖后，浮游植物和微生物容易滋生。此时水产动物种苗培育场的淡水蓄水池可以在池塘近岸移栽一些金鱼藻、伊乐藻等沉水植物及菖蒲等水生维管束植物，而海水蓄水池中可以栽培少量江蓠等大型海藻，以净化水质。研究表明，通常1 t沉水植物（湿重）月可脱80 g氮，21 g磷。其中尤以伊乐藻的去氮能力强，但需要指出的是，伊乐藻在水温达到30℃后，藻体会枯萎，此时若育苗场还在生产，蓄水池若还起蓄水作用，则应在其枯萎前移去。

蓄水池的容量不应小于育苗厂日最大用水量的10~20倍。确无条件或因投资太大可不设蓄水池，但需要加大沉淀池的容量。

三、沉淀池

标准的育苗厂应设沉淀池，数量不能少于两个。当高差可利用时，沉淀池应建在地势高的位置，并可替代高位水池。沉淀池的容水量一般应为育苗总水体日最大用水量的2~3倍，池壁应坚固，石砌或钢筋混凝土结构；池顶加盖，使池内暗光；池底设排污口，接近顶盖处设溢水口。海水经24 h暗沉淀后用水泵提入砂滤池或高位池。

四、沙滤池

对于贝类育苗生产，沙滤池是非常重要的水处理设施。对于一些蓄水池或沉淀池体积相对不足甚至缺失的苗场，沙滤池也是非常重要的水处理设施。沙滤池的作用是除去水体中悬浮颗粒和微小生物。沙滤池由若干层大小不同的沙和砾石组成，水借助重力作用通过砂滤池。砂滤池的大小、规格各育苗场很不一致，其中以长、宽为1~5 m，高1.5~2 m，2~6个池平行排列组成一套的设计较为理想。砂滤池底部有出水管，其上为一块5 cm厚的木质或水泥筛板，筛板上密布孔径大小为2 cm的筛孔。筛板上铺一层网目为1~2 mm的胶丝网布，上铺大小为2.5~3.5 cm的碎石，层厚5~8 cm。碎石层上铺一层网目为1 mm的胶丝网布，上铺8~10 cm层厚、3~4 mm直径的粗砂。粗砂层上铺2~3层网目小于100 μm的筛绢，上铺直径为0.1 mm的细砂，层厚60~80 cm。砂滤池是靠水自身的重力通过砂滤层的，当砂滤池表面杂物较多，过滤能力下降时过滤速度慢，必须经常更换带有生物或碎块的表层细砂。带有反冲系统的沙滤池可开启开关进行反冲洗，使过滤池恢复过滤功能。图4-23为某苗场的反冲式过滤塔结构。

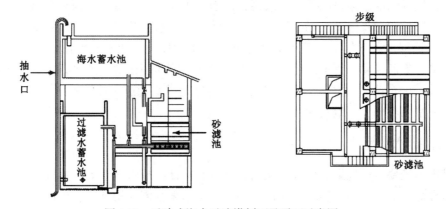

图4-23 反冲式海水过滤塔剖面及平面示意图

由于沙滤池占地面积大，结构笨重，现在市场上已有多种型号、规格的压力滤器销售，育苗场可根据用水需要选购。压力滤器主要有砂滤罐和陶瓷过滤罐。

砂滤罐由钢板焊接或钢筋混凝土筑成，内部过滤层次与砂滤池基本一致。自筛板向上依次为卵石（$\phi5$ cm）、石子（$\phi2\sim3$ cm）、小石子（$\phi0.5\sim1$ cm）、砂粒（$\phi3\sim4$ mm）、粗砂（$\phi1\sim2$ mm）、细砂（$\phi0.5$ mm）和细面砂（$\phi0.25$ mm）。其中细砂和细面砂层的厚度为20~30 cm，其余各层的厚度为5 cm。砂滤罐属封闭型系统，水在较大的压力下过滤，效率较高，每平方米的过滤面积每小时流量约20 m^3，还可以用反冲法清洗砂层而无须经常更换细砂。国外也有采用砂真空过滤，或硅藻土过滤。

砂滤装置中因细砂间的空隙较大，一般15 μm以下的微生物无法除去，还不符合海藻育苗及微藻培养用水的要求，必须用陶瓷过滤罐进行第二次过滤。陶瓷过滤罐是用硅藻土烧制而成的空心陶制滤棒过滤的，能滤除原生动物和细菌，其工作压力为1~2 kg/cm^2，因此需要有10 m以上的高位水槽向过滤罐供水，或者用水泵加压过滤。过滤罐使用一段时间水流不太畅通时，要拆开清洗，把过滤棒拆下，换上备用的过滤棒。把换下来的过滤棒放在水中，用细水砂纸把黏附在棒上的浮泥、杂质擦洗掉，用水冲净，晒干，供下次更换使用。使用时应注意防止过滤棒破裂，安装不严、拆洗时棒及罐内部冲洗消毒不彻底均会造成污染。在正常情况下，经陶瓷过滤罐过滤的水符合微藻培养用水的要求。

五、高位池（水塔）

高位水池可作为水塔使用，利用水位差自动供水，使进入育苗池的水流稳定、操作方便，又可使海水进一步起到沉淀的作用。有条件建造大容量高位水池的，高位池的容积应为育苗总水体的1/4左右，可分几个池轮流使用，每个池约50 m^3，深为2~3 m，既能更好地发挥沉淀作用，又便于清刷。

六、水泵及管道

根据吸程和扬程及供水流量大小合理选用水泵，从水源中最先取水的一级水泵，其流量以中等为宜，其数量不少于两台，需要建水泵房的可选用离心泵；由沉淀池或砂滤池向高位池提水的水泵可以使用潜水泵，从而省去建泵房的费用。输水管道严禁使用镀锌钢管，宜使用无毒聚氯乙烯硬管、钢管、铸铁管、水泥管或其他无毒耐腐蚀管材。水泵、阀门等部件若含铝、锌等重金属或其他有毒物质，一律不能使用。管道一般采用聚氯乙烯、聚乙烯管，管道口径根据用水量确定，管道用法兰盘连接，以便维修。对抽水扬程较高的育苗场，水泵的出水管道直径最好是进水管道直径的2倍，以减少出水阻力，保证水泵功率更好地发挥。

七、排水设施

排水系统要按照地形高程统一规划，进水有保证，排水能通畅。要特别注意总排水渠底高程这一基准，防止出现苗池排水不尽，排水渠水倒灌的现象。排水设施有明沟或埋设水泥管道两种形式。生产及生活用水的管道应分开设置，生活用水用市政自来水或自建水源。厂区排水系统的布置应符合以下要求。

（1）育苗池排水应与厂区雨水、污水排水管（沟）分开设置。

（2）目前大多育苗场都是直排，没有经过水处理。为了减少自身污染，特别是防止病原体的扩散，育苗场应该建设废水处理设施，排出水的水质应符合国家有关部门规定的排放要求，达不到要求的要经处理达标后才能排放。

（3）场区排水口应设在远离进水口的涨潮潮流的下方。

上述供水系统中，某些水处理模块可依据生产实际进行适当的调增和删减。如对于对虾育苗场，在自然海区的浮游植物种类组成适于作对虾幼体饵料的地区，经150~200目筛绢网滤入沉淀池的海水即可作为育苗用水。在敌害生物较多、水质较混浊的地区，以及采用单细胞培养工艺的育苗厂可设置砂滤池、砂滤井、砂滤罐等，海水经沉淀、砂滤后再入育苗池。培养植物饵料用水需用药物进行消毒处理，需要建两个消毒池，两池总容水量可为植物饵料培养池水体的1/3。为杀灭水源中的病原微生物，也可通过臭氧器或紫外线消毒设备氧化或杀死水中的细菌和其他病原体，达到消毒的目的。对于一些不在河口地区的罗氏沼虾育苗场，其水处理系统中还需有配水池，内地罗氏沼虾育苗场还需配有盐卤贮存池等。

第四节　供电系统

大型育苗场需要同时供应220 V的民用电和380 V的动力用电。供电与照明设施变配电室应设在全场的负荷中心。由于育苗厂系季节性生产，应做到合理用电，减少损耗，宜采用两台节能变压器，根据用电负荷的大小分别投入运行。在电网供电无绝对把握情况下，必须自备发电机组，其功率大小根据重点用电设备的容量确定，备用发电机组应单独设置，发电机组的配电屏与低压总配电屏必须设有连锁装置，并有明显的离合表示。生产和生活用电应分别装表计量。由于厂房内比较潮湿，所以电器设备均应采用防水、防潮式。

发电机组成本较高，对于一些电源供应基本稳定，但有可能短时间（1~2 h）临时或突然断电的地区，为保证高密度生物的氧气供应，也可通过备用柴油发动机，紧急情况时，带动鼓风机运转来应急。

照明和采光一般用瓷防水灯具或密封式荧光灯具。育苗室及动物性饵料室配备一般照明条件即可；植物性饵料室要提供补充光源，可采用密封式荧光灯具，也可采用碘钨灯，但室内通风要良好。

第五节　供气系统

育苗期间，为了提高培育密度，充分利用水体，亲体培育池、育苗池和动植物饵料池等均需设充气设备。供气系统应包括充气机、送气管道、散气石或散气管。

1.充气机

供气系统的主要充气设备为鼓风机或充气机。鼓风机供气能力每分钟达到育苗总水体的1.5%~2.5%。为灵活调节送气量，可选用不同风量的鼓风机组成鼓风机组，分别或同时充气。同一鼓风机组的鼓风机，风压必须一致。

鼓风机的型号可选用定容式低噪声鼓风机、罗茨鼓风机或离心鼓风机。罗茨鼓风机风量大，风压稳定，气体不含油污，适合育苗厂使用，但噪声较大。在选用鼓风机时要注意风压与池水深度之间的关系，一般水深在1.5~1.8 m的水池，风压应为3 500~5 000 mm水柱；水深在1.0~1.4 m水池，风压应为3 000~3 500 mm水柱。鼓风机的容量可按下列公式计算：

$$V_Q=0.02\left(V_z+V_b\right)+0.015\,V_{zh}$$

式中：V_Q为鼓风机的容量（m^3/min）；V_z为育苗池有效水体总容积（m^3）；V_b为动物饵料培养池有效水体总容积（m^3）；V_{zh}为植物饵料培养池有效水体总容积（m^3）。

若使用噪声较大的罗茨鼓风机，吸风口和出风口均应设置消音装置。应以钢管（加铸铁阀门）连接鼓风机与集气管。集气管最好为圆柱形，水平放置，必须能承受24.5 N的压力。集气管上应安装压力表和安全阀，管体外应包减震、吸音材料。

2.送气管道

与风机集气管相连的为主送气管道。主送气管道进入育苗车间后分成几路充气分管。充气主管及充气分管应采用无毒聚氯乙烯硬管。充气分管又可分为一级充气分管和二级充气分管。一级充气分管负责多个池子的供气；二级充气分管只负责一个池子的供气。通向育苗池内的充气支管为塑料软管。主送气管的常用口径为12~18 cm，一级充气分管常用口径为6~9 cm，二级充气管的常用口径为3~5 cm。充气支管的口径为0.6~1.0 cm。

3.散气石或散气管

通向育苗池的充气管为塑料软管，管的末端装散气石，每支充气管最好有阀门调节气量；散气石呈圆筒状，多用200~400号金刚砂制成的砂轮气石，长为5~10 cm，直径为2~3 cm。等深的育苗池所用散气石型号必须一致，以使出气均匀，每平方米池底可设散气石1.5~2.0个。另一种散气装置为散气排管，是在无毒聚氯乙烯硬管上钻孔径为0.5~0.8 mm的许多小孔而制成的，管径为1.0~1.5 cm，管两侧每隔5~10 cm交叉钻孔，各散气管间距约为0.5~0.8 m。全部小孔的截面积应小于鼓风机出气管截面积的20%。

第六节　供热系统

工厂化育苗的关键技术之一就是育苗期水温的调控，使之在育苗动物繁殖期最适宜的温度范围内。因此，供热系统是必不可少的。

生产上加温的方式可分为3种：①在各池中设置加热管道，直接加热池内水；②设预热池集中加热水，各池中加热管只起保温或辅助加热作用；③利用预热池和配水装置将池水调至需要温度。目前，多数育苗厂采用第一种增温方式。

根据各地区气候及能源状况的不同，应因地制宜选择增温的热源。一般使用锅炉蒸汽为增温热源，也可利用其他热源，如电热、工厂预热、地热水或太阳能等。利用锅炉蒸汽增温，每1 000 m^3水体用蒸发量为1 t/h的锅炉，蒸汽经过水池中加热钢管（严禁使用镀锌管）使水温上升。蒸汽锅炉具有加热快、管道省的优点，但缺点是价格高、要求安全性强、压力高、煤耗大等。因此，有些育苗厂用热水锅炉增温，具有投资省、技术要求容易达到、管道系统好处理、升温时间易控制、保温性能好并且节约能源等优点。小型育苗设施或电价较低的地方用电热器加热，每立方水体约需容量0.5 kW。有条件的单位可以利用太阳能作为补充热源。

用锅炉蒸汽作为热源，是将蒸汽通入池中安装的钢管从而加热水，大约每立方水体配0.16 m²的钢管表面积，每小时可升温1~5℃。钢管的材质及安装要求如下。

（1）加热钢管应采用无缝钢管、焊接钢管，严禁使用镀锌钢管。

（2）加热钢管室外部分宜铺设在地沟内，管外壁应设保温层，管直段较长时应按《供暖通风设计手册》设置伸缩器。

（3）加热钢管在入池前及出池后均应设阀门控制汽量。

（4）加热钢管在池内宜环形布置，离开池壁和池底30 cm。

（5）为保证供汽，必须正确安装回水装置，及时排放冷凝水并防止蒸汽外溢。

（6）为防止海水腐蚀加热钢管，应对管表面进行防腐处理。可在管表面涂上防腐能力强、传热性能好、耐高温、不散发对幼体有毒害物质的防腐涂料。如在管表面涂上F-3涂料，防腐效果及耐温性好，对生物无毒害，可在水产生产上使用。

向各池输送蒸汽的管道宜置于走道盖板下的排水沟内，把汽管、水管埋于池壁之中再通入各池，这样池内空间无架空穿串的管道，观感舒畅。

第七节　其他辅助设施

规范的育苗场除了上述提及的系统外，一般还需要有如下一些辅助设施。

一、育苗工具

育苗工具多种多样，有运送亲本的帆布桶、饲养亲本的暂养箱、供亲本产卵孵化的网箱和网箱架、检查幼体的取样器、换水用的滤水网和虹吸管、水泵及各种水管，还有塑料桶、水勺、抄网以及清污用的板刷、竹扫帚等，都是日常管理中不可缺少的用具。育苗工具使用时也不能疏忽大意。用前不清洗消毒，使用中互相串池，用后又乱丢乱放，是育苗池产生污染，导致病害发生和蔓延的原因之一。

育苗工具并非新的都比旧的好，新的未经处理，有时反而有害，尤其是木制的（如网箱架）和橡胶用品（橡皮管），如在使用之前不经过长时间浸泡就会对幼体产生毒害。为清除一切可能引起水质污染和产生毒害的因素，在使用时应注意以下几点。

（1）新制的橡胶管、PVC制品和木质网箱架等，在未经彻底浸泡前不要轻易地与育苗池水接触。

（2）金属制作的工具，特别是铜、锌和镀铬制品，入海水后会有大量有毒离子渗析出来，易造成幼体快速死亡或畸形，必须禁用。

（3）任何工具在使用前都必须清洗消毒，可设置专用消毒水缸，用250×10^{-6}的福尔马林消毒，工具用后要立即冲洗。

（4）有条件者，工具要专池专用，特别是取样器，最容易成为疾病传播媒介，要严禁串池。

二、化验室

水质分析及生物监测室为能随时掌握育苗过程中水质状态及幼体发育情况，育苗厂必须建有水质分析室及生物监测实验室，并配备必要的测试仪器。实验室内设置实验台与工作台，台高为90 cm、宽为70 cm，长按房间大小及安放位置而定，一般为2~3 m。台面下为一排横向抽屉，抽屉下为橱柜，以放置药品及化验器具。实验室内要配有必要的照明设备、电源插座、自来水管及水槽等。

化验室通常配备如下实验仪器及工具：

（1）实验仪器。光学显微镜、解剖镜、海水比重计、pH值计、温度计、天平、量筒、烧杯，载玻片、雪球计数板等。

（2）常用的工具。换水网、集卵网、换水塑料软管、豆浆机、塑料桶、盆、舀子等。

（3）常用的消毒或营养药品。漂白粉、漂粉精、高锰酸钾、甲醛、硫代硫酸钠、EDTA–钠盐、氟哌酸、克霉灵、复合维生素、维生素C、硝酸钠、磷酸二氢钾、柠檬酸铁、硅酸钠以及光合细菌、益生菌等。

三、苗种打包间

育苗场生产出的大量种苗在运输到各地时，需要计数并打包安装（图4-24）。苗种的打包安装场间一般设在育苗车间的出口，从育苗池收集的种苗在苗种打包间经计数、分装、充氧打包后可运送出场。苗种打包间需要配备氧气瓶、打包机等设备。

图4-24　苗种出场前的充氧打包

四、基本生活设施

由于处于苗种生产季节，苗种场24 h不能离人，因此，配套基本的生活设施是保障育苗生产顺利进行的必备条件。育苗场要保证生活用电、用水以及主要的基本生活设施如食堂、办公室、寝室、厕所及其辅助设施等。

五、室外土池

有条件的育苗场配备一定数量的室外土池是非常必要的。育苗场的室外土池主要有

3个功能：①在苗种销路不畅时，可将苗种从水泥池转移到室外土池中暂养，以提高成活率；②可以培养大规格种苗；③可以用作动物性生物饵料的培养池，以补充室内动物性饵料生产的不足。

小　　结

水产种苗场的选址应考虑地理条件、水质状况、交通运输、电力供应、人力资源及治安环境等因素。育苗场选好建厂地址后，应先做整体规划和设计，确定育苗水体及育苗室建筑面积，然后配套其他附属设施。在设计生产规模时，一定要考虑多品种生产的兼容性。育苗场的总体布局，要根据场地的实际地形、地质等客观因素来确定。苗种生产的主要设施应包括供水系统、供电系统、供气系统、供热系统、育苗车间及其他附属设施和器具等。育苗车间是苗种培育场的核心生产区。一般包括种苗培育设施、饵料培育设施、亲本培育设施、催产孵化设施等。繁育不同水产生物种苗的育苗车间有所差异。育苗厂在工艺设计上要能满足多功能育苗要求，育苗设施的设计强调统筹兼顾，强调设备的配套，增大设备容量。供水系统是水产种苗培育场最重要的系统之一。完整的供水系统由包括取水口、蓄水池、沉淀池、沙滤池、高位池（水塔）、水泵、管道及排水设施等组成。大型育苗场需要同时供应220 V的民用电和380 V的动力用电，并自备发电机组。为了提高培育密度，充分利用水体，亲体培育池、育苗池和动植物饵料池等均需设充气设备。供气系统应包括充气机、送气管道、散气石或散气管。供热系统也是工厂化育苗的关键辅助系统，根据各地区气候及能源状况的不同，应因地制宜选择增温的热源。规范的育苗场应配套有完善的育苗工具、化验室、基本生活设施和室外土池等。

第五章　养殖模式

世界各地的水产养殖模式千姿百态，各不相同，没有统一的标准。如根据水的管理方式可分为：开放系统（open-system）、半封闭系统（semi-closed system）、全封闭系统（closed system）。若根据养殖密度则可分为：粗养模式（extensive culture）、半精养模式（semi-intensive culture）、精养模式（intensive culture）。而根据养殖场所处地理位置则可以分为：海上养殖、滩涂养殖、港湾养殖、池塘养殖、水库和湖泊养殖以及室内工厂化养殖等。本章将以水的管理方式来分别介绍养殖系统和模式。

第一节　开放系统

这是一种最原始的养殖方式，直接利用水域环境（海区、湖泊、水库）进行养殖。港湾纳苗、滩涂贝类、浮筏牡蛎、网箱鱼类养殖都属于这种方式。最主要的特点是养殖过程中不需要抽水、排水，因此这种养殖方式优缺点都很明显。其优点是：①不需要在养殖海区、湖泊中抽、排水；②无需购买土地，一般租用即可，成本较低；③一般不需人工投饵，节约费用；④水域内养殖密度低，接近自然状态，疾病少；⑤管理人员少，对管理技术要求较低。

但开放式养殖也有其不可忽视的不足：①敌害生物或捕食者和偷猎者较多，不易控制；②水质条件受环境因素影响较大（如污染、风暴），人为难以调控；③养殖密度较低，因而产量较低，且不稳定（网箱养殖因人工投饵除外）。

一、敌害生物清除

对于偷猎者的行为和防治超出了本书内容范围，只想讨论一下在开放式养殖系统中如何防治捕食者。首先可以考虑离开地底，如牡蛎、贻贝、扇贝、鲍等，利用浮筏、笼子将养殖生物脱离底层，可以有效避免同样是底栖生活的海星、海胆、螺类等敌害生物的捕食侵害。其次可以设置"陷阱"，如在养殖水域预先投置水泥、石块，吸引藤壶附着、繁殖，让螺类等敌害生物转而捕食它们更喜欢的藤壶，也可有效提高牡蛎、鲍的存活率。在一些底栖贝类如蛤、蚶养殖地周围建拦网，可有效防止蟹类、鱼类的捕食侵害。海星是许多贝类的天敌，在一些较浅的海区，可以人工捕捉。杀灭海星可以干燥或用热水浸泡方法，千万不能用剪刀剪成几瓣后又扔进海里。海星的再生功能很强，仅有3~4条腿的海星也同样可以捕食贝类。在深水区海星密集的地方，则可以用一些特制的拖把式捞网捞取海星，并用饱和盐水或热水杀死。

有些贝类捕食者如蓝蟹、青蟹、梭子蟹以及一些肉食性螺类本身就是价值很高的水产品，因此可以通过人工捕获，既保护养殖贝类，又收获水产品，一举两得。

生石灰（CaO）对海星的杀灭效果很强，只需少量就可致死，但使用时要注意水流，因为海浪、水流可以轻易冲走它。利用化学药品控制捕食者需要相当谨慎，只能在局部区域使用，否则弊大于利，捕食者未控制，而生态环境遭破坏，其他生物先遭难。

二、养殖场地选择

确定某个水域是否适合水产养殖，首先是观察当地野生种群生长情况，比较同一种类在不同水域的生长速度，并适当进行小规模试养，从而决定是否进行养殖。其次，针对不同养殖种类，必须考虑地理、底质条件，如蛤、蚶、蛏喜欢泥底，而牡蛎、贻贝、鲍等喜欢岩礁硬底质。对于海水养殖来说，潮水是另一个必须考虑的重要因素。一天之内潮水覆盖养殖对象时间多长？对于筏式养殖，水深很重要，低潮时，要求确保养殖笼、绳不会塌底。潮流强度需要适中，太弱则无法给养殖生物带来足够的浮游生物为食，也不利于把一些养殖生物排泄物带离养殖区。太强则可能冲垮养殖设施，也不利于人工管理。另外需要考虑养殖地交通是否便利，生活条件是否具备，产品销售渠道如何等。

三、网箱养殖

网箱养殖可能来源于最初在港湾、湖泊、浅海滩涂上打桩，四周用绳索围栏的方式，这种简单原始的养殖方式至今仍有人用来养殖一些鱼类。现代网箱养殖业就是受这种养殖方法的启发，他们使固定在底部的网箱浮起来，走向深水区，并逐步发展流行，尤其在如北美、欧洲、中国、日本等沿海国家或地区。欧洲主要养殖鲑、鳟鱼类，北美以养殖鲇鱼为主，而中国和日本等东亚国家养殖种类较多，一般多以名贵鱼类为主，如鲕鱼、大黄鱼、鲷鱼、石斑鱼等。中国内陆湖泊、水库网箱养殖也很盛行，养殖种类有草鱼、鲤鱼、黄鳝等淡水鱼类。网箱同样可以养殖无脊椎动物，如蟹类、贝类等。中国沿海盛行的扇贝笼养其实也是一种小型网箱养殖。

网箱形状多为圆形（图5-1），或者是矩形（图5-2），网箱大小根据养殖种类，企业自身发展要求和管理能力而各不相同，小的几个立方米，大的可达几百立方米，比较常见的规格在 $20\sim40\ m^3$，如中国福建大黄鱼的网箱规格多为 $3.3\ m \times 3.3\ m \times 4\ m$。大网箱造价较低，但管理和养殖风险也较高，一旦网箱破损，鱼类逃跑，损失巨大。有的网箱表面加盖儿可以防止鸟类侵袭。一般网箱养殖需要租用较大的养殖水面。

虽然网箱的成本较高，而且使用期限也不长（一般不超过5年），加之经常需要修补，管理技术要求也相对较高，但优点也很突出。首先网箱养殖最适宜那些运动性能强的游泳生物养殖，而且捕获十分方便，即需即取，几乎可以100%的收获。其次养殖密度比池塘高得多，只要网箱内湾水流交换畅通，就可以大幅度提高养殖密度，如日本、韩国的黄尾鲕养殖，密度可达 $20\ kg/\ m^3$。

网箱由三部分构成。

（1）箱体：有框架和网片。

（2）浮子：使网箱悬浮于水中。

（3）锚：固定网箱不使其被水流冲走。

图5-1　海上网箱养殖（圆形）

图5-2　海上网箱养殖（矩形）

网片由结实的尼龙纤维（聚乙烯、聚丙烯）材料编织而成。网目大小依据养殖对象的个体大小设定。一般网箱为单层网，有的网箱加设材料更为结实的外层网，既保护内网破损，又防止捕食者侵袭。网箱的顶部通常加盖木板，或直接覆盖网片，两者都需设置投饵区。颗粒饵料在水中下沉很快，如果不及时被鱼摄食，就会从底部或边网流走。因此投饵区不要设在紧贴边网处。

网箱养殖最易遇到的问题有以下几点。

（1）各种海洋污损生物容易附着在网箱上，增加网箱的重量，同时降低网箱内外水的交流，影响水质。

（2）海水对网箱金属框架的腐蚀损坏。

（3）紫外线对塑料材质的腐蚀损坏。

（4）海浪或海冰对网箱的破坏。

为解决上述问题，材料上现多改用玻璃钢框架加铜镍网，造价可能贵些，一次性投资较大，但耐腐蚀，不易损坏，寿命长，长远看比较经济合算。

制作浮子的常用材料是泡沫聚苯乙烯，这种材料既轻又便宜，而且经久耐用，不易被海水腐蚀。一般小网箱的浮子用塑料球即可，而大网箱则需较大的浮筒，有的甚至用充气的不锈钢筒。

一些特别大的网箱上设有悬浮式走道，便于管理者投饵和捕获。

网箱的底部必须与水底有足够的距离，防止鱼类直接接触水底部沉积的残饵、粪便等废弃物，因此网箱养殖一定要选择有足够水深的区域。网箱的顶部宜稍微露出水面为宜，不能太多，否则降低了网箱的有效使用率。

网箱通过锚固定在某一区域，根据风浪、底质等不同情况来选择锚的重量，要充分估计风浪对网箱的冲击力量，以不致网箱被轻易冲走。有条件时网箱也可以几个一组，直接用缆绳固定在码头、陆地某个坚固物体上。通常网箱在水面上成排设置，便于小船管理操作。网箱成排设置一般不能过多，否则，水流不畅，影响溶解氧和废水交换，降低养殖区域内的水质。淡水湖泊、水库中水流、风浪较小，网箱更不能设置太密。

多数网箱养殖集中在海湾、近海，主要是因为管理方便，网箱容易固定。但海湾、近海水域往往也是交通繁忙，人类活动频繁，水质污染较严重的地方。因此网箱养殖的发展方向是向远海深水区发展，这里水质稳定，污染小，鱼类生活好，成活率高。当然远海深水养殖管理要求高，风浪冲击危险大。

四、筏式养殖

除了大型海藻海带外，筏式养殖主要对象是贝类，尤其是双壳类（图5-3和图5-4）。贝类原先栖息在底层，现移至中上层。滤食性贝类的主要食物是浮游植物，而它们主要分布在水的中上层，筏式养殖使贝类最大程度地接触浮游植物，十分有利于其摄食，而且成功逃避了敌害生物的侵袭，同时增加了水体利用率，从原有的二维空间变为三维空间。筏式养殖的收获也比较方便。筏式养殖因为养殖种类不同可分为长绳式、盘式、袋式、笼式等，因此其基本组成如下。

（1）筏：可以是泡沫塑料、木板、玻璃钢筒等。

（2）绳：尼龙绳，长短粗细不一，根据需要设置。

（3）盘、袋、笼：用聚乙烯网片等材料制成，垂直悬挂在水中。

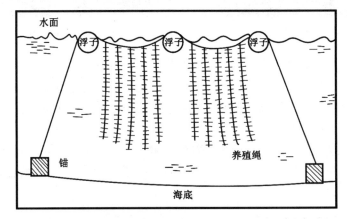

图5-3　筏式养殖结构示意图（一）

资料来源：M. Landau, 1991

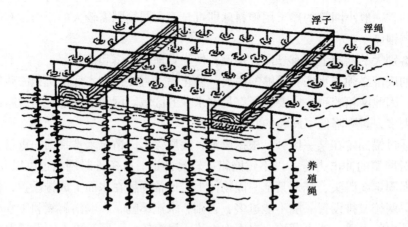

图5-4 筏式养殖结构示意图（二）

资料来源: M. Landau, 1991

　　笼式主要用于扇贝养殖，人工培育或海上自然采集的幼苗长到1~3 cm后，置于笼中悬挂养殖，养殖中期根据贝类生长情况还可再次分笼（图5-5）。绳式或袋式较多用于牡蛎、贻贝养殖，或者扇贝幼体采苗（图5-6）。与绳式类似，袋式是将一些尼龙丝编织成的小袋固定在绳上，主要是为了增加贝类幼体的附着面积。许多贝类的繁殖时间和区域比较固定，可以根据这一特点，提前将绳、袋悬挂在水中自然纳苗。采苗结束后，视情况可以将浮筏移动至养殖条件更好的海区。

图5-5 扇贝笼式养殖

图5-6 海上浮筏绳式养殖

　　绳式、袋式等贝类养殖到后期，由于养殖生物个体长大，重量增加，容易使养殖绳下垂，直接接触底部，甚至拉垮整个筏架，这就需要养殖前考虑筏架的承重程度以及水的深度。一种排架式筏式养殖可避免筏架垮塌。在海区打桩，在桩与桩间连接浮绳，贝类可以在桩和绳上附着生长。

　　盘式养殖类似笼式养殖，可根据养殖生物的大小不断调整，底部可以是网片，也可以是板块，根据需要甚至可以在盘底铺设沙子，以利于一些具埋栖习性的贝类等生长。

五、开放式养殖的管理

　　开放式养殖因借助了天然水域的水和饵料，管理成本较低，但并非不用管理，任其自由生长。管理方法得当与否，效果差异极其显著。网箱养殖不用说，其管理难度甚至超过半开放模式。筏式养殖、滩涂养殖同样需要科学、精心的管理。如筏、架的设计、安装、固定，苗种的采集、培育，生长中期笼、绳的迁移，养殖动物密度调整以及网、笼污损生物的清除等对于养殖的成功都是至关重要的。

第二节　半封闭系统

半封闭系统是最常见的养殖模式，是近几十年来国内外最普遍、最流行的养殖模式，是欧美、东南亚各国以及我国水产养殖所采用的主要模式，适合大多数水产动物的养殖。养殖水源取自海区、湖泊、河流、水库以及水井等。多数养殖用水从外界直接引入，直接排除，有的部分经过一些理化或生态处理重新回到养殖池，循环利用。比起开放式养殖系统，半封闭模式人工调控能力大大增强，因此养殖产量也比开放式模式高得多，而且稳定。其主要特点是：①水温部分可控；②人工投喂饲料，提高养殖密度；③水质、水量基本可控；④可增添增氧设施；⑤发生疾病在某种程度上可用药物治疗，敌害生物可设法排除；⑥投资较高，管理要求和难度较大；⑦养殖密度大，动物经常处于应激状态，容易诱发疾病，防治难度大。

一、施肥

施肥是通过在养殖水体中人工添加营养盐（氮，磷）来繁殖浮游植物，增加水体初级生产力。对于一些直接滤食浮游生物的贝类和鱼类来说，等于投饵。即使养殖生物不能直接摄食浮游植物，通过浮游植物的繁殖，也可以转而促进浮游动物和底栖生物的繁殖，从而起到间接投饵的作用。施肥的另一效果是可以在一定程度上改善水质和水色。如果水体透明度太大，显示浮游生物密度低，营养盐不足。在水产养殖过程中，水色是一个十分重要的指标，它与透明度有关，但不完全，水色还反映了水中浮游生物的种类组成。一般以绿藻或硅藻为主的水色呈黄绿色或黄褐色，容易保持水环境稳定，而以蓝藻或甲藻为主的水色呈蓝绿色，深褐色，水质不稳定，极易发生水华，导致水质剧变，影响养殖生物。

在一些开放性养殖系统中也可以适当施肥，如海带养殖，但由于水体流动性大，施肥效果较差。

肥料的来源可分为有机肥和无机肥。有机肥可以是鸡粪、牛粪、植物发酵甚至生活废水。有机肥的特点是成本低，废物利用，既能肥水，又解决部分污染物利用问题。而且有机肥的肥力持久，影响缓慢。但有机肥用量大，效果慢，需细菌、真菌等发酵，使用过程中有可能带来病毒、细菌等病原体；其次是微生物分解会导致水中生物耗氧量（BOD）剧增，影响水质；另外有机肥的使用会导致某些养殖产品口味变差。

无机肥通常有尿素、$NaNO_3$、CaH_2PO_4、$(NH_4)_2CO_3$、NH_4HCO_3等。无机肥使用量小，效果快，适宜在生产上急于改变水质、水色，提升水的肥力所用。无机肥没有上述有机肥的一些缺点，但也有自身的不足。首先是无机肥能迅速促使水中浮游植物的繁殖，如果使用不当，会导致浮游植物短期内大量繁殖，甚至引起水华，以致夜晚的BOD水平急剧上升至危险等级，因此无机肥的使用需要少量多次，视水质情况谨慎使用。其次无机肥在费用上比有机肥要高些，虽然不显著。

二、换水

池塘养殖的另一特点是需要换水，通过换水使养殖水体更新，提升水质。换水的主要作用是提高溶解氧水平；其次可以降低水中病原微生物的浓度；另外根据池塘内外水质的差异，也可以部分调节池水温度、盐度、pH值等。

换水方法通常是先排后进，也可以边排边进。如果是后者，则换水可以按如下公式计算：

$$T = -\ln(1-F) \times (V/R)$$

式中，T为换水时间；F为所换新水占总水体的比例；V为养殖总水体；R为进水速率（进水量/单位时间）。

此公式表示换取一定比例的水所需时间。若要表示在一定时间内换取一定比例的水，则进水流速为

$$R = -\ln(1-F) \times (V/T)$$

三、地址选择

半封闭系统养殖的场地选择取决于在什么地方，养殖什么生物，如何进行养殖？根据地形地貌的不同，养殖池塘建设通常有筑坝式、挖掘式和跑道式（水道式、流水式）等。

场地选择首先考虑的是水源，包括水质和水量。如果水源不能持续供应，则应该有适当的措施如蓄水池等。总之，水源相对紧缺的地区开展水产养殖，要综合考虑养殖用水对其他行业和居民生活的影响。而水源过于充足的地区同样会带来不利影响，如暴雨、洪水、融冰等都应视为问题加以考虑。对于半封闭养殖系统来说，排水也是一个十分重要的问题，尤其是处于水污染趋势越来越严重的今天。各地政府对于水产养殖排水都有不同的要求和政策，因此在开展生产之前，必须全面细致了解当地的有关政策条例，以便未来的生产能顺利进行。

场地选择另一个需要考虑的是养殖场所处的位置。交通、生活是否便利，能否顺利招收就业工人，该行业在当地的受重视程度，当地对水产养殖产品销售的税收政策，甚至养殖场的安全等，都能直接或间接影响水产养殖的正常开展。

池塘养殖的底质十分关键，应该是以泥为主，确保养殖池能存水，池水不会从堤坝或池底渗漏。因此在养殖池建设之前需要经过有经验的土壤分析师检测。另外还应考虑土壤是否受到过污染，其析出物对养殖生物是否有害。当然考察当地自然栖息的水生生物也是评价是否适合水产养殖的直观、有效的方法。

鸟类等捕食者的侵害也是选址需要考虑的因素之一。有的地方（如海边），海鸥等鸟类常常成群集对盘旋在养殖池塘上空，一旦发现有食可捕，即会找来更多的同类。一些生物虽不会直接捕食养殖生物，却间接影响生产，如蛇、蟹类打洞，破坏堤坝，蛙类、龟类与养殖生物竞争池塘鱼类的养殖空间、氧气和食物。

四、跑道式流水养殖模式

跑道式流水养殖是20世纪末欧美国家首先兴起的一种半封闭系统养殖模式。其特点是养殖池矩形，宽度较窄，而长度较长，通常水深较浅，正如名称所言，水在养殖池中快速通过，水一端流进，从另一端流出。由于在该系统中的水流交换远高于普通池塘养殖，因此其单位产量也可以相对提高。但在这种流水式环境中，密度增加也是有限的，一旦生物在高密度养殖环境中，维持运动消耗的能量超过了用于其自身的增长，产量增长就达极限了。跑道式流水模式最初用于养殖鲑、鳟鱼类等对水质要求较高的鱼类，以后也普遍用于鲇鱼等其他品种，也可以养虾。流水系统的关键是流速，而流速取决于水温、养殖密度、投饵率等。理想状态是整个养殖系统通过水的不断流动能够自身保持洁净，但实际操作起来还是有困难，因为过大的流速需要消耗大量电能，而且也会导致养殖生物处于应激状态。因此水流速度应该调整到水从养殖池一端流向另一端时，水质能基本稳定，尤其是到末端时，仍能达标。

流水式养殖优点还是很明显的，一是密度大，产量高；二是因为养殖面积较小，所以投喂、收获等管理较方便；三是因池水浅，水流快，水质明显比池塘好，出现问题容易被发现和处理。这一模式的缺点也很突出，就是维持又大又快的水流所导致的能耗费用。为解决水泵耗能问题，降低费用，设计了一种阶梯式流水养殖模式（图5-7）。将几个养殖池设计排成系列，形成阶梯式（瀑布式）落差，水从最高位池子进，利用重力作用，自然流到第二、第三及后面的池中。各个池子间的高度差取决于流水的速度需要以及养殖生物对水质的要求。落差越大，流速越快，但建设难度和成本也越高。这种模式的主要弊端是水流经过一系列养殖池，越到后面的池子，水质越差。养殖密度越高，问题越严重，除非流速足够。另外一旦一个养殖池发生疾病，整个系列池子都被波及，无法隔离。

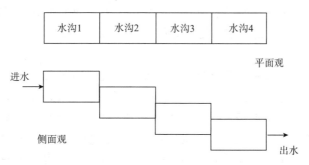

图5-7　阶梯式流水养殖模式示意图

资料来源：M. Landau, 1991

与阶梯式流水模式不同的是平行式流水模式。所有跑道式养殖池平行排列，各自从同一进水管进水，排出的水又汇总至同一条排水管（图5-8）。虽然进水总管的进水量相当大，但却可以有效避免阶梯式流水模式的弊端。

还有一种称为圆形流水模式，它与上述两种模式不同之处是水从养殖池流出后并不直接排出系统，而是在系统中循环较长一段时间。这种模式与圆形水槽相似，所不同的是流水式模式水较浅而已。它适宜养殖藻类，因为光合作用的需要，浅而且流水更适宜单细胞藻类的大规模培养。这类养殖池的池壁通常用涂料刷成白色，更有利于池底部反光，增加水中光强。

图5-8　平行流水跑道式水产养殖池

跑道式流水养殖池一般用水泥建筑，也有用土构建的，但由于水流速度较大，池壁容易冲垮，因此如果用土构筑，最好用石块等加固池壁。木板、塑料、玻璃钢等材料也可以用，但规模较小，适宜在室内及实验室科学研究用。

还有一种流水式养殖模式称为垂直流水模式，在垂直置立的跑道式养殖池中间设置一根垂直进水管，水从顶部压入，接近底部时，从水管的筛网中溢出，带动池水从底部往上层运动，并从接近池顶部的水槽溢出。

五、池塘养殖

池塘养殖是半封闭模式使用最广泛的一种。与跑道流水式养殖模式相比，池塘养殖换水要少得多，一般也较少循环使用。由于换水量小，缺少流动，容易导致缺氧。而且池塘水较深，在夏季养殖池塘水体可能分层，更容易造成底部缺氧，为此，池塘养殖一般需配备增氧机。

养殖池可以直接在平地挖掘修建，但更多的是筑坝建设。养殖池形状没有规定，任何形状的池塘都可以进行养殖。但一般都是建成长方形，长宽比例一般为（2~4）：1。长方形池塘建筑方便，不浪费土地。有些大型养殖池依地势而建，如某些海湾、山谷，只需筑1~2面坝就成了（类似于水库），可以降低建池费用。理想的养殖池，进水和排水都能利用水位差的重力作用自然进行，但在实际生产中，往往既充分利用重力作用，也配备水泵以弥补不足。多数是进水利用水泵，而排水则利用水位差自然排放。

养殖池深度各地相差较大，一般不低于1.5 m，多数有效水深为1.5~2 m，北方寒冷地区越冬池水深需要2.5 m以上。坝体主要由土、水泥、石块砌成。如果是土坝，则坝体须有（2~4）：1的倾斜度（坡度），具体坡度依据土质结构稳定性来确定。若用石块、水泥建堤坝，则坝体可以垂直，以获得最大限度的养殖空间。池底也应有一定的倾斜度，以利于排水时，能将池中水排净。但倾斜度不宜过大，否则排水时，因水流太急，冲走池底泥土。有的养殖池在排水口设有一个下凹的水槽，以利于在排水时收集鱼类等水产品。水槽不能太小，否则会导致过多的鱼虾集中在水槽中遭遇挤压或缺氧死亡。较大的养殖池底部一般会设置几条横直交叉、相互贯通的沟渠，也称底沟，以便于池水的最后阶段排干，以及排水后池底能迅速干燥，方便进行底部淤泥污染物清理整治。

　　池坝高度一般不超过4~5 m。池坝最重要的是牢固，能够承受池水对坝的压力，同时坝体要致密不渗水，因此建坝所用的泥土十分关键，最好采用具有较好黏性的土壤，而含砂石多的、富有有机质的泥土尽量不用。如果当地无法提供足够的黏性土壤，则必须在坝的中间部分建一个15~20 cm的防渗隔层（图5-9），以防止池水从池内渗透，甚至导致溃坝。防渗隔层常用水泥建筑。

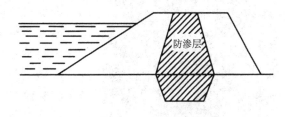

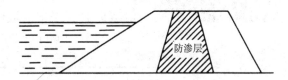

　　如果养殖池较小，也可以直接在池坝内层和底部铺设塑料薄膜（复合聚乙烯塑胶地膜）防治池水渗透（图5-10）。沿海一些沙滩区域由于缺少黏性泥土，常用此方法解决渗透问题。但由于紫外线等原因，塑料薄膜的使用寿命较短，一般2~3年就需更换，加重了养殖成本。

图5-9　池塘堤坝防渗隔层示意图

资料来源：M. Landau, 1991

图5-10　养殖池塘地膜铺设防渗漏

　　坝体外层适宜植草覆盖，而不宜种树，以免树根生长破坏坝体。内层自然生长的水生植物一般对堤坝没有特别的影响，而对养殖生物则有一定的作用，如直接作为食物或作为隐蔽场所。但养殖池内水生植物过于茂盛就不利于养殖，影响产量，也不利于捕获，需要人工适当清除。池塘进排水的部位易受水的冲击，通常有护坡设施，如水泥预制板，砖石块，直接混凝土浇制，或者铺设防渗膜等，但护坡多少会影响池塘的自净功能，因此只要池塘不渗漏，护坡面积不应过大。

　　坝顶的宽度以养殖作业方便舒适为标准，一般要能允许卡车通行。坝顶的宽度与坝高也有关系，通常坝高3 m以内，坝顶宽2.5 m为宜，若坝高达5 m，坝顶宽则需3.5 m以上。

一般池塘设有两个闸门，设置在池塘两端，一为进水，另一为排水。闸门的大小结构与池塘大小相关，池塘越大，闸门也越大（图5-11）。开关进排水闸门可以达到利用水位差进排水的目的。有的小型养殖池仅有一个排水口，用于排水和收获水产品。进水主要靠水泵。

池塘整体布局根据地形不同，常有非字形、围字形等。与池塘整体布局相关的是进排水渠道的规划设计。应做到进排水渠道独立，进排水不会相互交叉污染（图5-12）。养殖池规模大，根据需要进水渠可分进水总渠、干渠、支渠。进水渠道有明渠和暗渠之分。明渠一般为梯形结构，用石块、水泥预制板护坡。暗渠多用水泥管。渠道断面设计应充分考虑总体水流量和流速。渠道的坡度一般为：支渠：1/（500～1 000），干渠：1/（1 000～2 000），总渠：1/（2 000～3 000）。

图5-11　进排水闸门

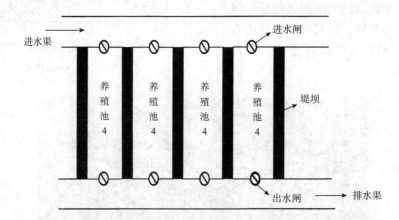

图5-12　养殖池塘整体布局

排水渠道一般是明渠，也多采用水泥板等护坡，排水渠道要做到不积水，不冲蚀，排水畅通。因此，排水渠要设在养殖场的最低处，低于池底30 cm以上。

第三节　全封闭系统

全封闭系统是指系统内养殖用水很少交换甚至不交换，而要进行不间断完全处理的养殖模式。这种模式的主要特点是：①只要管理得当，养殖密度可以非常高。②温度可以人工调节，这在半封闭系统中很难做到。③投饵及药物使用效率高。④捕食者和寄生虫可以完全防治，微生物疾病也大大减轻。⑤由于用水量很小，不受环境条件的影响，企业可以在任何其希望的地区一年四季开展生产，而且对周边生态环境影响极小。⑥由于能提供最佳生长环境，养殖动物生长速度快，个体整齐。⑦收获方便。

　　但是，这种模式的弊端也十分显著。首先，封闭系统的养殖用水需要循环重复使用，而且养殖密度极高，这就需要水处理系统功能十分强大、稳定，管理技术要求相当高，而且需要水泵使系统的水以较高速度运转循环；其次是整个系统为养殖生物提供了一个最佳生活状态，但同时对于病原体来说，也同样获得最佳生活条件，一旦有病原体漏网，进入系统，就会迅速繁殖，形成危害而来不及救治；另外，整个系统依赖机械系统处理水，其设备投资和管理费用也相当昂贵（图5-13和图5-14）。所以尽管全封闭养殖模式理论上看很好，但实际应用受限非常大，不容易为中小企业所接受，更多地被一些不以追求经济效益为目的的科研院校实验室所使用。20世纪主要在欧美国家试行，并未得到真正生产意义上的应用。

图5-13　封闭式养殖系统示意图

图5-14　封闭式养殖系统

　　进入21世纪，我国北方沿海进行鲆鲽类养殖，由于养殖种类的生态习性的适应性及工程技术和管理技术的进步，这种全封闭系统才得到广泛普及，产生了很好的经济效益。当然很多企业的水处理系统仍跟不上要求，只好通过增加换水量来弥补，距严格意义上的全封闭系统尚有一定距离，但从环境和经济效益综合考虑，这又是比较合理的一种选择（图5-15和图5-16）。

图5-15　工厂化室内养殖系统（矩形水槽）

图5-16　工厂化室内养殖系统（圆形水槽）

　　全封闭系统的核心是水处理，如德国一个50 m³的系统，真正用于养殖的水槽只有6 m³，而其余44 m³用于处理循环水，水在系统中的流速是25 m³。6 m³养殖水槽可容纳1.5 t的鱼，半年内，可将10 g的鲤鱼养到500 g，年产量可达8~9 t。上海海洋大学一个50 m³的系统养殖多宝鱼，一年可养殖两茬，产量可达10~20 t。山东省大菱鲆的养殖密度可达40 kg/m²，一般幼鱼放养80~150尾/m²，成鱼放养20~30尾/m²，生长速度一年达1 kg。

全封闭系统是在水槽中进行的（半封闭系统也广泛使用水槽），无论是养殖还是水处理。水槽通常用水泥、塑料或木头制造。每一种材料都有各自的优缺点。

（1）水泥：坚固耐用，可以建成各种大小，形状，表面很容易处理光滑。缺点是不易搬动，一般只能固定在某一位置。

（2）木头：木质水槽操作方便，体轻容易搬动，但不够坚固，抗水压能力差，体积越大，越容易损坏，一般需要在外层用铁圈加固。由于常年处在潮湿环境，木头容易腐烂，因此需要用环氧树脂、纤维玻璃树脂等涂刷，以增加牢固性，防止出现裂缝渗漏。

（3）塑料：一般用的是高分子聚合物，如纤维玻璃、有机玻璃、聚乙烯、聚丙烯等材料。这些材料制成的水槽轻便、牢固，所以被广泛采用（图5-17）。

图5-17　塑料养殖水槽

水槽的形状一般多为圆柱形（水泥槽/池多为长方形），底部或平，或圆锥形。平底水槽使用较多，因为可以随意放置在平地上，而锥形底部的水槽需要有架子安放。锥形水槽的优点是，养殖时产生的废物会集中在底部很小区域，便于清理。圆形水槽中水的流速、循环和混合都比长方形的好。圆形水槽另一个优点是鱼类（尤其是刚放养的）不会聚集在某一个区域，造成挤压或导致局部缺氧。而长方形水槽的优点是比较容易建造，且安放时比较节约地方。因此水泥水槽大多建成长方形或圆形。

封闭系统的进排水系统基本都采用塑料管，通常进水管在水槽上方，排水管在下方，也可以根据整体安放需要都安置在下方或上方，每个水槽进水都通过独立水阀调节。有的在水槽中央设置一根垂直水管，水从顶部进入，到中部或底部通过小孔溢出，有助于水的充分混合。

第四节　非传统养殖系统

除上述3种养殖系统外，在实际生产过程中，根据不同地理环境、气候因素以及投资状况会有许多改进和创新。这些创新和改进往往能够带来意想不到的养殖效果和经济效益。

一、暖房（Greenhouse）

暖房的主要功能是为生产者在室内提供充足的光线和温度，尤其在高纬度（大于40°）地区。早期暖房主要用于农业栽培，后被广泛应用于水产养殖。我国最早用于水产养殖的暖房是20世纪50年代在青岛设计建造的，用于海带育苗。以后在对虾、扇贝和鱼类育苗中迅速推广使用，除培育动物幼体外，暖房的另一重要功能是培养单细胞藻类，由于暖房内的光线充足，且不是直射光，特别适合培养藻类。对于鱼、虾、贝类（尤其是后者）育苗过程中需要培养单细胞藻类的厂家，暖房是必不可少的（图5-18和图5-19）。近年来暖房也逐步用于对水产动物的成体养殖，鱼、虾、蟹类都有。这种暖房的利用更多的是保温和防止外界风雨的干扰，采光还在其次。有的厂家把暖房的水产养殖与农业结合起来，利用水产养殖废水来培育蔬菜水果（生菜、西红柿、草莓等），降低水中氨氮和硝酸氮的含量，成为一种小环境的生态养殖。

图5-18　水产养殖暖房（一）

图5-19　水产养殖暖房（二）

暖房的设计一般为东西走向，这样在冬天太阳偏低的情况下可以尽可能接受更多、更均匀的光照。但如果在一个面积有限的厂区内建设好几个暖房，则应该采取南北走向，以避免相邻的暖房相互遮光。有的厂家根据需要仅建半边暖房，这样就必须是东西走向，采光区朝南，而且屋顶倾斜度需要大一些，有助于冬天太阳较低时，光线能够垂直照射到采光区，因为太阳光在垂直照射时穿透率最大。

早期农业暖房采用的采光材料是玻璃，而水产养殖对此进行了较大改进，逐步使用塑料膜覆盖整个暖房屋顶。塑料膜成分有：聚酯薄膜、维尼龙、聚乙烯等，尤其以聚乙烯使用最广。它的优点就是价格便宜，轻而安装方便，容易替换，虽然聚乙烯材料使用寿命较短，长时间被太阳照射后透光率降低，容易发脆，破裂。

为了暖房牢固，增强保温效果，顶部塑料膜可以盖两层，这样两层薄膜之间会形成一个空气隔离层。隔离层可以通过低压空气压缩机将空气充入形成。空气隔离层的厚度可在1.5~7 cm，太薄则隔离效果差，太厚会在空气层内部形成气流，同样降低效果。

用硬透明瓦覆盖也是普遍使用的暖房之一，它比塑料薄膜覆盖更牢固，使用寿命也较长。适用于沿海风大的地区，且长期生产的厂家。透明瓦的材料有：丙烯酸酯、PVC、聚碳酸酯等，用得最多的还是纤维玻璃加固塑料（fiberglass reinforce plastic，FRP）。FRP可以用于框架式建筑上，比塑料薄膜和玻璃都要牢固，透光性能也很好，抗紫外线，使用寿命在5~20年。缺点是易受腐蚀，表面起糙，积灰尘，降低透光率。

有些暖房尤其是低纬度地区的暖房仅利用太阳能来加热养殖用水，或者在室内存储一大池子水作为热源。但很多高纬度地区的养殖池一般都有专门的加热系统，或者低压水暖，或高压汽暖（具体已在育苗系统叙述）。当阳光过于强烈，暖房也可能变得太热，这就需要适当降温，一般采取的比较简单的方法就是安装风扇加强室内外空气流通。另外可以在室内屋顶下加盖一层水平黑布帘，阻挡太阳光的照射。暖房内还需要具备额外的光源，以便在晚间、阴天等时段可以提供必要的光照。

二、热废水利用

水产动物都有一个最佳生长温度，在此温度条件下，动物可以将从外界获取的能量最大限度地用于组织生长。对于冷血动物，温度尤为重要，因为其机体内部缺少调节体内温度的机制，温度低于适宜条件，生长就减缓或停止，温度超过适宜条件，生长同样受限，甚至停止生命活动，包括摄食。只有在环境水温接近最佳温度条件，水产动物才能生长得既快又好。

可问题是要始终保持养殖水体温度在最佳状态，需要有一个不断工作的加温系统，消耗大量能源，所需费用也相当高，而热废水利用恰好可以提供免费能源。

热电厂通常因为需要冷却设备会产出大量热废水，这类热废水经过一些转换装置就可以用于加热养殖用水。据估算，占美国全国所消耗能源总量的3%是以热废水形式给排放了。另外有些地区存在的地质热泉也可以用于水产养殖，延长养殖季节。需要注意的是，热废水来源有时不够稳定，常常是夏季养殖系统不需要额外热源的时候，热废水产生的最多，而需要量大的时候，又不足。地质热泉相对稳定些。

热废水的利用方式通常有如下两种。

（1）将网箱或浮筏直接安置在热废水流经的水域。如美国长岛湾利用热电厂排出的热废水养殖牡蛎，其成熟时间比周围地区的快了$1.5\sim2.5$年，该养殖区域的水温比周围正常海区高了近$11\,℃$。

（2）将热废水以一定的速率泵入养殖池、水槽，流水式跑道，维持养殖水温的适宜温度。在美国特拉华河附近的养殖场，利用火力发电厂排出的热废水，在冬季6个月可以把40 g左右的鲑鱼养到约300 g，成活率达80%。

热废水利用在北欧如芬兰、挪威等国家更显经济效益，因为这些国家的冬天漫长，太阳能的利用受限。如芬兰一家核电厂附近的养殖场，利用电厂排出的热废水养殖大西洋鲑的稚幼鱼，可以提前一年将稚鱼养殖至达到放流规格的幼鱼，从而缩短了养殖期，提高了回捕率。

三、植物、动物和人类生活废物利用

对一些植物、动物和人类废弃物加以综合利用对于农业和水产养殖也是一种共赢，在当今倡导低碳社会、节约资源的氛围中，尤其值得大力提倡。能被水产养殖所利用的所谓废弃物主要指有机废物如砍割的草木，猪、牛、羊粪便，人类生活污水等。这些物质通常含有很高的氮、磷以及其他营养物质如维生素等。世界各地的城市每天都在产出大量的有机废物。如印度的城市，每天产出有机废物4.4×10^4 t，如果加以循环利用，每年可以产出8.4×10^4 t氮，3.5×10^4 t磷。

如果有机废物经过自然界细菌和真菌的分解，转化为营养物质流入环境中，被植物吸收，而生长的植物被用于投喂水产动物，则既可以降低水产养殖成本，又能改善环境，是一种持续性发展思路。其中最有前景的是人类生活污水的利用。即利用生活污水来培养藻类，然后养殖一些过滤性贝类如牡蛎、贻贝，既处理了生活污水，又获得了水产品。有实验表明，用人工配制的营养盐培养的藻类和用生活污水培养的藻类去投喂三种贝类，结果发现彼此生长没有明显区别。结果看似简单也很诱人，其实这中间存在着许多科学的、经济的以及社会问题。比如像我国，养殖场的规模都很小，而城市污水排量又如此巨大，彼此不匹配。尽管如此，相关研究仍在进行，人们对此仍抱有期望。

利用废弃物尤其是人类生活废弃物的主要问题还在于它们的富营养性，不是水产养殖所能吸收消化的。而且这些物质中或多或少地带有机或无机污染成分甚至一些病原体，直接危害养殖生物或间接影响消费者。有实验证明，将颗粒饵料中混入活化的淤泥并投喂鲑鱼，发现鲑鱼各组织中的重金属成分显著增加。不过实验发现能够通过食物链传递和积累的主要还是重金属，细菌等病原体在食物链中直接传递的现象尚未发现（病毒可能是例外）。而且无机或有机污染物在水产动物体内的累积主要部位是脂质器官和血液，这些部位一般在吃之前都已去除了。尽管如此，对于污染保持高度警惕还是必需的。

水产养殖对于废弃物的利用其终极目的不仅仅局限于为人类提供生产食品，另一重要作用是可以通过水生生物消除城市生活污水中富含的营养物质，从而防止沿海、湖泊的富营养化现象的发生。美国伍兹霍尔海洋研究所曾设计了一个利用水产养殖进行污水净化的系统，做了如下实验：首先让生活废水与海水混合培养浮游植物，再将浮游植物投喂牡蛎，然后用牡蛎养殖区的海水养殖一种海藻角叉菜（*Chondrus*），结果是：95%的无机氮被浮游植物消耗，85%的浮游植物被牡蛎摄食。牡蛎虽然也产生一定量的氮回到系统中，但最后全部被海藻利用。该系统对氮的去除率达95%，磷的去除率为45%~60%。美国佛罗里达滨海海洋研究所也做了类似的实验，只是最后一步所用的是另外两种海藻：江蓠（*Gracilaria*），提取琼脂的原料，和沙菜（*Hypnea*），富含卡拉胶。结果每天收获的海藻可以提取琼脂和卡拉胶干品12~17 g。

小　　结

开放式养殖系统是最古老但至今仍是应用最广泛的养殖模式之一。开放系统一般位于近海沿岸、海湾、湖泊等地，依靠自然水流带来溶解氧和饵料，并带走养殖废物。牡蛎、贻贝等双壳贝类可以通过围网防止捕食者而提高产量，也可以将其悬挂在水中脱离地面而躲避捕食者侵袭，同时还充分立体利用养殖水体。悬挂式养殖有筏式、绳式、架式、笼式、网箱式等，既可以养殖贝类，也可以养殖大型海藻、鱼类、甲壳类等水生生物。其中，网箱养殖需要人工投饵，投资和管理水平要求高，产量也高。

半封闭养殖系统是主要水产养殖模式，可分为池塘养殖和跑道流水式养殖。水从外界引入系统后又被排出。流水养殖池一般由水泥建筑而成，池形窄而长，池水浅，水的流速快，交换量大。池塘养殖池一般由土修建，多数高于地面，其水交换量比流水式小得多，因此需要建筑高质量的土坝贮水，不使其渗漏干塘，建筑所用泥土以及建筑方法都需有专业人士参与。半封闭养殖放养密度比开放式高得多，部分养殖条件人工可控，因此产量也高得多，稳定得多，但投资和管理技术要求也相对提高。池塘养殖有时可以通过施肥提高产量。

全封闭系统的养殖特点是水始终处于交换流动过程中，水质条件基本处于完全人工控制状态，所以养殖密度极高。全封闭系统的建设投资很高，系统运行管理要求精心细致。目前这种养殖模式还不是水产养殖的主流。

非传统养殖模式因地制宜而建，因此养殖效益很好。暖房可以为水产动物苗种培育提供阳光和热量。工厂废热水和地质热泉可以为养殖设施提供廉价或免费的热能，加快水产动物生长发育。一些有机废弃物和生活污水可以通过水产养殖环节使氮、磷得到有效利用，降低对环境的污染。

第六章　基础生物学概念

在前几章叙述与水产养殖相关的物理、化学、工程等学科内容后，这一章开始将进入以生物科学为主的领域。从传统意义来说水产养殖属于生物科学范畴，因为其研究或养殖的对象是活的动物或植物。因此了解掌握一些相关的生物学原理、概念对于一个从事水产养殖的工作者来说是十分必要的。也许有人非常幸运，年复一年他只是把种苗和饲料投入一个"黑箱"——养殖池塘，一段时间后，他可以从这个黑箱中收获大量产品，至于在这一段时间内，黑箱中到底发生了什么，他并不知道，也无需关心。但实际上没有人会如此幸运，也没有人希望能这样幸运，任何从事水产养殖的从业人员可能都希望能够了解他们所养殖的生物是如何存活、生长、繁殖的。

就某一养殖品种来说，人们主要关心的是他们能否健康、快速生长，这就与生物的生活史、行为学、生理学等相关，本章将重点叙述营养、病害、生态学及遗传育种等内容，这些内容与通常所说的水产养殖四要素"水、种、饵、病"密切相关。

第一节　营养与饵料

水产养殖活动，从转化角度看，其实就是一个以水为环境，以种为载体，以饵为物质基础的物质转化过程，即通过养殖生产将人类不能直接食用、不便直接食用或不喜欢食用的饵料转化成人类可食用或喜欢食用的鱼、虾、蟹、贝等。从这个角度，营养与饵料在水产养殖过程中具有重要的作用。本节将概述水产动物营养与饲料的基本原理和知识。

一、营养素及其生理作用

鱼、虾类等水产动物和其他动物一样，为了维持生命活动和生长发育，需从外界摄取食物，获得如蛋白质、脂肪、糖、维生素和无机盐类等营养素。因此，了解营养素及其生理作用，对科学研制、开发配合饲料具有重要意义。

（一）蛋白质与氨基酸

1.蛋白质

蛋白质是生命的物质基础，大多数生物体干物质的最大组成成分，因此在生命活动中起着特别重要的作用。蛋白质由数量不等的各种氨基酸组成。鱼、虾、蟹等养殖动物从外界摄取的蛋白质，需要在消化道中经过消化分解成氨基酸及小肽（由数个或十几个氨基酸组成）后被吸收利用。蛋白质在生物体内的生理功能主要有以下几方面。

（1）蛋白质是机体组织蛋白质的生长、更新、修复以及维持机体蛋白质现状的主要原料。蛋白质是生物细胞原生质的重要组成部分，据测定，全鱼体组成中一般含有10%左右的蛋白质，除水分外，蛋白质是鱼体组织中含量最高的物质。

（2）蛋白质参与构成酶、激素和部分维生素。蛋白质是组成生命活动所必需的各种酶、激素和部分维生素的原材料。例如，绝大部分酶的化学本质是蛋白质，如各种消化酶等。含氮激素的成分是蛋白质或其衍生物，如生长激素，甲状腺素、肾上腺素、胰岛素等。有的维生素是由氨基酸转变或与蛋白质结合存在。尼克酸可由色氨酸转化，生物素与赖氨酸的氨基结合成肽。鱼类借助于酶、激素、维生素调节体内的新陈代谢，并维持其正常的生理机能。

（3）蛋白质可为鱼类提供能量。对于鱼类，作为能量来源的主要物质是脂肪和蛋白质。特别是在饲料能量不足的条件下，鱼类将大量氧化氨基酸作为机体所需要的能量来源。

（4）参与机体免疫。机体的体液免疫主要是由抗体与补体完成，而构成白细胞、抗体和补体需要有充足的蛋白质。生物体若长期缺乏蛋白质，则与免疫机能相关的组织和器官，如肝、脾、淋巴等组织和器官显著萎缩，失去制造白细胞和抗体的能力，从而使机体抗病能力降低，易于感染疾病。

（5）蛋白质参与机体遗传信息的控制。遗传的主要物质基础是脱氧核糖核酸（DNA），在细胞内，DNA与蛋白质结合成核蛋白。蛋白质还参与调控遗传信息的表达。

（6）蛋白质参与维持毛细血管的正常渗透压，保持水分在机体内的正常分布。血浆胶体渗透压是由其所含蛋白质（白蛋白）的浓度来决定的。缺乏蛋白质，血浆中蛋白质含量减少，血浆胶体渗透压就会降低，组织间水分滞留过多，出现水肿。

（7）蛋白还具有运输功能。在血液中起着"载体"作用，如血红蛋白携带氧气，脂蛋白是脂类的运输形式，运铁蛋白可运输铁，甲状腺素结合球蛋白可以运输甲状腺素等。

2. 氨基酸

如前所述，蛋白质是由各种氨基酸组成的，因此，蛋白质的营养功能本质上是由氨基酸提供的。消化生理研究证实，被摄取的蛋白质只有在消化道中被胃肠分泌的消化酶水解成游离氨基酸和小肽（有时肠黏膜细胞将这些小肽进行胞内消化为氨基酸），才能被肠黏膜细胞吸收。蛋白质被消化后释放出的游离氨基酸被肠道吸收，通过血液循环进入氨基酸库供代谢使用。因此，动物对蛋白质的需求实际上是对氨基酸的需求，研究动物对氨基酸的需求和利用规律是研究蛋白质营养的核心问题。

根据氨基酸营养价值的不同常将其分为必需氨基酸、半必需氨基酸和非必需氨基酸。必需氨基酸是指动物自身不能合成或合成量不能满足动物的需要，必须由食物提供的氨基酸。研究表明，鱼、虾类的必需氨基酸有10种，分别为：异亮氨酸（Isoleucine，Ilu）、亮氨酸（Leucine，Leu）、赖氨酸（Lysine，Lys）、蛋氨酸（Methionine，Met）、苯丙氨酸（Phenylalanine，Phe）、苏氨酸（Threonine，Thr）、色氨酸（Tryptophan，Trp）、缬氨酸（Valine，Val）、精氨酸（Arginine，Arg）和组氨酸（Histidine，His）。陆上恒温动物的必需氨基酸为除上述精氨酸和组氨酸以外的8种氨基酸。半必需氨基酸是指在一定条件下能代替或节省部分必需氨基酸的氨基酸。营养学上把半胱氨酸、胱氨酸及酪氨酸称作半必需氨基酸。因为半胱氨酸或胱氨酸可由蛋氨酸转化而来，酪氨酸可由苯丙氨酸转化而来。但动物对蛋氨酸和苯丙氨酸的特定需要却不能由半胱氨酸或胱氨酸及酪氨酸替代。非必需氨基酸是指动物体内自身可以合成、不必由饲料提供的氨基酸。动物在生长和维持生命的过程中同样需要非必需氨基酸，但是当饲料中提供的非必需氨基酸不足时，动物体内可以合成这些氨基酸。

营养学上根据养殖动物对氨基酸的需求及饲料中氨基酸供应的匹配程度，提出了限制性氨基酸、氨基酸平衡及氨基酸互补的概念。限制性氨基酸是指饲料中所含必需氨基酸的量与动物所需的必需氨基酸的量相比，比值偏低的氨基酸。由于这些氨基酸的不足，限制了动物对其他氨基酸的利用。其中比值最低的称第一限制性氨基酸，以后依次为第二，第三……限制性氨基酸。大多数植物性蛋白质源对水产动物来说，蛋氨酸和赖氨酸往往是限制性氨基酸。所谓氨基酸平衡是指饲料可利用的各种必需氨基酸的组成和比例与动物对必需氨基酸的需求相同或非常接近。当饲料中所含有可利用的必需氨基酸处于平衡状态时，才能获得理想的蛋白质效率。如果氨基酸不平衡，即使蛋白质含量很高，也不能获得高的蛋白质效率，即氨基酸平衡的木桶效应（氨基酸的平衡犹如木桶盛水，当氨基酸不平衡时，好比一个木桶的桶板长短不一，盛水容积小）。饲料氨基酸的平衡是衡量饲料蛋白质质量的最重要指标。氨基酸的互补作用（又称蛋白质的互补作用）是指利用不同蛋白源的氨基酸组成特点，相互取长补短使饲料的氨基酸趋于平衡。在生产实践中，根据各种饲料的氨基酸组成特点，利用氨基酸和互补作用，是提高饲料蛋白质利用率最为经济、有效的方法。

（二）脂类与脂肪酸

脂类是水产动物营养中的一类重要营养素，是脂肪和类脂及其衍生物的总称。脂类物质按其结构可分为中性脂肪和类脂两大类。中性脂肪，俗称油脂，是三分子脂肪酸和甘油形成的酯类化合物，故又名甘油三酯，是水产动物的能量来源之一。类脂种类很多，常见的类脂有蜡、磷脂、糖脂和固醇等。

鱼、虾体内的脂类依其在动物体内的分布和作用，还可分为组织脂类和贮备脂类。组织脂类是指用于构成机体组织细胞的脂质，其种类主要有磷脂（卵磷脂，脑磷脂）、固醇，这部分脂质组成和含量较稳定，几乎不受饲料组成和鱼、虾类生长发育阶段的影响。贮备脂类是指贮存于肝肠系膜、肝脏、皮下组织中的甘油三酯，其含量和组成受饲料组成的显著影响。

脂类在鱼、虾类生命代谢过程中具有多种生理作用，是鱼、虾类所必需的第二大营养物质。脂类的营养生理功能主要包括如下几个方面：

（1）组织细胞的组成成分。一般组织细胞中均含有1%~2%的脂类物质。特别是磷脂和糖脂是细胞膜的重要组成成分；脂肪还是体内绝大多数器官和神经组织的防护性隔离层，可保护和固定内脏器官。

（2）提供能量。脂肪是含能量最高的营养素，其产热量高于糖类和蛋白质，每克脂肪在体内氧化可释放出 37.656 kJ 的能量。鱼、虾类由于对碳水化合物特别是多糖利用率低，因此脂肪作为能源物质的利用显得特别重要。直接来自饲料的甘油酯或体内代谢产生的游离脂肪酸是鱼类生长发育的重要能量来源。

（3）利于脂溶性维生素的吸收运输。维生素 A、维生素 D、维生素 E、维生素 K 等脂溶性维生素只有当脂类物质存在时方可被吸收。脂类不足或缺乏，则影响这类维生素的吸收和利用。

（4）提供必需脂肪酸等营养素。必需脂肪酸是指那些为鱼、虾类生长所必需，但鱼虾本身不能合成，或者合成量不能满足需要，必须由饲料直接提供的脂肪酸。鱼、虾类所需脂肪酸种类一般为 n-3、n-6 系列不饱和脂肪酸。但不同鱼、虾类或不同环境下生长的鱼、虾类对必需脂肪酸的需求有一定的差异。淡水鱼的必需脂肪酸有两种，即亚油酸（18:2n-6）和亚麻酸（18:3n-3）。但对不同种类的鱼来说，这两种必需脂肪酸的添加效果却有所不同。尼罗罗非鱼主要需要 n-6 脂肪酸（18:2n-6），鳗、鲤、斑点叉尾鮰则需要 n-3（18:3n-3）和 n-6（18:2n-6）两类脂肪酸，而对虹鳟来说，n-3 脂肪酸起主要作用。海水鱼的必需脂肪酸则通常指二十碳以上 n-3 及 n-6 高度不饱和脂肪酸，如二十碳五烯酸（20:5n-3，EPA）、二十二碳六烯酸（22:6n-3，DHA）和二十碳四烯酸（20:4n-6，ARA）。对虾、蟹而言，研究表明，亚油酸、亚麻酸、二十碳五烯酸和二十二碳六烯酸在甲壳类体内不能自行合成，这 4 种不饱和脂肪酸是甲壳类的必需脂肪酸。此外，甲壳类不能合成胆固醇，必须由食物提供。因此，胆固醇也是甲壳动物必需的脂类营养素。

（5）作为某些激素和维生素的合成原料。如麦角固醇可转化为维生素 D_2，而胆固醇则是合成性激素的重要原料。

（6）节省蛋白质，提高饲料蛋白质利用率。鱼类对脂肪有较强的利用能力，因此当饲料中含有适量脂肪时，可减少蛋白质的分解供能，节约饲料蛋白质用量，这一作用称为脂肪的节约蛋白质作用。对处于快速生长阶段的仔鱼和幼鱼，脂肪对蛋白质的节约作用尤其显著。

（三）糖类

糖类亦称碳水化合物，是自然界中分布极为广泛的一类有机化合物，是人和动物所需能量的重要来源，是一类非常重要的营养素。糖类按其结构可以分为单糖、低聚糖和多糖三大类。单糖通常是代谢过程中产生的中间产物，或者参与执行某些特殊功能。低聚糖和多糖通常作为能力的贮存形式存在于植物和动物中。

从营养学的角度，糖类按其生理功能可以分为可消化糖（或称无氮浸出物）和粗纤维两大类。

可消化糖包括单糖、糊精、淀粉等，其主要作用主要有以下几方面。

（1）构成体组织细胞的组成成分。糖类及其衍生物是鱼、虾（或其他动物）体组织细胞的组成成分。

（2）提供能量。吸收进入鱼虾体内的葡萄糖经氧化分解，释放出能量，供机体利用。

（3）合成体脂肪。糖类是合成体脂的主要原料，当肝脏和肌肉组织中储存足量的糖原后，继续进入体内的糖类则合成脂肪，储存于体内。

（4）合成非必需氨基酸。糖类可为鱼虾合成非必需氨基酸提供碳架。葡萄糖的代谢中间产物，如磷酸甘油酸、α-酮戊二酸、丙酮酸可用于合成一些非必需氨基酸。

（5）蛋白节约效应。糖类可改善饲料蛋白质的利用，有一定的蛋白节约效应。当饲料中含有适量的糖类时，可减少蛋白质的分解供能，同时 ATP 的大量合成有利于氨基酸的活化和蛋白质的合成，从而提高饲料蛋白质的利用效率。

粗纤维包括纤维素、半纤维素、木质素等，一般不能为鱼、虾消化、利用，但却是维持鱼、虾健康所必要的。饲料中适当的纤维素作为不消化物在营养上却有重要作用：它能刺激消化道的蠕动与消化酶的分泌；起着稀释饲料中高含量的营养物质的作用，以利于其更好地消化和吸收。所以在饲料中含适量的纤维素可能有助于蛋白质、脂肪和糖的消化与吸收。但是，在饲料中如粗纤维素含量过高可导致鱼类生长低下。

（四）能量

生物体从外界摄取营养物质的第一需要是为了供给生命活动的能量需要。能量不是一种营养物质，而是营养物质的一种性质，在蛋白质、脂肪和糖氧化代谢时释放出来。水产动物所需能量主要来源于饲料中的三大营养素，即蛋白质、脂肪和糖类，这三大营养素常被称为能源营养物质。饲料中三大能源营养物质经完全氧化后生成水、二氧化碳和其他氧化产物，同时释放出能量。据测算，碳水化合物的平均产热量为17 154 J/g；脂肪的平均产热量为39 539 J/g；蛋白质的平均产热量为23 640 J/g。鱼类等水生动物对能量的消耗率要低于陆生恒温动物。

鱼类通过食物摄入的能量在体内进行转化、代谢和重新分配后，一部分留在了体内；一部分以废物的形式排出体外；另外一部分则以散热的形式排出体外。鱼类能量收支方程式的模型可用如下公式表示：

$$C = F + U + M + G$$

式中，C 为从食物中获得的能量；F 为以粪便的形式损失的能量；U 为以排泄废物的形式损失的能量；M 为代谢耗能；G 为贮存在体内的能量（生长能），具体包括维持生命活动所需的能量（Nem）及生产能量（NEp）。

鱼类的能量收支除了受到遗传因素的影响外，还受到体重、水温、光周期、溶氧、营养因子和摄食水平等外界条件的影响。不同食性的鱼类，其能量分配比例差异很大，肉食性鱼类和草食性鱼类的能量收支可分别由下式表示：

肉食性鱼类：$100C=27E（20F+7U）+44M+29G$

草食性鱼类：$100C=43E（41F+2U）+37M+20G$

式中，C 为从食物中获得的能量；E 为排出废物中所含的能量；F 为以粪便的形式损失的能量；U 为以排泄废物的形式损失的能量；M 为代谢耗能；G 为贮存在体内的能量（生长能）。

（五）维生素

1. 维生素种类

维生素是一类化学结构不同、营养作用和生理功能各异的低分子有机化合物，是维持动物生长、发育、健康和繁殖所必需的一种用量极少、作用极大的生物活性物质。维生素种类多，化学组成、性质各异，一般按其溶解性分为脂溶性维生素和水溶性维生素两大类。脂溶性维生素是可以溶于脂肪或脂肪溶剂（如乙醚、氯仿、四氯化碳等）而不溶于水的维生素，脂溶性维生素可在鱼虾肝脏中大量贮存，在饲料中与脂类共存，其吸收借助脂肪。包括维生素 A（视黄醇）、维生素 D（钙化醇）、维生素 E（生育酚）和维生素 K。水溶性维生素是能够溶解于水的维生素，对酸稳定，易被碱破坏。包括维生素 B_1（硫胺素）、维生素 B_2（核黄素）、泛酸（遍多酸）、烟酸（尼克酸、烟酰胺、尼克酰胺）、维生素B_6（吡哆素）、生物素（维生素 H）、叶酸、维生素B_{12}（氰钴素）、维生素 C（抗坏血酸）等。水溶性维生素在动物体内不能大量贮存，趋于饱和则随尿排出；通过组成酶的辅酶对动物物质代谢发生影响，大多由饲料提供。

2. 维生素的生理功能

维生素在新陈代谢过程中虽不能产生能量，亦不能构成组织，但在新陈代谢过程中却起着重大作用。已知许多维生素是酶的辅基或酶的组成部分。但不同维生素的营养及生理功能也不相同。

维生素 A 的生理功能主要为促进黏多糖合成，维持细胞膜及上皮组织完整性和正常通透性，构成视觉细胞内感光物质，维持视网膜感光性。

维生素 D 的生理功能主要为：①能促进钙和磷的吸收，维持血清钙和磷浓度的稳定；②促进骨细胞的形成和钙在骨质中的沉着（成骨作用）；③在免疫方面，维生素 D 可以调节淋巴细胞、单核细胞的增殖与分化。

维生素 E 的生理功能主要为：①抗氧化功能（清除细胞内自由基，防止细胞膜不饱和脂肪酸及巯基氧化）；②对 T 淋巴细胞的功能有重要作用；③能够保护红细胞膜，使之增加对溶血性物质的抵抗力；④抗不育功能；⑤参与调节氧化磷酸化过程；⑥促进促甲状腺激素、促肾上腺皮质激素、促性腺激素产生。

维生素 K 的生理功能主要为：①参与凝血作用，促进肝脏合成凝血酶原及凝血因子；②参与组织的钙代谢，成骨作用。

维生素B_1的生理功能主要为：①以 TPP 作为辅酶（脱羧酶），维持体内糖代谢；②非辅酶作用包括维持神经组织和心肌的正常生理功能等。

维生素B_2的生理功能主要为：①以黄素单核甘酸（FMN）和黄素腺嘌呤二核甘酸（FAD）的辅酶形式，参与体内氧化还原，传递氢的反应；②参与谷胱甘肽氧化还原循环而具有预防生物膜过氧化损伤的作用；③维持皮肤、黏膜和视觉正常机能。

泛酸的生理功能主要为：①CoA 的组成成分，CoA 是组织代谢的重要辅酶之一，参与脂肪、氨基酸和糖类的分解代谢；②刺激抗体的合成；③参与信号传递。

烟酸的生理功能主要为：①烟酰胺主要作为烟酰胺腺嘌呤二核苷酸（又称辅酶Ⅰ，NAD+）和烟酰胺腺嘌呤二核苷酸磷酸（又称辅酶Ⅱ，NADP+）的组成成分参与体内的代谢；②烟酸具有促进体内糖和脂肪分解代谢的作用，降血脂。

维生素B_6的生理功能主要为：①以辅酶—磷酸吡哆醛广泛参与蛋白质、脂肪和糖代谢；②多巴胺等神经递质的合成；③参与细胞免疫介导。

生物素的生理功能主要为：①生物素在动物体内是作为羧化酶的辅酶而参与代谢反应，羧化酶是生物合成和分解代谢的重要酶类，主要作为CO_2的中间载体参与羧化或脱羧反应；②参与长链不饱和脂肪酸代谢。

叶酸的生理功能主要为：①四氢叶酸是一碳基团转移酶之辅酶，参与嘌呤、嘧啶、氨基酸代谢；②叶酸是生成红细胞的重要物质，因此与动物巨细胞性贫血有重要关系。

维生素B_{12}的生理功能与叶酸的作用类似，参与一碳基团代谢，传递甲基的辅酶。

维生素 C 呈酸性，强还原性，易溶于水，酸性溶液加热稳定，碱不稳定。为六碳的多羟基内酯，其特点是具有可解离出 H+ 的烯醇式羟基。其生理功能主要为：①合成胶原和黏多糖等细胞间质必需物质；②保护 -SH 酶的活性；③解重金属毒性；④参与体内氧化还原反应；⑤有助于肠道对铁吸收；⑥抗应急。

胆碱呈碱性，有很强的吸湿性。常以氯化胆碱的形式在饲料中使用。其主要生理功能为：①卵磷脂的构成成分，参与脂蛋白形成，利于脂肪从肝运出，防止脂肪肝；②甲基供，转甲基反应；③合成神经冲动传递介质——乙酰胆碱。

肌醇的生理功能主要为：①它以磷脂酰肌醇的形式参与生物膜的构成；②还发现磷脂酰肌醇参与一些代谢，参与脂类代谢。

由于这类物质在动物体内不能由其他物质合成或合成很少，必须由食物提供。如果饲料中缺乏某种维生素，长期不能满足鱼、虾的生理需求，将会发生维生素缺乏的症状。在养殖生产中，水产动物维生素缺乏症较为共性的表现主要有：①食欲不振、饲料效率和生长性能下降；②抗应激能力、免疫力下降，发病率和死亡率上升；③多数情况下出现贫血症状，如血细胞和血红蛋白数量减少，耐低氧能力下降；④多数情况下有体表色素异常、黏液减少、体表粗糙，眼球突出、白内障等症状；⑤多数情况下出现体表充血、出血的现象。

（六）矿物元素

在动物体内发现的元素按含量可分为三大类，大量元素（C、H、O、N）、常量元素（Ca、P、Mg、Na、K、Cl、S）和微量元素（Fe、Cu、Mn、Zn、Co、I、Se、Ni、Mo、F、Al、V、Si、Sn、Cr等）。

矿物质的生理功能主要有以下5方面。

（1）矿物质是鱼体构成的主要成分。如Ca和P是构成骨髓、软骨、牙齿和鳞片的主要成分。

（2）矿物质是某些酶分子辅基的成分或酶的激活剂。如磷酸化酶需要Mg，细胞色素氧化酶需要Fe和Cu等。

（3）某些矿物质，如Na、K和Cl等是维持酸碱平衡和调节渗透压的主要元素。

（4）在生理上一些重要的化合物存在某些矿物质元素。如甲状腺素含有I，血红蛋白含有Fe，等等。

（5）矿物质中如Ca、Mg、K、Na等元素对维持神经、肌肉的正常敏感性起着重要的作用。

需要指出的是，肌体内常量元素和微量元素之间都应保持平衡，某些微量元素在摄食量大大超过需要量时都是有毒的。

二、水产动物对营养素的需求

由营养素的生理功能可知，水产动物正常生理活动及代谢依赖于营养素的供给。那么水产动物对各种营养素的需求又是怎样的呢？从营养学的角度，水产动物对营养素的需求可以从两个层面上来阐述，即营养素的维持需要量及营养素的最佳生长需要量。营养素的维持需要量通常是指动物在保持体重不变，体内营养素的种类和数量保持恒定，分解代谢和合成代谢处于动态平衡的状态下对能量和其他营养素的需要。营养素的最佳生长需要量是指能够满足鱼、虾类营养素需求并获得最佳生长的最少营养素含量，也称最适营养素需求量。生产上所指的水产动物对营养素的需求通常指维持动物最佳生长时营养需求。最佳生长需求量的确定，一般采用营养素浓度梯度饲料养殖动物6~8周以上，以增重为指标，有时还要考虑饲料效率、养成动物的生化组成和品质等指标，筛选而得。

自然条件下，几乎所有鱼类的稚鱼都以浮游动物和小型底栖无脊椎动物为食，这些食物蛋白质和脂肪含量高、碳水化合物少、几乎不含纤维素。而成鱼的食性由其结构机能特征（主要是消化系统）和生活环境条件（主要是食物基础）共同决定。不同鱼类成鱼的食性往往有很大的不同。人工养殖中，配合饲料实际上是对天然食料的模仿，因此，鱼类的饲料配方应以其食性为基础，尽可能地模拟天然食料的营养指标，选择与其食性相适应的原料。

此处将简述水产动物对各类营养素的最佳生长需求。

（一）水产动物对蛋白质的营养需求

蛋白质是鱼、虾体组成的主要有机物质，占总干重的65%~75%。这意味着养殖鱼、虾的过程也是一个蛋白质生产与积累的过程。在养殖鱼、虾过程中，如果饲料中的蛋白质不足，会导致生长缓慢、停止甚至体重减轻及其他生理反应；如果饲料中的蛋白质过量，多余部分的蛋白质会被转变成能量，造成蛋白质资源的浪费和过多的氮排放而污染环境。另外，鱼、虾饲料的蛋白质成本占整个饲料成本的大部分。因此对鱼、虾类最佳生长的蛋白质需求量的研究尤其受到重视。经过多年研究，已取得了养殖鱼类，如草鱼、团头鲂、鲤、青鱼、罗非鱼、大黄鱼、鲈等营养需要量的初步研究结果，并提出了这些鱼类营养需要量和饲料标准的推荐值。常见水产动物对蛋白质的需求量见表6-1。

表6-1　常见水产动物对蛋白质的需求量

品种	蛋白源	蛋白需求/（%）	参考文献
大西洋鲑	酪蛋白和明胶	45	Lall 和 Bishop（1977）
	鱼粉	55	Grisdale-Helland 和 Helland（1998）
斑点叉尾鮰	全卵蛋白	32~36	Garling 和 Wilson（1976）
银大马哈鱼	酪蛋白	40	Zeitoun 等（1974）
大鳞大马哈鱼	酪蛋白、明胶和氨基酸	40	Delong 等（1958）
鲤鱼	酪蛋白	38	Ogino 和 Saito（1970）
	酪蛋白	31	Takeuchi 等（1979）
河口石斑	金枪鱼肉粉	40~50	Teng 等（1978）
金鲷	酪蛋白、浓缩鱼蛋白和氨基酸	40	Sabaut 和 Luquet（1973）
草鱼	酪蛋白	41~43	Dabrowski（1977）
	酪蛋白	22.77~27.66	林鼎等（1980）
日本鳗鲡	酪蛋白和氨基酸	44.5	Nose 和 Arai（1972）
欧洲鳗	鱼粉	40	de la Higuera 等（1989）
大口黑鲈	酪蛋白、浓缩鱼蛋白	40	Anderson 等（1981）

续表

品种	蛋白源	蛋白需求/（%）	参考文献
遮目鱼	酪蛋白	40	Lim 等（1979）
鲽	鳕鱼肉	50	Cowey 等（1972）
红鳍东方豚	酪蛋白	50	Kanazawa 等（1980）
虹鳟	鱼粉、酪蛋白、明胶和氨基酸	40	Satia（1974）
真鲷	酪蛋白	55	Yone（1976）
大黄鱼	鱼粉	47	Duan 等（2001）
真鲈（七星鲈鱼）	鱼粉和大豆蛋白	41	Ai 等（2004）
小口黑鲈	酪蛋白和浓缩鱼蛋白	45	Anderson 等（1981）
小盾鳢	鱼粉	52	Wee 和 Tacon（1982）
红大马哈鱼	酪蛋白、明胶和氨基酸	45	Halver 等（1964）
条纹石䲗	鱼粉和大豆蛋白	47	Millikin（1983）
蓝罗非鱼	酪蛋白和卵清蛋白	34	Winfree 和 Stickney（1981）
莫桑比克罗非鱼	白鱼粉	40	Jauncey（1982）
尼罗罗非鱼	酪蛋白	30	Wang 等（1985）
齐氏罗非鱼	酪蛋白	35	Mazid 等（1979）
黄条鰤	沙鳗和鱼粉	55	Takeda 等（1975）
尖吻鲈	酪蛋白、明胶	45	Boonyaratpalin（1991）
庸鲽	鱼粉	51	Helland 和 Grisdale-Helland（1998）
金鱼	鱼粉、酪蛋白	29	Lochmann 和 Phillips（1994）
青鱼	酪蛋白	30~41	王道尊等（1984）
	酪蛋白	41	杨国华等（1981）
团头鲂	酪蛋白	33.91	邹志清等（1987）
团头鲂	酪蛋白	38.88~44.44	毛永庆等（1985）
黑鲷	酪蛋白	50.19	刘镜恪等（1995）
美洲螯龙虾	酪蛋白、明胶、虾粉	31	D'Abramo 等（1981）
欧洲螯龙虾	鱼粉、虾粉	35	Lucien-Brun 等（1985）
罗氏沼虾	大豆粉、金枪鱼粉、虾粉	>35	Balazs 和 Ross（1976）
锯额长臂虾	鱼粉、虾粉	40	Forster 和 Beard（1973）
桃红对虾	豆粉	28~30	Sick 和 Andrews（1973）
印度对虾	对虾粉	43	Colvin（1973）

品种		蛋白源	蛋白需求/（%）	参考文献
日本对虾		虾粉	40	Balazs 等（1973）
		酪蛋白、蛋清蛋白	54	Deshimaru 和 Kuroki（1974）
		乌贼粉	60	Deshimaru 和 Shigeno（1972）
		酪蛋白、蛋清蛋白	52~57	Deshimaru 和 Yone（1978）
墨吉对虾		贻贝粉	34~42	Sedgwick（1979）
斑节对虾		酪蛋白、鱼粉	46	Lee（1971）
白对虾		鱼粉	28~32	Andrews 等（1972）
凡纳滨对虾		酪蛋白、浓缩蟹蛋白	30	Cousin 等（1991）
中国对虾		鱼粉、虾糠、花生饼	44	徐新章和李爱杰（1988)
中华绒螯蟹	0.075~0.115 g的幼蟹	酪蛋白、明胶	41.2	徐新章
	0.09~0.1 g的幼蟹	酪蛋白、明胶	41.7	徐新章
	幼蟹-成蟹	豆粕、鱼粉、菜粕	35~40	陈立侨
	6~10 g蟹种	豆粕、鱼粉、菜粕	34.05~46.50	陈立侨等
	幼蟹	鱼粉等	39.78	中国科学院植物研究所
	幼蟹-成蟹	鱼粉等	前期41，中后期为36	刘学军等
	幼蟹-成蟹	酪蛋白	40~44	钱国英和朱秋华
	幼蟹-成蟹	鱼粉等	35~40	马健等
	体质量7~10 g	鱼粉、豆粕等	40.37	石文雷
	溞状幼体	干酪素、北洋鱼粉	55.28	张家国等
	大眼幼体至Ó期幼蟹	干酪素、北洋鱼粉	35.5~45.5	张家国等
	1.06±0.17 g幼蟹	虾粉	39.0~42.5	MuYY 等
	1.5 g幼蟹	鱼粉、豆粕等	29.46	谭德清等
	6 g蟹种	鱼粉、豆粕等	40.03	吴曰杰
	仔蟹	酪蛋白	35	江洪波
	幼蟹-成蟹	鱼粉等	35~40	Chin 等
青蟹	9.15幼蟹	鱼粉，脱脂豆粕，鱿鱼粉	32~40	Catacutan
	V期溞状幼体-成蟹	鱼粉、豆粕等	38.0~45.9	艾春香
三疣梭子蟹	18.5 g幼蟹	鱼粉、虾壳粉、豆粕	41	丁雪燕等
	7.1g幼蟹	鱼粉、脱皮豆粕、酪蛋白	40	高红建等

　　从表6-1可知，肉食性的鱼类对蛋白和脂肪的需求较杂食性和草食性的鱼类要高一些，一般地说，草食性鱼类如草鱼和团头鲂等对蛋白质的需求量较低，杂食性鱼类如鲫、鲤、罗非鱼、淡水白鲳等对蛋白质的需求量较高，肉食性鱼类如青鱼、鳗、大口鲇、虹鳟、大西洋鲑、鳜、大黄鱼、鲈、石斑鱼等对蛋白质的需求量最高。

（二）水产动物对脂类的营养需求

　　脂类是鱼、虾类生长所必需的一类营养物质。饲料中脂类含量不足或缺乏，可导致鱼、虾类代谢紊乱，饲料蛋白质效率下降，同时还可并发脂溶性维生素和必需脂肪酸缺乏症。但饲料中脂类含量过高，又会导致鱼体脂肪沉积过多，甚至发生脂肪肝，鱼体抗病力下降，同时也不利于饲料的贮藏和成型加工。因此饲料中脂类含量须适宜。适宜的脂类含量包括适宜的脂肪含量、适宜的脂肪酸含量及适宜的磷脂含量，对甲壳动物而言，适宜的脂类含量还应包括适宜的胆固醇含量。一般认为，甲壳动物对饲料中胆固醇的需要量为饲料干物质的0.2%左右。鱼、虾类对脂类的需要量受其种类、食性、生长阶段、饲料中糖类和蛋白质含量及环境温度的影响。一般来说，淡水鱼较海水鱼对饲料脂肪的需要量低，但在淡水鱼中，其脂肪需要量又因种而异。鱼、虾类对脂肪的需要量除与鱼、虾类的种类和生长阶段有关外，还与饲料中其他营养物质的含量有关。对草食性、杂食性鱼而言，若饲料中含有较多的可消化糖类，则可减少对脂肪的需要量；而对肉食性鱼来说，饲料中粗蛋白愈高，则对脂肪的需要量愈低。表6-2至表6-4分别列举了主要养殖鱼、虾类饲料中脂肪、脂肪酸及磷脂的需要量。

表6-2　常见水产动物对饲料中脂肪的需求

品种	规格	脂肪源	需求量/（%）（干物质）	文献出处
青鱼	2龄 （44.23~59.60）g	马面鲀鱼油	6.2	王道尊（1987）
	1龄 （10.25~13.73）g		6.7	
草鱼	1.2 g	菜籽油	3.6	雍文岳（1985）
	4~7 g	1/3鱼肝油＋1/3 豆油＋1/3 猪油	8.8	刘玮（1995）
	113~139 g	大豆油	1~3	轩子群（2012）
鲤鱼	鱼苗鱼种		8	Watanabe等（1975）
	幼鱼成鱼		5	Tpouukuu等（1982）
	7 g	豆油	12	李爱杰（2012）
石斑鱼	4.43 g	鱼油/玉米油（1:1）	4~12	Lin Y.（2003）
异育银鲫	17.00±0.15 g	鱼油	4.08~6.92	王爱民（2010）
齐口裂腹鱼	1.45±0.12 g	菜油	7.18~8.21	段彪（2007）
黄颡鱼	8 g	鱼油/豆油（1:1）	11.31	韩庆（2005）

品种	规格	脂肪源	需求量/（%）（干物质）	文献出处
	鱼苗至 0.5 g		10	
	0.5~3.5 g		8	佐藤（1981）
尼罗罗非鱼	3.5~商品规格		6	
	128~160 g	豆油	3~5	庞思成（1994）
	46.14±4.67 g	鱼油	8.30~9.75	涂玮（2012）
史氏鲟	15.9 g	鳕鱼肝油和豆油	7.6~9.6	肖懿哲等（2001）
俄罗斯鲟	10~12 g	猪油和豆油	5	邱岭泉等（2001）
大黄鱼	0.57 g		10.5	Duan 等（2001）
	6.3 g		12	Ai 等（2004）
七星鲈鱼	2.87~3.44 g	原料	4	徐新章等（1988）
斑节对虾	2.73 g	鱼肝油、橄榄油、椰子油 红花籽油、亚麻籽油	7.5	Glecross 等（2002）
凡纳滨对虾	9.84 g	鳀鱼油	8.47	黄 凯（2011）
皱纹盘鲍	0.39 g	玉米油∶鲱鱼油（1∶1）	3.1~7.1	Mai 等（1995）
	0.59 g	玉米油∶鲱鱼油（1∶1）	3.11	
赤眼鳟	5.49 g	豆油	3.5	郑惠芳（2009）
鳜鱼	61 g	豆油∶鱼油（2∶1）	7~12	王贵英（2003）
团头鲂	1.7 g	豆油与鳕鱼肝油	4~5	周文玉（1997）
	12.5~15.3 g	豆油	2~5	刘梅珍（1992）
鲈鱼	2.6 g	鱼油	5.4~15.4	高淳仁（1998）
	32 g		16	仲维仁（1998）
黄鳝	58.4~61.2 g	玉米油	3~4	杨代勤等（2000）
黄颡鱼	47.5±5.95 g	豆油	9.99~13.00	袁立强等（2008）
大菱鲆	579 g	鱼油或亚麻籽油	11.77	Regost（1999）

表6-3　常见水产动物对饲料中脂肪酸的需求

种类	规格	EFA	需求量/（%）（干物质）	文献出处
北极嘉鱼	1.6 g	18:3n-3	1.0~2.0	Yang（1994）
大西洋鲑	4 g	18:3n-3	1.0	B. RUYTER（2000 a）
	4 g	n-3 LC-PUFA	0.5~1.0	Ruyter（2000 b）

种类	规格	EFA	需求量/（%）（干物质）	文献出处
香鱼	仔鱼	18:3n-3 或 EPA	1.0	Kanazawa et al.（1982）
斑点叉尾鮰		18:3n-3	1.0~2.0	Satoh（1989）
鲤鱼	仔鱼	n-6 PUFA	1.0	Radunzneto et al.（1996）
	仔鱼	n-3 PUFA	~0.05	Radunzneto et al.（1996）
大西洋鳕		DHA	~1.0	Takeuchi et al.（1994）
金头鲷	仔鱼	n-3 LC-PUFA	5.5（DHA:EPA=0.3）	Rodriguez et al.（1994a）
	仔鱼	n-3 LC-PUFA	1.5（DHA:EPA=2.0）	Rodriguez et al.（1998a）
	0.0535 g	n-3 LC-PUFA	1.5（磷脂）	Salhi et al.（1999）
		DHA:EPA	~2	Rodriguez et al.（1994b）
鲯鳅	仔鱼和稚鱼	n-3 LC-PUFA	0.6~1.0	Ostrowski and Kim（1993）
	稚鱼	n-3 LC-PUFA	2.1（包含1.0DHA）	Furuita et al.（1996a）
真鲷	稚鱼	DHA	1.0~1.6	Furuita et al.（1996a）
	稚鱼	EPA	2.3	Furuita et al.（1996a）
杂交条纹鲈	仔鱼	n-3 LC-PUFA	<0.5	Webster and Lovell.（1990）
黄带拟鲹	仔鱼	DHA	1.6~2.2	Takeuchi et al.（1996）
	仔鱼	EPA	<3.1	Takeuchi et al.（1996）
	仔鱼	n-3 LC-PUFA	3.9（DHA:EPA=0.5）	Furuita et al.（1996b）
鲕鱼	仔鱼	DHA	1.4~2.6	Furuita et al.（1996b）
	仔鱼	EPA	3.7	Furuita et al.（1996b）
欧洲鲈鱼	稚鱼	n-3 LC-PUFA	1.0	Coutteau et al.（1996a）
金头鲷	1 g	n-3 LC-PUFA	0.9（DHA:EPA=1）	Kalegeropoulos et al.（1992）
	42.5 g	n-3 LC-PUFA	1.9（DHA:EPA=0.5）	Ibeas et al.（1994）
	稚鱼	DHA:EPA	0.5	Ibeas et al.（1997）
点带石斑鱼	11.8 g	n-3 LC-PUFA，DHA＞EPA	1.0	Wu et al.（2002）
褐牙鲆	仔鱼	n-3 LC-PUFA	1.4	Takeuchi et al.（1997）
许氏平鲉		n-3 LC-PUFA	0.9	Lee et al.（1993）
		EPA 或者 DHA	1.0	Lee et al.（1994）

种类	规格	EFA	需求量/（%）（干物质）	文献出处
美国红鱼	41~42 g	n-3 LC-PUFA	0.5~1.0	Lochman and Gatline（1993）
	17~20 g	EPA+DHA	0.3~0.6	Lochman and Gatline（1993）
真鲷		n-3 LC-PUFA 或者 EPA	0.5	Yone.（1978）
	稚鱼	EPA	1	Takeuchi et al.（1990）
	稚鱼	DHA	0.5	Takeuchi et al.（1990）
平鲷	稚鱼	n-3 LC-PUFA	1.3	Leu et al.（1994）
星斑川鲽	1.9 g	n-3 LC-PUFA	0.9	Lee et al.（2003）
杂交条纹鲈		n-3 LC-PUFA	1.0	Gatline et al.（1994）
纵带鲹		DHA	1.7	Takeuchi et al.（1992c）
大菱鲆		n-3 LC-PUFA	0.8	Gatesoupe et al.（1977）
	仔鱼	ARA	~0.3	Castell et al.（1994）
大西洋鲽		n-3 LC-PUFA	2.5	Whalen et al.（1999）
黄尾鰤		n-3 LC-PUFA	2.0~2.4	Deshimaru et al.（1982）
斑节对虾	2.34 g	18:3n-3	1.2	Glencross and Smith（1999）
	2.34 g	18:2n-6	1.2	Glencross and Smith（1999）
	幼虾	22:6n-3	0.9	Glencross and Smith（2001a）
	幼虾	20:5n-3	0.9	Glencross and Smith（2001a）
中国对虾	0.37~0.45 g	18:3n-3	0.7~1.0	Xu et al.（1993）
日本囊对虾	幼虾	20:5n-3	1.1	Kanazawa et al.（1978）
日本囊对虾	幼虾	22:6n-3	1.1	Kanazawa et al.（1979b）
中国对虾	0.40~0.59 g	22:6n-3	1.0	Xu et al.（1994）
罗氏沼虾	幼虾	22:6n-3	0.075	D'Abramo and Sheen（1993）
凡纳滨对虾	0.38 g	20:5n-3；22:6n-3	0.5	Gonzalez-Felix et al.（2003）
罗氏沼虾	幼虾	20:4n-6	0.08	D'Abramo and Sheen（1993）
凡纳滨对虾	1.43 g	20:4n-6	0.50	Gonzalez-Felix et al.（2003）
南美蓝对虾	0.01 g	n-3:18:2n-6	1.18 : 1	Fenucci et al.（1981）
锯齿长臂虾	0.61~0.71 g	18:3n-3:18:2n-6	0.45	Martin（1980）
罗氏沼虾		18:3n-3:18:2n-6	0.083	Teshima et al.（1994）
斑节对虾	1.78~2.34 g	n-3:n-6	2.5 : 1	Glencross et al.（2002a）

表6-4 常见水产动物对饲料中磷脂的需求

种类	规格	磷脂种类	需求量/（%）（干物质）	文献出处
	0.18g	大豆卵磷脂/玉米极性脂	6	Poston（1991）
	0.18g	大豆卵磷脂	4	Poston（1990b）
大西洋鲑	1.0g	大豆卵磷脂	4	Poston（1990b）
	1.7g	大豆卵磷脂	4	Poston（1990b）
	7.5g	大豆卵磷脂	0	Poston（1990b）
	仔鱼	大豆卵磷脂或者鸡蛋卵磷脂	3	Kanazawa et al.（1981）
	9.6mm	大豆卵磷脂	3	Kanazawa et al.（1983）
香鱼	9.6mm	鸡蛋卵磷脂或者鲣鱼卵极性脂	3	Kanazawa et al.（1983）
	仔鱼	大豆卵磷脂或者鲣鱼卵极性脂	3	Kanazawa et al.（1981）
	仔鱼	鸡蛋卵磷脂	3	Kanazawa et al.（1981）
	仔鱼	鸡蛋卵磷脂	2	Geurden et al.（1995a）
鲤鱼	仔鱼	混合磷脂	2	Geurden et al.（1995a）
	仔鱼	纯化大豆PC、纯化大豆PI、鸡蛋卵磷脂	2	Geurden et al.（1997a）
	仔鱼	大豆卵磷脂	12	Cahu et al.（2003）
欧洲鲈	幼鱼	大豆卵磷脂	3	Geurden et al.（1995b）
	幼鱼	纯化鸡蛋PC	2	Geurden et al.（1995b）
金头鲷	仔鱼	大豆卵磷脂	>9	Seiliez et al.（2006）
牙鲆	仔稚鱼	大豆卵磷脂	7	Kanazawa（1993）
	幼鱼	大豆卵磷脂	7	Kanazawa（1993）
条石鲷	6 mm	大豆卵磷脂	7.4	Kanazawa et al.（1983b）
	2.6 mg	大豆卵磷脂	5	Kanazawa（1993）
白梭吻鲈	仔鱼	大豆卵磷脂	9	Hamza et al.（2008）
虹鳟	幼鱼	大豆卵磷脂	4	Poston（1990a）
	0.182 g	卵磷脂	14	Rinchard et al.（2007）
真鲷	仔鱼	大豆卵磷脂	5	Kanazawa et al.（1983b）
黄带拟鲹	稚鱼	纯化大豆PC	1.5	Takeuchi et al.（1992）
	稚鱼	纯化大豆PE	1.5	Takeuchi et al.（1992）
大菱鲆	稚鱼	鸡蛋卵磷脂	2	Geurden et al.（1997b）
高首鲟	11~34 g	大豆卵磷脂	0	Hung and Lutes（1988）

（三）水产动物对糖类的营养需求

鱼类对糖类的利用能力有限，所以当饲料中糖类含量过高，超过适宜含量的时候，鱼类的生长和身体组成将会受到影响。但饲料中有些特定的可消化糖可以起到特殊的作用。研究表明，某些鱼类在摄食不含有糖类的饲料时生长表现很差。很多学者已经对一些重要养殖鱼类饲料中的适宜糖用量进行了研究。鱼虾类的适宜糖类需求量因种而异。一般认为，海水鱼类或冷水性鱼类的可消化糖类适宜水平不大于20%，而淡水鱼类或温水性鱼类则高些。表6-5列举了常见水产动物对饲料中糖的需求。

表6-5　常见水产动物对饲料中糖的需求

种类	规格/g	糖源	可消化糖/（%）（干物质）	文献出处
大菱鲆	27		4	马爱军（2002）
牙鲆	1.19~1.56	糊精	15.8	李爱杰（2001）
青鱼	37.12~48.3	糊精	20	王道尊（1984）
中华鲟	8.00±0.16	糊精	25.56	肖慧（1999）
高首鲟	145~300	D-葡萄糖	21	Moore B J（1988）
鲮			24~26	王道尊（1995）
仔鳗			18.3	王道尊（1995）
团头鲂			25~28	王道尊（1995）
草鱼			36.5~42.5	王道尊（1995）
			40	王道尊（1995）
军曹鱼	3.38±0.04	糊化玉米淀粉	18~21	Ren等（2011）
南方鲇	12.93±0.13	糊化玉米淀粉	12~18	付世健和谢小军（2005）
罗非鱼	2.79	糊精	34~41	吴凡（2011）
奥尼罗非鱼	0.069	玉米淀粉	≤24	强俊（2009）
虱目鱼			35~45	Lim（1991）
大口黑鲈	8.1	面粉	19	谭肖英（2005）
长吻鮠	2.0	精制面粉	9	陈斌（2013）
齐口裂腹鱼	2.01	高精面粉	23~26	何雷（2008）
	2.0±0.1	精制面粉	≤30%	宁毅（2012）
异育银鲫	2.85±0.09	玉米淀粉	27.65~31.48	何吉祥（2014）
真鲷	3~4	糊精	15.5	高淳仁（2003）
鲈鱼	34.26±0.37	玉米淀粉	12	窦兵帅（2014）
瓦氏黄颡鱼	5.7±0.5	面粉	26~29	黄钧（2009）
鳡鱼	7.72	α-淀粉	20	周华（2011）
斜带石斑鱼	35±0.28	糊精	21	毛义波（2014）

此外，饲料中含有适量的粗纤维对维持鱼虾消化道的正常功能具有重要的作用。鱼类饲料中粗纤维适宜含量为5%~15%，因鱼种类及鱼的生长阶段而稍有差异。一般来说，草食性鱼能耐受较高的粗纤维水平；成鱼较鱼苗、鱼种能适应较多的粗纤维。对于肉食性鱼类，其对饲料中的纤维素的需求量相对较低，研究表明：青鱼饲料中纤维素含量以不高于8%为宜。长吻鮠饲料中粗纤维适宜含量为4%~8%。草食性鱼类，如草鱼、团头鲂鱼种饲料中粗纤维含量一般应限制在10%以下，而成鱼饲料中也不应超过15%。

（四）水产动物对维生素的营养需求

配合饲料中维生素总量分别来自于饲料原料中维生素含量和维生素的添加量。在实际生产中，一般是将养殖动物对维生素的需求量直接作为饲料中维生素的添加需求量（预混料中的量）。水产动物对维生素的需求量受很多因素的影响，如生长阶段、生理状态、环境条件、饲料原料及饲料加工工艺等情况。表6-6列举了常见水产养殖动物的维生素需求量。

表6-6　常见水产养殖动物对维生素的需要（IU 或 mg/kg 饲料）

维生素	尼罗罗非鱼	草鱼	青鱼	团头鲂	鲤鱼
A（IU）		5 500	5 000		2 000
D（IU）		1 000	1 000		1 000
E	200	62	10		50~100
K	20	10	3		
B_1	25	20	5		5
B_2	100	20	10		7~10
B_6	25	11	20		5~10
烟酸	375	100	50	20	29
泛酸钙	250	50	20	50	30
B_{12}	0.05	0.01	0.01		
生物素					0.5~1
叶酸	7.5	5	1		
C	500	100	50	50	50~100
肌醇	1 000	600		100	440

资料来源：麦康森，2011

（五）水产动物对矿物质的营养需求

由于水产动物可以通过鳃、皮肤等器官从水体中直接吸收矿物元素，养殖水体中矿物质的组成、含量可直接影响鱼、虾对饲料中无机盐的需求量。另外，饲料中的矿物元素又会不可避免地溶失在水中，这些都会使饲料中适宜矿物元素含量的确定变得复杂。表6-7列举了常见水产养殖动物的矿物质需求量。

表6-7　常见水产养殖动物对矿物质的需要

名称	真鲷	鲤	鳟	鳗鲡	罗非鱼	草鱼幼鱼
Ca/（%）	<0.196	0.028	0.24	0.27	0.17	32.6~36.7
P/（%）	0.68	0.6~0.7	0.7~0.8	0.29~0.58	0.8~1.0	22.1~24.8
Mg/（%）	<0.012	0.04~0.05	0.06~0.07	0.04	0.06~0.08	1.8~2.0
Zn/（mg/kg）	<24.3	15~30	15~30	—	10	0.44~0.50
Mn/（mg/kg）	<17.8	13	13		12	0.04~0.05
Cu/（mg/kg）	<5.1	3	3			0.02~0.03
Co/（mg/kg）	<4.3	0.1	0.1			0.04~0.05
Fe/（mg/kg）	150	150		170	150	4.1~4.6
Se/（mg/kg）			0.15~0.40			
I/（mg/kg）	<0.11	—	0.6~1.1			0.005~0.006

资料来源：麦康森，2011

（六）影响水产动物营养素需求的因素

水产动物营养素需求水平，不但与其食性、发育阶段、生理状态有关，还与饲料原料的品质（氨基酸、脂肪酸及能量水平），饲料加工工艺，养殖的模式及外界的环境条件如水温、溶解氧等有关。水产动物营养素需求水平受以下许多因素的影响。

1. 养殖对象及其生长、发育阶段

由前述表格中的数据可知，不同种类的养殖动物对饲料中的营养素需求不同。同一种养殖动物的不同生长阶段对同一营养素的需求也不同。处于幼体阶段的日增重率时常最高，这被认为是因为幼鱼有比较高的蛋白质合成速率或比较低的蛋白质降解速率，或两者兼而有之。随着鱼的生长发育，其蛋白质需要量降低。如体重14~100 g的斑点叉尾鲴获得较好生长时的饲料蛋白质需求量是35%，然而，体重114~500 g的斑点叉尾鲴，适宜饲料的蛋白质含量为25%。在鲑科鱼类、鲤、罗非鱼的研究中也得到了相似的结果。由此可见，在进行鱼、虾类最佳生长的蛋白质需求量研究时必须严格注明实验对象的生长发育阶段。这是制定不同生长期养殖动物饲料配方的依据。

2. 饲料源

在进行鱼、虾类最佳生长的蛋白质需求量研究时，首先要选择合适的蛋白源作为标准蛋白质，或称为参考蛋白质。所谓标准蛋白质就是指该蛋白质的氨基酸组成与鱼虾类对氨基酸的需求十分相似，而且有较高的消化吸收率。由前述表格可知，当在进行蛋白质或脂肪需求量的研究中，采用的蛋白源或脂肪源不同时，自然会得出不尽相同的蛋白质和脂肪需求量。Halver和他的同事在20世纪中叶研究大鳞大马哈鱼的蛋白质和氨基酸营养需求时发现，鸡全卵蛋白对大鳞大马哈鱼的生长和饲料效率最佳。Delong等（1958）采用酪蛋白、明胶和晶体氨基酸模拟鸡全卵蛋白的氨基酸组成配制饲料进行大鳞大马哈鱼对粗蛋白质需求的研究。这些早期的研究已被作为后来研究蛋白质和氨基酸营养需求的模式。但是，近年来有些学者对于鸡全卵蛋白或酪蛋白是否可作为所有鱼、虾蛋白质和氨基酸需求研究的标准蛋白提出了疑问，其中一个原因是用这些蛋白源制作实验饲料对某些养殖动物适口性较差，或者饲料的物理性状不能满足养殖对象的摄食要求，影响正常摄食。有些学者则分别采用与鱼体组成相似的鱼粉和与虾体组成相似的虾、蟹肉粉作为研究鱼、虾类蛋白质需求的标准蛋白。

3. 能量水平

除了蛋白源因素影响外，实验饲料的能量水平也对鱼、虾类最适蛋白质需求量产生影响，即实验饲料的蛋白质与能量的最适比例问题。鱼、虾类同其他动物一样，为获取能量而摄食。饲料中过高的能量会限制采食量，从而引起最适蛋白质需求量偏高。尽管许多研究者认为他们使用了等能的实验饲料，但是大多数鱼、虾类对各种原料的代谢能值还没有被确定，基于一些理论的计算值并不能反映实际情况。

4. 养殖实验环境条件

生长实验是研究鱼、虾类最佳生长的蛋白质需求量过程中非常重要的环节。而养殖环境（温度、盐度、光照、溶解氧等指标）对鱼、虾生长有十分显著的影响。因此，为了使鱼、虾类最佳生长的蛋白质需求量的研究结果符合实际情况，应将养殖实验环境条件控制在最佳状态。

5. 投饲频率和投饲量

投饲频率和投饲量是研究鱼、虾类对饲料蛋白质需要量的又一关键，采用不同的日投饲频率和投饲量往往会产生不同的实验结果。一方面由于饲料投饲频率和投饲量不同时，实验对象摄取的蛋白质和其他营养素就不同，自然会表现出不同的增重率。另一方面投饲频率和投饲量必须符合实验对象的摄食习性需求，否则对其正常的生长和健康也会造成负面的影响。

6. 实验饲料的加工方法

实验饲料的加工如物料的粉碎粒度及饲料的水中稳定性等诸多加工因素也会对鱼、虾类最佳生长的蛋白质需求量的研究结果产生影响。物料的粉碎粒度会影响饲料蛋白质的消化吸收率，特别是对幼苗期的鱼、虾类影响更大。饲料的水中稳定性越差，饲料中蛋白质等营养素的溶失就越多，对摄食较慢的仔稚鱼、甲壳类、鲍等的生长影响就越显著。

三、饵料生物

饵料生物是指在海洋、湖泊等水域中自然生活的各种可供水产动物食用的水生生物，如微藻、轮虫、枝角类、桡足类等。饵料生物在自然水域的食物网中一般处于较低的营养级，是自然水域中个体比较小的浮游生物，一般具有运动能力较弱、容易被水产养殖动物摄食，体内高含量优质蛋白质、游离氨基酸、维生素、矿物质等，能基本满足水产经济动物幼体的营养需求等特点。它们是水产动物的天然饵料，特别在水产动物幼体及早期发育阶段，饵料生物是必不可少的食物来源。不同饵料生物从营养学的角度，具有不同的营养特征。

（一）微藻

微藻种类繁多，是天然水体中重要的初级生产力。在水域生态系统的食物链中占据核心地位。可以说，天然水体中鱼类的营养物质大部分直接或间接来源于微藻。目前作为饵料应用的微藻主要为绿藻门、金藻门、硅藻门及隐藻门的一些种类。微藻的生化成分与其生长阶段、培养条件如光照强度和频率、温度、培养液等密切相关。一般而言，微藻蛋白质的含量为体干重15%~40%，脂肪含量为体干重5%~20%，碳水化合物含量为体干重5%~12%。

微藻的脂类主要分为两大类，即中性脂和极性脂。前者主要由甘油三酯、固醇脂类、游离脂肪酸组成。后者主要由磷脂和糖脂组成。微藻的极性脂中，相当部分是磷脂，磷脂对于鱼、虾、蟹幼体的发育和生长具有重要的作用，微藻中如此高的磷脂含量决定了其对鱼、虾、蟹幼体有高营养价值。

大多数的微藻类富含动物所必需的多不饱和脂肪酸。但研究也发现不同藻类的脂肪酸含量及组成特点不同。

（1）硅藻：硅藻类的脂肪酸组成平均为1.7 pg/细胞，脂肪酸组成：饱和的脂肪酸为C14:0和C16:0，单烯酸为C16:1n-7。HUFA主要为EPA。

（2）金藻：金藻类的脂肪酸组成平均为1.1~1.8 pg/细胞，对于等鞭金藻的种类，其主要脂肪酸组成为：饱和的脂肪酸为C14:0和C16:0，单烯酸为C18:1n-9。HUFA主要为DHA，DHA的含量均大于10%以上。此外，C18:4的含量也比较高。不过对于巴夫藻类，其单烯酸的种类主要是C16:1n-7，并且具有较高含量的EPA，其EPA:DHA大于1。

（3）绿藻：绿藻类的脂肪酸组成变化较大。但总的特点是缺乏DHA。某些种类含有较高的EPA含量，如微绿球藻和海水小球藻。某些种类完全缺乏HUFA，如盐藻和扁藻，其主要的不饱和脂肪酸是C18:3和C16:4。扁藻的平均脂肪酸含量为5.8 pg/细胞。脂肪酸组成中，海水小球藻的EPA含量最高，占脂肪酸的20%以上，其他绿藻也均含有较低EPA（小于5%）或不含。

（4）隐藻：红胞藻属藻类常被作为桡足类的生物饵料，其脂肪酸组成的特点是：主要由18C系列和HUFA的脂肪酸组成，C18:4为26%，C18:3为18%，EPA为12%，DHA为8%。

根据以上常规培养微藻的脂肪酸组成特点，在培养藻类作为鱼、虾、蟹幼体的饵料，或作为浮游动物的食物，要利用不同微藻的脂肪酸组成特点，选择合适的微藻组合，可弥补各自相应藻类必需脂肪酸的缺乏，从而提高其营养价值。但需要指出的是，微藻的脂肪酸组成及含量，除了与藻种有关外，还与微藻培养的环境条件密切相关，同一种微藻在不同的培养条件下其脂肪酸组成也会有巨大的差异。影响微藻脂肪酸组成的主要培养条件因子有：培养液营养盐的浓度及含量、培养液的pH值、充气及二氧化碳的供应、光照强度、光的波长、温度及盐度等。

在水产动物苗种培育过程中，微藻不单为水产动物幼体直接或间接提供营养物质，同时还具有净化水质、调节水色，形成稳定的藻-菌微生态，对弧菌等病原菌产生抑制作用等功能，因此被广泛应用。

（二）轮虫

轮虫（Rotifer）是一群微小的多细胞动物，种类繁多，广泛分布于淡水、半咸水和海水水域中，是淡水浮游动物的主要组成部分，由于轮虫具有生命力强、繁殖迅速、营养丰富、大小适宜和容易培养等特点，是鱼类、甲壳类重要的天然饵料生物，历来受到人们的重视。

目前大规模生产轮虫的技术日趋成熟，培养的轮虫主要有两种：一种是褶皱臂尾轮虫（*Brachionus plicatilis*），个体较大（130~340 μm L型），生活在温度较低的水域（18~25℃）；另一种是圆形臂尾轮虫（*B.rotundiformis*），个体较小（100~210 μm S型），生活在温度较高的水中（28~35℃）。

轮虫的营养价值由其干重、能值及化学组成决定。轮虫的生理状态及是否饥饿也影响轮虫的营养价值。一般而言，褶皱臂尾轮虫的干重在600~800 ng/只，而圆形臂尾轮虫的干重约仅为200 ng/只。轮虫所含的能值与其摄食的饵料密切相关。摄食面包酵母的褶皱臂尾轮虫的能值约为1.34×10^{-3} cal/只，而营养强化剂强化6 h后的轮虫的能值可达2.0×10^{-3} cal/只。

轮虫n-3HUFA强化的方法有如下几种方法。

（1）微藻营养强化：常用于强化轮虫的藻类有微绿球藻（*Nannochloropsis oculata*），也俗称海水小球藻，具有高含量的EPA（30%），它是轮虫培养的很好饵料，但不适宜于培养贝类、卤虫和桡足类。另一种常用的强化轮虫的藻类是金藻，如球等鞭金藻（*Isochrysis galbana*），其DHA的含量比较高（12%或10 mg/g干重），特别适合于轮虫的强化。而且它们也相对比较容易大量培养。

（2）酵母添加鱼油的直接强化方法（油脂酵母法）：一般用面包酵母培养轮虫，其脂肪酸营养都有缺陷，脂肪酸营养强化方法可在酵母中直接添加鱼油的方法进行强化。一般鱼油的添加量为10%，添加20%以上鱼油，不能被酵母完全融合吸收。投喂前，一般取2 g酵母鱼油饲料，添加到200 mL的海水中，均匀搅拌后，保存于4~8℃环境中待用。

（3）乳化鱼油强化：由于轮虫的摄食是非选择性滤食，对食物的种类没有选择性，只对食物的大小有选择性。因此，只要富含高不饱和脂肪酸的鱼油乳化成轮虫能够摄食的颗粒大小（一般20 μm以下），就可以提高摄食乳化鱼油的轮虫体内的高不饱和脂肪酸含量。常用的乳化剂有蛋黄、卵磷脂及吐温80等。

（4）微粒子饲料强化：给轮虫投喂富含高不饱和脂肪酸的微粒子饲料，以提高轮虫体内的高不饱和脂肪酸含量。

一般而言，影响轮虫营养强化效果的因素主要有：强化剂的种类、强化剂的使用浓度、强化时间、强化的水温及强化后轮虫的饥饿情况等。

（三）卤虫

卤虫，又称盐水丰年虫、丰年虾、卤虾（brine shrimp），在分类学上的地位为节肢动物门（Phylum Arthropoda），甲壳纲（Class Crustacea），鳃足亚纲（Subclass Branchiopoda），无甲目（Order Anostraca），盐水丰年虫科（Family Branchinectidae），是一种世界性分布的小型甲壳类。自从20世纪30年代Seale（1933）及Rollefen（1939）首先使用刚孵化的卤虫无节幼体作为稚鱼的饵料以来，卤虫在水产养殖上的应用范围日趋广泛，据不完全统计，现今85%的水产动物苗种的生产中可以应用卤虫无节幼体作为其适口的饵料。

1.卤虫粗蛋白及氨基酸

卤虫一直被水产界认为是高蛋白的生物饵料。不同发育阶段、不同产地和不同投喂条件下的卤虫，其体内的粗蛋白含量不同。随卤虫的生长，粗蛋白的含量有逐步增加的趋势。国内文献报道卤虫卵粗蛋白含量为45.44%，卤虫去壳卵的粗蛋白界于43.03%~57%，以新疆巴里坤盐湖卤虫卵为最高（57%），卤虫初孵无节幼体界于54.61%~59.92%，养殖成虫的粗蛋白含量为55.65%~58.22%。而国外报道的卤虫无节幼体的粗蛋白含量为41.6%~71.4%，野生卤虫成虫的粗蛋白含量为50.2%~69.02%，养殖成虫的粗蛋白含量为49.73%~58.07%。产于美国旧金山湾和大盐湖的卤虫初孵无节幼体的蛋白质含量为47.24%~47.26%，孵化后饥饿48 h的无节幼体的蛋白质含量仍较初孵无节幼体高，但升高值与卤虫品系有关。

卤虫氨基酸的含量常有两种表述方法，单种氨基酸占总氨基酸的百分含量（%）和每100克蛋白质中单种氨基酸的克数（g/100 g，蛋白质）。天津塘沽带壳卤虫卵的总氨基酸含量为40.02%，脱壳卵的总氨基酸含量为36.22%，小柴旦湖、尕海、艾比湖和巴里坤湖卤虫卵的氨基酸含量分别为27.72%、23.59%、23.48%和25.42%。不同产地的卤虫成虫的氨基酸含量有差异，天津、辽宁、山西卤虫成体的氨基酸总量分别为28.939%、21.051%和21.022%；同一地区的卤虫，卵和成体的氨基酸含量也有明显的差异。不同饲料喂养的卤虫，其氨基酸总量有差异。

2.卤虫粗脂肪及脂肪酸

在动物营养方面，脂肪是动物热量的重要供给源，而构成脂肪的某些脂肪酸（主要是多烯脂肪酸）对动物有更特殊的意义。卤虫粗脂肪的含量与卤虫的品系、发育阶段、摄取的饵料及卤虫的类型有关。随着卤虫的发育，发现总脂肪水平在不同阶段有差异，卵孵化成无节幼体后总脂肪增加，24 h后又减少；各类脂肪的绝对量和相对量的变化比脂肪酸的大，尤其是卵磷脂：磷脂酰乙醇胺的比值在孵化过程中逐渐减小。

卤虫脂肪酸含量和组成的研究，是评价卤虫营养价值的关键。不同产地的卤虫体内的脂肪水平、脂肪酸水平、脂肪酸组成有较大的差异。根据卤虫体内脂肪酸的组成，将不同产地卤虫分成两类，一类卤虫富含淡水鱼类所必需的脂肪酸亚麻酸18：3ω3；另一类卤虫富含海水鱼类所必需的脂肪酸之一的EPA（20：5ω3）。海水型卤虫和淡水型卤虫的脂肪酸组成与其产地是沿海或内陆没有明显关联。卤虫体内的16：1ω7、18：2ω6、18：3ω3、20：5ω3和22：6ω3，地区间差异显著，是评价卤虫营养价值的重要指标。表明卤虫的脂肪酸组成因产地而异。即使同一产地的卤虫，其脂肪酸组成也会因不同年度和批次而有很大的差异。

3.卤虫碳水化合物及能量

有关卤虫碳水化合物的研究，不及其他营养素的研究多。文献报道，卤虫无节幼体的碳水化合物含量为10.54%~22.7%，成体则在9.25%~17.2%。旧金山湾卤虫和大盐湖卤虫初孵无节幼体的碳水化合物水平分别为11.24%和10.54%，在饥饿48 h后，碳水化合物水平下降；而投喂螺旋藻粉的无节幼体48 h后碳水化合物水平上升。

在以能量/克干重（不含灰分）计量时，大多数产地的卤虫初孵无节幼体之间的能量值很相似，界于2.24×10^4~2.82×10^4 J/g干重（不含灰分）之间。但以能量/个体干重计量时，不同产地卤虫初孵无节幼体之间的差异很大，界于0.036~0.068 1 J/个。这种差异被认为与卤虫种的特性有关，不会随产地、季节而变动。另外，同一种卤虫卵，在不同的孵化温度、孵化盐度和孵化时间下，卤虫初孵无节幼体所含的能量值会有变动。在低盐度高温度条件下孵化的卤虫初孵无节幼体含有更多的能量。

4.卤虫灰分及无机元素

随着卤虫无节幼体的生长，其体内的灰分含量也逐步增加。卤虫初孵无节幼体的灰分含量为5.4%~9.52%，卤虫无节幼体的灰分含量为4.2%~21.4%，养殖卤虫的灰分含量为9.0%~21.6%，野生成虫的灰分含量为8.89%~29.2%。同一卤虫，在饥饿情况下的灰分含量较投喂情况下高。表6-8为不同产地卤虫卵的无机元素含量。

表6-8 卤虫卵中无机元素的含量（mg/100 g）

元素	卵	去壳卵	小柴旦湖卤虫卵	尕海卵	艾比湖卵	巴里坤湖卵	大盐湖卵
Mg	22.34	34.01	320	224	210	363	217
Ca	72.1	104.2	187	218	125	202	097
Na	—	—	121	516	125	200	160
K	—	—	593	464	462	551	487
P	40.31	30.07	1 130	976	1 180	1 240	1 060
Fe	47.5	37.4	97.21	54.88	48.87	73.17	48.87
Cu	4.96	4.44	1.067	0.733	1.900	1.067	0.800
Al	5.39	7.28					
Pb	1.24	1.10	—	—	—	—	—
Cr	0.78	6.19	0.475	0.525	0.450	0.550	0.500
Co	—	—	0.112	0.143	0.089	0.097	0.078
Se	3.0	1.81	0.007 7	0.007 0	0.008 7	0.008 1	0.008 3
Cd	0.05	0.05	—	—	—	—	—
Mn	1.76	1.81	1.788	1.882	1.035	1.035	0.941
Ge	0.80	1.02					
Mo	—	—	0.026	0.049 9	0.049 9	0.124	0.062 3
Zn	19.6	8.5	7.892	5.973	7.248	8.590	6.765

注：表中第四、第五、第六、第七和第八列中的数值，在原文献中，Mg、Ca、Na、K、P的数值单位为%；其余元素的数值单位为mg/Kg，"—"表示未作检测。

资料来源：黄旭雄，2007

从表6-8中可知，不同作者测的卵的无机元素的含量差异很大，这可能与卵的状态和检测方法有关。但是，同样的检测条件下，不同产地的卤虫卵的无机元素也有较大的差异，如Ca、Na及一些微量元素。这种差异可能与卤虫生活的水环境的离子组成有密切关系。

5. 卤虫卵和无节幼体的维生素含量

卤虫卵和无节幼体的维生素含量，数据大多见于对美国旧金山品系卤虫的研究。从表6-9可以看出，卤虫卵孵化以后，无节幼体中几乎无AscAs，这是否意味着AscAs作为维生素C的储藏形式存在于卵中，以满足孵化后幼体发育的需求。

卤虫无节幼体维生素的含量一般高于其他海洋浮游动物，但认为它仅能满足海水鱼虾、蟹幼体对维生素的最小需要量，不过这方面还没有确切的实验去验证。

表6-9　卤虫卵和无节幼体的维生素含量 [μg/g（干重）]

维生素	卵	无节幼体	维生素	卵	无节幼体
维生素C		692 ± 89	烟酸	108.7	187 ± 8
AscAs	861 ± 16		泛酸	72.6	86 ± 19
维生素B_1	7.13	7.5 ± 1.1	生物素		3.5 ± 0.6
维生素B_2	23.2	47.3 ± 6.0	叶酸		18.4 ± 3.4
维生素B_6	10.5	9.0 ± 5.0	维生素B_{12}		3.5 ± 0.8

资料来源：Stottup & McEvoy, 2003

（四）枝角类

枝角类（Cladocera）营养丰富，适应性强，生殖率高，是营养价值较高的生物饵料。目前应用较多的是淡水种类，海洋枝角类的种类较少，何志辉等驯化并成功规模化培养了一种海水种类的枝角类——蒙古裸腹溞，已在生产中应用。

枝甲类营养丰富，体内含丰富的蛋白质，含有水产动物苗种生长所需的各种必需氨基酸、丰富的维生素和矿物质；能够基本满足海淡水鱼类对蛋白质、氨基酸和无机盐的需求。只是在必需脂肪酸的含量和组成上，可能存在缺陷，但通过相应的营养强化措施，可以有效弥补这一缺陷。表6-10所示为几种生物饵料的一般化学组成。

表6-10　几种生物饵料的一般化学组成

元素	（海水小球藻）轮虫	（自然海区）虎斑猛水溞	卤虫无节幼体	（面包酵母）多刺裸腹溞	（鸡粪）多刺裸腹溞	（酵母＋鸡粪）多刺裸腹溞	（酵母）蒙古裸腹溞	（自然）溞状溞
水分/（%）	86.9	88.6	89.5	87.2	87.9	89.0	90.1	89.1
粗蛋白/（%）	7.9	8.1	6.5	8.8	8.2	8.6	6.1	8.5
粗脂肪/（%）	3.9	2.6	1.9	2.9	3.3	1.3	2.1	2.5
粗灰分/（%）	0.7	0.5	1.2			1.3	0.8	—
Ca/（ ×10^{-3}）	0.15	0.11	0.28	0.12	0.23	0.12	165.63	—
Mg/（ ×10^{-3}）	0.19	0.23	0.42	0.12	0.18	0.11		—
P/（ ×10^{-3}）	1.42	0.94	1.38	1.85	1.57	1.23		
Na/（ ×10^{-3}）	0.73	0.73	2.98	1.09	0.56	1.46		
K/（ ×10^{-3}）	0.44	0.66	1.18	0.92	0.90	1.03		
Fe/（ ×10^{-3}）	24.48	94.1	165.63	46.4	175.8	38.0		
Zn/（ ×10^{-3}）	7.33	11.4	19.33	10.0	17.2	9.4		
Mn/（ ×10^{-3}）	1.00	2.1	2.4	0.5	3.5	0.7		
Cu/（ ×10^{-3}）	0.98	1.8	1.63	5.8	3.8	2.8		

资料来源：卢亚芳, 2001

此外，枝角类还含有丰富的氨基酸和高不饱和脂肪酸（表6-11）。

表6-11　几种枝角类的氨基酸含量及高不饱和脂肪酸组成（%）

种名	投喂饵料	氨基酸总量（g/100 g蛋白）	18：3n3	18：2n6	20：5n3	20：4n6	ΣPUFA
蒙古裸腹溞	喂酵母	62.0	0.6	7.3	12.7	—	23.5
	喂小球藻及扁藻		5.10	11.68	14.01	10.15	33.56
多刺裸腹溞	喂酵母		0.7	4.6	0.9	2.4*	8.8
	喂鸡粪	72.6	6.2	4.7	17.7	3.6*	35
	喂酵母及鸡粪		0.8	6.6	7.0	8.9*	25.1

注：表中数据为各脂肪酸占总脂肪酸的含量，*标注值含20：3n3的量。

（五）桡足类

浮游桡足类的水分含量在82%~84%，干物质中在70%~98%，能量含量在9~31 J/mg（干重）。浮游桡足类的哲水蚤类，碳的含量为干重40%~46%，寒带种类的碳含量一般高于温带、亚热带和热带的种类，C：N（碳：氮）比在3~4，氢（H）含量比较低，一般是干重的3%~10%。磷（P）的含量很少超过1%。

桡足类具有比卤虫和轮虫高的营养价值，首先是因为其含有高含量和高质量的蛋白质，一般其蛋白质含量是体干重的40%~52%，有的种类可以达到70%~80%以上，如角突猛水蚤（*Tisbe holothuriae*）的蛋白质含量为71%。桡足类的氨基酸组成和营养，也比卤虫的营养价值高（必需氨基酸含量相对较高，可用每种氨基酸重/总氨基酸重计算），除了含有较低含量的蛋氨酸和组氨酸以外，其游离氨基酸的含量也较高。

桡足类作为鱼、虾、蟹幼体的饵料，其效果优于常规生物饵料的轮虫和卤虫无节幼体，主要是其营养价值全面。

（1）具有高含量的HUFA，特别是DHA。天然桡足类的DHA含量一般高于一般强化卤虫的10倍以上。虽然轮虫和卤虫无节幼体可以通过乳化强化法，使DHA达到较高水平，但是这种高含量的DHA很不稳定，对于轮虫，投喂鱼、虾、蟹幼体以后，如果不被马上摄取，其HUFA水平会逐步下降。对于卤虫无节幼体，强化后的高含量DHA，会随着时间推移转变为EPA。而桡足类的DHA水平不仅相当稳定，而且无论是哲水蚤类，还是猛水蚤类，一般其体中DHA的含量要大大高于EPA，这种高含量的DHA组成对一些海水鱼幼体发育前期，对维持细胞的结构和功能，对神经发育方面，尤其是视神经发育方面有重要作用，对鱼幼体正常色素的沉着方面也具有重要作用。

（2）无节幼体具有较高含量的磷脂。桡足类无节幼体不仅其脂肪酸组成优于轮虫和卤虫无节幼体，而且其无节幼体有高含量的磷脂。这意味着桡足类高含量的磷脂使其在脂类营养作用方面也高于卤虫无节幼体，桡足类高含量的磷脂能较好地满足海水鱼幼体发育时必需的磷脂需求；对于鱼虾幼体来讲，磷脂相对于中性脂，不仅很容易被幼体消化吸收，而且能促进其他脂类的吸收和转运，这意味着磷脂中高含量的DHA和其他必需脂肪酸比主要存在于卤虫无节幼体中性脂中的这些必需脂肪酸，更易吸收利用。即海水鱼幼体更容易吸收桡足类的必需脂肪酸，而且随着桡足类磷脂的DHA含量的增加，海水鱼消化能力将增加，并且将利用更多的DHA来促进其生长。

（3）高含量的维生素C、类胡萝卜素和高含量消化酶。作为鱼、虾幼体重要的外源酶来源，也使其营养不同于其他的生物饵料。

四、配合饲料

（一）配合饲料的种类

配合饲料是根据动物的营养需要，按照饲料配方，将多种原料按一定比例均匀混合，经适当的加工而成的具有一定形状的饲料。不同的养殖对象或同一养殖对象的不同发育阶段及不同的养殖方式，配合饲料的配方、营养成分、加工成的物理形状和规格都可能不同。配合饲料与生鲜饲料或单一的饲料原料相比具有原料来源广、饲料利用效率高、安全卫生、对水环境的污染小、便于集约化经营等优点，在实际养殖生产中应用可以提高劳动生产率，从而提高经济效益，因此在水产动物养殖生产中应用广泛。

配合饲料的分类，从不同的角度，有不同的分法。

1.据饲料形状划分

配合饲料根据饲料形状划分，可以分为粉状饲料、颗粒饲料和微粒饲料三类。

（1）粉状饲料。粉状饲料是将各种原料粉碎到一定细度，按配方比例充分混合后的产品。适于饲喂鱼、虾、贝苗或鲢鳙、海参等滤食性水产动物，也可将粉状饲料加适量的水及油脂充分搅拌，捏合成具有黏弹性的团块用于饲养鳗鲡、中华鳖等水产动物。

（2）颗粒饲料。颗粒饲料依加工方法和成品的物理性状，通常又可分为3种类型：硬颗粒饲料、软颗粒饲料和膨化饲料。

a. 硬颗粒饲料：是指粉状饲料经蒸汽高温调质并经制粒机制粒成型、再经冷却烘干而制成具有一定硬度和形状的圆柱状饲料。含水率一般在12%以下，颗粒密度为1.3 g/cm^3左右，属沉性颗粒饲料，适宜大规模生产。在水中稳定性高，营养成分不易溶失。

b. 软颗粒饲料：软颗粒饲料的含水量为25%~30%、质地柔软，通常在常温下成型，营养成分虽无破坏，但不耐贮存，常在使用前临时加工。由于黏合剂的使用与否及黏合剂的种类差异，由粉状饲料加工的团块或软颗粒饲料在水中的稳定性有很大的差异。

c. 膨化饲料：是将粉状饲料送入挤压机内，经过混合、调质、升温、增压、挤出模孔、骤然降压以及切成粒段、干燥等过程所制得的一种蓬松多孔的颗粒饲料。膨化饲料分浮性和沉性。膨化饲料除具有一般配合饲料如硬颗粒饲料的特点外，还具有以下优点：原料经过膨化过程中的高温、高压处理，使淀粉糊化，蛋白质变性，更有利于消化吸收。高温可杀灭多种病原生物，能减少动物疾病发生。浮性膨化料漂浮于水面、耐水性好，有利于观察鱼群觅食，便于养殖者掌握投饲量，减少饲料浪费。膨化饲料含水量低，可以较长时间储存。

（3）微粒饲料。微粒饲料（Microparticulated diet），也称微型饲料，是20世纪80年代中期以来开发的一种用于替代浮游生物，供甲壳类幼体、贝类幼体和鱼类仔稚鱼食用的新型配合饲料。微粒饲料按制备方法和性状的不同可分为3种类型：微胶囊饲料、微黏饲料和微膜饲料。

a. 微胶囊饲料（Micro-encapsulated diet, MED）：是一种由液体、胶状、糊状或固

体状等不含黏合剂的超微粉碎原料用被膜包裹而成的饲料。所用的被膜种类不同，所得的颗粒性状也不同。这种饲料在水中的稳定性主要靠被膜来维持。

b. 微黏饲料（Micro-bound diet，MBD）：是一种用黏合剂将超微粉碎原料黏合而成的饲料。这种饲料在水中稳定性主要靠黏合剂来维持。

c. 微膜饲料（Micro-coated diet，MCD）：是一种用被膜将微黏饲料包裹起来的饲料，可提高饲料在水中的稳定性。

2. 据饲料营养成分划分

根据营养成分划分，配合饲料可以分为添加剂预混合饲料、浓缩饲料和全价饲料。

（1）添加剂预混合饲料。简称预混料，是由一种或多种饲料添加剂与载体或稀释剂按一定比例配制的均匀混合物。按照活性成分的种类又可分为单项性预混料、维生素预混料、矿物质预混料和复合预混料。单项性预混料由一种活性成分按一定比例与载体或稀释剂混合而成，复合预混料是指两类或两类以上的微量元素、维生素、氨基酸或非营养性添加剂等微量成分加载体或稀释剂的均匀混合物。维生素预混料由各种维生素配制而成。微量元素矿物质预混料由各种微量元素矿物盐配制而成。

（2）浓缩饲料。为添加剂预混合饲料与部分蛋白质饲料按照一定比例配制而成的均匀混合物，有时还包含油脂或其他饲料原料。

（3）全价配合饲料。由蛋白饲料、能量饲料与添加剂预混合饲料按照一定比例配制而成的均匀混合物。

另外，根据饲养动物的种类划分，如草鱼饲料、鲤饲料、大口鲇饲料、对虾饲料和中华鳖饲料；根据动物的养殖环境划分，如网箱养殖饲料、池塘养殖饲料和流水养殖饲料；根据动物的生长发育阶段划分，如开口饲料、苗种饲料、育成饲料和亲体饲料；根据饲料的沉浮性划分，如沉性饲料、浮性饲料和半浮性饲料等。

（二）生产配合饲料的原料

凡是在合理饲喂条件下能为动物提供营养，促进生长，保证健康，且不发生毒害作用的物质都称作饲料。饲料既可以是单一原料，也可以是根据养殖动物的营养需要，把多种原料混合饲喂的配合饲料。相对于配合饲料而言，其原材料就叫饲料原料。

1. 饲料原料的分类依据

饲料原料的种类繁多，根据其来源可分为植物性原料、动物性原料、矿物性原料等天然饲料原料及人工合成的饲料原料。从所提供的养分种类和数量方面，又可分为精饲料和粗饲料等。从形态方面可分为固态原料和液态原料。但是，世界各国的饲料分类尚未完全统一。现行的所谓国际饲料分类法是1956年由美国学者Harris提出。他根据饲料的营养特性，将饲料分为八大类，并对每类饲料冠以相应的饲料编码（国际饲料编码，International Feeds Number，IFN，编码模式为0-00-000）。分别为：

（1）粗饲料（1-00-000）：干物质中粗纤维含量不低于18%，以风干物为饲喂形式的饲料。

（2）青绿饲料（2-00-000）：天然水分含量在60%以上的新鲜饲草及以放牧形式饲喂的人工栽培牧草、草原牧草等。

（3）青贮饲料（3-00-000）：以新鲜的天然植物性饲料为原料，以青贮方式调制成的饲料。

（4）能量饲料（4-00-000）：干物质中粗纤维含量小于18%，同时粗蛋白质含量小于20%的饲料。

（5）蛋白质饲料（5-00-000）：干物质中粗纤维含量小于18%，同时粗蛋白质含量不低于20%的饲料。

（6）矿物质饲料（6-00-000）：可供饲用的天然矿物质及化工合成无机盐类。

（7）维生素饲料（7-00-000）：由工业合成或提纯的维生素制剂，但不包括富含维生素的天然饲料在内。

（8）添加剂（8-00-000）：我国将传统饲料分类法与国际饲料分类原则相结合后提出了中国的饲料分类方法与编码系统，1987年由农业部正式批准筹建中国饲料数据库，具体分类和编码的方法为：首先根据国际饲料分类原则将饲料分成8大类（表6-12），然后结合我国传统分类习惯分为17亚类（表6-13），两者结合，迄今可能出现的类别有35类。对每一类饲料冠以相应的中国饲料编码（Chinese Feeds Number，CFN），共7位数，模式为0-00-0000，其首位数1~8分别对应国际饲料分类的8大类饲料，第2、3位数安排01-17的亚类饲料，第4至第7位数为饲料顺序号。

表6-12 中国饲料分类依据原则

大类序号	饲料分类名	天然水分含量	干基中粗纤维含量	干基中粗蛋白含量
1	粗饲料	<45	≥18	
2	青绿饲料	≥45		
3	青贮饲料	≥45		
4	能量饲料	<45	<18	<20
5	蛋白质饲料	<45	<18	≥20
6	矿物质饲料			
7	维生素饲料			
8	添加剂			

表6-13 中国现行饲料分类编码

亚类序号	饲料分类名	前三位编码的可能形式	分类依据条件
01	青绿植物类	2-01	天然含水量
02	树叶类	1-02，2-02，5-02，4-02	水、纤维、蛋白质
03	青贮饲料类	3-03	水、加工方法
04	块根、块茎、瓜果类	2-04，4-04	水、纤维、蛋白质
05	干草类	1-05，4-05，5-05	水、纤维、蛋白质
06	农副产品类	1-06，4-06，5-06	水、纤维
07	谷实类	4-07	水、纤维、蛋白质
08	糠麸类	4-08，1-08	水、纤维、蛋白质
09	豆类	5-09，4-09	水、纤维、蛋白质
10	饼粕类	5-10，4-10，1-10	水、纤维、蛋白质

续表

亚类序号	饲料分类名	前三位编码的可能形式	分类依据条件
11	糟渣类	1-11，4-11，5-11	纤维、蛋白质
12	草籽树实	1-12，4-12，5-12	水、纤维、蛋白质
13	动物性饲料	4-13，5-13，6-13	来源
14	矿物质饲料	6-14	来源、性质
15	维生素饲料	7-15	来源、性质
16	饲料添加剂	8-16	性质
17	油脂类饲料及其他	4-17	来源、性质

2.饲料原料种类

（1）蛋白质饲料。蛋白质饲料可分为植物性蛋白饲料、动物性蛋白饲料和单细胞蛋白饲料。

植物性蛋白质饲料主要包括各种油料籽实提取油脂后的饼粕以及某些谷实的加工副产品等。常用的植物性蛋白饲料有：豆类籽实（大豆、豌豆、蚕豆）、饼粕类饲料［大豆粕、棉籽（仁）粕、菜籽粕、花生（仁）粕、向日葵（仁）粕、芝麻饼粕］、玉米蛋白粉和酒糟蛋白饲料。植物性蛋白饲料一般蛋氨酸含量低，且经常含有植酸、芥子碱、单宁等抗营养因子，但是其来源广泛，价格相对便宜。

常用的动物性蛋白饲料有鱼粉、肉粉与肉骨粉、血粉、羽毛粉、蚕蛹粉和蚕蛹粕、皮革蛋白粉、其他动物性蛋白质饲料（鱼溶粉、虾粉、鱿鱼内脏粉）等。动物性蛋白饲料中普遍含有较高的蛋氨酸，尤其是鱼粉，在肉食性的水产动物饲料生产中是不可或缺的优质的饲料蛋白原。

单细胞蛋白质饲料由单细胞生物个体组成的蛋白质含量较高的饲料。工业化生产的单细胞蛋白饲料主要是酵母和微藻类。单细胞蛋白饲料营养丰富，蛋白质效价优于豆粕，但次于鱼粉，同时还含有丰富的维生素、矿物质及其他的生物活性物质。

（2）能量饲料。能量饲料的主要成分是可消化的糖和油脂。在水产饲料中能量饲料和蛋白质饲料所占的比例最高。常用的能量饲料主要有玉米、小麦和次粉、糠麸类、淀粉、饲用油脂（鱼油、豆油、菜籽油、棕榈油等）。能量饲料主要为养殖动物提供新陈代谢所需的能量，某些能量同时也提供动物所需的部分必需营养素（如必需脂肪酸、维生素等）。

（3）饲料添加剂。饲料添加剂是为保证或改善饲料品质，促进饲养动物生产，保障饲养动物健康，提高饲料利用率而添加到饲料中的少量和微量物质。在生产上，往往是根据添加的目的和作用机理，把饲料添加剂分为两大类，即营养性添加剂和非营养性添加剂。营养性添加剂是对主体营养物质成分的补充。在饲料主体营养物质成分之外，添加一些它所没有的物质从而可帮助消化吸收，促进生长发育，保持饲料质量，改善饲料结构等，即为非营养性添加剂。非营养性添加剂根据使用的目的和作用主要包括以下几类：①保持饲料效价的添加剂，如抗氧化剂、防霉剂等；②促进生长的添加剂，如黄霉素（抗生素）、植物性蜕皮激素；③促进摄食、消化吸收的添加剂，如诱食剂、酶制剂等；④提高机体免疫力、增强抗病力、促进动物生长的添加剂，如免疫增强剂（包括微生态制剂）等；⑤提高饲料耐水性的添加剂，如黏合剂；⑥改善养殖产品品质的添加剂，如着色剂；⑦防止鱼虾营养性疾病的添加剂，如强肝剂。

（三）配合饲料的生产

配合饲料工艺流程根据不同饲料而不同。

1. 粉状饲料

原料接收和清理→部分原料粗粉碎→一次配料→一次混合→微粉碎→（添加预混料）二次混合→包装。

粉状饲料在使用时，可补充添加物后搅拌捏合成团或制成软颗粒饲料后饲喂，其流程如：粉状饲料＋绞成糜状的小杂鱼虾＋水或油脂→混合→搅拌捏合或软颗粒机制粒。

2. 硬颗粒饲料

目前我国鱼、虾配合饲料的加工主要采用两种加工工艺，即先粉碎后配合和先配合后粉碎的加工工艺。

（1）先粉碎后配合加工工艺。基本流程为：原料接收和清理→原料粉碎→配料→混合→调质→颗粒机制粒→（后熟化）→（虾料通常需要烘干）→冷却→过筛包装或破碎后过筛包装。这种配合饲料加工工艺的特点是，单一品种饲料源进行粉碎时粉碎机可按照饲料源的物理特性充分发挥其粉碎效率，降低电耗，提高产量，降低生产成本，粉碎机的筛孔大小或风量还可根据不同的粒度要求进行调换或选择，这样可使粉状配合饲料的粒度质量达到最好的程度。缺点是需要较多的配料仓和破拱振动等装置；当需要粉碎的饲料源超过3种以上时，还必须采用多台粉碎机，否则将造成粉碎机经常调换品种，操作频繁，负载变化大，生产效率低，电耗也大。目前这种工艺已采用计算机控制生产，配料与混合工序和预混合工序均按配方和生产程序进行。我国大多采用这种加工工艺。

（2）先配合后粉碎加工工艺。基本流程为：原料接收和清理→配料→混合→原料粉碎→二次混合→调质→颗粒机制粒→（后熟化）→（虾料通常需要烘干）→冷却→过筛包装或破碎后过筛包装。它的主要优点是：难粉碎的单一原料经配料混合后易粉碎；原料仓应同时是配料仓，从而省去中间配料仓和中间控制设备。其缺点是：自动化程度要求高；部分粉状饲料源要经粉碎，造成粒度过细，影响粉碎机产量，又浪费电能。欧洲大多采用这种工艺。

3. 膨化饲料

原料接收和清理→原料粗粉碎→配料→（微粉碎）→混合→调质→挤压膨化→烘干→过筛→后喷涂→冷却→包装。

4. 微粒饲料

微粒饲料的加工工艺比较复杂，加工条件要求高，但微黏合饲料的加工方法和设备较为简单，投资也少，主要利用黏合剂的黏结作用保持饲料的形状和在水中的稳定性。基本工艺流程为：原料接收和清理→原料粗粉碎→配料→微粉碎→加入黏合剂后搅拌混合→固化干燥→微粉化→过筛包装。

（四）影响配合饲料应用效果的因素

影响配合饲料质量及应用效果的因素很多，主要包括以下几个方面。

1. 饲料原料

饲料原料是保证饲料质量的重要环节，劣质的饲料原料不可能加工出优质的配合饲料。单纯为了降低饲料价格而采购廉价质次的饲料原料是不可取的。同一种饲料原料由于来源、生产环境、收获方式、加工方法和贮藏条件不同，其营养成分差别很大。在采购饲料原料时，最好对该原料有较详细的了解，包括其来源和产地、生产日期、主要组成成分和主要营养成分、是否含有有毒有害物质或抗营养因子的含量多少、是否受到污染等。最好有长期固定的采购来源，这样可以保证产品的一致性。另外，对每一批原料，在进行配方前，都应该进行相关的感官和化学检测。

2. 饲料配方

科学的饲料配方是保证饲料质量的关键，不合理的配方不仅提高饲料和养殖成本，还会造成较多的饲料浪费，影响水质和产品品质。因此，饲料企业必须有长期的饲料配方设计基础，并及时汲取新的科研成果，通过严格的生产实验后才能投入生产。饲料配方的设计应该以追求最低的生产成本为目的。饲料成本应该以生产单位水产品所消耗饲料的费用来计算。还可以包括与该饲料相关的运输、投喂等费用，有时还应该考虑环境成本（对环境的影响），不仅仅是生产饲料的成本。Bureau（2004）提出了有关高性价饲料（Cost-effective diet）的主要概念。设计饲料配方时，还应该考虑饲料对水产品品质的影响。另外根据不同养殖进程配合养殖产品的不同季节，需要调制不同的配方。

3. 加工工艺

饲料的加工工艺自然会影响饲料的质量，如粉碎粒度是否合适，称量是否准确，混合是否均匀，除杂是否完全，蒸汽调质的温度、压力是否合适，颗粒大小是否合适，熟化时间和温度是否合适，造粒是否致密，等等。如在挤压机中，维生素受到的摩擦比在制粒碾磨机中小，而在挤压饲料过程中，维生素受加工温度的影响要比饲料制粒过程中大。这是因为不同加工工艺对饲料产品中的维生素具有不同的化学反应。当维生素以晶体形式存在时，压力对其仅有较小的影响，如部分 B 族维生素。可压力会严重破坏脂溶性维生素 A 的明胶淀粉包衣。对这些高温高压敏感的维生素一般采用加抗氧化剂的方法进行保护。因此，为了保证维生素的活性在一定水平，在饲料加工和贮藏过程中，必须考虑维生素的稳定性。配合饲料的加工质量与工艺流程、设备质量、安装质量、操作技术等均有密切的关系。饲料企业要选择合理的工艺流程、配备先进的加工设备，精心安装，严格操作，避免不同批次间的交叉污染，这样才能生产出优质的饲料。企业必须建立一整套严格的操作规范。联合国粮农组织推荐实行《渔用饲料生产良好操作规范》（FAO, 2001）。

4. 贮藏条件

饲料原料和产品在运输和贮藏过程中如果管理不善，易导致受潮、霉变、生虫、腐败变质、油脂氧化、营养物质变性或失活等，均会影响饲料的质量。因此，贮藏过程必须制定严格的操作规程，必要时还要采取应急措施，以保证饲料质量不受或少受影响。

5. 饲料投饲技术

在水产养殖生产过程中，合理选用优质饲料，采用科学的投饲技术，可以保证鱼、虾正常生长，降低生产成本，提高经济效益。如果饲料选用不当，投饲技术不合理，则会造成饲料浪费，降低养殖效益。随着水产养殖科学技术的进步，新的养殖对象和新的养殖模式不断出现，如新的名特优水产动物养殖以及网箱养殖、围栏养殖、流水养殖、循环水工厂化养殖等。集约化精养方式不仅要求优质饲料，而且对投饲技术要求也很高。池塘养鱼也要注意投饲技术，才能有效地提高养殖效益。投饲技术包括确定投饲量、投饲次数、投饲时间、投饲场所以及投饲方法等内容。我国传统养鱼生产中提倡的"四定"（即定质、定量、定时、定位）和"三看"（看天气、看水质、看鱼情）的投饲原则，是对投饲技术的高度概括。

6.养殖环境

水产养殖动物是相对低等的变温动物，养殖环境影响养殖动物的生理状态和新陈代谢水平，因此也极大地影响水产养殖动物对饲料的消化吸收。已有研究证明，水体溶解氧的限制会影响鱼虾对饲料的摄食及消化吸收。温度和盐度超出养殖动物的最佳生长范围同样也会改为动物对饲料中营养素的需求及利用能力，增加动物的能量支出，从而影响其生长效能。水体中氨氮、硫化氢等有毒有害物质的积累会降低鱼、虾对饲料的摄食，减少对饲料的消化吸收。

第二节 病 原

无论是在自然界还是养殖系统中，养殖生物总是要与各种其他生物接触，相互关联的，这种接触多数情况下并无害处，甚至相互有益，但也可能有的生物会给养殖生物带来害处。这种能导致养殖生物受害甚至死亡的生物我们称之为病原。这类生物有细菌、真菌、原生动物以及病毒（严格意义上说，它不算是生物），它们作为寄生生物，寄宿在养殖生物这一宿主身上，从宿主组织中吸取营养，导致宿主发病、死亡。

正常情况下，动植物体内都有很多寄生虫或细菌寄生，多数寄生生物并不会给宿主带来危害，动植物可以正常生长繁殖。然而有些在自然界数量并不很多的危害也不明显的微生物，在进入养殖生物体内，可以迅速繁殖，表现出明显的症状，导致疾病的发生和传播。这与养殖生物本身健康状况有关，因为相比在自然界，养殖系统中的生物密度大，环境条件差，其生活常常处于应激状态，对外来病原的抵抗力显著下降，容易引发疾病。

由于水产养殖动物个体小，数量大，且生活在水中，一旦发病很难治疗，所以如何防止病害的发生是所有养殖者最为关注的问题。首先需要仔细检查完善养殖系统，确保各个环节处于最佳状态，同时对整个养殖过程保持持续观察、监测，一旦发现问题及时纠正。防止病害发生的最佳方法是确保养殖动物处于强壮、健康状态，要确保这一点，以下一些常规措施非常必要：①检测各项水质指标；②投喂营养完全的饲料；③避免过量投喂；④控制放养密度；⑤减少对养殖生物的干扰；⑥及时隔离已发病或可能发病的动物。

总之，养殖者必须不间断地观察养殖动物，对于养殖系统的各种情况心中有数，动物数量是否在减少，动物行为是否不正常，如不愿摄食，游动缓慢，在池边呆滞、停留或疯狂游动以及身体体表出现斑点、溃疡等，只有及时发现，才能得以及时控制、治疗，减少损失。

由于食品安全要求，当今社会对于用化学药物治疗水生生物疾病十分敏感，尤其对抗生素一类药品的使用更是反感，因此各级政府及相关部门对抗生素等化学药品在水产养殖上的应用都有严格的要求或禁令，一旦在产品中检测到超过标准的残留，将严重影响养殖产品的声誉。本书对于水产动物病害药物治疗等内容不作专门的叙述，读者可以参考相关专业书籍。

水产养殖种类及引起疾病的微生物种类繁多，引发的疾病和表现症状也同样各不相同，难以准确计数，本章将对一些常见病原做一概述。

一、病毒

病毒并不是一个独立生活的有机体，只是一个较大的核蛋白颗粒，由核酸和蛋白质构成的结合体（在正常细胞中，核蛋白存在于细胞核和细胞质中，尤其集中在染色体中）。每一个病毒都是一段核酸（DNA或RNA），外包一层蛋白质，使其能够在细胞间穿行。病毒很小，一般在10~300 nm之间，即使用一般的光学显微镜也难以看清。病毒在细胞外不具有活性，但一旦进入细胞内，就可以利用寄主细胞的酶系统进行自我复制，产生新的病毒颗粒。每一种病毒通常有它特定的寄主，而且侵袭专门组织进行复制。有一类病毒称为噬菌体，只能在细菌体内繁殖。

有机体在感染病毒后可以通过产生抗体来获得自身免疫能力。病毒感染后首先是刺激宿主细胞合成干扰素（一种蛋白质），干扰素是抵御病毒的第一道防线，其次才是抗体的产生。

不同水产养殖动物会受到不同病毒种类的感染，也会受同一种病毒的感染。水产养殖的鱼、虾、蟹、贝类都会感染病毒，许多病毒病传染性很强，其危害程度非常严重，经常造成整池、整片区，甚至全地区、全国范围内的病害流行，如1993年中国大陆对虾白斑综合征病毒流行，致使整个中国沿海地区的对虾产业崩溃（图6-1）。

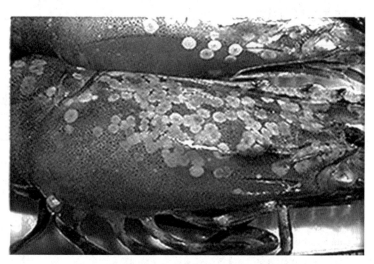

图6-1 对虾白斑病毒病

1. 鱼类病毒

鱼类养殖中现已发现的病毒种类约有80余种，表6-14中为常见病毒种类。

表6-14 鱼类养殖常见病毒种类

病毒种类	主要感染对象
草鱼出血病毒 hemorrhage of grass carp virus（GCHV）	草鱼、青鱼、罗非鱼等
鲤春病毒血症病毒 spring viraemia of carp virus（SVCV）	鲤鱼、草鱼、鳙鱼、鲢鱼、鲫鱼等
鲤鳃坏死病 gill necrosis of carp virus（GNCV）	鲤鱼、草鱼、鳙鱼、鲢鱼、鲫鱼等
欧洲鳗病毒 eel virus European（EVE）	鳗鲡等
传染性胰腺坏死病病毒 infectious pancreatic necrosis virus（IPNS）	鳗鲡、鲑鱼、鳟鱼、鲈鱼、鲆鲽鱼类等
病毒性出血败血病毒 viral haemorrhagic septicaemia virus（VHSV）	鳗鲡、鲑鱼、鳟鱼等
传染性造血组织坏死病 infectious hematopoietic necrosis virus（IHNV）	鲑鱼、鳟鱼等
鳜鱼病毒 siniperca chuatsi virus（SCV）	鳜鱼等
斑点叉尾鮰病毒 channel catfish virus（CCV）	鮰鱼等
牙鲆弹状病毒 （HIRRV）	牙鲆等
病毒性神经坏死征 neural necrosis virus（NNV）	石斑鱼、条石鲷、红鳍东方鲀、星鲽等

2.甲壳动物病毒

甲壳动物中对虾类是比较容易受到病毒攻击的养殖种类，常见的病毒见表6-15。

表6-15 对虾养殖常见病毒种类

病毒种类	感染对象
对虾白斑综合征病毒 White spot syndrome virus（WPS）	几乎所有养殖对虾种类
桃拉综合征病毒 Taura Syndrome virus	凡纳滨对虾等西半球对虾种类
对虾黄头征病毒 Yellow head virus（YHV）	日本对虾等种类
对虾杆状病毒病 Baculovirus Penaei（BP）	桃红对虾等种类

续表

病毒种类	感染对象
斑节对虾杆状病毒 Monodon Baculovirus Penaei（MBV）	斑节对虾等种类
对虾肝胰腺细小病毒 Hepatopancreatic Parvo-like virus（HPV）	中国对虾、墨吉对虾等种类
对虾皮下及造血器官坏死病毒 Infectious hypodermal and haematopoietic necrosis virus （IHHNV）	红额角对虾等种类

在蟹类养殖中也发现有病毒的感染，如在蓝蟹养殖中发现的疱疹类病毒（herpes-like virus HLV）、呼肠孤病毒（reovirus-like virus RLV）等。另外对虾养殖中危害最大的白斑综合征病毒同样也感染蟹类，虽然一般不会像对虾一样造成流行病发生，但却成为中间宿主，通过它而传染给对虾。

3.贝类病毒

病毒也同样感染养殖贝类，目前国内外在养殖贝类中发现的病毒有十几种，如疱疹病毒（Herpesviridae）、彩虹病毒（Iridoviridae）、呼肠孤病毒（Reoviridae）、乳多空病毒（Papovaviridae）、副粘病毒（Paramyxoviridae）等，分别在美国、澳大利亚、法国、英国、日本和中国等地区养殖的牡蛎、贻贝、蛤、鲍等贝类中发现。

病毒病在水产动物中多属于条件致病，在水环境恶化、动物处于应激状态下易诱发，进而传染流行。一旦发生，几乎无药可治，很难控制。只能严格隔离，防止扩大病情，减少损失。因此，保持良好的水质，合理放养密度，科学投喂以及选用优质苗种是防止病毒病发生的最有效途径。

二、细菌

细菌是最简单、最原始的生命。细菌以及青绀菌（cynnobacteria）也称蓝绿藻都属于原核生物，细胞无核。在任何有"高等生物"存在的地方，我们就能发现细菌的存在，它们能生活在地底下5 m深处，也可以在冰层中存活。细菌大小一般在1~10 μm，形状有球状、椭圆状、杆状、螺旋状等，外被一层荚膜。由于环境条件千差万别，细菌的新陈代谢也多种多样，因此细菌的种类也十分复杂繁多。绝大多数细菌对于养殖动物都是有益或无害的，但也有少数几种能成为动物病原，导致病害。

许多细菌如弧菌、几丁质溶解菌都是自然养殖生态系统的组成部分，但是当养殖动物长期处于应激状态或者已经受到其他病原的感染，他们也会成为条件致病病原。因此防止细菌病的最佳策略就是不让细菌在动物身上找到立足点，要做到这一点，就需要管理好水质，防止动物经常处于应激状态。

蓝菌同样也会对水产养殖带来危害，危害形式是其形成赤潮（水华）。赤潮的危害在于它严重影响养殖水质，尤其是在繁殖达到鼎盛阶段后大量死亡既影响水质，有可能形成毒素危害鱼、虾类，而且造成养殖动物的口感变差。

通常引起海水养殖疾病的细菌为革兰氏阴性菌如弧菌等，而在淡水养殖中常见的细菌病原为气单胞菌和假单胞菌等。表6-16是水产养殖中常见的细菌病。

表6-16　水产养殖常见细菌病原

病原	感染对象
弧菌属 *Vibrio* spp.	贝类、甲壳类、鱼类等
气单胞菌属 *Aeromonas* spp.	甲壳类、鱼类等
假单胞菌属 *Pseudomonas* spp.	甲壳类、鱼类等
亮发菌属 *Leucothrix* spp.	甲壳类
黄杆菌属 *Flavobacterium* spp.	甲壳类
几丁质溶解菌 *Chitinolytic* bacteria	甲壳类
爱德华氏菌属 *Edwardsiella* spp.	鱼类
巴斯德氏菌属 *Pasteurella* spp.	鱼类
耶尔森氏菌属 *Yersinia* spp.	鱼类
屈挠杆菌属 *flexibacter* spp.	鱼类

三、真菌

真菌是异养生物中的一个庞大类群，通常是多细胞的集合体，其特点是有分枝的管状丝也称菌丝，菌丝的集合体也称菌丝体。与细菌相似，真菌也是正常养殖生态系统中的组成成分，只有在养殖动物处于应激状态下才会成为病原，引发疾病。一般动物幼体或卵以及健康状况较差的成体如有伤口、溃疡组织等容易受到真菌的感染。真菌可以将孢子释放至水中，孢子游动到养殖动植物的体表附着直至长成菌丝体。真菌导致鱼类和甲壳动物的疾病时有发生，尤其在育苗期间。表6-17是常见的真菌病原。

表6-17　水产养殖常见真菌病原

病原	感染对象
离壶菌 sirolpidium	贝类、甲壳类
绞纽伤壳菌 ostracoblabe	贝类
链壶菌 lagenidium	甲壳类卵、幼体
镰刀菌 fusarium	甲壳类
海壶菌 haliphthoros	甲壳类幼体
鱼醉菌病 ichthyophonosis	鱼类

四、原生动物

原生动物是一类单细胞或单细胞聚合原生生物，如人们所熟悉的阿米巴虫、草履虫等。有些原生动物可能会成为养殖动物的病原。原生动物主要有如下4个类群。

（1）肉足虫（sarcodina）：利用伪足进行运动。

（2）鞭毛虫（flagellata）：利用1~2根鞭毛进行运动。传统的动物学和植物学分类中，双鞭毛虫的分类地位很微妙，动物学家将其归于动物，而植物学家将其归为藻类。

（3）纤毛虫（ciliata）：利用许多细发状的纤毛进行运动。

（4）孢子虫（sporozoans）：以寄生形式生活在动物体内，引发疾病。通常有复杂的生活史。

原生动物为病原引发疾病的途径复杂，通常难以处理和预防，如许多孢子病的传播是通过摄食孢子的宿主而传染。有些原生动物如聚缩虫（zoothamnium）的生活史中有一个自由游动的阶段，称为自由体（telotroches），疾病通过自由体得以传染。寄生的双鞭毛虫淀粉卵鞭毛虫（amyloodinium）长成为成熟个体或称营养体（trophont）时，一个个体可以分裂成为256个自由游动的孢子，并且能在水中存活2周，直到寻找到合适的寄主。

脑黏体虫（*Myxosoma cerebralis*）引发鱼类疾病的机制和病理也很特别。欧洲褐鳟感染这类黏体虫不会有任何不良反应，而当彩虹鳟感染时，就会导致幼体旋转病，身体失去平衡，尾部卷曲。欧洲人研究了近80年才弄清了黏体虫的复杂生活史和神秘疾病传染途径和机制。首先脑黏体虫的孢子感染颤蚓（tubificid worm），然后孢子在寄主体内发育成为一种完全不同形态的三角孢子虫器，过去错将其定为另一种类triactinomyxon，三角孢子虫或可以直接进入水体，或被幼鳟摄食而感染鱼类。进入鳟鱼体内后，三角孢子又重新发育成为脑黏体虫，其孢子又可以感染颤蚓。

在中国养殖的越冬中国对虾体内曾发现一种纤毛虫——蟹栖拟阿脑虫（*Paranophyrys carcini*），一般从对虾的伤口进入组织，利用寄主血淋巴的组织为自身营养，在对虾体内迅速繁殖，形成流行病，导致亲虾大量死亡。此病原在越冬中华绒螯蟹等甲壳动物中也常有检出，感染途径与对虾类似，危害也较严重。

在美国发现的一种原生动物寄生虫（*Haplosporidium nelson*）可以侵入牡蛎体内导致大规模流行病的发生，在20世纪80年代末曾导致切萨皮克海湾一半以上的牡蛎绝产。

在自然海区中分布的一些能分泌毒素的赤潮种类如沟腰鞭虫（*Gonyaulax*）、裸甲腰鞭虫（*Gymnodinium*），能导致各类海洋生物大量死亡。沟腰鞭虫中的一些种类不仅能致多种海洋生物死亡，而且它们分泌的毒素还能累积在一些滤食性动物体内，一旦这些滤食性动物再被哺乳动物吃了，就会导致麻痹性贝类中毒。有些非毒性双鞭毛虫如赤潮异弯虫大量繁殖，积聚在鱼类鳃上，导致其呼吸困难、窒息。水产养殖中常见的原生动物病原见表6-18。

表6-18　水产养殖常见原生动物病原

病原	感染对象
单孢子虫	贝类
Haplosporidium nelsoni	
Minchinia costalis	贝类、甲壳类
狄鲁汉虫	甲壳类
Thelohania spp.	

病原	感染对象
蟹栖拟阿脑虫 *Paranophrys carcini*	甲壳类
瓶体虫 *Lagenophrys* spp.	甲壳类
聚缩虫 *Zoothamnium* spp.	甲壳类
微粒子虫 *Nosema* spp.	甲壳类
拟变形虫 *Parammoebiasis* spp.	甲壳类
血卵涡鞭虫 *Hematodinium* spp.	甲壳类
隐核虫 *Cryptocaryon* spp.	鱼类
淀粉卵鞭毛虫 *Amyloodinium* spp.	鱼类
黏体虫 *Myxosoma* spp.	鱼类
小瓜虫 *ichthyophthiriasis*	鱼类
微小鞭毛虫 *Octomitus* spp.	鱼类

五、后生寄生生物

自然界许多分布在海洋或淡水中的后生生物是行寄生生活的，它们中间多数种类并不会严重影响寄主的生活，因此通常不被人们关注，但有部分种类会影响寄主的生长、繁殖甚至导致寄主死亡，成为病原。寄生生物形态多样，生活习性和对寄主的影响也各不相同。有的种类对于寄主有专一的选择性（如只寄生在某一种或某一属动物的某一特定器官或组织中）；而有的种类则可以侵袭许多不同种类，并在寄主的各个组织、器官；有些寄生生物具有复杂的生活史，在此期间，它们可能会有两个以上的寄主。以绦虫（*Ligula* sp.）为例：首先开始于卵，孵化后成为可自由游动的纤毛幼体，幼体先被桡足类镖水蚤（*Diaptomus* sp.）摄食，然后桡足类又被鱼类（鲤科鱼类居多）摄食，绦虫幼体在鱼类体内生长成为成体。当鱼类被水禽摄食后，绦虫进一步在鸟类体内成熟产卵，随后被鸟类排出体外，完成其复杂的生活史。如果其生活史中的某一环节被打断，如防止鸟类捕食鱼类，则绦虫就无法成功繁殖后代。

习惯上我们把寄生生物都称为"寄生虫类"，其实行寄生的后生生物分属许多门类，如线虫，是常见的鱼类寄生虫。线虫中的异尖线虫（*Anisakia* sp.）和对盲囊线虫（*Contracaecum* sp.）可以对海洋鱼类的肝脏造成严重损伤。人类如果吃了有异尖线虫幼体寄生的鱼类，线虫幼体可以侵入人的消化道壁带来危害。

还有与绦虫分类地位接近的吸虫（trematodes），也是常见的寄生虫，如指环虫（*Dactylogyrus* sp.）等能侵袭鲳鱼、黄尾鱼以及一些淡水类的鳃部，吸取寄主血液，危害鱼类健康。这一类寄生虫可以通过甲醛或盐水等水浴得以清除。吸虫幼体还可以寄生在贝类体内，导致其大批死亡。有一类吸虫 *Bucephalus* sp. 可以导致牡蛎不育，这对于消费者来说，却是一件好事，因为牡蛎不育，其体内积聚了更多的脂肪和糖，口感更好。

环节动物也同样可以成为寄生虫，最为人熟知的是水蛭，它们在静水中特别常见。用石灰水短暂处理可以有效清除水蛭。才女虫（*Polydora* sp.）能引起牡蛎壳表起泥疱疹，棘头虫（acanthocephalid）也是一些鱼类如比目鱼、遮目鱼和鲑、鳟鱼类的寄生虫，有害健康。

贝类经常扮演寄生虫的中间宿主角色，但有些种类也是寄生生物，如齿口螺（*Odostomia* sp.）作为寄生虫可以侵袭双壳类尤其是牡蛎。

甲壳动物中也有许许多多种类的寄生虫，最重要的一类就是桡足类，它们的寄主多数是鱼类，也有无脊椎动物，如桡足类中的贝肠蚤（*Mytilicola* sp.），寄生在牡蛎和贻贝的消化道中。这一类桡足类与自由生活的种类相比，形态发生很大的变化，性腺和头部特别发达，其他部位退化，以适应其钻入寄主体内（如锚虫，*Lernaea* sp.）。而剑水蚤中的镖蚤（*Ergasilus* sp.）虽然外形与自由生活种类差异不大，而头部却有特殊的结构可以使其抓住寄主。其他一些甲壳动物如鳃尾亚纲的鱼虱子（*Argulus*）是鱼类的主要寄生虫，寄生性藤壶可以寄宿在虾、蟹体表；介形类寄生小龙虾；等足目则可以寄宿鱼、虾、蟹类。

六、环境应激状态

除了生物性病原外，其他物理、化学、气象等因素导致水生动物栖息环境剧烈变动，均可能成为水产养殖动物发病的原因。由于栖息环境的突然变化，导致动物机体各种内外环境受到刺激时所出现的全身性非特异性适应反应称为应激状态。这一类反应有短时间的，也有较长时间的。如果动物长时间处于应激状态，其机体内部的免疫力就会下降，健康状况变差，极易感染病原发病。

1. 养殖密度

养殖密度过高是导致动物处于应激状态的典型例子。过多的动物生活在一个相对狭小的空间，会导致一系列诸如食物竞争、活动空间挤压、相互碰撞机会增多、氨氮等有毒分子或离子浓度升高等不良因素出现，由于高密度养殖而引发的应激状态通常是较长期的，因此容易引起机体抵抗力逐步下降从而导致各种疾病发生，甚至诱发大规模流行病。

2. 水质饵料

不良水质和低劣饲料也是动物经常性处于应激状态的重要因素。这种内外环境的不适应，虽然没有明显的疾病症状，不至于使动物很快死亡，但其表现为生长缓慢，活力低下，同样极易感染生物性病原。

3. 环境污染

来自工业农业和城市生活污水的污染物是导致应激状态的另一重要因素。污染不仅影响水生动物的生长，而且还因为动物对某些有毒物质在体内的累积，间接危害食用水产动物的人类。污染物通常分为有机和无机两大类。有机污染物有农药、石油等；无机污染物主要是重金属如汞、铅、锌等。有的重金属与有机物结合如甲基汞等。污染物危害取决于动物对其吸收和贮存程度。水溶性污染物相对危害较小，容易排泄，而一些脂溶性物质却容易存留在动物体内，尤其是含脂肪高的组织内，危害较大。因此如何严格检测养殖用水，不使有污染物质的水进入养殖系统是每一个养殖者的重要任务，不但要关注那些能急性致死或毒性大的污染物，同时还要检测、分析和控制那些毒性看似较小，却能长期累积的物质，从而确保养殖动物及人类的健康。

4. 其他因素

其他如温度的急变、暴雨、酸雨、赤潮以及池塘气压突变等因素都会导致养殖动物发生应激反应。这类反应通常持续时间较短，在恢复常态后，动物的应激反应随之消失，影响相对较小。

第三节　养殖生态学

生态学是指某一区域内生物与周围有机和无机环境的相互关系。养殖池塘可以看成一个小的生态群落或者生态系统，因此一些生态系统的原理可以应用于池塘生态。

一、池塘小生境

池塘中所有的生物（不仅仅是养殖动物）都会在其中建立起自己的生态小环境，即小生境（niche）。这个小生境本质上反映了在池塘什么地方可以发现什么生物？这些生物是如何获得它们生存需求的？如果其中有两种生物具有相似的生境，那么它们彼此之间必然发生竞争，结果是某种生物获胜排挤另一种生物。比如在池塘表层有两种绿藻，它们都需要吸收铵离子或硝酸盐生长，此时那个更适应现实理化环境（温度、盐度、pH值等）的物种会获得更多的营养盐，从而逐步成为优势种，甚至可以将另外一种排除出池塘生态系统。而如果另一种藻类可以利用亚硝酸盐，或可以生活在池塘底部，则这两种生物都可以在池塘中生长，因为它们占据了不同的生境。

二、池塘生境食物网

生态学家经常用食物网来描述能量和物质在生物之间的流动，能量以分子的形式在植物和动物组织之间转换。当这些能量分子（尤其是能量高的脂类、糖类）在消化过程中被氧化，能量就可以释放出来被消费者利用。每次能量以组织形式从一种生物传递到另一种生物，总是有相当一部分能量在传递过程中被丢失。这是因为或者这种组织只能部分甚至完全不能被消化，或者在捕食、消化、呼吸、运动以及其他一些活动中被消耗了。因此通常只有10%的能量可以被捕食者用于构建新的组织。这一简单的生态学概念对于如何管理好池塘养殖具有重要的借鉴意义。对于一个养殖者来说，如果其投入的食物利用率很低，产出所需的水产品很少，意味着其资金和时间的浪费，养殖失败。如何使所投入的食物被充分地利用，产出最多的水产品及其他可利用的副产品如藻类、贝类、浮游动物或者环节动物等，就是生态学研究在水产养殖上的应用，也称为生态养殖。

在生态养殖中最为成功、广为人知的是中国的淡水鲤科鱼类的池塘综合养殖，这种养殖模式能使池塘养殖的各类生物维持在一种稳定的生态平衡状态。所谓综合养殖就是把一些具有不同生态习性（食性、生活空间等）动、植物放入同一池塘水体，使它们能在相对独立的养殖环境中充分利用水中食物和空间。图6-2是典型的中国式池塘综合养殖食物网，其特点是其中多数消费者都是有经济价值的水产品，而且各类生物之间的能量转换过程中食物链很短，减少了能量的浪费。

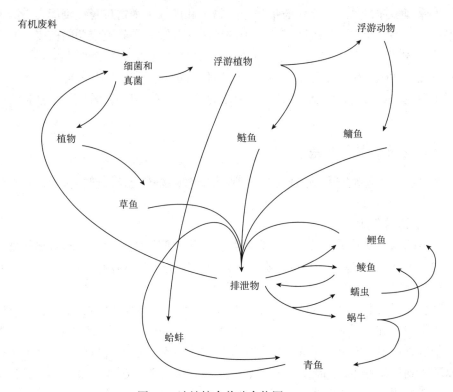

图6-2 池塘综合养殖食物网

养殖者把动植物肥料投入池塘，或被一些鱼类直接摄食，或被细菌或真菌分解成为藻类或水生植物繁殖的营养元素，致使池塘中的浮游植物和水生植物繁殖增长。浮游植物既可以直接被鲢鱼、鳙鱼摄食，又可以被桡足类、枝角类等浮游动物或滤食性贝类摄食。而浮游动物可以被鳙鱼摄食。生长在池塘边和底部的水生植物是草鱼的最佳食料。上述3种鱼类所产粪便下沉到池底后可以：①被细菌直接分解；②被底栖的无脊椎动物如螺类、环节动物利用；③直接被鲤鱼摄食（鲤鱼还可以摄食环节动物等）。最后螺类、小型双壳类可以被青鱼摄食。所有上述鲤科鱼类都是经济动物，这样的生态养殖模式使池塘的空间和能量得到了充分的利用，非常科学合理。这种模式同样适用于罗非鱼、虾类以及其他一些水产种类的养殖。

显然，细菌和真菌在生态养殖系统中发挥了重要作用。它关系到整个系统中各类生物再生的速度和生物种类的比例。有专家建议应该设法提高细菌、真菌和浮游植物生长繁殖的速度，从而加快对养殖生物产出的废物的处理利用。如果措施合理，适当施肥，繁殖微生物群体比人工直接投喂鱼类饵料可以产生更好的养殖效果和环境效益。

第四节　遗传育种

水产养殖离不开"水、种、饵、病"四个方面，其中"水"是养殖对象的外在环境，可以人为调控；"饵"是为养殖对象提供充足的营养，大多可以从公司购买；"病"的发生原因多样，是外因（一般指病原生物）和内因（生物自身免疫能力）共同作用的结果；而"种"是水产养殖四字真言中的核心和关键，是养殖成功的前提，只有好的养殖品种，才能真正带来好的收益。一般认为，在其他条件不变的情况下，使用优良的品种可增产20%~30%。离开"种"，其他都如同空中楼阁无从谈起。在水产养殖研究中很重要的一项任务就是通过遗传育种培育优良品系，以保障水产养殖业的健康持续发展。

一、生物遗传学概念

生物遗传学是研究生物遗传物质、遗传规律和遗传变异机理的科学，是遗传育种学最主要的理论基础。

（一）遗传物质

遗传的物质基础是核酸。核酸有两类：脱氧核糖核酸（DNA）和核糖核酸（RNA），DNA主要存在于细胞核内的染色质上，核外即细胞质中也存在少量DNA，主要位于线粒体和叶绿体中。

染色质是指真核生物细胞核分裂间期能被碱性染料着色的物质，是由DNA、组蛋白、非组蛋白和少量RNA所组成的复合物，是细胞分裂间期遗传物质的存在形式。在细胞分裂过程中，染色质经高度螺旋缠绕折叠为具有一定形态特征、光学显微镜下通常可以观察到的染色体，细胞分裂后染色体又解旋伸展为染色体。染色体和染色质是细胞分裂周期中两种不同的形式，二者在化学组成上没有本质差异。

（二）遗传方式和过程

遗传的本质就是遗传物质在生物体内代代相传的过程，具体表现为染色体的传代。在进行有性生殖的二倍体生物体内，性腺中的卵（精）原细胞染色体经过减数分裂后变成染色体数目减半的单倍体性细胞，又称配子；有性生殖时雌雄配子融合形成合子，染色体数目加倍恢复原来的二倍体状态，在这样周而复始的世代交替过程中实现了基因的传递，完成了遗传这一特有的生物学过程。

（三）变异

生物在遗传的过程中，不断有变异的产生。变异的主要来源是有性生殖生物减数分裂中同源染色体配对分离过程中的自由组合，如果二倍体生物有 n 对同源染色体，可能形成的配子类型有 2^n 种，再经过有性生殖中精卵细胞的融合，后代的基因型就有了无数的可能组合，由此为生物进化提供了几乎无限的素材，现在自然界生物的多样性由此而来。

（四）质量性状与数量性状的遗传和遗传力

生物的各种可遗传性状（形态、颜色、抗性等）表现形式千差万别，根据它们内在遗传机制的不同可以分为质量性状和数量性状。

1. 质量性状（qualitative character）

质量性状是指同一性状的不同表现型之间不存在连续性的数量变化，而呈现质的中断性变化的性状。质量性状由少数起决定作用的遗传基因所支配，动物的一些表征性状、血型、遗传缺陷及伴性性状等都属于质量性状。

质量性状具备5个基本特征：①质量性状多由一对或少数几对基因所决定，每对基因在表型上有明显的可见效应，一个基因的差别可导致性状的明显差异；②质量性状的变异在群体内的分布是间断的，即使出现有不完全显性杂合体的中间类型也可以区别归类；③质量性状一般可以描述，而不是度量；④质量性状的遗传关系简单，一般服从三大遗传定律；⑤质量性状的遗传效应稳定，受环境因素影响小。

通常与经济用途及生产性能有直接或间接联系的主要质量性状是品种、品系重要的特征特性，可以作为研究水产养殖群体起源、系统分类以及育种和生产中重要的遗传标记。

2. 数量性状（quantitative character）

水产动物的大多数经济性状属于数量性状，其遗传规律与质量性状有一定区别。数量性状是由大量的、效应微小而类似的、可加的基因控制，呈现连续变异。数量性状的表现还受到大量复杂环境因素的影响。

与质量性状相比较，数量性状主要有4个基本特征：①数量变异程度可以用度量衡度量；②数量性状表现为连续性分布；③数量性状的表现易受到环境的影响；④控制数量性状的遗传基础为多基因系统。

数量性状的"多基因假说"又名"Nilsson-Ehle假说"，是对数量性状遗传基础的解释，其主要论点为：数量性状是由大量的、效应微小而类似的、可加的基因控制，这些基因在世代传递中服从孟德尔遗传规律；这些基因间一般没有显隐性区别；数量性状表型变异受到基因型和环境的共同作用。

实际上，在多基因系统中，除了加性效应外，还存在着等位基因间的显性效应和非等位基因间的上位效应；各基因座位对数量性状的贡献也存在差异；环境效应的影响有时还超过遗传的作用。因此，研究数量性状的遗传规律必须从大量可见的表型变异通过统计学方法进行归纳总结。

近年来，随着分子生物技术应用于遗传和育种研究，一些对数量性状有明显作用、但仍然处于分离状态的单个基因或基因簇被陆续发现，这些基因或基因簇称为数量性状基因簇（Quantitative Trait Loci，QTL）。QTL定位的目的是要确定一个数量性状受到多少个QTL的控制，并确定QTL在染色体上的位置，以及估计它们对数量性状作用的效应。水产养殖主要品种的重要性状的QTL定位研究目前已经成为了水产养殖良种选育中分子辅助育种的关键技术之一。

3.遗传力（heritability）

由于数量性状的表现受遗传和环境的共同作用，通常只能借助于生物统计学方法来估计各种因素所造成的影响，并获得一些定量指标，遗传力就是其中一个指标。

遗传力是数量遗传学中一个最基本的参数，指某一性状为遗传因子所影响及能为选择改变的程度的度量，亦即某一性状从亲代传递给后代的相对能力。由于遗传力在世代传递中的稳定性，因此在育种中具有重要意义。一般而言遗传力高的性状选择容易，遗传力低的性状选择比较困难。从畜禽育种研究中发现：通常与适应性有关的性状遗传力都很低，而体质、结构等方面的性状遗传力则较高。因此必须研究和掌握水产经济动植物经济性状遗传力的大小，以便在良种选育中得以运用。在鱼类研究中把遗传力的大小通常分为三个等级：遗传力在0.4以上属高遗传力；在0.2~0.4属中遗传力；小于0.2的属低遗传力。

二、良种培育

良种选育就是育种（breeding），也就是应用各种遗传学方法，改造生物的遗传结构，以培育出高产优质的品种。其本质就是要培育出动植物新品种。

（一）品种和品系的概念

1.种

种（species）又称物种，是具有一定形态、生理特征和自然分布区域的生物类群，是生物分类系统的基本单位。一个种中的个体一般不与其他种中的个体交配，即使交配也不能产生有生殖能力的后代。种是生物进化过程中由量变到质变的结果，是自然选择的历史产物。由于种内部分群体的迁移、长期的地理隔离和基因突变等因素，会导致种的基因库发生遗传漂变，从而形成亚种或变种。

在水产养殖中常常还会提到原种（stock）这一概念。原种指取自定名模式种采集水域或取自其他天然水域并用于养（增）殖（栽培）生产的野生水生动、植物，以及用于选育种的原始亲本。原种必须具备下列性状：①具有供种水域中该物种的典型表型，无明显的统计学差异；②具有供种水域中该物种的核型及生化遗传性状；③具有供种水域中该物种的经济性状（增长率和品质等）；④符合有关水生动、植物种的国家标准。

2.品种

品种（breed 或 variety）是指具有一定的经济价值，主要性状的遗传性比较一致的一种家养动物群体。品种能适应一定的自然环境以及养殖条件，在产量和品质上比较符合人类的要求，是人类的农业生产资料，是人工选择的历史产物。

3.品系

品系（strain或line）和品种是两个不同的概念。品系是起源于共同祖先的一群个体，有狭义和广义之分。狭义的品系是指来源于同一头卓越的系祖，并且有与系祖类似的体质和生产力的种用高产群体；同时，这些群体也都符合该品种的标准。狭义的品系通常又称为单系，即从单一系祖建立的品系。广义的品系是指一群具有突出优点，并能将这些突出优点相对稳定地遗传下去的种群。品系经比较鉴定，优良者繁育推广后即可成为品种。

4. 良种

水产养殖中所说的良种（good breed）指生长快、肉质好、抗逆性强、性状稳定和适应一定地区自然条件并用于养（增）殖（栽培）生产的水生动、植物种。良种必须具备两个条件：优良经济性状遗传稳定在95%以上；其他表型性状遗传稳定在95%以上。

5. 品种应具备的条件

水产养殖或畜禽品种是人类为了生产上或生活上的需要，在一定的社会条件和自然条件下，通过选种、选配和培育而形成的一群具有某种经济特点的动物类群，它除了应具备较高的经济价值或种用价值外，还应具备如下条件：来源相同；性状及适应性相似；遗传性稳定，种用价值高；一定的结构；足够的数量；被政府或品种协会所承认。

（1）来源相同。凡属同一品种的个体，绝不是一群杂乱无章的动物，而是有着基本相同的血统来源，个体彼此间有着血统上的联系，故其遗传基础也非常相似。这是构成一个"基因库"的基本条件。

（2）性状及适应性相似。作为同一品种的个体，在形态结构、生理机能、重要经济性状、对自然环境条件的适应性等方面都很相似，它们构成了该品种的基本特征，据此很容易与其他品种相区别。没有这些共同特征，也就谈不上是一个品种。

（3）遗传性稳定，种用价值高。品种必须具有稳定的遗传性，才能将其典型的特征遗传给后代，使得品种得以保持下去，这是纯种与杂种最根本的区别。

（4）一定的结构。在具备基本共同特征的前提下，一个品种的个体可以分为若干各具特点的类群，如品系或亲缘群。这些类群可以是自然隔离形成的，也可以是育种者有意识培育而成的，它们构成了品种内的遗传异质性（genetic heterogeneity）。这种异质性为品种的遗传改良和提供丰富多样的产品提供了条件。

（5）足够的数量。数量是决定能否维持品种结构、保持品种特性、不断提高品种质量的重要条件，为数不足不能成为一个品种。只有当个体数量足够多时，才能避免过早和过高的近亲交配，才能保持个体足够的适应性、生命力和繁殖力，并保持品种内的异质性和广泛的利用价值。

（6）被政府或品种协会所承认。作为一个品种必须经过政府或品种协会等权威机构进行审定，确定其是否满足以上条件，并予以命名，只有这样才能正式称为品种。

品种的性状与原种通常差异很大，在生产上应用的品种其质量可以远远超过原种。如苏联培育的库尔斯克鲤（欧洲家鲤×黑龙江野鲤），使苏联养鲤业扩大到北纬60°。1958年引入我国黑龙江省，现已占全省鲤鱼产量的1/3以上。其生长速度比普通鲤快3倍，而且具有体型好、耐寒、食性广、成熟快、易捕捞和脂肪含量高等优点，很受群众欢迎。由此可见，培育新品种是提高产量和质量的重要手段。

6. 品系的类别

品系作为水产育种工作最基本的种群单位，在加速现有品种改良、促进新品种育成和充分利用杂种优势等育种工作中发挥了巨大的作用。不同的历史时期，品系的概念和内涵也在不断地发生演变。品系有的是自然形成的，有的是人工选择形成的，后者涉及的相关内容常被人们称为品系繁育，实际上指围绕品系而进行的一系列繁育工作，其内容包括品系的建立、延续、利用等。从历史发展的角度来看，品系大体可以分为5大类。

（1）单系：是指来源于同一系祖，并且具有与系祖相似的外貌特征和生产性能的群体。过去习惯把这种以同一系祖发展起来的群体称为品系。根据现代育种学的观点，品系应该是一个更广泛的概念，严格地讲这种传统意义上的品系已不能代表现代品系的含义，应该称为单系。

（2）近交系：是指采用连续高度近交的方式所形成的近交系数达37.5%以上的品系。近交系在家禽杂种优势的利用中已取得了巨大成就，在大家畜育种中由于建系成本高，因而未能普及。

（3）群系：以优秀个体组成的群体进行闭锁繁育所形成的具有突出优点的品系。群系规模比单系大，遗传性丰富，保持时间比单系长。

（4）专门化品系：利用单系、近交系、群系等建系方法育成的品系，专门用于与另一特定品系杂交获取杂种优势，该品系称为专门化品系。专门化品系杂交产生的商品后代不仅生产性能高，而且品种整齐，适于集约化生产。

（5）地方品系：是指由于各地生态条件和社会经济条件的差异，在同一品种内经长期选育而形成的具有不同特点的地方类群，是地方品种内部一些具有突出优点、遗传稳定的品系。

（二）品系培育

品系培育（又叫品系繁育）是育种工作中最重要的内容，品系是育种工作者实施育种技术措施最基本的种群单位。建立一系列各具特点的品系，可丰富品种结构，有意识地控制品种内部的差异，使品种的异质性系统化。品系繁育不仅是为了建系，更重要的是利用品系加快种群的遗传进展，加速现有品种的改良，促进新品种的育成和杂种优势的充分利用。建系是手段，利用品系才是目的。

1.品系培育的条件

无论品系是如何形成和发展的，品系群体的有效大小要足够大才能长期存在。对于有目的的人工建系品系繁育来说，建系之初至少要满足以下几个条件。

（1）动物的数量。动物群体很小是无法进行品系繁育的。每个品系应由适当的家系组成，并且要有足够的数量。由于种类的不同和养殖条件上的差异，组成品系的家系数和个体数可视具体情况而定。当计划建系品系间杂交以生产商品时，因杂交方案不同对品系数的需求也不同。例如，如果想利用专门化品系生产商品，则至少要有父本和母本两个品系；如果采用双杂交方案，则至少需要4个品系。特定目标的育种中，有时还需要更多的品系来构成配套系。

（2）动物的质量。品系繁育的目的是提高和改进现有品系的生产性能、充分利用品系间不同的遗传潜力来生产杂种优势。所以，每个品系除了要有较好的综合性能外，而且各自要有某一方面较突出的优良特征。如果群体中有个别出类拔萃的雌体和雄体，就可以采用系祖建系法建系；如果优秀性状分散在不同个体身上，则可以考虑用近交建系或群体继代建系法来建系。

（3）环境条件。由于不少选育性状是低遗传力性状，易受环境条件的影响，常规选择必须依靠表型值估计育种值，因此，良好而稳定的环境条件非常重要。只有这样才能使个体充分表现遗传潜力，从而提高选择的准确性。在育种工作过程中必须始终注意这一点，尽一切努力为水产动物的生长发育和生产性能的发挥提供合理、稳定的营养和环境条件。具体措施表现在防疫和疾病净化；良好的环境控制；营养和饲料方面要提供优质的全价饲料。

品系繁育是一项极其重要的育种工作，技术性比较强。其内容包括建系目标的确立，基础群体的选择，选配方式的确定，近交的具体运用，配合力测定以及品系的鉴定、验收和利用等一系列完整而严密的技术组织工作，既要有充分的理论依据，又要密切结合实际。一旦某一环节掌握不好，就将一事无成或事半功倍，达不到建系的目的。

2.品系培育的方法

目前，常用的建系方法包括系祖建系法、近交建系法和群体继代选育建系法3种方法。

（1）系祖建系法。系祖品系，又叫单系祖品系，是传统典型的品系繁育方法，也是沿用已久的古老方法。

系祖建系法是以优秀的系祖为先决条件，系祖被视为品系育种的样本，把系祖的个体优良特性变为品系群的群体特性，使群体系祖化，这就是系祖育种法的主要选育目标。系祖育种法在品系群中必须设法集中系祖的优良遗传特性，而不是其他祖先的遗传性。系祖必须是出类拔萃的个体，不必要求十全十美，但特定性状一定要非常突出。如果所选育的是数量性状，其表型值应该超过群体均值的3倍标准差以上（X＋3S）以上。系祖不仅表型优良，更重要的是遗传优势强，育种值高，能够将其优良性状稳定地遗传给后代，才可以确立为系祖。

系祖建系强调同质选配，凡与系祖或系祖的继承者交配后裔成绩优良的成功配对，应尽可能进行重复配。为了充分利用优良的系祖或系祖的继承者，可与后代进行迭代交配，这些都是促进品系同质化的有效措施。

利用系祖的继承者，建立3~4个支系，实行支系闭锁繁殖。系祖品系如果系内没有结构，它通常是短命的。而建立了支系，系内就有了结构，则短命品系可变为长命品系了。

系祖建系法，由于遗传狭窄，系祖的优良基因在传代的过程中，很容易由于基因的随机漂移而漏失，往往育不成高产品系，而流于类似近交系的后果。所以，除非遇有特别优秀的系祖，一般不宜采用系祖建系法。

综上所述，该法建系的过程，实质上就是选择和培育系祖及其继承者，同时充分利用它们进行适宜的近交或同质选配，以扩大高产基因频率，巩固优良性状并使之变成群体特点的过程。

（2）近交建系法。近交建系法是在选择了足够数量的雌雄个体以后，根据育种目标进行不同性状和不同个体间的交配组合，然后进行高度近交，如亲子、全同胞或半同胞交配若干代，以使尽可能多的基因座迅速达到纯合，通过选择和淘汰建立品系。与系祖建系法相比，近交建系法在近交程度和近交方式上都有区别。

近交建系法不是围绕一个优秀个体，而是从一个基础群体开始高度近交的。其首要条件是建立良好的基础群。最初的基础群要足够大，雌性个体越多越好，雄性个体则不宜过多且相互间应有亲缘关系。基础群的个体不仅要求性能优秀，而且它们的选育性状相同，没有明显的缺陷，最好经过后裔测验。

过去一般采用连续的全同胞交配来建立近交系（图6-3）。全同胞交配和亲子配的每代近交系数都是25%，但全同胞交配中每一亲本对基因纯化的贡献相同，而亲子配在增加纯合性方面只有一个亲本起作用，如果该亲本具有隐形有害基因，其纯合率就为全同胞交配时的2倍。无论采用哪种方式的高度近交，大多数品系会因繁殖力和生活力的衰退而无法继续进行。因此，有人提出最初就将基础群分为一些小群，分别建立近交系，然后综合最优秀的支系建立近交系。

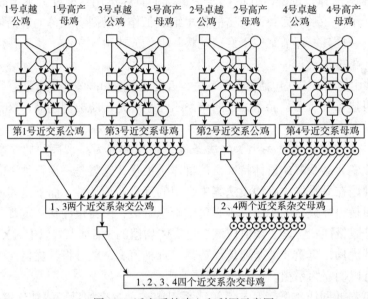

图6-3　近交系的建立和利用示意图

近交的最初几代一般不进行很严格的选择，而先致力于尽可能多座位的基因纯化，然后再进行选择。这样的方法可使基因的纯合速度加快，产生较多的纯合类型，有利于选择。

（3）群体继代选育法。群体继代选育法又叫系统选育、选择育种（selective breeding）、世代选育、闭锁群选育多系祖品系等。该方法是根据群体遗传学和数量遗传学理论在群体基础上发展起来的品系育种方法。该方法从20世纪50年代开始采用到现在，方法立论严谨，设计周密，是一个比较好的建系方法。用于纯种建系，可提高纯种质量；用于杂种建系，可提纯固定育成新品系或新品种。

群体继代选育法在应用中至少应注意9个步骤：首先是原始基础群的组成；然后是群体闭锁；继以随机交配；确定选种方法，一般着重选择两三个性状；缩短世代间隔；控制近交系数；固定小群体全部位点上的基因频率达到1；进行杂交组合实验；品系育成后保系（包括保持品系和育成品系）。

3.专门化品系的培育

随着养殖业生产集约化、工厂化和专门化程度的提高，系间杂交已成为养殖业生产中的一种固定、高效的商品繁育方法。专门化品系随配套系应运而生，它是现代化养殖业生产的重要标志之一，在此专门予以介绍。

（1）品系配套。20世纪五六十年代，各国在研究新的杂交体系时发现：一般的品种间杂交难以满足现代化养殖业生产的要求，于是逐步用品系间杂交代替品种间杂交，即建立一些配套的品系作为杂交中的父本和母本，取得了很好的效果，杂种优势利用获得了重大突破。

所谓配套系间杂交，就是按照育种目标进行分化选择，培育一些专门化品系，然后根据市场需要进行品系间配套组合杂交，杂种后代作为经济利用。

品系间杂交与品种间杂交相比，具有下述优点：培育专门化品系可以提高选种效率；品系间杂交的效果更好；品系间杂交所得的商品动物一致性好；可更好地适应市场变化的需求。

（2）专门化品系的概念。所谓专门化品系是指生产性能"专门化"的品系，是按照育种目标进行分化选择育成的，每个品系具有某方面的突出优点，不同的品系配置在繁育体系不同的位置，承担着专门任务。例如，在虾类的育种中，根据现代遗传学的理论和长期育种、生产实践，考虑到虾类的各种经济性状的遗传特性，要使虾的重要经济性状，如产卵量、孵化率、出苗率、生长速率、饵料系数、抗病力等都好地集中在同一品种内是不切实际的，尤其是那些呈负相关的性状。但是，集中力量培育具有1~2个突出的经济性状，其他性状保持一般水平的专门化品系是完全可能的。专门化品系一般分父系和母系，在培育专门化品系时，母系的主选性状一般为繁殖性状，辅以生长性状，而父系的主选性状为生长等。

培育专门化父系和母系与通用品系比较至少有下列优点：首先可以提高选择进展。生长性状和繁殖性状这两类性状分别在不同的系中进行选择，一般情况下比在一个系中同时选择两类性状其效率要高些，特别是当性状呈负相关时；其次专门化品系用于杂交体系中可取得互补性。在作为杂交父本和母本的不同系中分别选择不同性状，然后通过杂交把各自的优点结合于商品个体上。从理论和实践看，专门化品系间杂交的互补性极为明显，效果比较好。

（3）专门化品系的培育及维持。建立专门化品系的目的是为了进行配套杂交，以充分利用杂种优势和互补优势，提高养殖业生产水平和近交效益。一般每个配套系由数个专门化品系组成，每个专门化品系只突出1~2个经济性状。建立方法有多种，在不同的配套系中其建立方法有别，一般有系祖建系法、群体继代选育法、正反交反复选择法和合成系法。系祖建系法和群体继代选育法前面已经介绍过，这里简单介绍后面两种方法。

正反交反复选择法。简称RRS法，1949年由Comstock等提出，目的是在选择的同时改进性状的一般配合力和特殊配合力。其原理如下：根据数量遗传学原理，在影响某个数量性状的许多基因位点上，如果在两个纯系间存在基因频率的差异，而且基因具有显性效应，那么这两个系杂交就可能产生较大的杂种优势，即这两系有高的配合力。通过配合力测定筛选优秀杂交组合，实际上是在被动地寻找这种基因频率的差异，具有较大的盲目性。如果能主动地用选择来扩大这种差异，就有可能定向提高非加性遗传效应，产生更大的杂种优势。

正反交反复选择法，整个过程包括杂交、选择、纯繁三个部分，首先组成A、B两个基础群（组建要求与闭锁继代选育法基本相同），A、B两系分别着重选择不同的性状，第一年，把A、B两系的雌雄个体分为正反两个杂交组，进行杂交组合试验；第二年，根据上年杂交结果，即F_1代的性能表现鉴定亲本，将其中最好的亲本个体选留下来，选留下来的亲本个体必须与其本系的成员交配，即分别进行纯繁，产生下一代亲本；第三年，将第二年繁殖的优秀的A、B两系纯繁个体选择出来，按第一年的正反两组进行杂交试验；

第四年，又重复第二年的纯繁工作，如此循环反复进行下去，到一定时间后，即可形成两个新的专门化品系，而且彼此间具有很好的杂交配合力，可正式用于杂交生产。

合成系选育。合成系是指两个或两个以上来源不同、具有所希望特点的系群杂交后形成的种群经选育后成为一个具有特定特点的新品系。合成系育种重点是突出主要的经济性状，不追求血统上的一致性，因而育成速度快。

合成系育种体现了一种新的育种思想。在一个长期的育种计划中，不仅应当通过闭锁群选择来利用群体内已有的遗传变异，获得遗传进展，而且还要在适当的时候通过合成把分散在不同群体中的优秀基因组合在一起，增加新的遗传变异，为进一步的闭锁选择打下基础。因此，育种中的"合成"和"闭锁"不是完全对立的，而是两个相辅相成的环节。合成为闭锁提供遗传变异来源，闭锁则巩固和发展合成的成果。所以，纯系和合成系并不是截然不同的两种育种方式，而是长期选育动态过程中的不同阶段而已。纯系不可能永远闭锁下去，当选育达到一定程度后，群内遗传变异减少，遗传进展变慢，此时应考虑合成。而合成系通过选育，在提高生产性能的同时，也提高了纯度，经过系统选育也可发展成为纯系，并进而可用于配套系杂交。

配套系的维持和更新。配套系育成后，必须立即转入维持阶段，即进行扩群保系。维持配套系的基本要求是：不引入外血；控制近交系数的上升速度；继续进行选择，以进一步提高配套系的质量。为此可以采取控制近交、扩大群体数量、减慢世代周转、采用合适的留种方式（如各家系等量留种）、扩大后代群的变异等。

在配套系的维持过程中，如果出现由于近交系数上升速度过快而产生近交衰退；或由于人们对水产品要求发生变化，导致配套系杂交所产生的后代不能满足人们的要求；或配套系间杂交效果不明显时，就要及时更新某些配套系中的某些品系，建立新的配套系，以获得更大的系间杂种优势。

（三）品种杂交

培育新的品种是育种工作中的一项重要内容。目前，主要采用的是杂交育种的方法。杂交育种是从品种间杂交产生的杂交后代中发现新的有益于变异或新的基因组合，通过育种措施把这些有益变异和有益组合固定下来，从而培育出新的水产养殖品种。

1.杂交育种方法的分类

（1）根据育种所用的品种数量。杂交育种可分为简单杂交育种和复杂杂交育种。

简单杂交育种：是指只用两个品种的杂交来培育新品种。该方法简单易行，新品种的培育时间短，成本也低。采用这种方法，要求两个品种包含所有新品种的育种目标性状，优点能互补，缺点能抵消。

复杂杂交育种：是指采用3个以上的品种杂交培育新品种。如果根据育种目标的要求，选择两个品种仍然满足不了要求时，可以多用1~2个甚至更多一些品种，以丰富杂交后代的遗传基础。但是，不可用过多的品种，品种越多，后代的遗传基础越复杂，杂种后代变异的范围也越大，需要的培育时间也往往较长。复杂杂交是杂交育种工作中常用的一种类型。

（2）根据育种目标。主要有3类。

改变主要用途的杂交育种。随着人口的增多、社会的发展，许多原有的养殖品种不能满足需求，这时就有必要改变现有品种的主要用途或育种目标。将符合育种目标的品种，连续几代与被改良品种杂交，在得到质量和数量均满足要求的杂交后代以后，进行自群繁育。

提高生产能力的杂交育种。培育高生产力水平的养殖新品种，对养殖业生产的发展有着重要的意义，水产养殖中的良种选育工作很重要的目标之一就是提高品种的生长速度、繁殖能力等。

提高抗病力和适应性的杂交育种。随着水产养殖的大规模发展，养殖环境日益恶化，病害频频发生。培育具有较强抗病力以及更好的环境适应能力的新品种已经成为当务之急。

（3）根据育种工作的起点。主要有两类。

在现有杂种群基础上的杂交育种。用外来品种与原始品种或地方品种杂交，而后以杂种群为基础，培育一个兼有当地品种和引入品种优点的新品种。这种育种方法就属于在杂交改良基础上开展的杂交育种。

有计划地从头开始的杂交育种。培育水产养殖新品种是水产养殖业生产的一项基本建设工作。为了保证进度和保证质量，一般应在工作开始前根据国民经济的需要、当地的自然条件和基础群体的特点进行细致的分析和研究，然后以现代遗传育种理论为指导，制订出目的明确、可靠，目标具体，方法可行，措施有力和组织周密的育种计划并严格执行。有计划从头开始的杂交育种可使工作少走弯路，有利于培育出高质量的新品种。

2.杂交育种的步骤

杂交育种的类型虽然众多，但不同类型在方法上有共同点，而且在步骤上有相似之处。以下按杂交育种过程叙述各阶段的主要内容和工作。

（1）杂交阶段。这一阶段的主要任务是利用两个或两个以上的不同品种的优良特征，通过杂交使基因重组，以改变原有对象类型，创造新的理想类型。为此，应切实做好如下工作。

育种目标。对理想型要有一个明确、具体的要求。要制定杂交育种方案，明确育种方法、育种指标和理想型的具体要求等内容。

选好杂交用亲本品种。品种的选择以育种目标为依据。若选定的亲本品种及个体合乎要求，创造理想型的时间就有可能缩短。

确定杂交组合和方式。当杂交用的品种选定以后，在杂交开始以前，要充分分析杂交用亲本的遗传结构、遗传稳定性、生产性能等。从而研究以哪个品种作母本，哪个品种作父本合适，采用哪种杂交方式收效快。

切实做好选种、选配及培育工作。这一阶段的工作，不应仅进行杂交，还应在选种、选配和培育上下工夫。只有这样，才能使工作处于主动地位。由于雄性个体影响面广，应特别注意对杂交用父本品种的个体选择，最好选用经过后裔测定的雄性个体。

慎重确定杂交代数。杂交究竟进行几代？这需要灵活掌握。杂交育种根本目标是追求理想型，不是追求代数多少，不是越多越好，得到理想型就应立即停止，转入下一阶段。

（2）横交定型与扩群阶段。本阶段的主要任务是：将理想型个体停止杂交，进行自群繁育，稳定其后代的遗传基础并对它们的后代进行培育，从而获得固定的理想型。这是一个以横交及自繁为手段，以稳定理想型为目的的阶段。在这一阶段应做好以下几项工作：①采用同质选配，以期获得相似的后代，巩固理想型。②有目的地采用近交，更快地完成定型工作。③建立品系：对已建立的理想型群体，应进行自群繁育，可考虑建立品系，以建立新品种的结构。

（3）扩群提高阶段。此阶段的主要任务是：大量繁殖已经固定的理想型，迅速增加数量。虽然在第二阶段已培育了理想型群体或建立了品系，但在数量上还不多，未达到品种条件所规定的数量。数量不足也易造成近交。另外，数量少就不能大量淘汰，选择强度不能提高，不利于品种的保持和发展。在此阶段，还要做好培育和选种选配工作。

（4）纯繁推广阶段。这是杂交育种的最后一个阶段。本阶段的主要任务是在大量繁殖的基础上，把培育出的新品种由育种场或育种中心推广到生产中去，以进一步了解新品种的生产性能、繁殖性能、适应性等，以便及时总结经验，有针对性地加强选种选配及提高等工作。

三、水产新品种

世界上进行水产良种培育的历史已近百年。美国从1932年开始运用选择育种（selective breeding）的方法对虹鳟进行遗传改良，到20世纪70年代中期使虹鳟的繁殖期从原来的4年缩短到2年，平均体重从680 g增加到4 500 g，个体平均产卵量从400～500枚增加到9 000枚。后来在罗非鱼的性别调控方面从多倍体育种方法入手，也取得了不菲的成绩。

苏联的鲤鱼新品种早已在我国黑龙江地区安家落户半个多世纪。我国的水产新品种培育起始于20世纪80年代，经过几十年的努力，已经培育出鱼、虾、贝、藻等各类水产养殖良种几十种，获得了国家原良种委员会的审定。新品种的推广和应用极大地促进了水产养殖业的发展，带来了良好的经济效益和社会效益，良种养殖的概念已经深入至广大养殖业者的思想之中。本章介绍几个代表性的水产养殖良种。

（一）团头鲂"浦江1号"

2000年，经全国水产原种和良种审定委员会审定由上海海洋大学李思发教授等人

图6-4　水产新品种团头鲂"浦江1号"

（李思发，2000；2001）研发的团头鲂新品种"浦江1号"（图6-4）通过审定，获得水产新品种称号（品种登记号GS-01-001-2000）。该水产新品种的亲本来源是1986年收集的湖北省淤泥湖的团头鲂原种，以此作为奠基群体，采用传统的群体选育方法，年选留率小于万分之一，经过15年数量遗传指导的系统选育（选育技术路线见图6-5），再借助现代生物技术予以稳定，到1998年获得第六代。1999年亲鱼生产数量1 000组，后备亲鱼1 000组，生产良种鱼苗1.3×10⁸尾。

该新品种的特征特性表现为：经过十几年人工定向选育的团头鲂"浦江1号"遗传性稳定，具有个体大、生长快、适应性广等优良性状；其产量表现为：生长速度比淤泥湖原种提高20%。近年来，推广到上海、江苏、北京等地，产生了巨大的经济效益和社会效益。

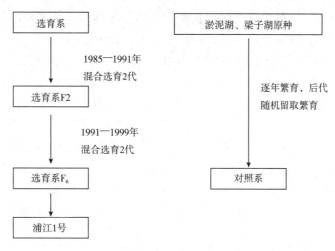

图6-5　团头鲂"浦江1号"选育技术路线

（二）中国对虾"黄海1号"

2003年由中国水产科学研究院黄海水产研究所王请印研究员联合山东省日照水产研究所研发的中国对虾"黄海1号"（图6-6）通过全国水产原种和良种审定委员会的审定，获得水产新品种称号。

中国对虾"黄海1号"的品种来源为1997年从海捕亲虾中筛选经检疫证明无特定病原（对虾的白斑综合征，WSSV）的个体，进行育苗、养成，逐代选择个体大、健壮的个体，每代冬、春两次选择，每代总选择强度1%～3%，每代用于育苗的亲虾500～1 000尾，经过连续8代选育出具有比较明显的抗逆优势、生长速度较快的中国对虾新品种。

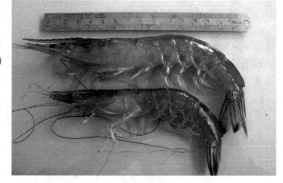

图6-6　中国对虾"黄海1号"

中国对虾"黄海1号"的特征特性：生长速度快，历代选育群体比对照群体的体长平均增长8.4%，体重平均增长26.9%；抗病力强，养殖过程中同比总发病率低，实际发病率低于10%，而未经选育的对照组发病率在40%以上；生化遗传与分子遗传检测表明，同野生群体相比，中国对虾"黄海1号"的遗传多样性明显降低，即有较大程度的纯化。

中国对虾"黄海1号"的产量表现：养成中间试验，2001年示范养殖73 hm²，平均亩[①]产183千克；2002年示范养殖79 hm²，平均亩产185 kg，受到养殖者欢迎。

在中国对虾"黄海1号"的基础上，又研发出了抗病性能显著提升的中国对虾"黄海2号"和生产性能上较野生商品苗种具明显优势的中国对虾"黄海3号"。

（三）坛紫菜"申福1号""申福2号"

2009年和2014年，由上海海洋大学严兴洪教授等研发的坛紫菜"申福1号"和

---

① 亩为我国非法定计量单位，1亩≈667m²，1hm²=15亩。

"申福2号"（图6-7）分别通过审定，获得水产新品种称号。亲本来源于福建省平潭岛岩礁上的野生坛紫菜（*Porphyra haitanensis* Chang et Zheng）群体。

坛紫菜"申福1号"的选育目标是生长快、生长周期长、耐高温。1991年采集成熟坛紫菜亲本叶状体上，经阴干后获得果孢子，然后分离出单个的果孢子，将其培养成自由丝状体藻落，建成亲本品系，长期保存。2000年，将亲本品系培养至叶状体，用

图6-7 坛紫菜"申福1号"

^{60}Co-γ 射线辐照处理亲本的壳孢子萌发体，培养数周后酶解至单离体细胞，然后再生培养至叶状体，依据选育指标：体形细长、颜色好、生长快、成熟很晚、颜色和光泽好、色素蛋白含量高选出叶状体，经单个分离培养，再酶解得单细胞，再生至小叶状体，从中选出生长最快、颜色深的叶状体，待其生长4个多月后至纯合的自由丝状体，暂名为"优质1号"品系。该品系长至F_1叶状体群体后分析个体形态、藻体厚薄、生长速度、成熟期、颜色、色素蛋白含量等遗传性状，证实为遗传纯系。从F_1群体中再选出生长最快的一颗叶状体，培养到F_2叶状体，同样分析、筛选、繁育至F_3叶状体，在F_3群体中选出一颗生长最快的叶状体进行单个培养，由单性生殖产生自由丝状体，并作为种子经扩增后备份长期保存，正式定名为坛紫菜"申福1号"。2003年，首次在福建进行了坛紫菜"申福1号"小规模中试，2004年扩大中试规模，2005年、2006—2007年、2008年逐年进一步扩大中试规模和示范养殖区，证实了坛紫菜"申福1号"平均长是对照组的3.05倍（图6-8），鲜菜更适合用于全自动机械加工成附加值更高的海苔产品，同时比传统养殖品种更耐高温。

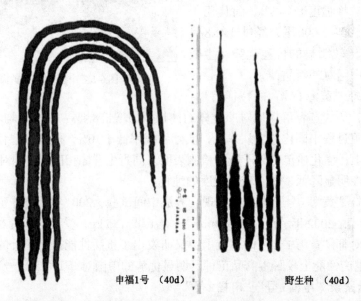

申福1号 （40d）　　　　野生种 （40d）

图6-8 坛紫菜"申福1号"与传统品种的生长比较（养殖40 d）

坛紫菜"申福2号"的选育目标是生长快、生长期长、壳孢子放散量多、耐高温。

其培育过程与坛紫菜"申福1号"基本相似，相比坛紫菜"申福1号"，坛紫菜"申福2号"壳孢子放散量明显更多（提高50%）、更耐高温、成熟期晚、生长期更长。

小　结

从许多方面看，水产养殖属于生物科学范畴，因此，作为一个从事水产养殖事业的工作者，需要对基本的生物学知识和概念有一定的了解和掌握。

蛋白质、脂肪、糖、维生素和无机盐类等是水产动物生长发育所需的营养素。蛋白质在生物体内具有生长、更新、修复及维持体蛋白质现状、构成酶、激素和部分维生素、提供能量、参与免疫、遗传、信息调控、维持毛细血管正常渗透压及运输功能。蛋白质的营养功能本质上是由氨基酸提供的。根据氨基酸营养价值常将其分为必需氨基酸、半必需氨基酸和非必需氨基酸。必需氨基酸是指动物自身不能合成或合成量不能满足动物的需要，必须由食物提供的氨基酸。鱼虾的必需氨基酸有10种。脂类的生理功能包括构成组织细胞的组分、提供能量、利于脂溶性维生素的吸收运输、提供必需脂肪酸、作为某些激素和维生素的合成原料及节省蛋白质等。可消化糖主要作用有构成机体组分、提供能量、合成机体脂肪、合成非必需氨基酸及蛋白节约效应。粗纤维具有刺激消化道的蠕动与消化酶的分泌、稀释饲料中高含量营养物质以利消化和吸收的作用。维生素是维持动物生长、发育、健康和繁殖所必需的一种用量极少、作用极大的生物活性物质。维生素按其溶解性分为脂溶性维生素（A、D、E、K）和水溶性维生素（B_1、B_2、泛酸、烟酸、B_6、生物素、叶酸、B_{12}、C、胆碱、肌醇）两大类。维生素不能产生能量，亦不能构成组织，但是酶的辅基或酶的组分，在新陈代谢过程中起着重大作用。矿物质具有构成体成分，酶分子辅基或酶的激活剂，维持酸碱平衡和调节渗透压，维持神经、肌肉的正常敏感性等生理功能。水产动物对营养素的需求各不相同。营养素需求与动物食性、发育阶段、生理状态、饲料原料的品质（氨基酸、脂肪酸及能量水平）、饲料加工工艺、养殖的模式及外界的环境条件（如水温、溶解氧）等有关。饵料生物（如微藻、轮虫、枝角类、桡足类等）是水产动物的天然饵料，特别在水产动物幼体及早期发育阶段，饵料生物是必不可少的食物来源。不同饵料生物从营养学的角度，具有不同的营养特征，生产中应组合使用。配合饲料是根据动物的营养需要，按照饲料配方，将多种原料按一定比例均匀混合，经适当的加工而成的具有一定形状的饲料。根据饲料形状可以分为粉状饲料、颗粒饲料和微粒饲料三类。根据营养成分可以分为添加剂预混合饲料、浓缩饲料和全价饲料。配合饲料生产工艺流程因不同饲料而不同。硬颗粒配合饲料的加工主要采用先粉碎后配合和先配合后粉碎的两种加工工艺。影响配合饲料质量及应用效果的因素很多，主要包括饲料原料、饲料配方、加工工艺、贮藏条件、饲料投饲技术及养殖环境等几方面。

养殖产量会因为疾病的发生而受到损失。最重要的疾病病原是病毒、细菌、真菌、和原生动物。养殖动物也会受到各种寄生生物的侵袭。有时，各种养殖环境因素如养殖密度、水质、饵料、环境污染及暴雨、风浪、气候突变等都可能成为疾病发生的诱因。病害发生可以采取一些方法进行治疗，但更重要的还是要采取各种防范措施，预防疾病的发生。

养殖池塘本质上说是一个小生态系统。一个平衡、稳定的生态系统意味着在池塘中建立起来的小生境中，养殖动物能与其他生物和微生物和谐共处，分享系统中的空间和能量。通过放养多种不同生态习性的生物，使其充分利用池塘的空间和能量，从而收获更多的养殖产品，这就是综合养殖的目的所在。

生物遗传学是研究生物遗传物质、遗传规律和遗传变异机理的科学，是遗传育种学的最主要的理论基础。遗传的物质基础是核酸，核酸有两类：脱氧核糖核酸（DNA）和核糖核酸（RNA）。遗传的本质就是遗传物质在生物体内代代相传的过程，具体表现为染色体的传代。然而，生物在遗传的过程中，不断有变异的产生。正是这种变异为生物进化提供了素材，也使遗传育种成为可能。遗传育种，也就是应用各种遗传学方法，改造生物的遗传结构，以培育出高产优质的品种，其本质就是要培育出动植物新品种。所采用的方法主要是杂交育种，即从品种间杂交产生的杂交后代中发现新的有益于变异或新的基因组合，通过育种措施把这些有益变异和有益组合固定下来，从而培育出新的具有更强的繁殖能力或抗病和适应能力的水产养殖品种。水产良种培育的历史已近百年，而我国主要开始于20世纪80年代，目前已培育出获得国家原良种委员会审定的鱼、虾、贝、藻新品种10余种，如团头鲂"浦江1号"，对虾"黄海1号"，紫菜"申福1号"和"申福2号"等。

第七章　藻类栽培

藻类指一类叶状植物（thallophytes），没有真正的根茎叶的分化，以叶绿素 a、叶绿素 b、叶绿素 c 等作为光合作用的主要色素，并且在繁殖细胞周围缺乏不育的细胞包被物，传统上将其视为低等植物，现代分类学家将其列入原生生物界（Protista），与原生动物一起同属此界，而与真正陆生植物属不同界。藻类植物的种类繁多，分布广泛，目前已知有 3 万种左右，广布于海洋及淡水生态系统中。藻类形态多样，有单细胞，也有多细胞的大型藻类。人类利用藻类的历史悠久，尤其是大型海藻，在食品工业、医药工业、化妆品工业、饲料工业及纺织工业中有广泛的应用，大型海藻的栽培是水产养殖的重要内容，本章重点介绍大型经济海藻的栽培。

第一节　藻类生物学概念

一、藻类的分类及基本特征

中国藻类学会编写的《中国藻类志》中将藻类分为11门，即：

蓝藻门（Cyanophyta）；红藻门（Rhodophyta）；隐藻门（Cryptophyta）；甲藻门（Pyrrophyta）；金藻门（Chrysophyta）；硅藻门（Bacillariophyta）；黄藻门（Xanthophyta）；褐藻门（Phaeophyta）；裸藻门（Euglenophyta）；绿藻门（Chlorophyta）；轮藻门（Charophyta）。

而国外藻类学家 Robert Edward Lee 最新编写的《藻类学》一书，则将藻类分为4个类群10个门：

类群1：原核类：

蓝藻门（Cyanophyta）。

类群2：叶绿体被双层叶绿体被膜包裹的真核藻类，含：

灰色藻门（Glaucophyta）；

红藻门（Rhodophyta）；

绿藻门（Chlorophyta）。

类群3：叶绿体被叶绿体内质网单层膜包裹的真核藻类，含：

裸藻门（Euglenophyta）；

甲藻门（Dinophyta）；

顶复门（Apicomplexa）。

类群4：叶绿体被叶绿体内质网双层膜包裹的真核藻类，含：

隐藻门（Cryptophyta）；

普林藻门（Prymnesiophyta）；

异鞭藻门（Heterokontophyta）。

其中异鞭藻门又分为12个纲：

金藻纲（Chrysophyceae）；

黄群藻纲（Synurophyceae）；

真眼点藻纲（Eustigmatophyceae）；

脂藻纲（Pinguiophyceae）；

硅鞭藻纲（Dictyochophyceae）；

浮生藻纲（Pelagophyceae）；

迅游藻纲（Bolidophyceae）；

硅藻纲（Bacillariophyceae）；

针胞藻纲（Raphidophyceae）；

黄藻纲（Xanthophyceae）；

褐枝藻纲（Phaeothamniophyceae）；

褐藻纲（Phaeophyceae）。

藻类具有5个基本特征：①分布广，种类多。②形态多样，从单细胞直至多细胞的丝状、叶片状及分枝状的个体。③细胞中有多种色素或色素体，呈现多种颜色。④结构简单，无根茎叶的分化，无维管束结构。⑤不开花，不结果，靠孢子繁殖，没有胚的发育过程。

二、多细胞海藻的生长方式

根据多细胞大型海藻藻体生长点位置的不同，将海藻的生长方式分为以下5种。

1.散生长

藻体各部位都有分生能力，即生长点的位置不局限于藻体的某一部位，这种生长方式称为散生长。

2.间生长

分生组织位于柄部与叶片之间，这种生长方式称为间生长。如海带目的种类。

3.毛基生长

生长点位于藻毛（毛状的单列细胞藻丝）的基部，这种生长方式称为毛基生长。如一些褐藻酸藻目（Desmarestiales）和毛头藻目（Sporochnales）等种类。

4.顶端生长

藻体的生长点位于藻体的顶端，这种生长方式称为顶端生长。如墨角藻目（Fucales）等的种类。

5.表面生长（又称边缘生长）

有些藻体细胞由表面向周围生长，这种生长方式称表面生长或叫边缘生长。如网地藻目（Dictyotales）等的一些种类。

三、大型海藻的生殖

大型海藻的生殖方式可分为营养生殖、无性生殖和有性生殖。

1.营养生殖

营养生殖即不通过任何专门的生殖细胞来进行生殖的方式，在适宜的环境条件下，由这种方式可迅速增加个体。常见的营养生殖方式有细胞分裂（通常单细胞海藻以这种方式生殖）、藻体断裂和形成繁殖小枝3种。

2.无性生殖

无性生殖即通过产生孢子（spore）进行生殖的方式，又称孢子生殖。产生孢子的藻体叫孢子体（sporophyte），产生孢子的母细胞叫孢子囊（sporangium）。根据孢子能否运动，孢子可分为游孢子（zoospore）和不动孢子（aplanospore）两种类型，不动孢子中又包括似亲孢子（autospore）、厚壁孢子（akinetes）（休眠孢子）、复大孢子（auxospore）、内生孢子（endospore）、外生孢子（exospore）、单孢子（monospore）、多孢子（polyspore）、四分孢子（tetraspore）和果孢子（carpospore）等形式。

3.有性生殖

一般由海藻的孢子囊经减数分裂产生的孢子萌发成的新藻体称配子体（gametophyte）。配子体生长发育至一定阶段，藻体的某部分细胞即形成配子囊（gametangium），并在其中产生配子。有性生殖即通过产生雌、雄两性配子进行结合生殖产生后代的方式。配子为单倍体，雄配子和雌配子结合成为一个合子，合子可直接或经过休眠后萌发为新个体。根据形成合子的配子情况，将有性生殖分为同配生殖（isogamy）、异配生殖（anisogamy）和卵配生殖（oogamy）3种类型。

四、海藻的生活史

海藻的生活史定义：海藻在整个生长发育过程中所经历的全部时期，或一个海藻个体从出生到死亡所经历的各个阶段。

虽然海藻比高等植物的结构简单，但因其种类多，形态多样，生态环境不同，有各自的生活习性，因此海藻的生活史是多样化的。

单细胞海藻的生活史简单，没有有性生殖，只有简单的细胞分裂生殖、藻体断裂和孢子生殖。具有有性生殖能力的多细胞大型海藻的生活史较为复杂，其生活史中出现了藻体细胞的核相交替，产生了具有不同细胞核相的单倍体（配子体）和双倍体（孢子体）藻体。并且不同核相的藻体在生活史中有规律地互相交替出现（称为世代交替）。依据生活史中有几种类型的海藻个体、体细胞为单倍或二倍染色体，以及有无世代交替，将存在有性生殖的海藻的生活史划分为3种基本类型和5种生活史类型。

1.单世代（单元）型生活史

在生活史中只出现一种类型的藻体，没有世代交替现象的类型。根据海藻体细胞为单倍或二倍染色体，又分为单世代单倍体型生活史和单世代二倍体型生活史两种类型。

（1）单世代单倍体型（单元单相H_h）。藻体细胞是单倍体（n），有性生殖时，体细胞直接转化成生殖细胞，仅在合子期为二倍体（2n），合子萌发前经减数分裂，萌发产生新的单倍体藻体（n），生活史中只有核相交替而无世代交替，如衣藻

（*chlamydomonas* sp.）的生活史。

（2）单世代二倍体型（单元双相H_d）　藻体细胞是二倍体（2n），有性生殖时，体细胞经减数分裂后产生生殖细胞（n），合子不再进行减数分裂，直接发育成新的二倍体藻体（2n），生活史中只有核相交替而无世代交替，如马尾藻的生活史。

2.二世代（双元）型生活史

在生活史中不仅有核相交替，还有两种类型藻体世代交替出现现象的类型。根据两种藻体的形态、大小以及能否独立生活，又分为以下两种类型。

（1）等世代型（双元同形D_{h+d}^i）　生活史中出现孢子体（2n）和配子体（n）两种独立生活的藻体，它们的形态相同，大小相近，二者交替出现的生活史类型，又称同形世代交替，如石莼（*Ulva lactuca*）的生活史。

（2）不等世代型（双元异形D_{h+d}^h）　生活史中出现孢子体（2n）和配子体（n）两种独立生活的藻体，它们在外形和大小上有明显差别，二者交替出现的生活史类型，又称异形世代交替。根据大小的不同，分为配子体大于孢子体型和孢子体大于配子体型，属于前者的如紫菜（*Porphyra* sp.），属于后者的如海带（*Laminaria japonica*）的生活史。

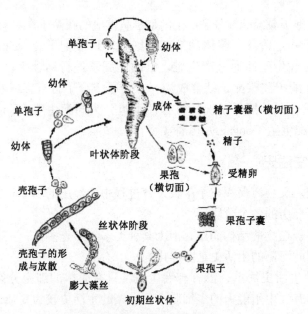

图7-1　条斑紫菜生活史（仿赵素芬，2012）

3.三世代（三元）型生活史

在生活史中不仅有核相交替，还有3种类型藻体世代交替出现现象的类型，见于某些红藻。在这种类型的生活史中有孢子体（2n）、配子体（n）和果孢子体（2n）3个藻体世代，其中的果孢子体又叫囊果，不能独立生活，寄生于雌配子体上，如江蓠（*Gracilaria* sp.）的生活史。

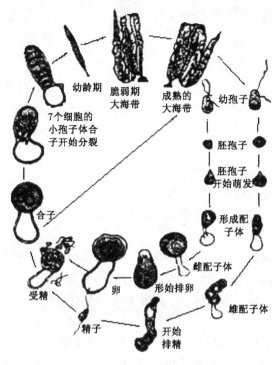

图7-2　海带生活史（仿赵素芬，2012）

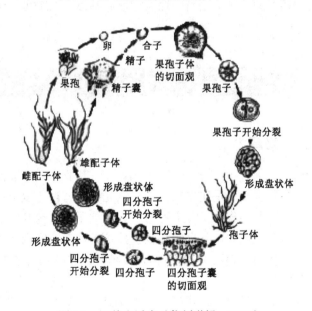

图7-3　江蓠生活史（仿刘世禄，2000）

五、海藻的生活方式

海藻的生活方式多样，一般可分为浮游生活型、附生生活型、漂流生活型、固着生活型及共生或寄生型5种。其中固着生活型和漂流生活型一般为多细胞大型海藻的生活方式。

六、大型海藻的生长区域

海藻可以生存的区域可划分为潮带、浅海区和滨海区。

1.潮带

包括潮上带和潮间带。潮上带即大潮期间潮水涨至最高的位置以上，即最高潮线（大满潮线）以上，海水淹不到，浪花可溅及的地带。潮间带即位于大潮期间潮水涨至最高的水面（大满潮线）和退至最低线（大干潮线）之间的地区，一般为几十米至几百米，可细分为以下3个潮带。

（1）高潮带：即小满潮线与大满潮线之间的地带。

（2）中潮带：即小干潮线与小满潮线之间的地带。

（3）低潮带：即大干潮线与小干潮线之间的地带。

2.浅海区

在潮间带以下，海水退不出来，永不露空的地带称潮下带，水深200 m以内的潮下带海区，一般称为大陆棚。是游泳鱼类及浮游动植物繁茂的区域，也是主要的渔场所在地。在这一区域底栖动物也很多，绿藻、红藻和褐藻都有生长。

3.深海区

在大陆棚以下，即200~4 000 m水深的海区称为深海区。

生活在海洋中的藻类，其生长繁殖往往受到海水中许多生态因子的影响。其中与大型海藻生长繁殖密切相关的因子主要有光照、温度、盐度、酸碱度、无机盐、潮汐、波浪和生长基质。

第二节　海藻类苗种培育

一、海带的苗种繁育

海带（*Laminaria japonica*），分类上属于褐藻门，褐子纲，海带目，海带科，海带属。我国海带栽培业的稳步发展是建立在海带自然光低温育苗（夏苗培育法）和海带全人工筏式栽培技术的基础上实现的。海带育苗可分为孢子体育苗和配子体育苗。应用于栽培生产的海带苗种繁育方式主要有自然海区直接培育幼苗、室内人工条件下培育幼苗和配子体克隆育苗3种。目前我国的海带育苗仍以传统的夏苗培育法为主。

（一）自然海区育苗

自然海区育苗在海上海带养殖区进行。在中国北方的辽宁、山东地区，一般在9月下旬至10月底，当海水温度降到20℃以下时，利用海带孢子体在秋季自然成熟放散游孢子的习性，采集海底自然生长或单独培养的成熟种海带，在自然海区用劈竹等育苗器进行海带游孢子采集，然后将育苗器悬挂于事先设置好的浮筏上进行培育，使其形成配子体并获得海带幼孢子体。最后将幼苗分夹到粗的苗绳上进行养成。

自然海区育苗得到的海带苗为秋苗，秋苗培育的优点是，凡是能开展海带栽培的海区，只要有成熟的种菜，就能进行培育，不需要特殊的设备。但是秋苗培育是在海上进行，培育时间长达3个月，敌害多，加之正值严寒的隆冬季节，易导致生产不稳定、产量低。

（二）工厂化低温育苗

工厂化低温育苗利用育苗车间，调整自然光，在低温、流水的条件下进行培育海带苗，通常在初夏进行，所得的苗种通常称夏苗。工厂化低温育苗与自然海区育苗相比，具有育苗产量高、培育劳动强度低、种海带用量少、敌害易控制、可在南方进行生产等优点，但存在培育时间长，成本高，难以实现稳定和高度一致的良种化养殖等缺点。

1.工厂化低温育苗的基本设备

工厂化低温育苗的主要设备包括制冷系统、供排水系统、育苗室、育苗池及育苗器等。

制冷系统是海带工厂化低温育苗的必备设备，也是其与其他水产生物苗种生产相比特有的设备。当前生产上一般采用氨冷冻机给育苗海水降温。

供排水系统用于海水的抽取、沉淀、过滤、输送、回收、排放。系统中的设施设备主要包括沉淀池、过滤器（塔）、制冷槽、储水池、回水池、水泵和供排水管道，具体可参考第四章。

育苗室也称育苗车间或育苗库，由毛玻璃屋面和水泥屋架组成，为调节光照和保持室内温度，屋顶外面盖有苇帘，屋内有布帘。我国南北方各地育苗车间的结构不尽相同，但基本上分为两种类型。一种是阶梯式，即每排育苗池有40~70 cm的高差，相应的房顶也有高差，这种设计水流畅通、流速较大；另一种是平面式，没有高差。

海带育苗车间的育苗池一般为长方形，池深一般为30~40 cm。在进水端的池壁上有2~3个进水孔，进水孔应高于育苗池水面10~15 cm，利用自然落差形成水流。另一端有一个排水孔，排水孔紧贴池子上缘，育苗池从进水孔的一端到排水孔一端不是水平的，而是稍有坡度的，育苗期间，池子放绳架，育苗帘放在绳架上。排水孔一端的池底有一个排污孔，洗刷池子时污水由此孔排出。进水沟的水面是整个育苗间最高的，从储水池来的海水，经二次过滤后进入进水管，再分别流入各育苗池。排水管的水位最低，从育苗池流出的海水进入排水管，流回水池。进水管和排水管一般都建成暗管式。育苗池的排列方式有串联式和并联式两种。串联式特点是育苗池的排列为阶梯式，进水管和排水管分置育苗间的两边，利用每排池子间的自然落差形成水流；并联式特点是进水管位于育苗间的中央，育苗池对称分列于进水管的两侧，而两条排水管分布于两侧，海水从进水管同时流入两侧的育苗池，经排水管而回流到回水池。实践证明，串联式因为存在落差，海水从进水管集中向一侧的育苗池流，流量大，对幼苗生长较为有利。

育苗器是用以附着孢子和生长海带幼苗的基质。目前生产中一般采用直径为0.5~0.6 cm的红棕绳编制成一定规格的育苗帘做育苗器。育苗器因为长期浸泡在育苗池内，所以事先需要经过处理和制作。育苗器的制作工序如下：

纺绳、捶绳（把红棕绳捶软并洗去杂物）；

浸泡（用淡水浸泡1个月，7~10 d换一次水，去红棕绳里的棕榈酸、单宁等杂质）；

煮绳（淡水煮12 h进一步除去杂质）；

伸绳（晒干伸直备编帘）；

编成育苗帘（各地规格不一，有1 m×0.5 m和1.2 m×0.4 m不同规格）；

燎毛（细棕毛上附着孢子长成幼苗容易掉落，预先烧掉）；

洗净晒干备用。

2.种海带的培养

采用自然海区度夏或室内培育的方法培育种海带。当初夏水温达25℃左右时，从海上选出藻体层厚、叶片宽大、色浓褐、附着物少、没有病烂及尚未产生孢子囊群的个体，移入室内继续培育。室内培育条件：水温13~18℃，光照1 000~1 500 lx，培育海水经过净化处理，采用流水式培育，施肥分别为氮400 mg/m^3、磷52.0 mg/m^3，一般培养14 d左右，叶片上就能大量形成孢子囊群，即可用来采苗。种海带的选用量根据育苗任务及种海带的成熟情况而定，一般一个育苗帘准备一棵种海带即可。

3.采苗

（1）采苗时间。何时采苗主要从两个方面考虑：一是能采到大量健康的孢子；二是要在海区水温回升到23℃之前采完苗。在北方一般在7月下旬至8月初进行采苗。

（2）种海带的处理。在采苗前还要对种海带进行一次处理，将种海带上附着的浮泥、杂藻清除掉，然后剪掉边缘、梢部、没有孢子囊群的叶片部分以及分生的假根，重新单夹于棕绳上（株距约10 cm）。夹好的种海带要放到水深流大的海区，以促使其伤口愈合和孢子囊的成熟，待孢子囊行将成熟时，在傍晚或清晨气温较低时，运输到育苗场，用低温海水对种海带进行清洗、冲刷处理，以免影响孢子的放散与附着。为获得大量集中放散的孢子，可将种海带进行阴干处理2~3 h，刺激时气温保持在15℃左右，最高不超过20℃。海带成熟度好时，当种海带运到育苗室进行洗刷时就可能有大量放散孢子，洗刷后可直接采孢子。

（3）孢子水的制作。种海带经过阴干处理后移入放散池，即可进行孢子放散。阴干处理的种海带，由于叶面上的孢子囊失去了部分水分，突然入水后，便吸水膨胀，孢子囊壁破裂，游孢子便大量放散出来，在160倍显微镜下观察，每视野达到10~15个游动孢子时，即可停止放散，将种海带从池内移出，并用纱布捞网将种海带放散孢子时排出的黏液及时捞出，以防黏液黏附在育苗器上，妨碍孢子的附着与萌发并败坏水质，同时用纱布捞网清除其他杂质，制成孢子水。

（4）孢子的附着。孢子水搅匀后，将处理好的棕绳苗帘铺在池水中，根据水深及放散密度一般铺设6~8层苗帘，苗帘要全部没入孢子水中。铺设苗帘时，可在上、中、下3个不同水层的苗帘间放置玻片，以便检查附着密度，经过2 h的附着，镜下160倍附着密度达10个左右即可停止附着，将附着好的苗帘移到放散池旁边的已注入低温海水的育苗池中，将原放散池洗刷干净，打绳架并注入新水，以备附着好的苗帘移入。

4.培育管理

（1）水温的控制。海带苗培育适宜的温度为5~10℃。在育苗过程中要严格控制温度，并根据幼苗生长阶段调整温度。初期（配子体时期）水温控制在8~10℃；中期（小孢子体时期）7~8℃；后期（幼苗时期）8~10℃；在接近出库前水温可提高到12℃左右。

（2）光照的调节。每天保证10 h以上的光照时间，光强在1 000~4 000 lx为适宜范围。根据各时期幼苗大小给予不同的光照强度。前期（配子体时期）1 000~1 500 lx；中期（小孢子体时期）1 500~2 500 lx；后期（幼苗时期）2 500~4 000 lx；在出库前可适当提高光强，以适应下海后自然光强，光照时间以10 h为适宜。

（3）营养盐的供给。海带苗培育过程中要不断地补充营养盐，特别是氮、磷的含量，以满足海带幼苗的生长需要。生产上一般采用硝酸钠做氮肥，磷酸二氢钾做磷肥，柠檬酸铁做铁肥。在幼苗培育初期（配子体时期），施肥量分别为NO_3-N 2 g/m^3，PO_4-P 0.2 g/m^3；培育中后期施肥量NO_3-N 4 g/m^{3}左右，PO_4-P 0.3~0.4 g/m^{3}左右；孢子体形成后至0.3~0.5 mm大小时，一般还要施加$FeC_6H_5O_7 \cdot 5H_2O$-Fe 0.02 g/m^3。

（4）水流的调节。在育苗初期配子体阶段，较小的水流即可满足其发育需要；发育到小孢子体之后，随着个体的增大，呼吸作用不断加强，必须给予较大的水流。

（5）育苗器的洗刷。在幼苗培育过程中，苗帘和育苗池要定期进行洗刷，清除浮泥和杂藻。苗帘洗刷一般在采苗后第7 d开始。随着育苗场育苗能力的加大，双层苗帘的出现，苗帘开始洗刷的时间也提前，在采苗后第3 d即开始洗刷，洗刷的力度及次数据不同时期具体情况而定。育苗初期，洗刷力度轻、次数少，育苗中后期，洗刷力度大、次数多。苗帘的洗刷有两种方法：一是通过水泵吸水喷洗苗帘；二是两人用手持钩，钩住育苗帘两端，在玻璃钢水槽内或特制的木槽内上下击水，利用苗帘与水的冲击起到洗刷作用。现在大库生产一般使用水泵吸水喷洗方法。

（6）水质的监测。在整个育苗过程中，要检查各因子的具体情况，测定培育用水中各因子含量看是否适合海带幼苗生长，并适时调整到最适宜状态。

（三）无性繁殖系育苗（配子体克隆育苗）

配子体克隆育苗简单地说就是将保存的雌、雄配子体克隆分别进行扩增培养，将在适宜条件下培养的雌、雄配子体克隆按一定比例混合，经机械打碎后均匀喷洒于育苗器上，低温培育至幼苗。配子体克隆育苗生产技术体系包括克隆的扩增培养、采苗以及幼苗培育。配子体育苗较传统的孢子体育苗具有可快速育种、能够长期保持品种的优良性状，工艺简单，育苗稳定性高，劳动强度低，可根据生产需要随时采苗、育苗等优点，但要求生产单位必须具有克隆保种、大规模培养和苗种繁育的整套生产技术体系，而目前配子体克隆保种和育苗技术，多数苗种生产单位尚未掌握，这在一定程度上影响了该技术的推广应用。

1.克隆的扩增培养

将种质库低温保存的克隆簇状体经高速组织捣碎机切割成200~400 μm的细胞段，接种于有效培养水体为16 L的白色塑料瓶。初始接种密度按克隆鲜重1~1.5 g/L为宜。24 h连续充气，使配子体克隆呈悬浮状态，充分接受光照利于克隆的快速生长。克隆经过约40 d的培养，由初始的200~400 μm的细胞段长成了簇状团，肉眼观是较大颗粒，此时对于克隆团的内部细胞，光照已严重不足影响其生长，需及时进行机械切割并分瓶扩种。如果培养的克隆肉眼观呈松散的絮状，显微镜下细胞细长、色素淡，生长状态很好，此时不需机械切割直接分瓶。

克隆培养温度一般控制在10~12℃，光照以日光灯为光源，24 h连续光照，接种初期光强一般采用1 500~2 000 lx，随着克隆密度的增大，光强可提高到2 000~3 000 lx，扩增培养结束前十几天可适当降低光强。营养盐以添加$NaNO_3$-N 10 g/m^3，KH_2PO_4-P 1 g/m^{3}为宜。当克隆鲜重量达到每瓶400 g以上，可加大培养液中KH_2PO_4-P含量至2 g/m^3。每周更换一次培养液。更换培养液前停止充气，使克隆自然沉降于培养容器底部，沉降彻底直接倒出上清液，沉降不彻底或克隆量较多，可用300目筛绢收集倒出的克隆。

2.采苗

克隆采苗一般在8月中旬进行。

将扩增培养的克隆簇状体按雌、雄鲜重比2∶1进行混合，连同少量培养液置于高速组织捣碎机进行第一次切割，切割时间一般10~15 s，将克隆由簇状团切割成500~600 μm的细胞段。

将一次分离的配子体克隆进行短光照培养，目的是使雌、雄配子体细胞由生长状态转向发育状态，这样附苗后很快可发育成孢子体。短光照培养光期L∶D为10∶14，光照强度为1 500 lx左右，温度10~12℃，营养盐 $NaNO_3$-N 10 g/m^3，KH_2PO_4-P 1 g/m^3。短光照培养一般在采苗前的7~16 d进行。

经过7~16 d的短光照培养，配子体细胞仍有所生长，细胞段太长不利于附着或附着不匀，故采苗前要进行第二次机械切割，并经400目筛绢搓洗过滤，未滤出的细胞段继续机械切割过滤，反复进行。滤出的细胞段基本为1~5个细胞。滤出的细胞液经低温（5~6℃）海水稀释至一定浓度，用喷雾器均匀喷洒在已平铺了一层棕绳苗帘并且加满低温海水的培育池水面上，细胞段靠重力自然沉落于苗帘上。每个棕绳苗帘按雌克隆鲜重3 g进行均匀喷洒。

3.幼苗培育

（1）水温的控制：采苗时5~6℃，静水期间不超过15℃，流水期间水温7~10℃。

（2）光照的调节：配子体至8列细胞时，高光3 000 lx，平均光1 700~1 800 lx；8列细胞至0.3 mm时，高光3 300 lx，平均光1 800~1 900 lx；0.3~3 mm时，高光3 600 lx，平均光1 900~2 000 lx；3~5 mm时，高光4 000 lx，平均光2 100~2 200 lx；5~10 mm时，高光4 500 lx，平均光2 200~2 400 lx；10 mm以上，高光5 000 lx以上。

（3）营养盐的供给：幼苗大小在0.5 mm前，$NaNO_3$-N 3 g/m^3，KH_2PO_4-P 0.3 g/m^3，$FeC_6H_5O_7 \cdot 5H_2O$-Fe 0.02 g/m^3；幼苗大小在0.5 mm后，$NaNO_3$-N 4 g/m^3，KH_2PO_4-P 0.4 g/m^3。

（4）水流的调节：为避免配子体细胞段受外力作用影响其附着率，采苗第一天静水培养，24 h后微流水，72 h后正常流水。

（5）苗帘的洗刷：孢子体大小普遍在8列细胞时开始洗刷，洗刷力度前期弱，以后逐渐增强。如果附苗密度偏大，孢子体大小在2~4列细胞时就开始正常洗刷，将冲刷下来的孢子体和配子体进行收集，重新附在空白苗帘上，进行双层帘培育，这样既增加了培育的苗帘数量，使配子体采苗双层帘的使用成为可能，也不致造成克隆浪费。

（6）清池：采苗20 d后开始清池，培育前期每15 d清池一次，培育后期每7~10 d清池一次，根据水质和幼苗生长情况而定。

在整个育苗过程中要对海水密度、营养盐、酸碱度、溶解氧进行检测分析，对氨的含量更要做细致检查，保证育苗水质适合幼苗的生长。

（四）海带苗的出库、运输和暂养

目前夏苗仍是海带栽培的主要苗源。室内培育的海带幼苗，在培育过程中随着藻体的长大，室内环境不能满足其生活需要时，就要及时将幼苗移到自然海区继续培育，以改善幼苗的生活条件。将幼苗从室内移到海上培育的过程，生产上一般称为出库；幼苗在海上长到分苗标准的过程，称为幼苗暂养。

1.幼苗出库

自然光低温培育的夏苗，在北方一般经过80~100 d，在南方经过120 d左右，到自然海水温度下降到19℃左右时，即可出库暂养。在北方约在10月中、下旬，在南方约在11月中、下旬。

要保证幼苗下海后不发生或少发生病烂，一定要考虑下述两点：一是必须待自然水温下降到19℃以下，并要稳定不再回升；二是要在大潮汛期或大风浪天气过后出库，在大潮汛期，水流较好，风后水较混，透明度较低，自然肥的含量也较高，这样就可以避免或减轻病害的发生。

在水温适宜的情况下，要尽量早出库。早出库的苗长得快。出库时，一定要达到肉眼可见的大小，否则幼苗下海后由于浮泥的附着、杂藻的繁生，而使幼苗长不起来，或长得太慢，影响生产。此外，苗太小，生活力弱，下海后由于环境条件的突然变化而适应不了，就易发生病烂。

2.海带苗的运输

海带苗的短途运输（运输时间不超过12 h），困难不大。长距离运输需要采取措施降低藻体新陈代谢，尽量减少藻体对氧气和储藏物质的消耗，避免升温，抑制住微生物的繁殖等，才能安全运输。幼苗的运输有湿运法和浸水法。湿运法适于短距离运输，比较简单、省事，一般用汽车夜间运输，在装运时，先用经过海水浸泡过的海带草将汽车四周缝隙塞紧，并将车底铺匀，然后一层海带草一层育苗器相互间隔放，以篷布封车，并浇足海水。装车时，不要把两个育苗器重叠在一起，每车最多装15层，一车可装500×10^4株苗。装的层数太多了易发热。浸水运输法是将幼苗置于盛有海水的运输箱内，在箱内用冰袋降温，使海水温度保持在5℃左右。

3.幼苗的暂养

从夏苗出库下海培养到分苗为止，这段时间为夏苗暂养时间。这段时间幼苗暂养的好坏不仅影响到幼苗的健康和出苗率的多少，而且也直接影响到分苗进度。

幼苗暂养要选择风浪小，水流通畅，浮泥、杂藻少，水质比较肥沃的安全海区。幼苗下海以后，随着幼苗个体的长大，很快出现密集相互遮光，影响到幼苗生长，因此，下海后要尽快拆帘。并根据幼苗生长及时调整水层。初下海和初拆帘时，水层略放深点为宜，这是因为幼苗在室内受光较弱，需要一段适应时期。幼苗在密集生长时互相遮阴，拆帘疏散后也需要一段适应时期。随着幼苗逐渐适应了环境，开始生长，对光要求也逐渐增加，这时水温和光照强度又逐渐下降，所以应逐渐提升水层，促进小苗生长，至分苗前可使小苗处于较浅的水层，如20~30 cm。海带幼苗要求较高的氮肥浓度，宜采用挂袋法施肥，使海水中保持一定的氮量。幼苗下海后，要及时洗刷，清除浮泥和杂藻，促使幼苗生长。一般幼苗管理中要抓好前10 d的洗刷工作，幼苗越小越要勤洗。当幼苗长到2~3 cm时，可适当减少洗刷，当幼苗长到5 cm以上时，可酌情停止洗刷。同时及时清除敌害。

二、紫菜育苗

紫菜（*Porphyra* spp.），分类上属于红藻门，红毛菜目，红毛菜科，紫菜属。全世界紫菜属有70余种，我国自然生长的紫菜属种类有10余种，广泛养殖的经济种类主要有北方地区的条斑紫菜（*P. yesoensis*）和南方地区的坛紫菜（*P. haitanensis*）。紫菜的苗种培育主要是进行丝状体的培育，可以利用果孢子钻入贝壳后在大水池进行贝壳丝状体的平面或者吊挂培养（图7-4）。还可以将果孢子置于人工配制的培养液中，以游离的状态进行丝状体（自由丝状体）培养。

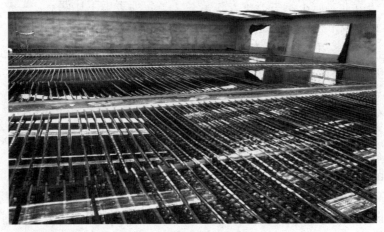

图7-4 坛紫菜育苗车间和育苗池

（一）采果孢子

1. 培养基质

各种贝壳都可以作为丝状体的生长基质，我国主要用文蛤壳作为紫菜育苗基质，日本、韩国多用小牡蛎壳进行丝状体培育。贝壳应用1%~2%漂白液浸泡。

2. 采果孢子的时间

紫菜生长发育最盛时期就是采果孢子的最好时期。但在生产上，为了缩短室内育苗的时间，节省人力物力，采果孢子的时间应适当地推迟。条斑紫菜采果孢子以及丝状体接种的时间，一般在4月中旬至5月中旬；浙江、福建坛紫菜采果孢子的适宜期为2~3月，一般不迟于4月上旬。

3. 种菜的选择和处理

最好使用人工选育的紫菜良种进行自由丝状体移植育苗，培育贝壳丝状体。如果种藻使用野生菜，需选择物种特征明显、个体较大、色泽鲜艳、成熟好、孢子囊多的健壮菜体作为种藻。

采果孢子所用种菜的数量很少，一般1 m² 的培养面积用1 g左右成熟的阴干种菜，即可满足需要。种菜选好后，应用沉淀海水洗净，单株排放或散放在竹帘上阴干，通常阴干一夜失水30%~50%即可。

4. 果孢子放散和果孢子水浓度的计算

将阴干的种紫菜放到盛沉淀海水的水缸内（每1 kg种菜加水100 kg）进行放散。在放散的过程中应不断搅拌海水，要经常吸取水样检查。当果孢子放散量达到预定要求时，即将种菜捞出，用4~6层纱布或80目筛绢将孢子水进行过滤并计算出每毫升内的果孢子数，以及每池所需孢子水毫升数。放散过后的种菜还可以继续阴干重复使用。通常第二次放散的果孢子质量比第一次放散的好，萌发率高，而且健壮。

果孢子放散完成后，计数果孢子水的浓度与果孢子总数。根据贝壳数量与每个贝壳上应投放的密度（个/cm^2），计算出每个培养池所需的果孢子水的用量。将果孢子水稀释，用喷壶均匀洒在已排好的贝壳上。条斑紫菜和坛紫菜果孢子的适宜投入密度为200~300个/cm^2。

5. 采果孢子的方法

目前采果孢子的方法，结合培育丝状体的方式大体分为平面采果孢子和立体采果孢子两种。平面采果孢子就是将备好的贝壳，凹面向上呈鱼鳞状形式排列在育苗池内，注入清洁海水15~20 cm，计算果孢子所需的孢子水数量，量出配制好的果孢子液，并适当加水稀释，装入喷壶，均匀喷洒在采苗池中，使其自然沉降附着在贝壳上即可。

立体吊挂式采果孢子方法要求池深65~70 cm，采果孢子前先将洗净的贝壳在壳顶打眼，将贝壳的凹面向上用尼龙线成对绑串后，吊挂在竹竿上（图7-5）。吊挂的深度应保持水面至第一对贝壳有6 cm的距离。将采苗用水灌注采苗池至满池，按每池所需的果孢子量，量取果孢子液装入喷壶，并适当稀释，均匀喷入池内，随即进行搅动，使果孢子均匀分布在水体中，让果孢子自然沉降附着在贝壳面上。

图7-5　坛紫菜果孢子采苗

（二）丝状体的培养管理

1. 换水和洗刷

这是丝状体培育期的主要工作。换水对丝状体的生长发育有明显的促进作用，采果孢子2周后开始第一次换水，以后15~20 d换一次水；保持海水的适宜盐度为19~33。

洗刷贝壳一般与换水同时进行，洗刷时要用软毛刷子或用泡沫塑料洗刷，以免损伤壳面破坏藻丝。尤其丝状体贝壳培养到后期，壳面极易磨损，所以更应该注意轻洗。坛紫菜的丝状体在培养后期，壳面常常长出绒毛状的膨大藻丝，这时如无特殊情况，就不再洗刷。洗刷时，要注意轻拿轻放，避免损坏贝壳，并防止贝壳长期干露。

2. 调节光照

丝状体在不同时期，对光照强度和光照时间都有不同的要求，总体上随丝状体生长光强减弱。在丝状体生长时期（果孢子萌发到形成大量不定形细胞并开始出现个别膨大细胞），日最高光强应控制在1 500~2 500 lx。挂养丝状体，需要每15~20 d倒置一次以调节上下层光照，使其均匀生长。倒置工作应结合贝壳的洗刷换水时进行。在膨大藻丝形成时期，生产中条斑紫菜的光照强度可从1 500 lx的日最高光强逐渐降低到750 lx左右，坛紫菜丝状体的光照强度可从1 000~1 500 lx的日最高光强逐渐降低到800~1 000 lx。光照时间以10~12 h为宜。在壳孢子形成时期，应将日最高光强进一步减弱到500~800 lx，每天的光照时间缩短到8~10 h，以促进壳孢子的形成。

3.控制水温

目前国内外不论是水池吊挂或是平面培养丝状体，都是利用室内自然水温。但条斑紫菜丝状体不宜超过28℃；坛紫菜丝状体一般控制在29℃以下为宜。当壳孢子大量形成时，如果这时水温下降较快，应及时关窗保温，避免壳孢子提前放散。

4.搅拌池水

在室内静止培养丝状体的条件下，搅动池水可以增加海水中营养盐以及气体的交换，在夏季又可以起到调节池内上下水层水温的作用，有利于丝状体的生长发育。因此每天应搅水数次，促进丝状体对水中营养盐的充分吸收，改善代谢条件。

5.施肥

在丝状体的培养过程中，应当根据各海区营养盐含量的多少以及丝状体在各个生长发育时期对肥料的需要量，进行合理施肥。丝状体在培养过程中以施氮肥和磷肥为主。前期其用量氮肥20 mg/L，磷肥4 mg/L。后期可不施氮肥，但增施磷肥至15~20 mg/L，以促进壳孢子的大量形成。肥料以硝酸钾、磷酸二氢钾的效果最好。

6.日常管理工作

丝状体培养的好坏，关键在于日常管理。管理人员应及时掌握丝状体的生长情况，采用合理措施，才能培育出好的丝状体。在日常管理工作中主要有海水的处理、环境条件的测定和丝状体生长情况的观察等三项内容。

（1）海水处理：要求海水盐度高于19，且一般经过3 d以上的黑暗沉淀。

（2）环境条件的测定：每天早晨6:00—7:00、下午14:00—15:00定时测量育苗池内的水温和育苗室内的气温，调节育苗室的光照强度。

（3）丝状体的检查：丝状体检查可分为肉眼观察和显微镜观察两种。前期主要是用肉眼观察丝状体的萌发率、藻落生长及色泽变化等，例如丝状体发生黄斑病，壳面上便出现黄色小斑点；有泥红病的壳面出现砖红色的斑块；缺肥表现为灰绿色；光照过强的呈现粉红色并在池壁和贝壳上生有很多绿藻和蓝藻；条斑紫菜的丝状体，当壳面的颜色由深紫色变为近鸽子灰色，藻丝丛间肉眼可见到棕红色的膨大丝群落时，说明已有大部分藻丝向成熟转化。坛紫菜的丝状体，培养到秋后，生长发育好的壳面呈棕灰色或棕褐色。由于膨大藻丝大量长出壳外，在阳光下看，可以看到一层棕褐色的"绒毛"。如果用手指揩擦去"绒毛"，可以看到许多赤褐色的斑点，分布在贝壳的表层。

后期加强镜检、观察藻丝生长发育的变化情况。首先要把检查的丝状体贝壳用胡桃钳剪成小块，放入小烧杯中，倒入柏兰尼液（由10%的硝酸4份、95%的酒精3份、0.5%的醋酸3份配制而成）过数分钟用镊子将藻丝层剥下，放在载玻片上，盖上载玻片，挤压使藻丝均匀地散开，然后在显微镜下观察。观察的主要内容是，丝状藻丝不定形细胞的形态及发育情况，并记录膨大藻丝出现的时间和数量，"双分"（开始形成壳孢子）出现的时间和数量。

生产上为了在采苗时壳孢子能集中而大量放散，需要促进或抑制壳孢子在需要时集中大量放散。一般采用加磷肥、减弱光照和缩短光时及保持适当高的温度的方法可促进丝状体成熟；采用降温、换水处理、流水刺激等措施可以促进壳孢子集中大量放散；黑暗处理而不干燥脱水处理及5℃冷藏可抑制壳孢子放散。

（三）自由丝状体的培养

果孢子在含有营养盐的海水溶液中，也可以萌发生长成为丝状体，它同贝壳的丝状体完全一样，形成壳孢子囊，放散大量的壳孢子，而且，这种丝状体还能切碎移植于贝壳中生长发育，用于秋后采壳孢子。由于这种丝状体是游离于在液体培养基中生活，所以称游离丝状体，也称为自由丝状体。利用自由丝状体进行大规模的采壳孢子生产，对开展紫菜育种研究及降低育苗成本具有非常重要的意义。

1.自由丝状体生长发育条件

紫菜自由丝状体的适宜培养温度为10~24℃；适宜的光照是以1 000~2 000 lx为好，光照时间每天为14 h；pH值为7.5~8.5时，适宜于果孢子萌发和早期丝状体的生长。pH值为8.0时，果孢子的萌发率最高。在采孢子时，海水中不施加营养盐，采孢子效果较好。而在培养阶段，则需要添加营养盐，尤其是施加氮肥。

2.紫菜自由丝状体的制备、增殖培养

（1）成熟种藻的选择：具有典型的分类学特征，藻体完整，边缘整齐，无畸形，无病斑，无难以去除的附着物；颜色正常，藻体表面有光泽；个体较大，叶片厚度适宜（条斑紫菜应选用略薄的藻体）；生殖细胞形成区面积不超过藻体的1/3。种藻经阴干，储存于冰箱备用。

（2）种质丝状体的制备：用于培养丝状体的种藻，在藻体上切取色泽好、镜检无特异附着物的成熟组织片。然后对切块表面进行仔细的洗刷、干燥、冷冻、消毒海水漂洗，在隔离的环境中培养，培养条件为煮沸海水加氮、磷的简单培养液，15~18℃，1 000~2 000 lx，12L:12D。组织片经20~30 d培养，便可获得合适的球形丝状体。

（3）自由丝状体的贝壳移植：培养好的自由丝状体经充分切碎，移植在贝壳上能再生长繁殖成贝壳中的丝状体，这种丝状体在秋季同样发育成熟，放散壳孢子，并且由于丝状体在壳层生长较浅，成熟较一致，所以壳孢子放散更集中，有利于采苗。

移植方法：将自由丝状体用切碎机切成300 μm左右的藻段，装入喷壶，并加入新鲜清洁海水，搅匀后喷洒在贝壳上。附着的自由丝状体藻段可以钻进贝壳生长。移植后一周，控制弱光培育，以后恢复正常光照，在半个月左右就可以见到壳面生长的丝状体。以后与前述的贝壳丝状体进行同样的生产管理即可。

（4）丝状体的采苗：自由丝状体可以用来直接采苗。当秋季形成大量膨胀大细胞后，一般情况下却很少产生"双分"现象。通常每天晚上6:00至翌日清晨6:00，连续流水刺激4 d，在第5 d可形成壳孢子放散高峰，以后继续形成两次高峰。壳孢子放散后，即可附着在网帘上，长成紫菜。

（四）紫菜的人工采苗

根据紫菜有秋季壳孢子放散和附着规律，利用秋季自然降温，促使人工培育的成熟丝状体，在预定时间内大量地集中放散壳孢子，并通过人工的控制，按照一定的采苗密度，均匀地附着在人工基质上，实现紫菜的人工采苗。

1.紫菜壳孢子附着的适宜条件

（1）海水的运动：紫菜壳孢子的密度比海水略重，在静止的情况下便沉淀池底。在室内人工采苗时必须增设动力条件，使壳孢子从丝状体上放散出来得以散布均匀，增加与采苗基质接触的机会。水的运动大小直接影响采苗的好坏和附苗的均匀程度，水流越通畅，采苗效果越好。

（2）海水温度：条斑紫菜采壳孢子的适宜温度是15~20℃；坛紫菜采壳孢子的适宜温度是25~27℃。在20℃以下都不利于采苗。

（3）光照强度：采壳饱子的效果与光照有很大关系。天气晴朗时采壳孢子效果比较好，采苗时间也集中，阴雨天采苗效果差。在室内进行采苗，光强度至少在3 000~5 000 lx。

（4）海水盐度：壳孢子附着与海水盐度有密切的关系，壳孢子的附着和萌发最合适的海水盐度为26~34。

（5）壳孢子附着力：条斑紫菜壳孢子在离开丝状体4~5 h以内，仍然保持附着的能力；在合适的水温条件下，坛紫菜壳孢子附着力壳可保持相当长的时间，在放散24 h内都有附着力。

（6）壳孢子的耐干性：壳饱子离开丝状体后，它的耐干性比较差。壳孢子附着基质的吸水性与壳孢子附着萌发有关。吸水性好的基质，附着率和萌发率都比较高。

2.紫菜壳孢子采苗前的准备工作

在紫菜全人工采苗栽培的过程中，壳孢子采苗网帘下海和出苗期的海上管理，是既互相衔接又互相交错的两个生产环节。其特点是季节性强，时间短，工作任务繁重，是关系到栽培生产成败的重要时期。因此抓紧、抓早、抓好采苗下海前的准备工作是搞好全年栽培的关键，应及时及早确定栽培生产计划、采苗基质及安装调试好室内流水式、搅拌式或气泡式人工采苗所使用的机械设备和装置。当前我国南北方紫菜的采苗基质，以维尼纶网制帘为主，也有利用棕绳帘作为基质。维尼纶或棕绳网帘中，含有漂白粉或其他有害物质，在使用前必须进行充分浸泡和洗涤。将网帘织好后放在淡水或海水中浸泡，并经搓洗和敲打数遍，每遍都结合换水，一直洗到水不变混、不起泡沫为止，然后晒干备用，使用前再用清水浸洗一遍。

3.壳孢子采苗

紫菜壳孢子采苗有室内采苗和室外海面泼孢子水采集两种方法。

（1）室内采苗。利用成熟的贝壳丝状体在适宜的环境条件下刺激（如降温或流水刺激），使壳孢子放散在采苗池中，进行全人工采苗，这样的采苗，人工控制程度大，附着比较均匀，采苗速度快，节约贝壳丝状体的用量，生产稳定，可以提高单位面积产量。

在条斑紫菜壳孢子采苗时，当水温降到22℃左右，人工培养的丝状体一般开始少量放散少量壳孢子，这时，每天应进行一次壳孢子日放散量的检查，检查的结果作为安排采苗任务和衡量丝状体培养效果好坏的主要依据。在检查中如果发现有50 000个以上的壳孢子日放散量时，就可以开始将少量网帘放到培养池内进行试采。生产上，放置大批网帘采苗应在出现100 000个以上的大量放散时进行。

在进行室内全人工采苗时，通常利用丝状体培养池作为壳孢子采苗池，由于培养池的光线强度较低，不适宜壳孢子采苗的要求。因此，必须对采苗池的光线进行调整，尽可能加大这些培养池的光照强度，一般要求光强在 3 000 lx 以上。

壳孢子采苗时，把经过充分洗涤的网帘均匀铺放在丝状体培养基（贝壳）上，铺放密度为 1 m² 平铺贝壳，一次可以铺放 30~40 m² 网帘，壳孢子放散数量达到高峰时可调整到 50 m² 左右。铺网帘一般在早晨 6:00 进行。

网帘铺好后要适时搅动池水，搅水的目的是将沉淀在贝壳表面的壳孢子搅起来，使壳孢子均匀接触并附着到网帘上，搅水是否充分对采苗效果影响很大。根据搅动的工具和方式不同，可以分为冲水式采苗法、气泡搅拌式采苗法、流水采苗法及回转式采苗法。

在采苗过程中，需要经常检查采苗池中壳孢子的数量和网帘上的附苗密度。当达到预定的附苗密度时，就完成了采苗。条斑紫菜用筛绢检查附苗（把筛绢夹在绳股里）平均达到 3~5 个/mm² 基本上可以满足生产要求。如果在壳孢子来源非常充足和海区浮泥杂藻较多的情况下，附着密度应在 5~10 个/mm² 为宜。坛紫菜采苗密度一般要求单丝网绳上每个低倍视野中附着的壳孢子平均在 20 个以上。当网帘附苗密度已达到预定的生产要求时，就可以停止搅动池水结束采苗。这时可将网帘从采苗池取出，略经整理后运往栽培海区吊挂。

此外，为了保持采苗用水的清洁，在采苗开始前对较脏的采苗池和贝壳，可进行一次冲洗和换水，采苗期间，采苗池不论网帘出池与否，每天在采苗结束时都需要换水。一般在网帘出池后，把池中的贝壳清理。

（2）海面泼孢子水采苗。海面泼孢子水采苗法就是使成熟的丝状体，经过下海刺激，使其集中大量放散孢子，然后将壳孢子均匀地泼洒在已经架设于浮筏上的附苗器上，以达到人工采苗的目的。

海面泼孢子水采苗所需的采苗设备简单，只要有船只和简单的泼水工具即可，操作也较方便，采苗环境与栽培条件比较一致，是一种易于推广的采苗方法。缺点是采苗时受到天气条件的限制，附苗密度不能人为控制，有时也出现附着不均匀现象，在流速大的海区，孢子流失严重。

网帘等附苗器在采苗前一天或当天下海较好，可避免过多的浮泥杂藻影响壳孢子的附着和萌发；附苗器集中比分散张挂要好，应尽量使附苗器漂浮在水面上。采苗海区一般选在小潮低潮线附近或潮下带。网帘下海采苗时要收缩成束，密集排列，固定在用竹竿围成的长 2.5 m、宽 1.8 m 的主架内，使其在涨潮时均匀浮在水面上。

采苗所使用的贝壳数量，在生产上每公顷常用 6 000~9 000 个丝状体贝壳，以保证采苗密度。采苗时，将贝壳丝状体置于船中的木桶，加入海水配置成孢子水的用量，一般以 4 500 kg/hm² 为宜，平均每张网帘约可泼 7.5 kg 孢子水。如果是重叠网帘，可按比例增加。泼洒时间最好选在大潮近平潮时，风力 3~4 级，将孢子水运到海区泼洒。在采苗 3~5 d 即可分散网帘移至各自的栽培伐架上张挂。

4.网帘下海张挂

紫菜全人工采苗的最后一个步骤，就是把出池网帘张挂到海上。张挂网帘时，要注意拉得紧一些，减少网帘下垂的弧度，并尽可能保持网帘的平整。密挂网帘时更应注意网帘分布均匀，尽量避免过分的相互重叠。因此，网帘必须规格化，浮阀的设置要和网帘的大小相互适应。

第三节　藻类栽培

一、紫菜栽培

（一）紫菜栽培方式

我国紫菜的栽培方式有菜坛栽培、支柱式栽培、半浮动筏式栽培和全浮动筏式栽培等。

1.菜坛栽培

由我国福建省沿海地区的人民创造发明。方法是在每年秋季自然界的紫菜壳孢子大量出现以前，先以机械清除或火把烧除等方法铲除潮间带岩礁表面上附生的各种海产动、植物，再向岩礁上洒石灰水2~3次以清除岩礁上的各种比较小的附着生物，为紫菜壳孢子的附着、萌发和生长准备好地盘。一般在最后一次泼洒石灰水后不久，在岩礁上就可以长出很多紫菜小苗。出苗后还需继续进行护苗和管理，当紫菜长到10~20 cm时就可进行采收。长满紫菜的岩礁称作紫菜坛。目前在我国南方的少数地区仍保存有菜坛栽培紫菜的方式。

2.支柱式栽培

这种栽培方式是一种潮间带主要的紫菜栽培方式（图7-6）。其方法是在适当的潮间带滩涂上安设成排的木桩或竹竿作为支桩，将长方形的网帘按水平方向张挂到支柱上，进行紫菜的生产。最初编网帘的材料主要是棕绳和细竹条，现在绝大部分采用维尼纶等化学纤维编织网帘。

图7-6　潮间带紫菜支柱式栽培

3.半浮动筏式栽培法

这是一种完全新型的栽培方式。它的筏架结构兼有支柱式和全浮动筏式的特点，即整个筏架在涨潮时可以像全浮动筏式那样经常漂浮在水面上，当潮水退落到筏架露出水面时，它又可以借助短支腿像支柱式那样平稳地架立在海滩上。半浮动筏式和支柱式栽培一样，也是设在潮间带的一定潮位，网帘也是按水平方向张挂（图7-7）。由于网帘在低潮时能够干露，因而硅藻等杂藻类不易生长，对紫菜的早期出苗特别有利，而且生长期较长，紫菜质量好。由于网帘经常漂浮水面故能够接受更多的光照，紫菜生长也比较快。因此，目前半浮动筏式栽培法已经得到了广泛的应用。

图7-7　紫菜半浮动筏栽培

4.全浮动筏式栽培

这种栽培方式适合不干露的浅海区栽培紫菜。它的筏架结构，除了缺少短支腿外，完全和半浮动筏架一样（图7-8）。生产实践表明，对于紫菜叶状体养成这是一种很好的栽培方式。尤其在冬季有短期封冻的北方海区，还可以将全浮动筏架沉降到水田以下来度过冰冻期。全浮动筏式栽培的主要缺点是网帘不能及时干露，不利于紫菜叶状体的健康生长和抑制杂藻的繁生。尤其在网帘下海后的20~30 d内，适当的干露对出苗是非常必要的。因此，如果网帘的干露问题没有得到解决，用全浮动筏式栽培进行紫菜育苗，常常得不到好的出苗效果。全浮动筏式栽培还存在着菜体容易老化、叶体上容易附生硅藻、产品质量较差、栽培期较短等问题，单产量也不如半浮动筏式栽培稳定等问题。

图7-8　紫菜全浮动筏式栽培

（二）栽培海区的选择

紫菜栽培效果的好坏，常与海区条件有密切的关系，因此海区的选择是一个十分重要的问题。

1.海湾

坛紫菜在东北或东向海湾栽培的坛紫菜生长快、产量高。条斑紫菜栽培一般选择比较温暖、不易结冰的南向海湾为宜。

2.底质与坡度

底质与坡度对紫菜的生长影响不大，但是与浮筏设置和管理的关系甚为密切。一般认为以泥沙底质或沙泥底质为宜。坡度的大小，直接影响半浮动筏式栽培面积的利用和浮筏的安全，而对全浮动筏式栽培影响不大。坡度小而平坦的海滩，干出的面积大，潮流的回旋冲击力小，浮筏较安全。

3.潮位

潮位的选择，只是对半浮动筏式栽培而言。紫菜是生长在潮间带的海藻，一般潮位高紫菜生长慢、产量低；潮位低紫菜生长快，但杂藻繁殖快，对紫菜育苗不利，同时对栽培期间的管理、收割也不便。因此，目前栽培区一般都选择在小潮干潮线附近的潮位上，大小潮平均干露 1.5~5 h，凡是在这个潮位范围内，均可选作半浮动筏式栽培区，而在退潮时不能干露的广大浅海区，则是全浮动筏式栽培的适宜海区。

4.风浪与潮汐

潮流对紫菜的生长是不可缺少的条件。潮流畅通，能促进水质新鲜，紫菜的新陈代谢作用加快，栽培期延长；潮流缓慢，浮泥杂藻多，病菌繁殖快，紫菜生长缓慢，且易发病。一般认为，紫菜栽培区海水流速应不小于 10 cm/s。对坛紫菜而言，风浪有利于其生长，因此坛紫菜栽培应该选在常有风浪的海区。

5.营养盐

对于人工栽培紫菜来说，含有氮、磷等营养盐丰富的天然海区是最理想的栽培海区。在每立方米海水中含氮量超越 100 mg 的海区，紫菜生长好；不足 500 mg 或在某一时期内不足 50 mg 时，都会影响其生长和发育，甚至发生绿变病。

此外，还需要重视工业污染问题，栽培区也不宜设在工业污染严重的海区、航道和大型码头附近，以免受船舶油污或船只撞击筏架而造成损失。

（三）紫菜的附苗器与筏架的选择

附苗器是紫菜附着生长的人工基质，通常指设置在浮动筏架上的帘子。常见的帘子有网帘和竹帘两种。北方一般都使用网帘，南方除使用网帘外在福建沿海个别地区仍沿用竹帘。

浮动筏是用来固定附苗器的一种框架结构。在潮间带栽培用的浮筏称半浮动筏，在潮下带栽培用的浮动筏称全浮动筏。半浮动筏由浮绠、橛（锚）缆、浮竹、短支腿和固定基组成。全浮动筏，除了没有短支腿以外和半浮动筏的结构完全一样。

浮动筏的设置应以利于紫菜生长、利于生产管理、能合理地利用栽培海区、保证筏架的安全为原则，浮动筏的走向应根据海区的主要风浪方向而定。一般与主要风浪方向平行，或呈一个比较小的角度。如果横着风浪方向设置，浮动筏很容易被风浪打翻，设置半浮动筏式更需要注意。在一些海区，海水流速很快，浮动筏就应顺着海水流动的方向设置。

在大面积紫菜栽培生产时，为了使潮流通畅，必须对紫菜筏架进行合理的设置和排列。在当前栽培生产中，为了便于生产管理和操作，北方地区筏距一般定为4~5 m，帘距0.5 m，每排浮动筏之间的距离为20 m左右。南方海区的筏距较北方宽些，一般为6~8 m。

（四）出苗期的栽培

从紫菜采苗下海到网帘上全部为1~3 cm长的紫菜所覆盖称为全苗。由采苗到全苗这一时期称为紫菜的出苗期。为保证紫菜栽培的产量，出苗期管理工作尤为重要。

出苗期的栽培方式中，目前以半浮动筏式栽培紫菜出苗效果最好、最稳定。而在管理工作中，清洗浮泥和杂藻是苗网管理阶段的主要工作内容，洗刷浮泥应在采苗下海后立即进行，一般每1~2 d洗刷一次，直到网帘上肉眼明显地见到苗为止。洗刷的方法是将网帘提到水面后用手摆洗，也可用小型水泵冲洗。洗刷时应细心操作，避免幼苗大量脱落。

在出苗期间，网帘上很快就会繁生各种杂藻，杂藻的多少及其种类与海区自然条件、网帘张挂的潮位和下海的日期有密切的关系。紫菜的耐干性较其他藻类强得多，因此可以利用这个特性来暴晒网帘，达到抑制杂藻的目的。晒网是出苗阶段清除网帘上杂藻十分有效的措施。晒网应在晴天进行，将网帘解下，移到沙滩或平地上暴晒，也可以挂起来晾晒。掌握晒网的基本原则是要把网帘晒到完全干燥，可根据手感判断，但还需根据紫菜苗的大小情况进行不同的对待。近年来，晒网常与进库冷藏处理结合在一起，及晒网后直接进库冷藏，待海况改善后再下海继续进行出苗期的培养。

（五）紫菜的冷藏网技术

当紫菜幼苗长到2~3 cm时，其生长非常旺盛。这时如果遇到夜晚高温、多雨等不利的环境条件，便会引起生理障碍，严重时会发生"白腐病"。轻微是健壮度下降，易使"赤腐病"蔓延。如遇到这种情况，需要将紫菜网送到冷藏库里保存。等到气候稳定，水温降到不易发生病害的程度，再把紫菜网张挂在栽培海区进行栽培。

正常情况下，紫菜的细胞一遇到低温结冰，紫菜的细胞在冰的机械破坏作用之下受到冻伤，或者冻死。紫菜细胞的含水量越高，细胞受到破坏越大，因此，成活率降低。如果紫菜经过干燥之后，含水量减少，细胞液的浓度增大，其冰点下降，在相当的低温条件下也不至于结冰，因此紫菜就不会死亡。紫菜在不同含水量与温度下的成活率不同，在冷藏前含水率必须降低到20%~40%。紫菜冷藏网技术的要点如下：①冷藏网的幼苗长达1 cm左右，镜检幼苗数量达500~1 000株/cm网绳时，是苗帘网进冷藏库的最适宜时机。②条斑紫菜4~5 cm叶状体适宜冷藏的含水量为10%~20%。③将干燥后的网帘装入耐低温的聚乙烯袋里，压出空气、扎口密封，再装入纸箱或木箱内，冷冻和冷藏效果最好。④若紫菜含水率为20%，冷藏温度为-20~-15℃苗网是安全的。⑤苗帘网出冷库张挂时间为11月中旬至下旬。过早出库时仍易发生病害；过晚出库则会影响前期养殖产量。出库后的冷藏网应尽快下海张挂，使网帘尽快浸泡于海水中，然后再做挂网操作，以有效提高紫菜幼苗成活率。

（六）成菜期的栽培

当紫菜网帘被1~3 cm的紫菜幼苗所覆盖后，进入成菜期的栽培。成菜期的管理工作主要是施肥。紫菜叶状体的色泽，能十分灵敏地反映出外界海水的营养盐是否充足。施肥一般情况下主要是补充氮肥。施肥方法可根据情况选择喷洒法、挂袋法和浸泡法。

二、海带栽培

1.栽培海区的选择

海带养殖生产好坏与海区的选择有密切关系。海带栽培海区一般要求底质以平坦的泥底或者泥沙底为好，适合打橛、设筏；水深要求大干潮时保持5 m以上。理想的养殖海区是流大、浪小，又是往复流的海区，且水色澄清、透明度较大。海区营养盐丰富，无工业或生活污水污染。

2.养殖筏的结构和设置

海带养殖筏的类型主要有单式筏和方框筏两种。单式筏是由1条浮梗、两条粗橛缆、两个橛子（或石砣）和若干个浮子组成。单式筏架是目前广泛适用的筏架。方框筏比单式筏优越，但是抗风浪能力差，只适合内湾海区养殖（图7-9）。

养殖筏的海区布局要有统一的规划，合理布局。一般30~40台筏子划为一个区，区与区间呈"田"字排列，区间要留出足够的航道，区间距离以30~40 m为宜，平养的筏距以6~8 m为宜。筏子设置的方向，风和流的因素都要考虑。如果风是主要破坏因素，则可顺风下筏；如果流是主要破坏因素，则可顺流下筏；如果风和流威胁都较大，则要着重解决潮流的威胁，使筏子主要偏顺流方向设置。当前推广的顺流筏养殖法，必须使筏向与流向平行，尽量做到顺流。采取"一条龙"养殖法，筏向则须与流向垂直，要尽量做到横流。

图7-9　海上海带养殖场景

3. 分苗

将生长在育苗器上的幼苗剔除下来，再夹到苗绳上进行养成，这样一个稀疏的过程在养殖生产上称为分苗。夏苗是在自然海区水温下降到19℃以下下海暂养的，这时自然水温还在继续下降，水温越来越适宜于海带的生长。因此，分苗时间越早，藻体在优良的环境中度过最适宜温度的时间就越长，海带生长就好。辽宁、山东沿海夏苗一般是10月中下旬出库，10月底11月中旬就可以分苗，在苗源充足的情况下有1个月左右的时间就能完成分苗工作。南方沿海由于自然水温下降得晚，因此出库的时间要比北方晚半个月到1个月，分苗时间也相应地晚些。福建省11月下旬才出库，12月下旬才能开始分苗。

分苗时幼苗越大越好。一般幼苗分苗时，长度10 cm是最低标准，以12~15 cm较为适宜，此时柄部才有一定的长度，这样才能保证只夹其柄部，而不致夹到其生长部。

分苗前要准备好苗绳、吊绳、坠石和坠石绳等用具。苗绳也称养成绳，海带苗就夹在苗绳的缝隙中，以后长出假根来，盘结附生在苗绳上。苗绳下海后要经久耐用，不分泌有害于海带生长的有毒物质，同时还要来源广、经济。直径1.3 cm左右的红棕绳做海带的苗绳最好。苗绳的长度要根据各地的海况条件和培育形式来确定，凡采用垂养形式的，在养殖过程中要进行倒置，因此要采用分苗节绳。采用平养形式的或先垂后平的培育形式，一般不用倒置，多采用一节苗绳。平养还要考虑到筏距的大小，一般山东、辽宁的苗绳有效长度1.5~2.0 m，浙江一般1 m，福建垂养的1 m，平养的2.0~2.5 m。苗绳不要过长，否则上下端受光差别太大。苗绳在使用前要充分浸泡，使绳索柔软，好夹苗，同时浸出植物纤维中所含的有毒物质。苗夹好后，并不是直接把苗绳悬挂在浮筏上，而是用吊绳把苗绳吊挂在筏子上。吊绳一般使用聚乙烯绳。垂养和平养的初期或"一条龙"养殖法，为了防止苗绳由于浪、流的冲击而漂浮于海水表面，造成光照过强，或苗绳之间互相缠绕而磨断海带苗绳、吊绳、海带苗等现象的发生，要在垂养苗绳下端、平养苗绳的中间、"一条龙"养殖法的苗绳与吊绳连接处加一坠石。坠石的重量视海区风浪和海流的大小而定，一般250 g即可，风、流特别大的海区，坠石可用0.5~0.75 kg。捆坠石用的坠石绳，可用油草绳或聚乙烯绳等。

海带分苗的工序包括剔苗、运苗、夹苗和挂苗四步。

（1）剔苗。就是将附苗器上生长到符合分苗标准的苗子剥离下来，以进行夹苗。剔苗时，一手将苗绳提起绷紧，另一只手把住幼苗藻体上部的1/3处，然后顺着一个方向均匀地用力将苗拨下来。有的地方有竹刀刮苗，这种方法效率高，但大苗小苗都被刮下来了。同时也易折断幼苗，但若是剔最后一茬苗，可以使用。剔苗的好坏关系到苗子的利用率，也关系到分苗的速度。剔苗时不要损坏苗的根部；尽量缩小苗子的离水时间；尽量做到当天剔苗当天夹上，当天挂到海上。

（2）运苗。剔好的苗要及时运到陆地上，以便及时夹苗。运苗要注意：装苗筐要用海水浸泡和浇湿，再用草席垫好使用，这样可以防止磨伤小苗，又可保持一定的湿度；每筐装苗量不能太多；运输中要用草席盖好，以免风吹日晒，另外要经常浇水；要及时运输，不要积压，勤剔勤运。

（3）夹苗。就是将幼苗一棵一棵或2~3棵一簇一簇按一定密度要求夹到分苗绳上。夹苗时，幼苗的根部必须夹于苗绳的圆心处，夹苗过深过浅都将造成严重的掉苗现象；夹于同根苗绳上的大小，不可相差太大；且按养殖密度掌握好每绳的棵数或簇数、每簇的棵数以及簇与簇之间的距离；缺根部的幼苗不宜夹苗。对于下海后苗绳出现掉苗情况，要及时补苗。

（4）挂苗。苗夹好后，要及时组织专人出海将分苗绳挂到筏子上。挂苗方式有两种，一是先密挂暂养一段时间，将2~3行筏子上的苗绳集中挂在一行筏子上，养育一段时间后再稀疏开来；二是不密挂暂养，直接按养成时的挂苗密度挂到筏子上，一般先垂挂，以后再平起来。为了做好挂苗工作，挂苗时应注意以下几点：每次出海挂苗所取数量不可过多，以1~1.5 h内挂完为准，因为挂苗时间长，在北方幼苗很易受冻害；在运输过程中，用草席将苗盖好，避免风吹日晒；挂苗操作必须仔细认真，绑扣要牢，还要取放轻稳，避免摩擦折断幼苗；严格按挂苗密度挂苗。

总之，在分苗操作过程中，要求轻拿、轻放、快运、快挂、保质、保量，防止掉苗，防止漏挂。

4.栽培的形式

目前我国海带筏式栽培有垂养、平养、垂平轮养和"一条龙"等主要栽培形式。

（1）垂养：是立体利用水体的一种养成形式。在分苗后，把苗绳通过一根吊绳垂直地悬挂在浮筏下面（图7-10），在养成的后期，虽然也要平养一段时间，但那只是为了促进海带厚层的一个措施，而海带的主要生长时期是在垂挂形式下度过的。在垂养条件下，除苗绳上端几棵海带的生长部受到较强的光照，对生长部的细胞的正常分裂有一定的抑制作用外，大部分海带的生长部都受到上端海带叶片的遮挡，避免强光刺激，因而垂养海带的平直部形成比平养要早，这是垂养的最大优点。垂养的另一优点是由于叶片下垂，使每绳海带所占的水平空间较小，苗绳之间易形成"流水道"，阻流现象较轻，潮流比较通畅，有利于海带生长。垂养第三个优点是海带能够随波摆动幅度大，也直接改善了海带的受光条件。

垂养的缺点是苗绳下部海带所能接受的光线比较弱，特别是在养殖的中后期，海带藻体长度大于2 m以上时，藻体本身对光线的需要增加了，苗绳上部海带对下部海带的遮光现象更加严重，使苗绳下端的海带生长缓慢，呈现出受光不足的症状，藻体颜色也逐渐由浓褐色变为淡黄色。为了解决这个矛盾，生产上采取了倒置的方法，即下端海带生长缓慢、色泽开始变淡时，将苗绳上原来在下端的部位与上端部位倒过来。在养殖过程中需进行多次倒置，使上、下部的海带都得到充足的光照。倒置虽然解决了受光不匀的问题，但是耗费人力太大，在倒置过程中藻体也易受到损伤，而光能的利用上仍然不充分，因而产量较平养的低。

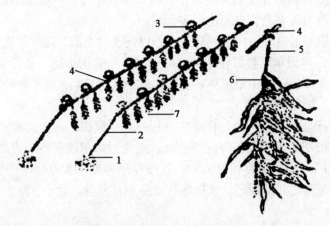

图7-10　海带垂养模式示意图

1.木桩；2.桩缆；3.浮子；4.浮梗；5.吊绳；6.苗绳；7.坠石

（2）平养：是水平利用水体的养殖方法。分苗后将苗绳挂在两条筏子相对称的两根吊绳上（图7-11）。在海水透明度较小的海区，平养是一种较好的海带养殖形式，海带受光充足且均匀，产量较高。平养最大的优点是合理利用了光能，海带之间的遮挡情况大为减少，使每棵海带都能得到较充足的光照，生长迅速，个体间生长差异比较小，产量高。另一优点是不需要像垂养那样频繁颠倒，节省了工时，减轻了劳动强度。但平养也有其缺点，平养中海带生长部位暴露在较强光照下，不符合海带的自然受光状况，将会抑制生长部细胞的正常分裂，海水透明度增大时尤为严重，不但生长部细胞分裂不正常，而且叶片生长也不舒展，平直部形成晚且短小，也容易促成叶鞘过早衰老。海带根部也不适应强光，受到强光会抑制根部生长，使根系不发达，容易造成附着不牢固而掉苗。平养另一个缺点是缠绕比较严重。总的说来，平养比垂养好，主要是平养的产量高、质量好，劳动强度低。平养已成为我国海带筏式养殖的一种重要形式。

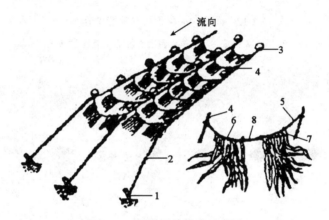

图7-11　海带平养模式示意图

1.木桩；2.桩缆；3.浮子；4.浮梗；5.吊绳；6.苗绳；7.坠石；8.平起绳

（3）垂平轮养：是根据海带每个时期对光照的不同要求，结合海区条件变化而采取或垂或平交替的养成方法。在透明度大的海区，分苗初期海带不喜强光，一般采用垂养，当海带长到一定大小时，下层海带对光的要求较强，或者所在海区透明度较小，此时可采用空白绳将两根相对应的苗绳连接起来进行平养。垂平轮养克服了海带受光不匀的缺点，但增加了空白绳的用料。

（4）"一条龙"养成法：一般是向水深流大的外海发展海带养殖的一种方式。就是横流设筏子，苗绳沿浮梗平吊，每根吊绳同时挂两根苗绳的一端，使一台筏子上的所有苗绳联成一根与筏梗平行的长苗绳称为"一条龙"养成法（图7-12和图7-13）。这种养成必须横流设筏，在流的带动下，每棵海带都能被吹起，受到均匀的光照，为避免缠绕，在大流海区筏距不应小于6 m，在急流海区不应少于8 m，为了操作方便，分苗绳净长2 m，两根吊绳距离1.5 m，这样分苗绳有一个适宜的弧度，既不相互缠绕又增加了用苗量。为了稳定分苗绳必须挂坠石，坠石不小于0.5 kg，挂在吊绳和分苗绳的连接处。

"一条龙"养成法的优点是使海带都能处于适光层不相互遮掩，生长快、个体大、厚层均匀，收割早。同时由于台挂分苗绳少，负荷轻，较安全，适用于海外浪大急流的海区。它的缺点是增加了筏子的使用量，提高了成本。

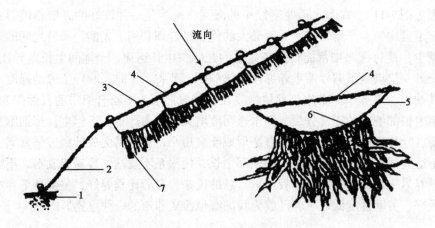

图7-12 海带"一条龙"养殖模式示意图

1.木桩；2.桩缆；3.浮子；4.浮梗；5.吊绳；6.苗绳；7.坠石

图7-13 海带"一条龙"养殖实景

5.养成期的管理

从分苗后到厚层收割前，是海上养成管理阶段。海带养成期间的管理主要包括如下内容。

（1）养殖密度调节。海带的养殖密度主要根据海区情况决定。根据目前的生产管理技术水平，我国北方一般采用净长2 m的苗绳，在流速大，含氮量高，透明度稳定的海区，2 m苗绳，每绳夹苗数25~30株，每亩挂400绳，亩放苗量10 000~12 000株；流速小的海区每绳30~40株，亩放苗量12 000~16 000株。

（2）水层的调节。养成期水层的调节实际上是调节海带的受光。应根据海带孢子体不同生长发育时期对光的要求进行调整。

养成初期，根据海带幼苗不喜强光的习性，分苗后透明度大的海区采取深挂。透明度小的海区采用密挂暂养。

养成中期，随着海带个体的生长，相互间避光、阻流等现象会越来越严重，深水层的海带生长会逐渐缓慢，因此必须及时调整水层。在此期间，北方海区水层一般控制在50~80 cm，南方一般控制在40~60 cm，混水区控制在20~30 cm。同时，养成初期密挂暂养的苗绳，养到一定时间要进行疏散。倒置也是调节海带均匀受光的一项有效措施。倒置次数也与苗绳的长度、夹苗方法、分苗早晚有关。苗绳长、夹苗密度大、完全垂养的情况要倒置4~6次；反之，倒置3~4次即可。采用平养，若早期垂挂时，倒置1~2次即可，在斜平后能倒置1次即可。在水深流大的海区采用顺流筏式平养法。采用"一条龙"法养成，可以不倒置，一平到底。在整个养殖过程中，只根据海水透明度的变化情况，适时调节吊绳、平起绳的长度，或用加减浮力的方法来调整养成水层。

养成后期，在水温合适的情况下，光线能促使海带厚度生长。进入养成后期要及时提升水层，增加光照，同时进行间收，把已经成熟的海带间收上来，这样能够改善受光条件，促进厚成。另外，切尖等措施都是改善海带后期受光条件的有效办法。

（3）施肥。我国的海带养殖，在北方海区由于自然含氮量很低，远不能满足海带生长对氮的需要，因而表现出生长速度极为缓慢，碳水化合物含量升高，叶片硬，色淡黄等缺氮的饥饿症状。因此，在北方一般海区都必须施肥或少施肥，才能生产出商品海带。施肥方法主要有挂袋施肥、泼肥和浸肥3种。

（4）切尖。海带孢子体是间生长的藻类，它的分生组织位于叶片基部。随着孢子体的不断生长，新组织不断从叶基部增长，向梢部推移，表现出藻体的成长，同时梢部逐渐衰老脱落，据计算，收割时全长4 m的海带，在它的全部生长过程，要有1 m多的叶片从尖端落掉。如果能设法在适当的时候将叶梢切下，可以减少不必要的损失，增加单位面积产量。切尖可改善光照、流水条件，从而促进了干物质的积累，进而使产量增加，质量提高；切尖还能防止病烂的发生；减轻筏子的负荷，有利于后期安全生产。切尖的时间，主要根据分苗早晚、海区条件和海带生长、病烂情况来确定。原则上应是藻体生长日趋下降，叶片尖端病烂刚开始时进行切尖。北方一般4月中旬开始，5月上旬结束。

（5）养成期间的其他管理工作。注意安全生产，经常检查筏身与橛缆是否牢固；齐整筏子，使每台筏子的松紧一致，纠缠的苗绳要及时解脱；根据海带生长情况，也就是根据筏子的负荷量的增加，逐步添加浮力；检查吊绳是否被磨损，绳扣是否松弛，发现问题及时处理，如果采用草类绳索做吊绳用，养成中期要更换一次吊绳；在养成过程中经常洗刷浮泥，以免海带沉积浮泥过多，影响海带的正常生长；在北方冬季海水结冰的海区，要采取有效措施以防流冰的危害。

二、江蓠的栽培

江蓠（*Gracilaria*）：属于红藻门，真红藻纲，杉藻目，江蓠科，江蓠属（图7-14）。江蓠也是一种重要的经济海藻，是制做琼胶的主要原料，也是提取琼胶素的优质原料。江蓠体内的琼胶含量可达30%~40%。

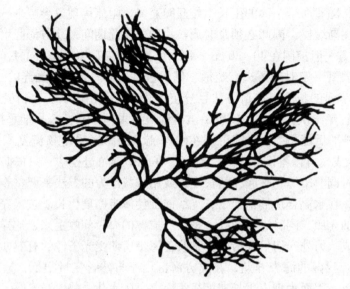

图7-14　江蓠（*Gracilaria* sp.）

我国的江蓠养殖开始于20世纪60年代，进入90年代以后，养殖技术得到发展，江蓠养殖开始推广，在我国南部沿海，江蓠成为海藻养殖中一项重要的事业。江蓠的种类很多，全世界有江蓠100余种，我国有20余种，目前已进行生产性栽培的种类有6种，为：真江蓠（*G. verrucosa*）、细基江蓠（*G. tenuistipitata*）、粗江蓠（*G. gigas*）、脆江蓠（*G. chouae*）、绳江蓠（*G. chorda*）、节江蓠（*G. articulate*）。

1.江蓠的生态学

江蓠喜生长在有淡水流入和水质肥沃的内湾中，多生长在潮间带或低潮附近，也有的生长在潮下带的海水里，在风平浪静、潮流通畅、地势平坦、水质肥沃的海区生长尤为旺盛。往往丛生在石块、沙砾、碎珊瑚及贝壳上。通常内湾生长的江蓠数量多，且藻体肥大，颜色较浓；外海生长的江蓠藻体较小，颜色较淡。在同一海区，水深处的藻体色淡，水浅处的藻体色浓。海水的流通情况对江蓠的生长也有很大影响，流速大的海区生长快，流速小的海区生长慢。江蓠对海水相对密度的适应能力较大，在相对密度为1.005~1.026的海水中均可以生长，最适范围为1.010~1.020。江蓠对海水温度的适应范围也很广，一般在5~30℃水温下均可生长，最适温度为10~25℃。在中国北方5—8月生长最快，在华南及福建沿海冬春季节生长最快。江蓠对光照强度的要求较高，一般在深水中很少生长。养殖实验中发现，越接近水面，生长越好，水深超过1.5 m，生长就很缓慢了。

江蓠的生殖季节在北方沿海地区为5—11月，江蓠的四分孢子成熟较早，在6—7月水温达到17~24℃时出现并达到繁殖盛期；而果孢子在7—8月水温超过21℃时才开始出现并达到繁殖盛期。在南方的海南、广东、福建沿海地区，3—5月的水温为20~25℃，江蓠进入繁殖季节，产生四分孢子和果孢子。江蓠藻体一般在繁殖盛期过后，便开始腐烂流失而死亡。根据在广东省湛江港的调查，江蓠在一年中可以繁殖3~4代。

2.江蓠的苗种培养

目前进行江蓠人工栽培生产，因不同种类的生物学特性差异，苗种培育有孢子繁殖和营养繁殖两种方式。第一种方式是通过孢子繁育苗种，如真江蓠、芋根江蓠等；第二种方式是以营养繁殖提供苗种，如龙须菜和细基江蓠繁枝变型。

（1）孢子生殖育苗。江蓠的成熟藻体产生果孢子和四分孢子，两类孢子都能发育成新的江蓠藻体。利用江蓠这种特性在短时间内大量采集这两类孢子，培育成幼苗，移至滩涂或者池塘中进行栽培，直到长至商品藻体。采用藻体孢子繁殖提供苗种的缺点是，因为繁殖和孢子生长发育速度较慢，难以在短时间内提供足够的苗种，苗种成本较高。江蓠的采孢子育苗工作，目前已经形成了自然海区采孢子育苗和室内采孢予育苗两种育苗方式。

（2）营养生殖育苗。龙须菜和细基江蓠繁枝变型为代表的江蓠种类，在生活史中能够产生四分孢子和果孢子，但由于在人工培养条件下不能集中放散孢子，或者说不能在短时间内收集孢子。因此，这些江蓠种类的育苗方式主要通过营养繁殖育苗来完成。采用藻体营养繁殖苗种的优点是：用藻体的分枝切段繁殖进行扩增生物量，不经过有性繁殖过程，不易发生遗传变异，可以较好地保持栽培品系优良性状的稳定性。

3.江蓠的栽培

江蓠的栽培方式可分为潮间带整畦撒苗栽培、潮间带网帘夹苗栽培、浅海浮筏栽培、池塘撒苗养殖和池塘夹苗养成5种。

（1）潮间带整畦撒苗栽培：具体做法是将浅滩加以适当整理，除去杂藻，然后把江蓠5~6 cm幼苗连同原生长基，如石块、贝壳等整齐地播在浅滩上。撒苗时，每个生长基间的距离为30~40 cm，排成菜畦状，管理较方便。经过2~3个月的栽培，可得到1 m左右的江蓠藻体。在北方一般长到6—7月份就可收获了（图7-15）。

图7-15　潮间带江蓠整畦撒苗栽培

（2）潮间带网（条）帘夹苗栽培：是选择平坦的内湾浅滩，把野生或者人工培育的江蓠苗种均匀地夹在浮筏的苗绳上进行养殖。这种夹苗养成方法的最大优点是海水上涨的时候，藻体漂在水面，江蓠可以充分吸收阳光，水退下后，藻体便贴在浅滩上，江蓠可以吸收浅滩上的积水，不会干枯死亡（图7-16）。

（3）浅海浮筏栽培：是采用双架式浮筏结构开展江蓠栽培（图7-17），或江蓠与牡蛎、鲍鱼等贝类立体生态养殖。

图7-16　潮间带江蓠网帘夹苗栽培

图7-17　浅海江蓠浮筏栽培

（4）池塘撒苗养成：是将江蓠幼苗或成体（可切成小段）均匀地撒在池塘中，让其自然生长。当江蓠长满塘底时，便可采收部分，留下的部分让其继续生长。这样江蓠可以不断生长，不断收获。池塘撒苗养成过程中的管理工作，最主要的是经常观察江蓠的生长情况，如藻体的颜色变化、海水的盐度及光照强度的调整、杂藻的清除、海水pH值的控制、池塘换水及水深的控制等。在正常情况下，经过30~40 d即可进行第一次收获，并保留一定数量的种苗，继续栽培。以后每月采收一次。

（5）池塘夹苗养成：是选择池塘的最深处（0.8~1.2 m），在江蓠开始迅速生长的时期将其夹在苗绳上，吊挂在池塘中养成。具体做法是选取藻体比较粗壮的江蓠作种苗，清除杂藻，按每束3~5枝为一丛，夹在苗绳上，每丛间距为30 cm，然后以每行的行距50~70 cm投入池塘中。两端用木桩将苗绳拉紧并固定于水面下5~8 cm。养成期间，江蓠始终浸没在水中。

4.江蓠增产措施

常用的增产措施有施肥、切割、植物生长刺激素处理以及清除敌害等几个方面。其中效果明显的是施肥和植物生长刺激素处理。

施肥的方法有两种。一种是浸泡苗绳法，夹苗前将苗绳浸泡在已经发酵的人粪或尿液中24 h，然后栽培过程中取出苗绳连同江蓠苗一起浸在0.1%硝酸铵溶液或尿素溶液中，每周浸两次，每次1 h左右。另一种是水面泼（喷）肥法，适用于大面积潮间带和池塘栽培，每公顷水面用3 kg尿素或120~180 kg经发酵的猪粪或鸡粪，隔1个月或1.5个月施一次。

常用的生长刺激素有 β-吲哚乙酸、β-吲哚丙酸、β-吲哚丁酸、乙苯酚、苯氧乙酸、乙醇、乙烯利等。处理的方法一般是把生长刺激素配制成一定浓度的海水浸泡液，将江蓠藻体浸泡4 h，然后进行夹苗或撒苗养成。

此外，根据江蓠有很强再生能力的特点，在生长季节，定期或不定期切割收获一部分，留下部分则继续生长。切割下来的藻体宜用来重新夹苗扩大栽培面积，但保留的基部不能太短，以免影响到后期的产量。

小　结

藻类指一类叶状植物（thallophytes），没有真正的根茎叶的分化，分布广，种类多，形态和颜色多样，不开花，不结果，用孢子繁殖，没有胚的发育过程。多细胞大型海藻的生长方式有散生长、间生长、毛基生长、顶端生长和表面生长5种；其生殖方式可分为营养生殖、无性生殖和有性生殖3种；其生活史可分为单世代（单元）型（含单世代单倍体型和单世代二倍体型）、二世代（双元）型（含等世代型和不等世代型）及三世代（三元）型3类。大型海藻的主要生活方式为固着生活型和漂流生活型，且主要分布于潮间带或（和）浅海。海藻栽培方式依采用的生长基质，可分为天然生长基质栽培和人工生长基质栽培；依栽培海区可分为潮间带人工栽培和浅海人工栽培。海藻栽培的主要程序包括如下步骤：采孢子、育苗、海区暂养、幼苗分散、栽培管理和收获加工。海带育苗方式主要有自然海区直接培育幼苗、室内人工条件下培育幼苗和配子体克隆育苗3种。目前我国的海带育苗仍以传统的夏苗培育法为主。我国海带筏式栽培有垂养、平养、垂平轮养和"一条龙"等主要栽培形式。紫菜的苗种培育主要是进行丝状体的培养，可以利用果孢子钻入贝壳后在大水池进行贝壳丝状体的平面或者吊挂培养。还可以将果孢子置于人工配制的培养液中，以游离的状态进行丝状体（自由丝状体）培养。我国紫菜的栽培方式有菜坛栽培、支柱式栽培、半浮动筏式栽培和全浮动筏式栽培等。紫菜的冷藏网技术是提升紫菜养殖效益和品质的重要技术措施。江蓠的栽培方式可分为潮间带整畦撒苗栽培、潮间带网帘夹苗栽培、浅海浮筏栽培、池塘撒苗养殖和池塘夹苗养成5种。无论是紫菜、海带还是江蓠的栽培，选择何种栽培方式应根据海区底质、潮流等条件而定，栽培过程中，施肥、调节水层和养殖密度是海藻栽培管理的重要工作。

第八章 贝类养殖

第一节 贝类生物学概念

一、形态特征

贝类是最为人们熟知的水生无脊椎动物，常见的有牡蛎、蛤、蚶、扇贝、缢蛏、鲍、螺、鱿鱼、章鱼、乌贼等。它们中的大多数在长期进化过程中形成的坚硬的外壳使其能适应在各种底质环境中分布，并且有效保护自身不被其他生物捕食，其主要特征为：①身体柔软，两侧对称（或幼体对称，成体不对称），不分节或假分节；②通常由头部（双壳类除外）、足部、躯干部（内脏）、外套膜和贝壳5部分组成；③体腔退化，只有围心腔和围绕生殖腺的腔；④消化系统复杂，口腔中具有颚片和齿舌（双壳类除外）；⑤神经系统包括神经节、神经索和围绕食道的神经环；⑥多数具有担轮幼虫和面盘幼虫两个不同形态发育阶段。

二、分类

贝类是仅次于节肢动物门的第二大动物门类，也称软体动物门（Mollusca），现存的贝类种类达 11.5×10^4 种，另有35 000余种化石。分类学家将贝类分为如下7个纲。

（1）无板纲（Aplacophora）。贝类中最原始类群，主要分布在低潮线以下至深海海底，多数在软泥中穴居，少数在珊瑚礁中爬行。仅250余种，全部海生。也有将无板纲分为尾腔纲（Caudofoveata）或毛皮贝纲（Chaetodermomorpha）和沟腹纲（Solenogastres）或新月贝纲（Neomeniomorpha），因此软体动物现也分为8个纲。

（2）单板纲（Monoplacophora）。大多数为化石种类，现存的少数种类分布在2 000 m以上的深海海区，被视为"活化石"。

（3）多板纲（Polyplacophora）。又被称为石鳖，个体2~12 cm，个别20~30 cm，体卵圆形，背面有8块壳板，足发达，适合在岩石上附着。共有600余种，全部海生。

（4）双壳纲（Bivalvia）。大多数为海洋底栖动物，少数生活在咸水或淡水中，没有陆生种类，一般不善于运动。体最小仅2 mm，最大超过1 m。现存种类约25 000种。水产养殖主要种类出自本纲。

（5）掘足纲（Scaphopoda）。穴居泥沙中的小型贝类，现存约350种，全部海生。

（6）腹足纲（Gastropoda）。是软体动物门中最大的纲，现存75 000种，另有15 000种化石。分布很广，海、淡水均有分布，少数肺螺类可以生活在陆地。

（7）头足纲（Cephalopoda）。头足类是进化程度最高的软体动物，多数以游泳为生，也称游泳生物，具捕食习性，现存种类约650种，全部海生。另有9 000余种化石。

三、繁殖和发育

1.性别

贝类一般为雌雄异体，双壳类和腹足类中也有雌雄同体种类。多数雌雄异体种类在外形上不易区分，但在生殖腺发育后，根据生殖腺的颜色比较容易区分。一般雌性性腺颜色较深，呈墨绿色、橘红色，而雄性性腺颜色较浅，多数呈乳白色。某些雌雄异体的贝类性别不稳定，在发育过程中会发生性转换，通常是雄性先熟，在营养条件较好时，雌性比例较高。

2.性腺发育

贝类的性腺发育分期各不相同，一般分4~6期。如栉孔扇贝分为5期：增殖期、生长期、成熟期、生殖期（排放期）和休止期。

3.产卵

贝类产卵有直接产卵和交配后产卵等形式。多数双壳类和腹足类的雌雄个体都是直接将成熟精、卵产于水中，卵子与精子在水中受精，经过一段时间的浮游生活之后，发育变态为稚贝，进而长成成贝。直接产卵的特点是：一般雌雄异体，亲体无交配行为，产卵量大，体外受精。自然界，这类贝类大多在大潮期间排放，尤其在大潮夜间或凌晨，潮水即将退干或有冷空气来临时，精、卵排放更为集中。直接产卵一般持续时间较短，排放一次一般不超过30 min，一次产卵可达数百万甚至数千万粒。

大部分腹足类和头足类的繁殖方式是交配后产卵，既有雌雄同体，也有雌雄异体。雌雄同体一般不能自体受精。亲体经交配后，配子在体内受精，受精卵排出体外发育。交配后所产的受精卵往往粘集成块状、带状或簇状，称为卵群或卵袋。卵群上的胶粘物质是产卵过程中经过生殖管时附加的膜，对卵子有保护作用。卵群产出后多黏附在基质上。交配后因有卵群或卵袋保护，所以这一类贝类产卵量要少得多，几百、几千粒不等，头足类少的仅几十粒。

4.胚胎发育

多数贝类为均黄卵（双壳类，原始腹足类等），其他有间黄卵（腹足类）、端黄卵（头足类），其卵裂形式为螺旋卵裂或盘状卵裂（头足类）。胚胎发育过程中一般都要经过贝类特有的担轮幼虫和面盘幼虫阶段。双壳类等贝类发育到担轮幼虫后就突破卵膜而孵化，在水中游动，此阶段不摄食。而腹足类受精卵在卵袋内发育至面盘幼虫时才孵出。

5.幼虫发育

双壳类幼虫发育可分为直线绞合幼虫（D形幼虫）、早期壳顶幼虫、后期壳顶幼虫（眼点幼虫）。腹足类幼虫发育可分为早期面盘幼虫和后期面盘幼虫，后者又可以分为匍匐幼虫、围口壳幼虫和足分化幼虫。

四、生长

贝类生长有终生生长型和阶段生长型。终生生长型指多年生贝类在若干年内连续生长，但一般1~3龄生长速度较快，以后逐渐减慢。栉孔扇贝（*Chlamys farreri*）、太平洋牡蛎（*Crassostrea gigas*）、文蛤（*Meretrix meretrix*）等种类属于此类型。阶段生长型是指一些贝类在某一阶段内快速生长，以后贝壳不再继续生长。如褶牡蛎（*Ostrea plicatula*）、海湾扇贝（*Argopecten irradians*）等种类。贝类的寿命差别很大，短的1年，如海湾扇贝，长的10年、20年，如泥蚶（*Tegillarca granosa*）、马氏珠母贝（*Pinctada fucata*），食用牡蛎（*Ostrea edulis*），最长的砗磲（*Tridacna* sp.）可达100年。

第二节 贝类苗种培育

一、贝类工厂化育苗

贝类工厂化育苗起始于20世纪70年代，至今已有40多年的历史，各项技术已日臻成熟。整个育苗过程大致可分为：亲贝促熟培育、诱导采卵、受精孵化、幼虫选育、采集以及稚贝培养等。目前许多重要的经济养殖贝类都已成功实现了工厂化育苗，如扇贝、牡蛎、文蛤（*Meretrix meretrix*）、菲律宾蛤（*Ruditapes philippinarum*）、魁蚶（*Scapharca broughtonii*）、缢蛏（*Sinonovacula consricta*）、珍珠贝、鲍等种类。图8-1是一个正在生产的贝类育苗车间。

图8-1 贝类育苗车间

（一）亲贝促熟

亲贝促熟是人工育苗必不可少的一个环节。虽然在自然海区也能采到成熟的亲贝，但其产卵并不同步，尤其一些热带海域的贝类，几乎全年都有成熟亲贝在产卵。要采集足够量的成熟亲贝在育苗场使其在同一时间产卵显然是非常困难的事，因此工厂化育苗的第一步就是选择合适的成体贝类作为亲贝，通过人工强化培育，使其在短时间内同步产卵，以实现工厂化育苗的目的。

（1）培育设施。亲贝促熟培育一般都在室内进行，培育池可利用普通育苗池，20~50 m³的长方形水泥池，10~20 m³的纤维玻璃钢水槽等都可以。

（2）培育密度。亲贝培育密度需根据不同种类、个体大小、培育水温等因素而定。

总的原则是既能有效利用培育水体，又能保持良好水质，亲贝能顺利成熟。一般培育密度以生物量计，控制在1.5~3.0 kg/m³为宜。个体大，生物量可以适当大些，多层笼、吊养殖密度可适当增高，单层散养密度要低些。

（3）培育水温。温度是亲贝促熟的主要控制因子。一些温水性和冷水性种类，如海湾扇贝、虾夷扇贝（Patinopecten yessoensis）、皱纹盘鲍（Haliotis discus hannai）等种类，亲贝采捕时，水温都较低，性腺尚未发育，促熟多采用升温培育方式。升温幅度要小，一般0.5~1℃/d，逐步升高到繁殖温度后，恒温培育。升温过程中可适当停止升温1~2次，每次1~3 d。而对于一些热带暖水性贝类则可以先设置一个低温培育期，比自然水温低5~10℃，在此条件下培育4~6周后，逐步提高水温至繁殖温度，促使亲贝同步成熟。

（4）换水。根据培育密度，一般每天换水1~2次，每次1/3左右。换水前后温度变化应不超过0.5℃，尤其是接近成熟期时，温差尤其不能大，否则容易因温度刺激而导致意外排放精卵。另外，排水和进水也同样需要缓流，减少水流对亲贝的刺激。

（5）充气。充气可增强池内水的交流，饵料的均匀分布，增加溶解氧含量，防止局部缺氧。但充气要控制气量和气泡，避免大气量和大气泡形成水流冲击促使亲贝提前产卵。

（6）投饵。饵料种类的选择和投喂是亲贝促熟的又一关键因子，不仅影响亲贝的性腺发育，而且也影响幼体发育。各种贝类饵料需求和摄食习性不同，因此投喂的种类也各不相同。投喂原则是符合亲贝摄食习性，满足性腺发育的营养需求。

对于滤食性贝类，如牡蛎、扇贝、蛤、蚶等，常用的饵料主要是单细胞藻类，如扁藻（Platimonas sp.）、巴夫藻（Pavlova viridis）、球等鞭金藻（Isochrysis galbana）、牟氏角毛藻（Chaetoceros muelleri）、骨条藻（Skeletonema costatum）、魏氏海链藻（Thalassosira weisflogii）等种类。日投喂4~6次，投喂量根据亲贝摄食状态及水中剩饵情况来确定。几种藻类混合投喂比投喂单一种类饵料效果好。

对于鲍、蝾螺（Turbo cornutus）等草食性，常用的饵料是大型褐藻，如海带（Laminaria japonica）、裙带菜（Undaria pinnatifida）、江蓠（Gracilaria sp.）等。一般每天投喂1次，投喂量约为亲贝生物量的20%~30%，并根据摄食情况适当增减。

亲贝促熟期间投喂量控制在亲贝软体部的2%~4%为宜，投喂量超过6%会加快亲贝的生长，反而对亲贝促熟不利。

饵料营养结构也需予以重视。促熟培育前期，需要投喂含有较高多不饱和脂肪酸（EPA、DHA）的种类，如牟氏角毛藻、海链藻、巴夫藻、球等鞭金藻等。培育后期，亲贝会从藻类中吸取中性脂类——三酰基甘油储存于卵母细胞中，作为胚胎和幼体发育的能量来源。因此合理选择搭配饵料种类是亲贝促熟培育中的关键一环。

（二）人工诱导产卵

一次性获得大量的成熟卵，是贝类人工育苗中的重要步骤。在自然界很难获得足够的亲贝同时产卵满足人工育苗所需，所以通过人工催产技术诱导产卵是贝类育苗的重要技术环节。不同贝类催产方法各不相同，同一种类也可以有不同的方法。原则是以最弱的刺激让亲贝排放精卵，同时对受精、孵化和幼体发育没有不良影响。

诱导贝类产卵的方法通常有：变温刺激、阴干刺激、流水刺激、氨海水刺激、过氧化氢海水刺激、异性配子刺激、紫外线照射海水浸泡等，有时也可以几种方法联合使用。刺激前一般需对亲贝进行清洗，除去表面杂物，然后放入产卵池。产卵池一般也利用育苗池（图8-2）。

图8-2　经促熟培育后即将产卵的亲贝

（1）阴干刺激。根据亲贝的种类和个体大小差异，每次阴干时间可控制在1~6 h不等。阴干时，需要保持适宜的温度、湿度，以免刺激过大，致使一些不成熟的配子释放，对亲贝造成伤害。

（2）变温刺激。水温差控制在±3℃范围，变换时间在30~60 min。温度不能超出该种类耐受范围之外，否则，刺激过大会影响配子质量和亲贝存活。

（3）流水刺激。将亲贝平铺在育苗池底，阴干几个小时后，人工控制水流使水流经亲贝，一旦发现有亲贝产卵，关闭排水阀，使水位上升，其他亲贝会受产卵亲贝影响，相继产卵。

（4）化学药物刺激。用加入化学药物的海水浸泡亲贝可以有效诱导产卵。过氧化氢海水的浓度为2~4 mol/L，浸泡刺激时间15~60 min，氨海水的浓度为7~30 mol/L，浸泡刺激时间为15~20 min。

除此之外，还可以通过紫外线照射海水刺激等方法，个别种类如太平洋牡蛎等可以直接通过解剖法获取精卵，人工授精。

（三）授精

通常贝类受精过程是将经过诱导的雌雄亲贝以合适的比例放入产卵池，使精、卵自然排放，自然受精。受精后，集中收集受精卵放入孵化池孵化。这种方法操作简便，亲贝雌雄比例控制得当，可取得满意的效果。但如果投放比例不当，雄贝太少，则精子不足，受精率低；若雄贝过多，精子数量太大，每个卵子被十几个甚至几十、上百个精子包围，则同样对受精和后期幼体发育不利。

为此，生产上也可以采取使雌雄分别排放，分别收集精子和卵子，再将精子根据卵子数量适量加入，并在显微镜下观察，原则上以每个卵子周围2~3个精子为合适，若加入精子过多，则可以通过洗卵方法来补救。一般卵子存活时间较短，精子稍长，要求精、卵在排放后1 h内完成。

（四）孵化

由受精卵发育成为浮游幼体的过程称为孵化。

一般双壳类受精卵孵化都在大型育苗池中进行，少数种类如鲍等在小型水槽中孵化。孵化密度通常控制在20~50个/mL范围。孵化水温因种类而各不相同，一般与亲贝促熟培育水温相近。

受精卵发育至担轮幼虫后可破膜孵出而上浮，成为依靠纤毛在水中自由游动的浮游幼虫。受精卵孵化时间因种类和水温的不同而相差较大，快的6~8 h，慢的超过48 h。

（五）幼虫培育

（1）培育池。一般双壳类幼虫培育多在大型水泥池（±50 m^3）中进行，也可以在小型水槽中进行。培育时，可采取微量充气，有助于幼体和饵料均匀分布，方便幼体滤食。

（2）幼虫选育。在孵化池上浮的幼虫需要通过选育，选取健壮优质个体，淘汰体弱有病个体，同时可以去除畸形胚胎，未正常孵化的卵以及其他杂质，避免污染。选育幼体一般采用筛绢网拖选或虹吸上层幼体。优选出来的幼虫放入培育池进行培育。

（3）培育密度。浮游幼虫培育密度因种类不同而异，一般多为 $5\sim10$ 个 $/m^3$，少数可以 $15\sim20$ 个 $/m^3$，如扇贝等。在培育期间，可以视生长情况加以调整。

（4）饵料及投喂。早期幼虫的开口饵料以个体较小，营养丰富的球等鞭金藻和牟氏角毛藻为好，以后可以逐步增加塔胞藻和扁藻。将几种微藻混合投喂的饵料效果比单一投喂好。在生产上，通常在幼虫进入面盘幼虫开始摄食前 24 h 提前接种适量微藻有助于基础饵料的形成和水质的改善。一般 $2\sim3$ 种藻类搭配营养合理，同时还可以适当大小搭配。不同微藻大小差别较大，在投喂量的计算过程中需予以适当考虑，如一个扁藻相当于 10 个金藻等。

（5）换水。换水量主要依据幼虫的培育密度和水温而定，通常每天换水 $1\sim2$ 次，每次换水 1/2～2/3，每 $2\sim4$ d 彻底倒池 1 次。条件合适也可以采用流水式培育。

（6）充气。培育过程需持续充气，控制水面刚起涟漪、气泡细小为宜。

（7）光照。贝类幼虫有较强的趋光性，光照不均匀容易引起局部大量聚集，影响摄食和生长，因此幼虫培育期间，一般采用暗光，光强不超过 100 lx。可以利用幼虫的趋光性对幼虫进行分池、倒池等操作。

（六）影响幼虫生长和存活的主要因子

（1）温度。温度是影响幼体生长发育的最重要因子。许多贝类幼虫具有较广的温度耐受能力，即使超出了原产地自然环境条件，有时也能很好的生长。一般幼虫培育的水温采取略高于其亲体自然栖息环境温度，更利于幼虫生长。

（2）盐度。幼虫对盐度有一定的耐受限度，一般宜采用与亲体自然环境相近的盐度培育幼虫。

（3）饵料。饵料同样是幼虫发育的关键因素，不但影响幼虫发育，还关系到后期稚贝的健康。

（4）水质。由于海区水质环境处于动态变化过程中，很难保证水源始终符合育苗要求，因此，自然海水在使用前，需要进行过滤和消毒的处理，以确保用水质量。经处理后的水通常需加 EDTA-钠盐 1 mg/L，硅酸钠（$NaSiO_3 \cdot 9H_2O$）20 mg/L，经曝气后使用。

（5）卵和幼虫的质量。卵的质量取决于亲贝的质量，而幼虫的质量取决于卵的质量和幼体培育期间的培育条件，尤其是饵料质量。

（七）幼虫采集

贝类在发育至后期壳顶幼虫（眼点幼虫）时，会出现眼点，伸出足丝，预计其即将转入底栖生活，此时就需要为其准备附着基，为幼虫顺利附着做准备。

（1）附着基种类。附着基的选择标准是既要适合幼虫附着，又要容易加工处理。通常附着基的种类有棕绳帘、聚乙烯网片（扇贝、魁蚶等）；聚氯乙烯波纹板、沙粒（蛤类）；聚氯乙烯板、扇贝壳、牡蛎壳等（牡蛎）。

（2）附着基处理。附着基在使用前必须进行清洁处理，去除表面的污物及其他有害物质，否则，幼虫或不附着，或附着后死亡。聚氯乙烯板一般先用0.5%~1%的NaOH溶液浸泡1~2 h，除去表面油污，再用洗涤剂和清水浸泡冲洗干净。棕帘因含有鞣酸、果胶等有害物质，需先经过0.5%~1%的NaOH溶液浸泡及煮沸脱胶，再用清水浸泡洗刷。使用前还要经过捶打等处理，使其柔软多毛，以利于幼虫附着。鲍的附着基通常也是聚氯乙烯波纹板，附着前需要在板上预先培养底栖硅藻，无硅藻的附着基幼虫一般不会附着。

（3）附着基投放时间。各种贝类开始附着时的后期壳顶幼虫大小不一，如牡蛎幼虫为300~400 mm，扇贝、蛤类幼虫为220~240 mm。大多数双壳类幼虫即将附着变态时，都会出现眼点，因此可以根据眼点的出现作为幼虫附着的标志。但幼虫发育有时不完全同步，因此一般控制在20%~30%幼虫出现眼点时即投放附着基。

（4）采苗密度。不同种类对附着密度要求不一，原则是有利于贝类附着后生长。密度太大，成活率低，太小则浪费附着基，增加育苗工作量和成本。多数双壳类附着密度按池内幼虫密度计，如扇贝采苗密度可在2~10个/mL。牡蛎、鲍的采集密度按附着后幼虫密度计，如牡蛎每片贝壳8~10个，鲍每片波纹板200~300个。

（5）附着后管理。主要是投饵和换水。幼虫附着前期大多有个探索过程，时而匍匐，时而浮游，加之幼虫发育不同步，因此投放附着基后最初几天，水中仍会有不少浮游幼虫，此时换水仍必须用滤鼓或滤网，以免造成幼虫流失。后期待幼虫基本完成附着后，需加大换水量，每天换水两次以上，每次1/3~2/3。同时因个体增大，摄食量随之增加，饵料投喂量也要增大，以保证幼虫的营养需求，加速变态、生长。

（八）稚贝培育

幼虫附着后，环境条件合适，很快就会变态为稚贝。在变态为稚贝的过程中，幼虫个体基本不增长，而变态为稚贝后，生长迅速。一般双壳类稚贝的室内培育池仍然是水泥育苗池，采取静水培育，日换水2~3次，每次1/2左右。培育用水可以用粗砂过滤的自然海水，充分利用自然海区的天然饵料。投饵量应根据稚贝摄食及水中剩饵情况来进行。

幼虫从附着变态为稚贝后，经过7~14 d的培育，可长成1~3 mm的稚贝，此时可以开始逐步转移至室外海区进行中间培育了。

二、稚贝中间培育

室内工厂化育苗一般只能把幼虫培育至1~3 mm，而如此小的稚贝尚不能直接用于海上养成，需要经过一个中间培育阶段，称为稚贝的中间培育（图8-3）。中间培育是处于育苗和养成的一个中间环节，其目的是以较低的培育成本使个体较小的贝苗迅速长成适合海上养殖或底播的较大贝类幼苗。

根据贝类种类不同，中间培育的方法主要有海上中间培育和池塘中间培育，前者以扇贝、魁蚶等附着性贝类为主，后者以蛤类、蚶类等埋栖性贝类为主。缢蛏苗种中间培育，多用潮间带滩涂经平埕整理后的埕条或者土池（图8-4）。

图8-3 贝类稚贝中间培育

图8-4 缢蛏稚贝中间培育基地

（一）海上中间培育

海上中间培育是利用浮筏，将附着基连同稚贝一起放入网袋或网箱用绳子串起，悬挂于浮筏进行养殖的一种培育形式。一般每绳串10~20个网袋或2~3个网箱。中间培育一般都选在风浪小、潮流畅通、水质优良而饵料生物又相对丰富的海区进行，也可以利用条件较好的鱼虾养殖池进行中间培育。浮筏的结构、设置与常规海上养殖的浮筏基本类似，可参见有关章节。培育器材主要是网袋、网箱或网笼，属于贝类中间培育所专有的。

1. 培育器材

（1）网袋：网袋一般为长方形，用聚乙烯纱网缝制而成，大小30 cm×50 cm，或50 cm×70 cm。根据稚贝规格大小，网袋可分为一级网袋、二级网袋和三级网袋。一级网袋多用于培育刚出池的壳高1 mm左右的稚贝，网袋的网目大小多为300~400 mm（40~60目）；二级网袋多培育2~3 mm规格稍大的稚贝，网目大小为0.8~1 mm（20目）；三级网袋则用于培育规格较大的稚贝，其网目大小为3~5 mm。

（2）网箱：网箱形状多为长方形，大小为：40 cm×40 cm×70 cm。可用直径为6~8 mm的钢筋做框架，外套网目大小为300~400 mm或0.8~1.0 mm的聚乙烯网纱。网箱可用于稚贝的一级和二级培育。由于网箱的空间较大，育成效果较网袋好，但同等设施，所挂养的箱体数量和培育的稚贝数量比网袋小。

（3）三级育成网笼：形式与多层扇贝养殖笼相似。笼高约1 m，直径约30 cm，分8~15层，层间距10~15 cm，外套网目5 mm左右的聚乙烯网衣。网笼一般培育8~10 mm较大规格的稚贝，可将稚贝培育至1~3 cm，再将其分笼进行成贝养殖。

2. 养殖方法

（1）网袋、箱、笼吊挂：一般一条吊绳吊挂10袋，两对为1组，系于同一个绳结，分挂在吊绳两边，每条吊绳结5组，组间距20~30 cm。一般网袋宜系扎在吊绳的下半部。吊绳的长短依培育海区水深而定，一般为2~5 m。吊绳末端加挂一块0.5~1.0 kg的坠石，上端系于浮筏上。吊绳间距1 m左右。

网箱可3个1组上下串联成一吊，下加一块0.5~1.0 kg的坠石，上端系于浮筏上，吊间距1.5~2 m。

网笼可直接系于浮筏上，笼间距1 m左右。为增加笼的稳定性，也可以在末端加一块0.5~1 kg的坠石。

（2）培育密度：稚贝的中间培育密度根据种类、个体大小、海区水流环境以及饵料丰度而定。一般双壳类稚贝一级网袋可装1 mm以下的稚贝20 000个左右；二级网袋可装2 mm左右的稚贝2 000个。用网箱培育，一级培育的稚贝可装50 000~100 000个；二级培育的稚贝可装5 000个左右。用网笼培育，一般每层放稚贝100~300个。

（3）培育管理：稚贝下海后对新环境有一个适应过程，因此前10 d最好不要移动网袋，以防稚贝脱落。以后根据情况每5~15 d洗涮网袋1次，大风浪过后，要及时清洗网袋的污泥，以免堵塞网孔妨碍水交换，影响稚贝生长。

稚贝生长过程中，及时分苗。一般1个月后一级培育的稚贝可以分苗进入二级培育。

（二）池塘中间培育

池塘中间培育主要用于蛤类，如文蛤、菲律宾蛤、泥蚶、毛蚶等埋栖性种类的稚贝培育，可在池塘中将1 mm的稚贝培育至10 mm以上。

（1）场地选择：选择水流缓和、环境稳定、饵料丰富、敌害生物较少、底质适宜（泥沙为主）的中潮带区域滩涂构筑培育池塘。也可以利用建于中高潮带的、较大型的鱼虾养殖池作为稚贝培育场所。

（2）培育池塘的构筑：面积一般为100~1 000 m²，围堤高40~50 cm，塘内可蓄水30~40 cm。每10~20个池连成一个片区，池间建一条0.5 m宽的排水沟。片区周围建筑高0.5~0.8 m、宽1 m左右的堤坝，保护培育池塘。池塘构筑还需因地制宜，灵活选择，原则是使稚贝在一个环境条件稳定的良好场所，不受外界因素干扰快速生长。

（3）播苗前池塘处理：在播撒稚贝苗之前，池塘应预先消毒，用鱼藤精（30~40 kg/hm²）或茶籽饼（300~400 kg/hm²）泼洒，杀灭一些敌害生物如鱼、虾、蟹类等。放苗前1~2 d，将池底耙松，再用压板压平，以利于稚贝附着底栖生活。视水质饵料情况，可以适当施肥，繁殖基础饵料。

（4）播苗：由于稚贝个体很小，不容易播撒均匀，可以在苗种中掺入细沙，少量多次，尽可能播撒均匀。播苗密度随个体增长，逐渐疏减，一般初始密度为60~90 kg/hm²。

（5）日常管理：培育期间，池塘内水位始终保持在30~40 cm，每隔两周左右，利用大潮排干池塘水，视情况疏苗。若遇大雨，要密切关注盐度变化，若降低太多，则需换入新水。

三、贝类土池育苗

土池育苗是在温带或亚热带沿海地区推广采用的一种育苗方式。该方式不需要建育苗室等各种设施，利用空闲的养殖用土池，施肥繁殖贝类饵料，方法简单，易于普通养殖者掌握，培育成本低廉，所培育苗种健壮，深受人们欢迎，具有良好的应用前景。一般土池育苗主要适宜培育蛤类、蚶类和蛏类等埋栖型贝类。

但土池育苗也有一些弊端，如土池面积大，培育条件可控性较差，敌害生物较难防。另外，池塘水温无法人工调控，因此只能在常年或季节性水温较高且稳定的地区开展土池育苗。

（一）场地选择

必须综合考虑当地的气候、潮汐、水质、敌害生物、道路交通及其他安全保障等因素。底质以泥或泥沙为宜，池塘面积一般在 $0.5\sim1\ hm^2$，池深 1.5 m 左右，蓄水水位在 1 m 左右。池堤牢固，不渗漏，有独立的进排水系统。

（二）池塘处理

（1）池底处理：育苗前必须进行清淤、翻松、添沙、耙平等工作，为贝类幼虫附着创造适宜的底质环境。

（2）清池消毒：育苗前 10 d 左右进行消毒，杀灭敌害生物和致病微生物等。常用的消毒剂为生石灰（$150\sim250\ g/m^2$）、漂白粉（$200\ mg/m^2$、有效氯 $20\%\sim30\%$）、茶籽饼（$35\ g/m^2$）、鱼藤精（$3.5\ g/m^2$）等。

（3）浸泡清洗：清池消毒后要进水洗池 3 遍以上，彻底清除药物残留。每次进水需浸泡 24 h 以上，浸泡后池中的水要排干，然后注入新水再次浸泡，重复进行。为防止进水时带进新的敌害生物或卵、幼虫，进水口要设置 100 目的尼龙筛网对水进行过滤。

（三）肥水

由于土池育苗的饵料生物完全依靠池塘天然繁殖，因此在育苗前必须通过施肥在池塘中繁殖足够的生物饵料，这是土池育苗能否成功的关键所在。

（1）施肥种类：常用的化肥为尿素、过磷酸钙、三氯化铁等，有机肥可用发酵的畜禽粪便，有机肥的效应较慢，但肥力较长，可与化肥搭配使用。

（2）施肥量：一般可按 $N:P:Fe=1:0.1:0.01$ 的比例施肥，氮的使用量通常为 $10\sim15\ g/m^2$。

（3）施肥方法：通常施肥后 $3\sim4\ d$，浮游生物即可大量繁殖。可根据饵料生物的繁殖情况适当增减用量。

（四）亲贝的投放与催产

（1）亲贝选择：从自然海区或混养池塘中选择健康成熟的 $2\sim3$ 龄个体做亲贝。

（2）亲贝数量：根据种类、个体大小来调整亲贝数量，一般在 $200\sim400\ kg/hm^2$。

（3）催产：产卵前，将亲贝撒放在进水闸门口附近，利用大潮汛期进水，受到水温差和流水刺激，可以使亲贝自然产卵。也可以在产卵前先阴干 8 h，然后再撒在闸门口附近，经受水温和流水刺激，催产效果更好。若采用经过室内促熟培育的亲贝，再如上述方法催产，产卵效果也很好。

土池育苗的贝类一般属于多次产卵型。当首批浮游幼虫下沉附着后，可以根据亲贝的发育情况，进行第二次催产。方法是傍晚将池塘水排干，第二天清晨再进水，使亲贝排卵、受精。

也可以利用室内育苗室进行催产、受精，等幼虫发育至面盘幼虫后，随水移入土池让其自然生长。此方法要注意室内外水温的差异不能过大，同时池塘中要有足够的饵料生物保证幼虫摄食。

（五）幼体期管理

土池育苗一般不需要投饵，贝类浮游幼虫依靠摄食池塘内的天然饵料生物，自然生长发育为稚贝。主要管理工作有如下几项。

（1）进排水：前期池塘只进不排，确保之前繁殖的饵料生物不致流失，保持池水各项理化因子稳定。如果需要，可以在幼虫开始摄食初期，投放适量的光合细菌作为补充饵料。幼虫附着后，池水可以大排大进，为贝类幼虫带来海区天然饵料。

（2）施肥：在幼虫附着之前，需定期施肥，加速繁殖饵料生物。

（3）敌害防止：严格管理进水滤网，防止敌害生物进入池内。随时清除池中的浒苔（*Enteronorpha* spp.）等杂藻类。

（4）观察检测：日常巡视，检查闸门、堤坝漏水情况。每天定时检测水温，采水样，计数幼虫密度，观察个体大小，摄食、健康状况等。

（六）稚贝采收

（1）稚贝规格：当稚贝长到壳长 1.5 mm 以上时，可以进行刮苗移养。

（2）移苗时间：一般在早上或傍晚进行。池水排干后，进行刮苗，刮出的苗种要先清洗，将稚贝与杂质分开，然后再转移至中间培育池内进行中间培育。

四、天然贝苗的采集

在传统贝类栖息的自然海区尤其是贝类养殖海区，每年贝类繁殖季节，海区都会出现数量不等的贝类幼虫，有时数量相当大，这些贝类幼虫在发育到后期壳顶幼虫即将附着转入底栖生活时，如果没有合适的附着基，则会死去或被水流冲走。对于双壳贝类来说，无论是营固着生活的（牡蛎）、营附着生活的（贻贝），还是营埋栖生活的（蛤、蚶、蛏）贝类，在其幼体发育阶段都要经历附着变态阶段，而此时如果在海区人工投放适宜的附着基，或设置条件适宜的附着场所，就可以采集到数量可观的贝苗。采集天然贝苗就是利用贝类这一幼体发育特点而进行的。由于这些贝苗是在海区自然环境中生长发育的，因此生命力强，养殖成活率高，避免了人工培育所带来的苗种适应能力差、抵抗力弱、近亲繁殖等弊端，因此深受人们欢迎。但采集天然苗种也存在受气候海况条件影响大、产量不稳定等缺点。

根据贝类的栖息环境、生态习性，采集天然贝苗通常有3种方式。一是在贝类繁殖季节，在海区选择浮游幼虫密集的水层，吊挂采苗绳帘，采集贝苗，称为海区采苗，通常用于扇贝、魁蚶、贻贝等苗种采集；二是通过在潮间带放置采苗器采集贝苗，称为潮间带采苗器采苗；三是在潮间带合适区域通过修建、平整贝类幼虫附着场所（平畦），称为潮间带平畦采苗。

（一）采苗预报

天然贝苗采集的一个非常重要的工作是确定采苗期，以便在适当、准确的时间段内投放采苗器或平畦，也称为采苗预报。预报不准，采苗效果会大打折扣。过早投放，采苗器上会附着其他海洋生物，影响贝类幼虫附着；过晚则幼虫已失去附着能力或死亡，预示采苗失败。采苗预报分为长期预报、短期预报和紧急预报。长期预报在生殖季节到来之前发出，为生产单位组织准备采苗器材，构筑、平整采苗场所提供参考；短期预报在首批亲贝开始产卵发出，为生产单位检查采苗准备工作是否充分提供依据；紧急预报在幼虫即将附着时发出，预报未来 3 d 幼虫附着情况和可采集到贝苗数量。紧急预报为生产单位投放采苗器或平畦提供依据。通常长期预报 1 年只发 1 次，而短期预报和紧急预报视情况可 1 年多次。

（二）采苗海区选择

选择附近海域有一定的亲贝资源，或是贝类养殖海区，可提供足够的贝类浮游幼虫；海区风浪较小，潮流畅通，水质优良，使贝类幼虫能在该海区停留一定的时间。对于不同生活习性的贝类，其底质要求不一，如平畦采集的埋栖型贝类要求底质为疏松的泥沙，以利于幼虫附着；而海区采集的附着型贝类则要求浮泥少，不易浑浊。

（三）采苗方式

1. 海区采苗

海区采苗也称浮筏采苗，一般利用浮筏和采苗器在潮下带至水深 20 m 左右的浅海水域进行垂下式采苗。多用于扇贝、魁蚶、贻贝、泥蚶等种类的苗种采集。我国的栉孔扇贝、日本的虾夷扇贝普遍利用这种方式采集苗种。

（1）采苗器：一般利用在浮筏上悬挂采苗器进行采集。采苗器的种类有很多，例如，采苗袋：由塑料纱网缝制（扇贝、魁蚶）；采苗板：透明 PVC 波纹板（鲍）；贝壳串：牡蛎、扇贝壳串制而成；棕网：用棕绳编制而成的棕网；草绳球等。

（2）采集水层：采集器悬挂水深要根据采集贝类的种类及海区环境情况而定，因此采集前要对幼虫的分布、海区水深情况等进行水样采集调查分析，确定采集器投放位置，以获得良好的采集效果。一般扇贝幼虫多分布在 5~10 m 的水层，魁蚶幼虫分布在 10 m 以下水层。

2. 潮间带采苗器采苗

潮间带采苗器采苗多用于牡蛎、贻贝等种类的采苗。

（1）采苗器：牡蛎天然采集的采苗器多种多样，常见的有：石材：花岗岩等硬石块制成，规格 1.0 m × 0.2 m × 0.05 m；竹竿：多为直径 2~5 cm，长约 1.2 m 的毛竹；水泥桩：规格有 0.5 m × 0.05 m × 0.05 m 或（0.08~0.12）m × 0.1 m × 0.1 m；贝壳串：用扇贝或牡蛎壳串制而成。

（2）采苗方法：根据采苗器的不同，采苗方法也各有差异。石材和水泥桩一般是用立桩法，将基部埋入滩涂内 30~40 cm，以防倒伏增强其抵御风浪的能力。一般每公顷投放 15 000 个。竹子一般采用插竹法，每 5~10 支毛竹为一组，插成锥形，插入滩涂 30 cm，每 50~80 组排成一排，排间距 1 m。每公顷插竹 150 000~450 000 枝。贝壳串采苗法是在低潮线附近滩涂上用水泥桩或竹竿搭成棚架，采苗时，将贝壳串水平或垂直悬挂在海水中采集。其他还可以直接将石块或水泥块投放在滩涂上成堆状，将水泥板相对叠成人字形等方法采苗。

3.潮间带平畦采苗

潮间带平畦采苗多用于埋栖型贝类的采苗，如菲律宾蛤仔、文蛤、泥蚶、缢蛏等种类。

（1）采苗畦修建平整：选择底质疏松、泥沙底质的潮间带中高潮区海涂，修筑成形的采苗畦。先将上层的底泥翻耙于四周，堆成堤埂，地埂底宽 1.5~2 m，高 0.7 m，风浪较大的海区，地埂适当加宽加高。畦底再翻耕 20 cm 深，耙平，使底质松软平整，以便于贝类浮游幼虫的附着与潜沙。如果底质中沙含量较少，可在底面上铺上一层沙，作为幼虫附着基质，增加附苗率。采苗畦的面积约为 100 m² 左右，两排之间修一条 1 m 左右宽的进排水沟，沟端伸向潮下带，确保涨落潮时水流畅通。

（2）采苗方法：在自然海区贝类繁殖季节，根据水样调查分析和采苗预报，选择适宜时机进水采苗。进水前一天，需再将畦底面翻耙平整 1 次，以利于幼虫附着。为提高密度，还可以放水再进水采苗。贝苗附着后，每隔一定时间应在地面轻耙 2~3 次，防止底面老化，为稚贝创造更好的生活环境。

第三节　贝类养成

国内外养殖贝类种类有几十种，由于栖息环境和生态习性不同，养殖方式也各不相同，大致可分为海区筏式养殖，如扇贝、贻贝等，潮间带立桩式养殖，如牡蛎、贻贝等，以及潮间带平埕养殖，如蛤、蚶、蛏等。本节主要介绍扇贝、牡蛎和缢蛏的养成方式。

一、扇贝养成

扇贝是世界贝类养殖中最重要的品种之一，中国的扇贝养殖在世界领先，自 20 世纪 90 年代起就已经形成产业化，尤其在北方，扇贝养殖已成为海水养殖中的支柱产业之一。目前养殖的扇贝种类主要有 4 种：栉孔扇贝（*Chlamys farreri*）、华贵栉孔扇贝（*Chlamys nobilis*）、海湾扇贝（*Argopecten irradians*）和虾夷扇贝（*Patinopecten yessoensis*）等。两种栉孔扇贝为我国本土种，前者分布在北方，后者在南方。海湾扇贝从北美引进，虾夷扇贝从日本引进。

（一）苗种来源

扇贝的苗种来源主要有工厂化育苗和海区自然采苗，前者苗源稳定，可根据需要定时定量培育，后者成本低廉，苗种质量较好。大规模产业化养殖主要依靠工厂化育苗，海区自然采集贝苗作为补充。工厂化育苗或自然采集贝苗一般都需经过中间培育，随着个体增长，逐步分级养成。

（二）海区选择

选择潮流畅通、风浪小、浮泥少、水质无污染、水深 8~10 m 以上的海区，海水温度、盐度适宜，天然饵料丰富，敌害生物少，海底底质适宜浮筏的固定。

（三）养殖方式

扇贝养殖根据不同种类可有几种不同养殖方式，如笼式养殖，用于各种扇贝的养殖；穿耳养殖，主要用于虾夷扇贝养殖；另外还有底播养殖、综合养殖等方式。在此主要介绍扇贝笼养（图8-5）。

图8-5 扇贝海区养殖

（1）养殖器材：由聚乙烯网线编制（图8-6），直径30~33 cm，长约1.5 m，8~12层，层间距10~15 cm，网目根据扇贝生长大小逐步调整，一般有0.5 cm、2.5 cm、3 cm等多种，分别用于养殖1 cm、3 cm的稚贝和成贝。

图8-6 扇贝养殖吊笼

（2）养殖密度：若暂养笼8层，稚贝小于1 cm时，每层可放苗500粒左右，即一笼为4 000粒。当苗长到2.5 cm以上，再及时分到养成笼中养殖。每层放苗量控制在40~50粒，一笼为400粒，太多会影响扇贝生长，太少又浪费养殖器材。虾夷扇贝等大型贝类密度需适当调低。

（3）养殖水层：根据季节和表层水温变化而调整。春、秋季适宜在上层2~5 m处养殖，而冬季表层水温较低，夏季表层水温又太高，因此需要降低养殖水层至6~10 m，以扇贝网不拖泥为宜，这样既可以避免高、低温，又可以减少附着生物附着，并且能起到很好的抗风浪作用。

二、牡蛎养成

牡蛎是世界范围内的最重要的养殖贝类，美国、日本、韩国、法国为世界主要养殖国家，澳大利亚、新西兰、墨西哥和加拿大等国的牡蛎养殖业也十分发达。牡蛎也是中国的重要养殖贝类，主要养殖种类有太平洋牡蛎（*Crassostrea gigas*）、近江牡蛎（*Crassostrea rivularis*）和褶牡蛎（*Ostrea plicatula*）等。2013年中国的牡蛎养殖产量为 422×10^4 t，约占全国贝类养殖总产量的1/3。

（一）苗种来源

牡蛎的苗种来源主要有采集海区自然苗（潮间带采苗器和深水浮筏采集）和工厂化人工育苗。我国各地的牡蛎养殖多以采集自然苗种为主。

（二）海区选择

牡蛎属于咸水或半咸水海洋生物，一般分布在河口、内湾水域。养殖场地宜选择潮流畅通、风浪较小、饵料生物丰富、最好有环流的海区。底质与养殖器材的设置有关，一般为沙泥底。底质太软则不利于操作，太硬则不利于竹竿、石材的设置。尽可能选择藤壶、贻贝等生物较少的海区，以免与牡蛎竞争生活空间和食物。

（三）养殖方式

牡蛎养殖方式根据苗种来源不同，养殖方式也各有差异。一般潮间带采苗器采集的多采用直接养殖，而海区浮筏采集或人工培育的苗种则多采取浮筏浮绳养殖，也可以将自然采集或人工育苗培育的牡蛎苗种从采苗器上剥离，进行滩涂播养。另外还可以将牡蛎置于虾池进行多元化生态养殖。

1.直接养殖

一般都在中、低潮区。直接养殖是牡蛎的传统养殖方式，通常在采苗后，将采苗器进行适当调整后直接进行养殖（图8-7），如插竹养殖、立桩养殖、投石养殖、桥石养殖、栅架式养殖等。

图8-7　牡蛎的潮间带养殖

（1）插竹养殖：一般在采苗后，将养殖密度调疏1~2次，称为分殖。分殖的作用是扩大牡蛎的生活空间，促进其生长，同时还可以减少牡蛎苗的脱落。

（2）立桩养殖：与插竹养殖相似，立桩养殖是在滩涂上设置条状石材或水泥桩，采苗后在原地继续养殖，直至收获。如果附着的牡蛎苗过密，可以人工去除一部分。收成时，可将牡蛎从石材或水泥板上铲下来，带回岸上剥取牡蛎肉。

（3）投石养殖：与上面两种方式类似，需注意的是要防止石块下沉或被淤泥埋没，所以需要根据情况不定时将石块移位，一则防止下沉，同时也可以为牡蛎选择饵料生物丰富的区域继续养殖。

（4）棚架式养殖：在海区潮间带滩涂设置栅架，栅架用水泥桩、木杆或竹竿搭成，将牡蛎苗绳悬挂其上进行养殖（图8-8）。随着牡蛎的生长，应把贝壳串拆开，扩大贝壳间距，以适应牡蛎生长。此外应及时调整吊挂水层，夏季水温高时，可缩短垂吊深度，增加露空时间，以减少苔藓虫（Bryozoa）、石灰虫等生物附着。至牡蛎生长后期，应加大吊养深度，增加牡蛎摄食时间，加快其生长。

2.浮筏养殖

采用的是常规海上浮筏式养殖方式（图8-9）。海区水深在干潮4 m以上，冬季不结冰，夏季水温不超过30℃，海区水流流速在0.3~0.5 m/s为宜。

图8-8 牡蛎棚架式养殖

图8-9 牡蛎海区浮筏养殖

养殖绳一般长3~4 m，用14号半碳钢线或8号镀锌铁丝制成，先悬挂在浮筏上，相互间距约0.5 m。将从自然海区或育苗场采集的采苗器（多为贝壳串）夹在养殖绳上。第一个采苗器应固定在水下20 cm处，以下间隔在15~20 cm。

养殖期间的管理主要是及时疏散养殖密度和调节养殖水层，以保证牡蛎能获得充足的饵料。随着牡蛎的生长，负荷加重，需要增加浮子的浮力，防止沉筏。另外要加强安全，尤其是台风季节，加固浮筏，台风过后，及时整理复原。

我国广东省近江牡蛎浮绳养殖从采苗到养成收获一般要养殖26个月，日本太平洋牡蛎从采苗到养成需要14~15个月。

3.滩涂播养

滩涂播养是将采苗器或潮间带岩石上的牡蛎苗剥离下来，以适当的密度播养到泥沙滩涂上，牡蛎即可在滩面上滤食生长。这种方式类似蛤、蚶类养殖，具有不用固着器，可以充分利用滩涂，操作简便，成本低，单位面积产量高等优点。

牡蛎播养一般选择在风浪较小、潮流畅通的内湾，泥沙地质为宜。应选择在中、低潮区，潮位过高，牡蛎滤食时间受限，影响生长，而太低，则容易被淤泥埋没。周边应没有河流流入或鱼虾养殖场排水等因素干扰。

牡蛎播养的季节一般应在4—5月，水温逐步上升时节，以保证其能有充足的饵料。牡蛎苗种规格以壳长2~4 cm为宜，通常前一年7—8月固着的自然苗或人工培育苗到第二年的春季可达2~4 cm（400粒/kg），正适宜播养。

播苗的方法有干潮播苗和带水播苗两种。干潮播苗是在退潮后滩面露干时，把牡蛎苗均匀撒播在滩面上。播苗前需要将滩面整平，尽量避免将苗种撒在坑洼不平的滩面上。最好播完苗后就开始涨潮，以免牡蛎苗露空时间太长，尤其避免中午太阳暴晒。带水播苗是在涨潮时，乘船将苗撒入滩面。播苗前需规划平整滩面，并插上竹竿做标记，便于播苗均匀。由于干潮播苗肉眼可见，更容易播种均匀，所以多采用干播法。

播苗密度根据海区水质和饵料生物丰富程度而定。一般播种密度在 $(7~10)\times 10^4$ kg/hm^2，正常情况下，经过6~8个月的养殖，一般可收获约 40×10^4 kg/hm^2 的产量。

三、缢蛏养成

缢蛏（*Sinonovacula constricta*）广泛分布于我国南北沿海滩涂。由于其肉味鲜美、营养丰富，而且壳薄、肉多，养殖成本低、周期短、产量高，收益稳定，深受养殖者的欢迎，是浙江、福建等地的主要养殖品种，养殖历史悠久。北方主要以增殖保护为主，近年来也开始养殖。

缢蛏的主要养殖方式有平埕（涂）养殖、蓄水养殖、池塘混养（与鱼类或虾类）以及围网养殖等多种形式，由于缢蛏的埋栖生活特性，因此各种养殖方式差异不大，其中平埕养殖是传统养殖方式，应用最广。缢蛏池塘混养时，在池底平埕整理出若干蛏条，在此主要介绍滩涂平埕养殖。

（一）苗种来源

缢蛏的苗种主要来源于潮间带半人工平畦采苗，近年来也开始试行人工育苗作为补充。

（二）海区选择

选择内湾或河口附近，平坦且略有坡度的滩涂，位于潮间带中潮区下部和低潮区，每天干露时间2~3 h为宜。潮流畅通，风浪小。由于缢蛏为埋栖型贝类，且埋栖深度较蛤、蚶类都深，因此要求底质为软泥或泥沙混合，偏泥底质，最好是底层为沙，中间20~30 cm为泥沙混合，表层为3~5 cm的软泥。缢蛏的适宜水温为15~30℃，适宜盐度为6.5~26。

（三）蛏埕建筑和平整

蛏埕是缢蛏的栖息场所，其修建与农田类似。在蛏埕的四周建起堤埂，高30~40 cm，风浪较大，则地埂适当加高，目的是挡住风浪，保持蛏埕滩面平坦（图8-10）。堤内埕面可根据操作方便，开挖小沟，将蛏埕划分成宽3~7 m不等的一块块小畦，畦与畦之间的沟既可以排水，也方便人行走，不致践踏蛏埕。

图8-10　缢蛏养殖的蛏埕建筑

无论是旧蛏埕（熟涂）还是新蛏埕（生涂），都要经过整理才能放养，一般要经过3个步骤：翻土、耙土和平埕。

（1）翻土：用海锄头、四齿耙等工具将蛏埕翻深30~40 cm，经翻耕后能使泥沙混合均匀，适宜养蛏。同时翻耕还可以使原来在表层生活的玉螺、拟蟹守螺等生物翻到涂内使其窒息死亡。土层深处的敌害生物如虾虎鱼、章鱼等应及时捕捉或杀灭。经过翻耕，涂内洞穴消失，涂质结构得以改善。一般在放苗前6 d进行翻耕，次数以3次为宜。土质较硬的滩涂可以采用机械翻耕，提高效率。

（2）耙土：将翻土形成的土块捣碎，使表层泥土碎烂均匀、细腻柔软。

（3）平埕：用木板将埕面压平抹光，使埕面呈现中间高，两边低的马路型，不致使埕面积水。操作时，站在畦沟，逐步后退，不留脚印。

翻土、耙土、平埕次数根据埕地底质不同而有差异。底质较硬且含沙量高，需要播种前2周即开始操作，重复进行2~3次，而软泥底质则1次即可，播种前2~3 d进行。

缢蛏苗埕形式有坪式、畦式和宽式3种。

（四）播种

播种时间一般在农历12月中上旬开始，至第二年的清明节前结束，最好是在农历一二月。蛏苗个体1~1.5 cm，均匀撒播在埕面上。一般播苗密度在1 000 kg/hm² 播1 cm苗，低潮区或沙质底可以适当增加播种量。需在潮水上涨前半小时将苗播完，确保蛏苗及时钻穴，以免被潮水冲走。

（五）日常管理

初期及时检查蛏苗成活率，发现死亡率过高，则需及时补苗。平时，每周巡查1次，注意埕面是否因风浪导致不平、积水，需及时修复。

小　　结

　　贝类是水生动物中种类最多的门类，有许多重要的养殖经济种类，养殖历史久远，养殖范围遍布世界各地。大多数贝类以滤食为生，在幼体发育时要经历担轮幼虫和面盘幼虫阶段，以后转入底栖或附着生活。

　　贝类的苗种培育主要有工厂化人工育苗、土池育苗和海区采集自然苗3种。工厂化人工育苗通常需经过亲贝培育、人工诱导产卵、人工授精孵化、幼虫培育、幼虫附着采集和稚贝培育等阶段。土池育苗需要进行选择亲贝、修整贝苗附着场地、繁殖基础饵料生物等工作。海区采集自然苗的重要工作是选择好海区和做好准确的苗种采集预报工作。具体又分3种采苗类型：海区自然苗采集（扇贝、魁蚶等）、潮间带采苗（牡蛎等）和平畦（埕）采苗（缢蛏等）。上述各种方式培育的贝类苗种一般需要经过中间培育后再进入养成阶段。

　　贝类养殖形式多种多样，主要有海区筏式养殖、潮间带插竹、投石养殖和潮间带滩涂平埕养殖等。扇贝通常是采用海区筏式吊笼养殖，一般要求海区水深在8~10 m。随着贝类的生长，笼中贝类的密度需要多次调整。牡蛎主要采用潮间带插竹、投石或立桩养殖，也可以进行浮筏养殖或滩涂播养。缢蛏主要采用潮间带低潮区滩涂平埕养殖，主要是做好翻耕、平整缢蛏穴居生活的埕面等工作。

第九章 甲壳动物养殖

第一节 甲壳动物生物学概念

甲壳动物是人们熟知的动物种类，与昆虫、蜘蛛等动物一起同属于节肢动物门，组成动物界物种多样性最丰富的动物门类，现存种类超过$100×10^4$种，其中甲壳动物约68 000种，尚有大量未被鉴定或报道的种类。常见的有虾类、蟹类、端足类、等足类、桡足类、磷虾类、枝角类、藤壶、卤虫等。

一、形态特征

（1）身体分节，两侧对称，体可弯曲，各节有附肢。
（2）外被坚硬、无活性的外骨骼——外甲（甲壳），甲壳为碳酸钙硬化的几丁质。
（3）有两对触角。
（4）鳃呼吸，由血蓝蛋白携带氧气输送到身体各组织。
（5）身体需先蜕皮再增长。
（6）几乎终身生活在水中。

二、分类

甲壳纲（Crustacean）分为8个亚纲，其中软甲亚纲（Malacostraca）是最重要的亚纲，种类多，个体大，且经济价值十分重要。而软甲亚纲中又以十足目（Decapoda）地位最为重要，是甲壳动物最高等的一目，种类也最多，约有8 340种，极大部分养殖种类都出自此目。传统分类将十足目分为两个亚目、6个部（据堵南山，科学出版社，1993）。

游泳亚目（Natant ia）
　　对虾部（Penaeidea）
　　真虾部（Caridea）
　　蝟虾部（Stenopodidea）
爬行亚目（Raptantia）
　　长尾部（Macarura）
　　异尾部（Anomura）
　　短尾部（Brachyura）
国内外常见的养殖种类如对虾、沼虾、河蟹、梭子蟹、龙虾、小龙虾等均属于十足目种类。因此本章所叙述的也基本以十足目为主。

三、繁殖发育

1.性别

绝大多数十足目种类雌雄异体，仅少数种类（如鞭藻虾属 *Lysmata* spp.）有性逆转，先雄后雌，雌雄同体现象。雌雄个体第二性征十分明显，雄性个体腹部第1、第2两对附肢特化为生殖肢。雌体多数具外纳精囊。雌雄生殖孔位置不同，雌雄位于第6胸节，雄性位于第8胸节。雄性精子在形成过程中经过输精管后形成精荚包被精子。

2.交配

交配前，一般雌体要蜕皮一次，称为生殖蜕皮。雄体经过一段时间追逐雌体后抓住雌体，将精荚输送到雌性纳精囊，或直接黏附在腹甲表面。纳精囊闭合型的对虾类交配前一般不蜕皮，交配后精荚的主体部分被储存在纳精囊中，可长达几个月到半年。精子储存于纳精囊的种类，交配1次，可多次产卵，精子可维持长久的生命力，最长可达3年。

3.内分泌调控

十足目种类的眼柄是内分泌调控中心，其中的窦腺-X器官复合体集分泌、储存和释放各种内分泌激素功能为一体，其分泌的激素有性腺抑制激素（GIH）、蜕皮抑制激素（MIH）、高血糖素（CHH）等。许多对虾类在人工控制条件下，很难成熟，而切除眼柄后，则由于消除了性腺抑制激素的调控，卵巢会迅速发育成熟，因此生产上普遍采用切除对虾眼柄的方法来达到促使亲虾成熟的目的。

4.产卵

十足目对虾科种类将卵直接产于海水中孵化，产卵量巨大，几十万、上百万不等。而其余所有种类的雌体都用腹肢抱卵，受精卵固着在腹肢的刚毛上，直到孵化。抱卵数量也因种类不同差异较大，通常沿岸浅海种类抱卵数量多，一般几万、几十万甚至更多，而深海、冷水种类抱卵数仅为几百个。多数种类1年抱卵1次，而少数1年抱两次或两年抱卵1次。

5.胚胎和幼体发育

十足目受精卵由于卵黄丰富，因此多为表面卵裂，或初期完全卵裂，32细胞后转为表面卵裂。少数种类如对虾行完全卵裂。

对虾科在水中完成胚胎发育全过程，胚胎在膜内发育至膜内无节幼体时，开始脱膜而出，成为自由生活无节幼体，此时仅3对附肢，两对触角，1对大颚，身体不分节，可做间歇运动，不摄食，靠体内剩余卵黄营养维持生命。经过6次蜕皮后变态进入溞状幼体。溞状幼体开始摄食，经过3次蜕皮变态为糠虾幼体，再经过3次蜕皮变态为与成体基本相似的仔虾（十足幼体）。（图9-1至图9-3）

游泳亚目其他种类幼体发育较简单，在膜内度过无节幼体阶段，脱膜出来就是溞状幼体，以后发育经过糠虾幼体直至仔虾（十足幼体）。爬行亚目短尾部和异尾部幼体发育近似游泳亚目，为3个阶段，溞状幼体、后溞状幼体和仔蟹（十足幼体）。中间阶段不是糠虾幼体，而是后溞状幼体（图9-4）。

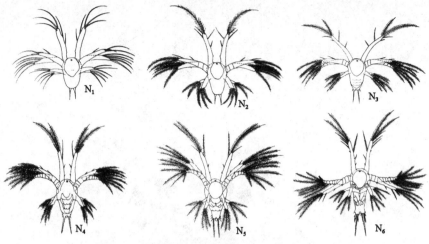

图9-1　中国明对虾无节幼体 I － VI期（N_1-N_6）

资料来源：赵发箴，1965

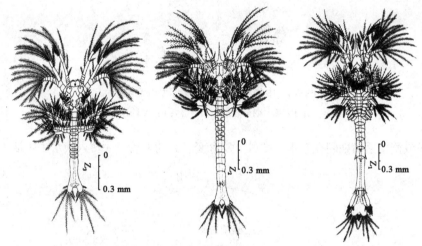

图9-2　中国明对虾溞状幼体 I － III期（Z_1-Z_3）

资料来源：赵发箴，1965

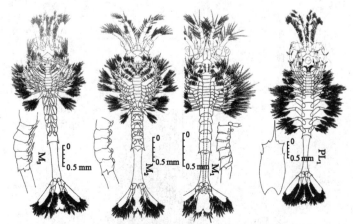

图9-3　中国明对虾糠虾幼体 I － III期（M_1-M_6）

资料来源：赵发箴，1965

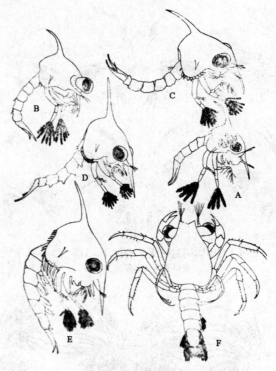

图9-4 中华绒螯蟹幼体发育（仿梁象秋）

A–E：第一期至第五期溞状幼体；F：大眼幼体

中华绒螯蟹繁殖期间在海水中度过，发育变态为幼蟹后，才转入淡水中生活（图9-5）。

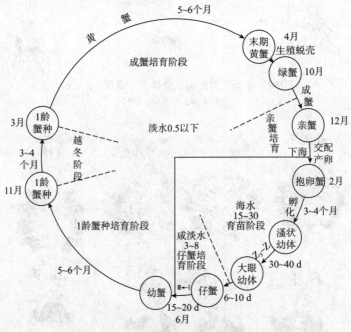

图9-5 长江水系中华绒螯蟹生活史

资料来源：王武，2000

爬行亚目的长尾部种类（龙虾类）幼体发育更简单，受精卵在膜内直接发育至糠虾幼体后再孵出，经过3次蜕皮后就变为十足幼体。

6.生长

甲壳动物的生长是不连续、阶段性的。因为体外坚硬的甲壳不能随着身体的生长而扩大，所以相隔一段时间后，必须蜕皮，身体才能生长。蜕皮、生长交换进行，蜕皮1次，生长1次。早期生长快，蜕皮次数多，蜕皮间隔就短，而生长后期，蜕皮间隔时间长，蜕皮次数也少。十足目成熟以后也能蜕皮，但次数较成熟前要少得多。雌体在交配前以及受精卵孵化后一般要蜕皮1次，是为生殖蜕皮，与生长关系不大。雌体抱卵时，一般不蜕皮。

十足目的寿命多数较短，1~2年。对虾多数雄性个体交配完成后即死去，雌性在完成产卵后死去。蟹类寿命稍长，3~5年。个别十足目种类寿命可以很长，如蝲蛄可活20年，美洲海蝲蛄寿命甚至可达50年。

第二节　甲壳动物苗种培育

甲壳动物苗种培育最早始于20世纪30年代，日本藤永原最早进行日本对虾育苗研究并获得成功。20世纪50年代我国也开始进行中国对虾育苗技术研究，很快取得成功。相继美国、东南亚各国也纷纷开展凡纳滨对虾、斑节对虾、罗氏沼虾等种类的育苗研究取得成功。70年代我国的水产科学家又首先开始了中华绒螯蟹的育苗研究，并于80年代取得成功，20世纪末此项技术成功运用于海洋蟹类如梭子蟹、青蟹等的育苗。工厂化人工育苗技术的成功确保了苗种的稳定来源，才使得对虾等甲壳动物养殖在全球范围内的广泛开展，形成稳定而又兴旺的产业。本节主要介绍对虾和蟹类的工厂化人工育苗技术。

一、对虾育苗技术

对虾育苗的工艺流程包括：育苗设施的准备、亲虾选购和培养、产卵与孵化、幼体及仔虾培育等。育苗成功与否的关键是亲虾性腺发育、水质调控、饵料投喂和疾病防治。各种虾类育苗技术有所不同，但其基本原理是相通的，此处叙述的是虾类育苗的基本原理和技术。

（一）育苗场

1.场址选择

育苗场应建在离潮上带不远、地势平坦的位置，有优质的海水来源，不受工农业和城市生活污水的影响。海水盐度在30左右，pH值为8.0~8.4，COD小于3 mg/L，NH_3小于0.1 mg/L，其他指标符合相关对虾育苗技术规定。

进水海区的浮游生物组成对对虾育苗有重要影响，应对育苗场进水海区的浮游生物种类、数量和季节变化做一个先期调查，尤其是育苗期间浮游生物的种类组成和变化。以硅藻为优势种的海区对虾类育苗特别有利，而以甲藻、蓝绿藻为主的海区，则相对不利，需要加强人工饵料生物的培养。

另外，育苗场还需考虑交通、电力、淡水资源、劳动力条件、社会治安的问题。

2. 基本设施

一个完善的对虾育苗场应该具备如下基本设施：供水系统、供气系统、供热系统、供电系统、亲虾培育车间、幼体培育车间、饵料生物车间以及实验室、办公室、生活楼等。各系统和车间的具体设施配备参考"第四章水产苗种培育设施"。

（二）育苗前期准备

1. 育苗池

新建育苗池必须用海水或淡水浸泡1个月左右，每周换水1次，使水泥池中可溶物充分析出。浸泡期间观察池子有否渗水、漏水等情况，及时补救。若用无毒涂料涂刷池内壁，则既可防毒，也有利于清洗、消毒。旧育苗池应严格消毒，可用10~15 mg/L浓度的漂白粉或其他消毒剂消毒，消毒后用淡水或海水冲洗。消毒后，池底布上散气管和气石，一般气石密度为1个/m^2。

2. 实验仪器及工具

对虾育苗常用的实验仪器有：光学显微镜、解剖镜、海水比重计、pH计、温度计、天平、量筒、烧杯、载玻片、雪球计数板等。

常用的工具有：换水网（40目，80目）、集卵网（100目）、搓滤饲料网袋（100目、80目）、换水塑料软管、豆浆机、塑料桶、盆、舀子等。

常用的消毒或营养药品有：漂白粉、漂粉精、高锰酸钾、甲醛、硫代硫酸钠、EDTA-钠盐、氟哌酸、克霉灵、复合维生素、维生素C、硝酸钠、磷酸二氢钾、柠檬酸铁、硅酸钠以及光合细菌、益生菌等。

3. 生物饵料培养及人工饲料制作

在育苗前1~2个月就要开始进行单胞藻培养，确保在幼体发育至无节幼体4~5期时，可以接种入池。对虾幼体营养最好的单细胞藻类是牟氏角毛藻（*Chaetoceros müelleri*），其次是中肋骨条藻（*Skeletonema costatum*），其他如新月菱形藻（*Nitzschia closterium*）、球等鞭金藻（*Isochrysis galbana*）、小球藻（*Chlorella* spp.）等藻类也可以配合使用。

动物性饵料有轮虫和卤虫。轮虫需要提前培养，之前还需单细胞藻类。卤虫是必须饵料，一般在对虾幼体发育至溞状幼体Ⅲ期或糠虾幼体时开始投喂。卤虫卵孵化时间一般为24 h，因此提前1 d孵化即可。

对虾幼体期间一般需要投喂部分人工配合饲料，如蛋黄、豆浆、虾片、螺旋藻粉或市场销售的对虾幼体专用饲料，因此需提前采购黄豆、鸡蛋或其他饲料。

4. 技术培训

对虾育苗技术和管理要求较高，因此，参与育苗的工作人员尤其是新工人需要经过适当的培训，以便在实际操作过程中能准确按育苗技术操作规程进行。

（三）育苗用水处理

水是对虾育苗的关键因素之一，涉及水的理化性质和生物因子，因此在使用前，需要对水进行科学处理，为对虾亲虾和幼体提供一个良好的生存环境。

1. 预处理

主要是对水进行机械处理，过滤其固体颗粒物，一般先将水从外海抽入蓄水池或沉淀池，进水管口套上80~100目的筛绢或网袋，过滤海水中的较粗的颗粒物。然后将水从沉淀池泵入沙滤池备用。

2. 水质指标检测和调节

从沙滤池进入育苗池的水需进行各项水质指标的检测，若有异常，则根据需要进行调节。如适宜盐度为28~32，盐度调节一般通过加淡水和加卤水（未结晶出盐）、海盐等，不宜直接加氯化钠。适宜pH值为7.8~8.4。新水泥池海水pH值会短暂升高，藻类光合作用对表层池水的pH值影响较大。一般用碳酸氢钠来调节海水pH值。

3. 重金属离子

对虾卵和无节幼体对重金属离子特别敏感，因此一般育苗用水都需要添加EDTA-钠盐来螯合重金属离子，消除其对对虾幼体的危害。主要6种重金属离子对无节幼体的毒性和安全浓度见表9-1。

表9-1 6种金属离子对无节幼体的毒性及安全浓度（mg/L）

离子种类	24 h LC_{50}	48 h LC_{50}	96 h LC_{50}	安全浓度
汞（Hg^{2+}）	0.058	0.009 5	0.009	0.000 9
铜（Cu^{2+}）	0.044 5	0.036	0.034	0.003
锌（Zn^{2+}）	0.645	0.348	0.047	0.03
铅（Pb^{2+}）	1.68	0.93	0.50	0.05
镉（Cd^{2+}）	1.60	0.48	0.078	0.008
银（Ag^+）	0.064	0.053	0.053	0.005

资料来源：王克行，2008

4. 海水消毒

消毒是针对水中的生物因子，主要是杀灭各种病原体。海水消毒带来的副作用是可能杀灭许多自然海水中的天然饵料生物如硅藻、绿藻等，因此如何科学合理地进行海水消毒需要根据实际情况而定。一般常用化学和物理方法进行消毒。

化学消毒主要是用含氯消毒剂，如漂白粉、漂粉精（次氯酸钙）、二氯异氰尿酸钠、三氯异氰尿酸钠等。各种含氯消毒剂所含有效氯各不相同，使用时需要参照相关说明。

物理消毒主要有紫外线消毒和臭氧消毒，前者适宜小水体，后者可用于大水体消毒（详见第3章中水的过滤和消毒部分）。

5. 溶解有机物和氨氮处理

水中有适量的溶解有机物对对虾幼体是有益的，但有机物过多或氨氮含量过高时，则会影响幼体发育，应及时消除。一方面可在蓄水池中培养大型海藻降低天然水中的营养盐浓度；另一方面在育苗池中，可以使用蛋白分离器或适当加大充气产生气泡，人工清除等方法进行处理。

（四）亲虾培育

1. 亲虾来源与运输

亲虾来源主要有如下途径：①通过海上捕捞自然亲虾；②从养殖池挑选健康成虾进行专门养殖；③从国内外良种场购买经选育的亲虾。

近年来从良种场购买经选育的亲虾越来越受到人们的欢迎，成为主要亲虾来源。

亲虾运输早先采用车载帆布桶运输，近年来，一般都使用亲虾专用尼龙袋运输。袋内注水约1/3，亲虾放入后，充氧扎紧袋口，然后将尼龙袋放置在专用塑料泡沫箱中，再置于纸板箱内，可以进行汽车、航空等长途运输，时间在12~24 h。运输密度视不同种类和个体大小而定，一般为5~10尾/袋，为防止亲虾额角相互伤害，最好在额角上套上橡皮小圈。亲虾运输水温宜低，若环境温度较高，需要根据情况适当降温，多数种类亲虾运输温度在20℃左右较适宜。

2. 亲虾交配与促熟

（1）交配：根据纳精囊形状和功能，可将对虾分为纳精囊开放型和纳精囊闭合型两类，凡纳滨对虾等西半球的对虾种类属前者，而中国明对虾、日本囊对虾及斑节对虾等东半球种类属后者。纳精囊开放型对虾类性腺发育成熟时再行交配，交配后几个小时即产卵。而纳精囊闭合型对虾类则是先交配，精子可长时间储存在纳精囊中（中国明对虾可达半年之久），性腺发育成熟后，精子随产卵活动而同时排出受精。因此由于两类对虾的繁殖生理不同，育苗生产方法也有很大差异。选购凡纳滨对虾亲虾需同时购进雌雄亲虾（一般雌雄比例1∶1），而选购中国明对虾等种类亲虾一般只需选择已交配的雌虾即可。为防止因水温突变等原因造成亲虾蜕皮，纳精囊精子失去，故适当保留部分雄性亲虾以应急需。

（2）促熟：无论是纳精囊开放型还是闭合型对虾，亲虾在进入育苗场后都需要进行促熟培育，这一过程需要掌握关键因子是水温、饵料和切除眼柄。

各种对虾亲虾的适宜水温不尽相同，如中国明对虾为10~16℃，日本囊对虾为25~26℃，斑节对虾和凡纳滨对虾为26~30℃。在适宜的温度范围内，性腺发育与温度成正相关，但升温应是一个渐进过程。太过迅速的发育会导致卵黄积累不足，卵巢发育不充分而提前产卵，进而引起卵子孵化率低、幼体发育困难等问题。

促使亲虾性腺发育效果最佳饵料是沙蚕，其原因与沙蚕中富含花生四烯酸有关。一般在亲虾促熟期间基本以投喂活体沙蚕为主，可以适当辅以新鲜虾肉、贝肉或人工饲料。

目前，除中国明对虾外，其他主要几种对虾育苗都需切除眼柄促使亲虾成熟，否则育苗难以成功，可见切除眼柄对于亲虾卵巢发育影响之大。一般生产上采用镊烫法去除单侧眼柄就可以达到目的。

（五）产卵与孵化

1. 产卵

规模化生产一般采用集中产卵，即将发育成熟或接近成熟的亲虾集中在专用产卵池（可利用育苗池），亲虾密度控制在10~15尾/m^2为宜。亲虾一般夜间22:00至翌日4:00产卵，因此5:00后应及时将卵从产卵池排出。一般先通过虹吸管将产卵池卵排放到集卵网（100目），等池水下降至50 cm后，再缓缓打开底阀将剩余卵排出，在排水的同时，向产卵池进水，保持池水不低于20 cm，直至将池内卵基本排尽。卵子收集完毕后，可清除池底脏污，检出可能的死亡亲虾后，再向产卵池注满等温海水，第二天重复进行，如此循环，由于亲虾有重复成熟的习性，7 d后，可二次发育成熟。正常情况下可在一个产卵池连续生产1个月左右。从集卵网收集的卵要及时移出，进行适当处理后放入孵化池孵化。

　　凡纳滨对虾产卵方式与上述不同，一般是将发育成熟的雌虾选出，放入养殖成熟雄性亲虾的池内，使其交配，每晚20:00左右检查交配情况，发现交配的雌虾即移入产卵池产卵。也可以将发育成熟的雌雄亲虾以1:（1~2）的比例选入产卵池，使其交配产卵，产卵后将亲虾移出。

　　2. 孵化

　　（1）卵子消毒：传统育苗是将卵从集卵网箱中用塑料桶移出直接投入孵化池孵化。近年来，由于病毒病流行，因此建议将卵消毒后再放入孵化池，以切断可能存在的亲虾携带病毒的传染途径。方法是将卵用80目的网袋捞起，浸于已配置好的消毒液中消毒1~3 min，然后再在消毒海水中冲洗1 min，并迅速投入孵化池，此方法操作简便，对卵子机械损伤较小，消毒效果良好。表9-2是一些消毒液的建议消毒浓度和时间。

表9-2　中国明对虾卵对几种消毒剂的耐受浓度及药物的杀菌灭毒作用

消毒剂（浓度）	卵子耐受浓度和时间	杀菌灭毒的最低浓度（mg/L，µl/L）和时间	建议卵子消毒浓度和时间
二氧化氯（以ClO_2计）	1.0 mg/L 3 min	0.1（5 min）可杀死伤寒痢疾杆菌大肠杆菌	1.0 mg/L（3 min）或0.1 mg/L泼于孵化池内
	0.1 mg/L 24 h	5（30 s）可灭活4个对数级以上的f_2病毒	
漂粉精（62%）	50 mg/L 1 min	有效氯0.2（0.5 min）杀死100%细菌繁殖体	5 mg/L（3 min）或0.2 mg/L泼于孵化池内
	10 mg/L 3 min	有效氯0.2（50 s）可灭活99.8腺病毒	
碘液（2%）	200 µL/L 3 min	有效碘1可灭活牛痘病毒和黏液病毒	200 µL/L（3 min）
	300 µL/L 1 min	有效碘5（10 min）杀死一般细菌繁殖体	
碘附（PVP−I，1%）	300 mg/L 1 min	25（10 s）杀死99.9%的金黄色葡萄球菌	300 mg/L（1 min）或0.5 mg/L泼于孵化池内
	100 mg/L 3 min		
二氯异氰尿酸钠	2 mg/L 24 h	2（3 h）可杀灭97.3%的副溶血弧菌	5 mg/L（3 min）
PHMB	≤16 µL/L	4（3 h）可杀灭100%的副溶血弧菌	4 µL/L泼于孵化池内

资料来源：王克行，2008

　　（2）孵化池：孵化池水温应与产卵池相同，或高0.5~1℃，水位控制在池深的2/3左右，随着幼体的发育，逐步加高水位。为防止病原性疾病和重金属离子危害，孵化池还需在布卵前投入适量消毒剂，2~4 g/m³的EDTA−钠盐。

　　（3）布卵密度：如果幼体培育连续进行，无节幼体孵化后不分池，则孵化密度可控制在50×10^4粒/m³左右。正常情况，孵化率可达90%。若无节幼体后重新布池，则布卵密度可根据情况加大至每立方米水体几千万粒。但需确保在整个孵化过程中卵子能始终处于悬浮之中，不致堆积窒息，导致胚胎死亡。

　　（4）受精卵孵化：经交配的雌虾在产卵过程中，会同步将储存于纳精囊内的精子或黏附于体表的精荚中的精子释放，精、卵在水中自然受精。受精卵很快进入胚胎发育过程，经过12~40 h左右（根据水温不同而有差异），胚胎经过囊胚期、原肠期、枝芽期到膜内无节幼体期后，从卵膜中孵出成为营自由生活的无节幼体。表9-3是各种对虾胚胎发育的时间。

表9-3　主要养殖对虾胚胎发育进程（时间，h∶min∶s）

发育阶段与水温	中国明对虾 16.4~18℃	日本囊对虾 27.5~27℃	长毛明对虾 27.5~28℃	墨吉明对虾 27~29℃	斑节对虾 30.2℃
产卵	0	0	0	0	0
皮质棒排出	0:02:30			0:05	
出现第一极体	0:16	0:04:10		0:20	
围卵膜举起	0:30	0:11:22			
第二极体出现	0:55	0:12:40			
卵裂开始	1:30	0:30:15	0:30	0:35	
2细胞期	1:45	0:56	0:50	0:50	0:46
4细胞期	2:25	1:32	1:10	1:05	1:07
8细胞期	3:20	1:54	1:30	1:25	1:26
16细胞期	4:10	2:18	1:50	1:45	1:43
32细胞期	5:05	2:38	2:30	2:05	2:03
囊胚期	5:55	2:49	2:50	2:50	2:50
原肠期	6:50	3:35	5:00	3:30	3:26
肢芽期	18:00	7:42	8:00	4:50	4:56
膜内无节幼体	30:00	14:40	8:00	8:00	8:21
孵化	45:00	16:00	13:00—14:00	13:00—16:00	13:11

资料来源：王克行，2008

孵化水温可比产卵时调高1~2℃，切忌为了生产进度过分升高孵化温度，导致胚胎畸形，降低孵化率。

由于受精卵或胚胎属半沉浮性，水体一旦静止就会慢慢沉于池底，造成受精卵聚积一块，导致窒息死亡，因此除了均匀布置气石外，还需每隔1~2 h搅卵1次，使受精卵能常处于悬浮状态以提高孵化率。

3.无节幼体的选择和运输

随着对虾育苗生产的分工越来越细化，目前有许多育苗场开始以出售无节幼体为主业或作为其生产的主要业务之一，因此无节幼体的销售和运输也逐渐成为育苗生产的一个重要环节。

（1）无节幼体的选择：无节幼体健康状况一般根据其活力和大小以及趋光能力的强弱来判断。出售或购买无节幼体一般选择无节Ⅲ期和Ⅳ期（N₃-N₄）为宜，太早，幼体较弱，太晚，可能在运输途中就变态为溞状幼体，因无法投饵导致幼体死亡。为防止变态过快，运输水温可适当降低3~5℃。

无节幼体的运输类似亲虾，用15~20 L的尼龙袋装水1/3，放入50×10⁴~100×10⁴尾幼体（根据运输时间增减），充氧后装入塑料泡沫箱，汽车或航空运输，运输时间一般不超过24 h。否则需换水充氧。

（六）幼体培育

对虾幼体发育要经过无节幼体、溞状幼体、糠虾幼体3个阶段后进入仔虾幼体（十足幼体）。生产上，进入仔虾阶段后仍需培育7~14 d不等，方可转入池塘养殖。幼体发育各个阶段的生态习性差异较大，相对应的生产管理也有较大区别。

1. 无节幼体（Nauplius N）

（1）形态特征：无节幼体身体不分节，有3对附肢，头部前端有一中眼（单眼），尾部有成对的棘，从1对增加至7对。能在水中做间歇性运动，有较强的趋光性。无完整的口和消化道，不摄食，靠体内卵黄维持发育（图9-1）。

（2）发育分期：无节幼体需蜕皮6次，共分6期（N_1-N_6）。生产上主要以尾棘数来鉴别无节幼体发育各期，N_1-N_6各期的尾棘数分别为1对、2对、3对、4对、5对、7对。

（3）育苗管理：无节幼体发育期间，无需投饵，一般也不换水，通常在发育至N_4期后，会根据池水情况接种适量的单细胞藻类（硅藻、绿藻），作为溞状幼体的开口饵料。水温可比孵化时逐步提升1~2℃，如中国明对虾若孵化温度在18℃左右时，无节幼体培育温度可逐步上调至20℃，在此温度条件下，经过4 d左右，可发育至溞状幼体。

2. 溞状幼体（Zoea larvae Z）

（1）形态特征：身体分化为头胸部和腹部，Ⅱ期后有一对复眼，7对附肢，能做水平游泳运动。出现较完整的口和消化道，开始摄食。

（2）发育分期：溞状幼体阶段蜕皮3次，分为Ⅲ期（Z_1-Z_3）。以复眼、额角及尾肢作为各期的分类依据。Z_1无额角和复眼，Z_2开始出现额角和复眼，Z_3开始出现尾肢（图9-2）。

（3）育苗管理：溞状幼体开始摄食，投饵是最重要的工作。这一阶段幼体主要以滤食为主，Z_3后也能少量摄食轮虫或个体较小的卤虫无节幼体。因此前期以投喂单细胞藻类为主，最好是角毛藻或骨条藻，搭配部分金藻、绿藻等。投喂密度应控制在大于10个/mL。如果藻类数量不足，必须辅助投喂人工配合饲料，如蛋黄、豆浆、市售专用对虾幼体商品饲料。蛋黄等大颗粒饲料必须用100目筛绢搓洗过滤后再投喂，否则大颗粒饲料很容易下沉，导致育苗池底严重污染。饵料投喂建议少量多次，一般每隔3~4 h投喂1次，生物饵料和人工饲料间隔投喂。溞状幼体阶段幼体尾部经常会拖一条长长的粪便，据此可以初步判断幼体摄食情况（蛋黄等用量详见表9-4）。

表9-4 对虾各期幼体的饵料及参考日投饵量（分4~12次投入）

期别	角毛藻/（×10⁴个/mL）	虾片/（g/m³）	蛋黄/（g/×10⁴尾）	蛋糕/（g/×10⁴尾）	蛤鱼糜/（g/×10⁴尾）	轮虫/（只/尾）	卤虫幼体/（只/尾）	微饵/（g/×10⁴尾）
Z_1	15	10	0.5			10		0.2
$Z_Ⅱ$	20	15	1.0			50		0.3
$Z_Ⅲ$	25	20	1.5			100		0.4
M_1	30	20	2.0	2.0	2.0	200	10	0.5
$M_Ⅱ$	30	20	2.5	2.5	2.5	300	20	0.6

续表

期别	角毛藻/ （×10⁴个/mL）	虾片/ （g/m³）	蛋黄/ （g/×10⁴尾）	蛋糕/ （g/×10⁴尾）	蛤鱼糜/ （g/×10⁴尾）	轮虫/ （只/尾）	卤虫幼体/ （只/尾）	微饵/ （g/×10⁴尾）
M$_{\text{III}}$	30	20	3.0	3.0	3.0	400	30	0.8
P$_1$	5~10			4.0	4.0	500	50	1.0
P$_2$	5~10			4.8	4.8		75	1.2
P$_3$	5~10			6.4	6.4		100	1.6
P$_4$	5~10			8.0	8.0		125	2.0
P$_5$	5~10			10	10		150	2.5
P$_6$	5~10			12	12			3.0
P$_7$	5~10			14	14			3.5

资料来源：王克行，2008

溞状幼体阶段每天添加10~20 cm水，直至满池，一般不换水，若密度过高，池水颜色太深等异常情况，可适量换水。换水速度宜缓，温度变化小。

溞状幼体阶段培育水温可在无节幼体基础上再适当上调，如中国明对虾可逐步上升2~3℃，控制在20~22℃。其他暖水性虾类一般都采用25~28℃。水温升高能加快发育变态，但容易造成畸形，健康状况差，死亡率高。

溞状幼体培育是整个对虾育苗过程中最关键也是难度最大的阶段，技术含金量也最高。能够顺利变态为糠虾，育苗就可以说基本成功。此阶段的核心是饵料质量和数量的选择和控制。

正常情况下，溞状幼体每2 d变态1次，经过5~6 d的培育，可发育至糠虾幼体阶段。

3. 糠虾幼体（Mysis larvae M）

（1）形态特征：头胸部各节附肢逐步发育包括头部5对，胸部8对，前3对步足发育成螯，腹部游泳足逐步发育完整。尾肢发育完全形成尾扇。此阶段身体头胸部重，腹部轻，因此常呈倒立状，身体向后运动。消化器官进一步发育，开始以动物食性为主。

（2）发育分期：糠虾幼体蜕皮3次，分为3期，M$_1$-M$_3$。M$_1$前3对步足无螯，呈爪状，游泳足呈乳突状；M$_2$前3对步足呈螯状，游泳足2节呈棒状；M$_3$步足增长，第3对最长，游泳足进一步发达，呈片状（图9-3）。

（3）育苗管理：从糠虾幼体开始，动物性饵料投喂需逐步加强，单细胞藻类可以减少投喂，若水体中仍有一定数量，也可以不投喂。人工饲料仍必须投喂，投喂次数以6~8次/d为宜。动物性饵料以轮虫和卤虫无节幼体为主。糠虾阶段轮虫投喂量一般在200~500个/尾，卤虫无节幼体为10~30个/尾。卤虫无节幼体投喂量需根据摄食情况调整，过量投喂会使剩余的卤虫迅速发育长大，在育苗池中与对虾幼体竞争食物和空间。动物性饵料投喂一般在换水后进行。

糠虾幼体阶段开始换水，日换水量为育苗池的10%~30%。

糠虾阶段水温视情况还可适当上调，中国明对虾一般在22~24℃。其他虾类基本接近最高水平26~28℃。

经过3~4 d的培育，糠虾幼体可发育至仔虾。

4. 仔虾幼体（Post larvae P）

（1）形态特征：仔虾的形态与幼虾基本相似，步足内肢增大，外肢退化，游泳足外肢增大，具羽状刚毛（图9-3）。仔虾行动自如，游泳能力很强，完全行捕食生活，发育至第4-5期后，逐渐转入底栖生活。

（2）发育分期：通常进入仔虾后，每天蜕1次皮，一般仔虾要经过14次左右的蜕皮发育成为幼虾，生产上将其定位P_1-P_{14}期。仔虾发育至P_{10}以后，个体约1 cm左右就可以作为虾苗进行养殖了。

（3）育苗管理：进入仔虾阶段后，幼体的摄食能力大为加强，尤其是P_4-P_5以后，如果饵料供应不上，就会发生相互间的残食。仔虾阶段的饵料以卤虫无节幼体为主，日投喂量每天应大于50~100个/尾。进入P_4-P_5后，仔虾的食欲需求变得十分贪婪，几乎可以说再多的卤虫无节幼体也无法满足其需求，生产上不可能完全满足其食欲，只要不发生严重的相互残杀，日投喂量一般不超过200个/尾。此时，由于其消化器官能力的增强，可以适当投喂一些剁碎的贝肉、虾肉作为饵料补充，有条件的地方可以投喂成体卤虫，饵料效果比一般饵料甚至卤虫无节幼体更好。

仔虾阶段需要每天换水，换水量30%~50%，若幼体密度过大，换水量需加大，每天两次，甚至可以进行流水换水。

仔虾前期培育的温度可以高些，中国明对虾在25~26℃，其他虾类一般可在28℃左右。进入P_4-P_5后可以逐渐降温，每日降温幅度不超过1℃。适当降温不仅可以降低仔虾的食欲，减少相互间残杀，同时也为进入养殖池提前适应水温。

常见虾类育苗的温度和盐度控制范围见表9-5和表9-6。

表9-5 常见虾类不同发育阶段水温控制范围

种类	胚胎期	无节幼体	溞状幼体	糠虾期幼体	仔虾
中国明对虾	15~16	16~18	18~22	23~24	25~26
凡纳滨对虾	25~26	26~28	28~30	28~30	30
日本囊对虾	24~25	25~26	27~28	27~28	28
长毛明对虾	24~25	25~26	26~27	27~28	28
墨吉明对虾	25~26	26~28	28~30	28~30	30
斑节对虾	25~26	25~26	26~27	27~28	28
刀额新对虾	25~26	25~26	26~28	26~28	30
罗氏沼虾	24~26	—	26~28		28~30
脊尾白虾	15~20	—		20~25	25~28

资料来源：王克行，2008

表9-6　常见虾类不同发育阶段的耐盐范围及控制范围

种类	项别	胚胎期	无节幼体	溞状幼体	糠虾幼体	仔虾
中国明对虾	耐盐范围	23.8~36.9	23.8~41.5	21.5~42.2	23.0~42.2	11.1~43.5
	控制范围	24~35	24~35	24~35	24~35	16~36
日本囊对虾	耐盐范围	28~35	27~39	27~35	23~44	23~47
	控制范围	28~35	27~35	27~35	27~35	23~35
斑节对虾	耐盐范围	25~35	25~35	25~35	25~35	20~35
	控制范围	28~33	28~35	28~35	28~35	20~35
墨吉明对虾	耐盐范围	22~42	22~42	22~39	23~44	20~48
	控制范围	28~35	28~35	28~35	25~35	25~35
长毛明对虾	耐盐范围	20~31	22~31	22~31	22~31	20~30
	控制范围	25~31	25~31	25~31	25~31	25~31
凡纳滨对虾	耐盐范围					
	控制范围	28~25	28~35	28~35	28~35	28~35
刀额新对虾	耐盐范围		22~32	22~33	22~33	12~35
	控制范围	24~35	26~31	26~31	26~31	18~31
脊尾白虾	耐盐范围	3~31.7	—		3~32	3~32
	控盐范围	7~10			7~10	10~30
罗氏沼虾	耐盐范围		—	—	5.7~30	淡水
	控盐范围	逐渐增至12			8~12	逐渐淡化
日本沼虾	适应范围	淡水	—	—	淡水	淡水

资料来源：王克行，2008

二、蟹类育苗技术

蟹类属爬行亚目短尾部，其生殖习性与对虾有较大的差异。蟹类繁殖时，雌雄交配，体内受精，体外发育。交配后精荚储存于雌体的纳精囊内，产卵过程中，卵与纳精囊内同步释放出来的精子相遇而受精，然后产出体外，同时，身体分泌黏液黏附产出的卵子，将其抱于附肢内肢刚毛上，呈葡萄串状，并在此发育至溞状幼体后脱离母体行自由生活。虽然因繁殖习性的差异，蟹类育苗与对虾育苗有较大的差异，但其育苗场、基本设施、实验仪器、育苗用水处理等仍基本类似。此处主要介绍亲蟹培育之后的育苗工艺。

（一）亲蟹培育

1. 亲蟹来源与运输

（1）来源：亲蟹来源目前主要有两种，一是从沿海或河口捕捉抱卵亲蟹；二是人工培养促熟。前者比较简便省事，容易操作，但所获得的亲蟹卵巢发育不同步，产卵时间参差不齐，幼体大小不一，相互蚕食，影响成活率，河蟹此类情况尤其严重，而且大量捕捉天然亲蟹会破坏自然资源。后者是人工从养殖池塘或湖泊中挑选优质"绿蟹"专门饲养，然后移入海水中进行交配抱卵。因此目前生产上三疣梭子蟹一般以捕捉自然亲蟹为主，而河蟹以人工培育为主。近年来，各地正开展品种选育工作，未来，成熟优良的选育品种将是亲蟹的首选。

（2）选择：需选择色正（如河蟹：青背、白脐、金爪、黄毛）、体重（大于150~200 g/只）、肢全、背厚、活泼、洁净的个体作为亲蟹。

（3）运输：亲蟹选好后，将其腹部朝下，平放入湿蒲包内扎紧，每包可放10~15 kg，然后将包放入塑料筐或竹筐内运输。运输途中尽量减少晃动，避免日晒、雨淋、风吹，温度在3~15℃条件下，可耐受2~3 d的运输。

2. 促熟培养

（1）池塘：一般在室外池塘进行，池塘面积通常为0.13~0.26 hm²，水深大于1 m，池塘周围设置防逃设施，一般高出地面50 cm，进出水口设防逃网。亲蟹放养前，池塘需用生石灰消毒处理。

（2）密度：亲蟹放养密度以4 000~7 000 kg/hm²为宜，雌雄分养。

（3）管理：亲蟹培养管理的主要关键是投饵、换水和防逃。饵料的种类以小杂鱼、贝类、谷类、菜类为主，每次投喂量不超过亲蟹体重的10%，投喂场所多在浅水区。每隔7~10 d换水1次，水温高时，适当增加换水和投饵量。经常检查巡视，防止亲蟹逃逸。

3. 交配

蟹类交配多数要经过生殖蜕皮，如梭子蟹类，少数不需蜕皮，硬壳交配，如河蟹。交配前，雄蟹追逐雌蟹，持续数天甚至更长时间，一旦雌蟹蜕壳，即行交配。雌蟹纳精囊接受精荚后变大，其后逐渐硬化。雌性交配一般只进行1次，但可多次产卵受精。

交配池与亲蟹培育池大小相似，也可稍小，底质为硬沙质较好。雌雄比一般为2:1，密度3~5只/m²。配组后，亲蟹即可自行交配。蟹类从交配到产卵的时间各种蟹类不一，有的几小时，有的几天，长的达数月。河蟹在交配后第二天就能见到抱卵蟹。1周后，抱卵蟹可达70%~80%，两周左右，几乎所有的雌蟹都能抱卵。为防止雄蟹继续交配，造成雌蟹死亡，此时应及时将雄蟹捕出，留抱卵蟹在池内继续孵化。

（二）产卵与孵化

1. 产卵

亲蟹产卵需处于安静状态，如果受到干扰，中途会停止产卵。受精卵产出后，被逐步送至腹部附肢内肢刚毛上附着，从产卵到附着整个过程需要数小时到几天不等。

产卵量与蟹的种类，个体大小和产卵次数等因素有关，中华绒螯蟹抱卵量可达50×10^4粒/只（150 g），三疣梭子蟹80×10^4~450×10^4粒/只，锯缘青蟹200×10^4~400×10^4粒/只。多数种类可以多次产卵，每次间隔10~30 d不等。

抱卵蟹为保护胚胎正常发育，需要经常撑起步足，扇动腹部，使胚胎四周形成水流，为胚胎发育提供良好的环境和充足的氧气。因此，对于抱卵蟹的培育既要注意提供合适的饵料（同亲蟹培育），更要注意水质清新，每3~4 d换新水1次。同时要防止盐度等水质指标的突变，影响胚胎成活。

2. 胚胎发育

蟹类受精卵富含卵黄，一般为表面卵裂，少数为完全卵裂（如中华绒螯蟹）。胚胎发育需经过卵裂期、囊胚期、原肠期、膜内无节幼体期和膜内溞状幼体期等阶段，通常其外观颜色可有黄色－橙色－茶色－褐色－黑褐色的变化。胚胎发育与水温和盐度关系密切，在适宜温度范围内，发育速度与温度成正比。三疣梭子蟹在水温为19~25℃，盐度28~31条件下，胚胎发育时间为15~20 d。

3.孵化

当抱卵蟹中的膜内溞状幼体开始蠕动，心跳加快到一定次数时（中华绒螯蟹150~180次/min），膜内溞状幼体即将破膜而出了。孵化一般发生在夜间，尤其是后半夜。孵化时，亲蟹将腹部向后方伸展，用螯足和步足站立向上挺起，急剧扇动腹部，帮助幼体排出，并不断变化场所，重复排出幼体。排放幼体时间可持续数小时。

在抱卵蟹培育期间需经常观察胚胎的颜色，当颜色变为黑褐色时，预示胚胎发育接近尾声，幼体即将孵出，需要做好育苗准备工作。

（三）幼体培育

蟹类幼体培育可分为室内人工培育和室外土池培育，除育苗场地不同外，其他育苗工艺基本相似，此处仅介绍室内人工苗种培育。

1.育苗池准备

幼体投放前，需对育苗池进行消毒清洗，布置气石（大于1个/m^2）。育苗池进水后，可适当接种部分单细胞藻类如小硅藻、三角褐指藻、金藻等。

2.亲蟹排幼

尽可能挑选能同步排放幼体的亲蟹置于育苗池，使其在6~8 h内所排出的幼体密度达到10~30只/m^3，这样可以有效防止幼体大小不一而相互残杀，提高成活率。方法是检查亲蟹胚胎，当腹部所怀胚胎绝大部分透明，出现眼点和心跳时，说明已发育至原溞状幼体阶段，当心跳达到150~180次/min时（河蟹），可将亲蟹装入蟹笼内，移入育苗池。一般每笼（0.1 m^3）装亲蟹10~15只，集中挂在育苗池。通常当天夜间抱卵蟹就会猛力扇动腹部，成批排出Z_1幼体。在排幼过程中，应及时计数，一旦达到密度，就将亲蟹移出至其他池继续排幼。

也可以将亲蟹集中在1个或数个池子集中排幼，将幼体移出分别布池，此法的好处是幼体培育池比较干净，密度比较容易掌握，幼体移入前通过趋光效应还可以进行优选。

3.幼体培育

（1）水质指标：温度和盐度是主要关键指标。提高温度可以加快幼体发育，但控制不当会降低成活率。即使需要调整温、盐度，也需逐步进行，防止突变带来应激效应。表9-7是河蟹育苗期间的适宜温度和盐度。

适宜pH值为8.0~8.6，影响育苗池pH值的主要因素是池中单细胞藻类的繁殖，幼体和活体饵料的密度以及残饵、粪便等，一般通过换水等措施可以得到控制。

蟹类溞状幼体、大眼幼体和仔蟹都有较强的趋光性，又喜欢集群活动，容易造成局部缺氧，因此应尽量控制光照均匀，能使幼体均匀分布。

（2）投饵：刚孵出的溞状幼体不久就开口摄食，此阶段特别重要，需要有合适的开口饵料以保证幼体开始建立自身营养系统。一般适宜的开口饵料是单胞藻和轮虫。从食性看，蟹类幼体Z_1以单细胞藻类为主，Z_2-Z_3以轮虫为主，Z_4-Z_5则以捕食卤虫无节幼体为主（表9-7），而进入大眼幼体后，适宜的饵料是卤虫成体，桡足类、枝角类等大型浮游动物，生产上还需鱼、虾肉、蛋羹等作为补充饲料。饵料的投喂量要根据摄食情况适当增减，少量多次，尽量减少剩饵，破坏水质。

表9-7　河蟹幼体培育的适宜温度和盐度

发育阶段	Z_1	Z_2	Z_3	Z_4	Z_5	M_1-M_6
水温/℃	20~21	21~22	22~23	22~23	23~24	23至常温
盐度	17	17	19	22	25	25→4
充气	微波	微波	中波	中波	轻度沸腾	沸腾
流水	加水	微流水	微流水	流水	流水	流水，M_3开始加淡水
光照/lx	4 000	5 000	6 000	8 000	8 000	10 000
藻类密度/（万个/mL）	30~40	20~30	15~20	8~15	8~10	5~8
水色	浓茶色	茶褐色	淡褐色	淡褐色	淡褐色	淡褐色
投饵数量	美国产小卤虫 1：（1~1.5）	美国产小卤虫 1：（2~2.5）	国产小卤虫 3：（1~3.5）	国产中卤虫 1：（3~4） 或裸腹蚤 1：3	国产中卤虫 1：（5~7） 或水蚤1:4	大卤虫或成虫 1：（4~6） 或水蚤1：6

资料来源：王武，2000

（3）密度：适宜的幼体培育密度是育苗成功的关键因素之一。过低则浪费空间、饵料、发育快慢不一致；过高则排泄物增加，局部缺氧，相互残杀，影响成活率。不同发育阶段，培育密度也需适当调整。如大眼幼体阶段，幼体能游善爬，攻击力强，培育密度不宜过高。为防止残杀，可以在育苗池挂一些网片，使幼体在网片上附着，减少残杀，提高培育密度。网片也不宜挂太多，一般控制在单侧网片上附着100只/m²较合适。

（4）换水：根据池水情况决定适当换水，水温温差应不超过1℃。河蟹育苗一般Z_1、Z_2只加水，不换水；Z_3换水25%；Z_4换50%；Z_5以后，换水量加大超过100%。生产上，在溞状幼体全部变态为大眼幼体后可考虑倒池1次，彻底换新水，但需注意新水的各种水质指标与原池水尽量接近，同时防止网片上的幼体不致露干。

（5）防病：蟹类育苗的病害主要立足于防，良好水质、优质饵料、合理投喂等都是防止病害发生的重要措施。育苗池、工具、育苗用水需要严格消毒，抱卵亲蟹入池前可用万分之一浓度的新洁尔灭药浴10~15 min。尽量少用或不用抗生素等化学药品来治疗病原微生物。

（6）日常管理：平时要注意定时检测水质，观察幼体发育、摄食情况，做好常规记录，发现问题，及时处理。

4. 出苗

河蟹一般在大眼幼体期出苗，可利用其趋光性特点进行灯光诱导收集苗种。梭子蟹和青蟹等海洋蟹类一般在仔蟹第一期出苗，出苗时，先收集网片上的仔蟹，然后用捞网捞取水面上层的幼体，最后排水收集底部的苗种。收集的蟹苗先集中于大盆内，充气，然后称量、计数、包装、运输。

第三节　甲壳动物养殖

尽管20世纪30年代，日本的滕永原已研究成功了日本对虾的人工育苗技术，但甲壳动物养殖的真正产业化起始于20世纪80年代初，以中国及东南亚各国为代表的中国明对虾（*Fenneropenaeus sinensis*）、日本囊对虾（*penaeus japponicus*）、斑节对虾（*Penaeus monodon*）、罗氏沼虾（*Macrobrachium rosenburgii*）等种类的养殖，以及稍后兴起的南美洲各国的凡纳滨对虾（*Litopenaeus vannamei*）等种类的养殖。以后中国的河蟹、梭子蟹、青蟹以及克氏原螯虾（*Procamarus clarkii*）等种类养殖逐步兴起，使得甲壳动物养殖逐步成为许多国家、地区沿海或内陆的经济支柱产业，形成了从种质、苗种、养殖、运输、冷藏、加工到出口贸易的完整产业链，创造了大量的就业机会，可以说是水产养殖业中最为成熟的产业。目前在中国的主要甲壳动物养殖种类有凡纳滨对虾、日本囊对虾、斑节对虾、中国明对虾、罗氏沼虾、日本沼虾（*Macrobrachium nipponense*）、中华绒螯蟹（*Eriocheir sinensis*）、三疣梭子蟹（*Portunus trituberculatus*）、锯缘青蟹（拟穴青蟹）（*Scylla serrata*）以及克氏原螯虾等。其中尤以凡纳滨对虾和中华绒螯蟹养殖面积最广，产量最高，经济价值和社会效益也最为突出。由于生态习性的原因，各种游泳亚目（虾类）养殖技术基本类似，而爬行亚目（蟹类）养殖技术也类同。本节主要介绍对虾和河蟹养殖技术。

一、对虾养殖技术

（一）养殖方式

对虾养殖以池塘养殖为主，但在水质管理和水源利用以及池塘形式上还有一些差别，各地区根据自身的区域特点，可选择适宜的养殖方式。

1. 传统池塘养殖

目前国内外多数仍沿用传统的养殖方式，池塘面积0.5~3 hm²不等，水深大于1.5~2.0 m，一些精养池面积更小（图9-6）。通常养殖前期只向池塘加水，等虾长到5~6 cm以后，才开始换水，逐步增加换水量。

2. 循环水养殖

有些地区尝试循环水综合养殖，将蓄水池、贝藻养殖池和对虾养殖池组成一个系统，蓄水池水进入虾类养殖池，一段时间后，排入贝藻养殖池，经过贝藻及微生物净化后，排入蓄水池，经沉淀后再进入养虾池完成一个循环。

3. 大棚水泥池养殖

养殖池上建有塑钢大棚，大棚上覆盖塑料薄膜。水泥池大小一般在1 000~1 500 m²，水深大于2 m（图9-7）。塑料大棚养殖的主要优点是可有效延长养殖周期，一年可养殖2~3茬。另外小池精养，各种养殖设施配套齐全，养殖密度较高，一般大于100~200尾/m²。但前期投入和管理水平要求较高。

图9-6　传统对虾池塘养殖

图9-7　大棚水泥池对虾养殖

（二）池塘处理

1.清淤、翻耕、暴晒

经过1年或几茬养殖后的虾池，底部会淤积厚厚的淤泥、残饵、粪便等物质，需要乘闲暇时机，将水彻底排干，用机械或人工方法先进行清淤，将污染严重的淤泥清除出池外。然后进行翻耕，使底层的还原层土翻到表面接受阳光暴晒、氧化，可以大大降低病原微生物、高化学耗氧量和生物耗氧量在养殖过程中的危害。

2.消毒

在虾池进水前的1个月左右对虾池用生石灰、漂白粉等进行消毒。通常生石灰用量为1 000~1 500 kg/hm²，漂白粉（有效氯25%~32%）为50~70 mg/L，二氧化氯为0.3~0.5 mg/L，茶籽饼为10~15 mg/L。条件许可，推荐使用生石灰，尤其是对多年、多茬养殖的虾池，不但可以有效杀灭各种病原微生物，而且有助于改善池底pH值状态。对于红树林地带的虾池，土壤易呈酸性，生石灰的用量可加大1倍。消毒后需要进排水

2~3次进行冲洗。

3.繁殖基础生物饵料

虾池消毒、清洗后，即可进水，繁殖基础饵料生物，进水口一般用网目60~80目筛绢进行过滤，防止大型颗粒物和敌害生物进入养殖池。根据各地海区生物繁殖规律，可以分几次进水，尽可能将一些环节动物、甲壳动物、软体动物的幼体及其他浮游生物随水纳入，使其在虾池中自然繁殖，为对虾幼体早期生长准备充足的基础生物饵料。根据虾池和海区的实际状况，可在池中适当施肥。施肥量通常为尿素45 kg/hm²，过磷酸钙7.5 kg/hm²。若水质较瘦的地区，在进水前可以适当施经过发酵的有机肥如鸡粪等。

为提高基础饵料生物数量和种类，还可以往虾池中人工接种各种有益生物，如石莼、浒苔、刚毛藻、钩虾、蜾蠃蜚、沙蚕、狭口螺、捻螺等。

（三）虾苗选择及运输

1.虾苗规格

各种对虾出苗规格略有差异，一般在体长1 cm左右即进入仔虾第10 d以后。若进行中间暂养的苗种，可以在0.7 cm左右出苗。斑节对虾等有附壁习性的幼体通常在1.5 cm左右出苗。

2.虾苗选择

虾苗的健康标准是：大小均匀、附肢完整、体表清洁、游动活泼、逆流能力强。为防止病毒病的发生，现在各育苗场都需提供几种主要病毒病检测报告，如白斑综合征病毒病、黄头病毒病、涛拉综合征病毒病等。

3.虾苗运输

虾苗运输既需要考虑运输成本，又要考虑虾苗健康状况，掌握好运输密度是关键，其中主要关注的是运输水体的溶解氧浓度、CO_2浓度和pH值等指标。目前运输虾苗通常用帆布桶车运和塑料袋装车运或空运。

（1）帆布桶：一般直径为80 cm，高为80 cm，装水1/3~1/2，桶内可先预装大塑料袋。运输密度可达300 000尾/桶（1 500尾/L）。沿途持续充气或充氧。温度在15℃（冷水虾）或20℃（暖水虾）左右。如果气温高，需要做好降温工作，或用冷藏车运输。运输时间一般可在12 h以内。

（2）塑料袋：一般塑料袋（聚乙烯材料）容积20 L，盛水7~8 L（约1/3），每袋根据虾苗大小可装30 000~50 000尾。虾苗装入后，将袋内空气挤出，充满氧气，扎紧口袋，将塑料袋装入泡沫箱中，再外加纸箱，可进行长途车运或空运，时间不超过24 h。若需超出此时间，则需换水重新充氧。

虾苗运输需要注意如下一些事项。①运苗用水要清净，减少水中有机质的耗氧；②虾苗出池前6 h停止喂食，以减少耗氧量；③装苗时间最好在清晨气温较低时间；④空运时，要规划好航班出发时间，尽量缩短中途耽搁；⑤虾苗到达目的地，不要立刻放入养殖池，需用当地池水逐渐过渡，使其逐步适应养殖池的水质环境。

（四）中间暂养

许多对虾养殖场在养殖中有一个中间培育过程，称为中间暂养或中间培育。大型虾池（大于1 hm²）这一过程尤为重要。中间培育是育苗与养成之间的过渡，也称二级养殖，是将生命力较弱的幼虾（约1 cm）集中在一个较小的池内，通常建有塑料保温棚。

在暂养池中养殖20~30 d，等幼虾长到3 cm左右时，再放入养殖池进行养成。

中间培育池一般是养成池的1/10左右，池底平坦，底质清洁疏松，能排空水。通常在养殖池的一边或一角筑堤而建，有条件也可以建专用暂养池，暂养池上建简易塑料大棚。也可以利用室内对虾养殖大棚，经暂养后再放入池塘养殖。暂养密度一般在200~500尾/m²不等。

中间培育虽然加大了人工费用和建筑费用，但优点也很明显，例如：①可以为幼虾创造一个更为合适的栖息环境，如塑料保暖棚等；②放养密度大，幼虾集中，饵料利用率高，日常管理也较方便；③由于有保暖棚，可以提前放苗，延长养殖期；④可利用暂养期间，充分繁殖养成池的饵料生物，且降低养殖池底的污染压力；⑤暂养结束时，可再次计数后放入养成池，此时，幼虾的成活率相对稳定，为以后养殖的饵料合理投喂创造了条件。

（五）对虾养成

1. 放养密度

放养密度与养殖成败关系密切，密度太小，产量低，经济效益不高，过高，则虾生长慢，个体小，而且容易导致水质败坏，疾病高发，增加养殖风险。

对虾养殖的密度依据不同种类、不同规格虾池而有较大的差异，如中国明对虾、斑节对虾养殖密度一般较凡纳滨对虾小，养殖大池比小池放养密度要小。传统上中国明对虾养殖25~50尾/m²为半精养，大于50尾/m²为精养，而小于25尾/m²为粗养。现阶段我国各地养殖场凡纳滨对虾的放养密度普遍在50~100尾/m²，甚至更高。

总之，养殖密度必须全面考虑养殖场的各种内外因素来决定，诸如池塘类型、养殖种类、增氧条件、水源状况、基础饵料和人工饲料、苗种质量、敌害生物、管理技术以及市场行情，等等。

2. 饵料投喂

对虾是底栖海洋动物，以肉食性为主，对食物中的蛋白质要求较高。天然水域主要以摄食底栖藻类、原生动物、小型甲壳类、贝类、多毛类等为主。人工养殖主要根据各种对虾对营养的需求而进行人工配制生产。表9-8是主要几种养殖虾类的营养需求。

表9-8　几种养殖对虾的营养需求

种类	粗蛋白	糖	粗纤维	脂肪	无机盐	体长	资料来源
	42	22		8	12	1.50~3.19	
罗氏沼虾	39	26		8	14	3.88~5.38	郑述河等（1995）
	36	30		6	12	4.72~6.02	
中国明对虾	45	20~26	2~4.5	4~6	<16	养成期	李爱杰（1994）
日本囊对虾	60	6	6	6	19.5		弟子丸修等（1978）
斑节对虾	40	20~26		5~7	8~15		瞿大维（1990）
	36~46						
凡纳滨对虾	≥36			6~7.5			Smith等（1985）
	42~44						李广丽等（2001）

资料来源：王克行，2008

可以说饵料投喂是对虾养殖中的最关键的一环，决定了养殖的成败。通常饲料所占对虾养殖过程的投入最高，约50%，越到养殖后期，占比越高。

（1）饵料种类。对虾的饵料分生物饵料和配合饲料两部分。

几乎所有的水产动物都可以作为对虾的生物饵料，但从营养和经济效益角度，贝类是最好的对虾饵料，尤其是一些小型贝类，如蓝蛤、寻氏肌蛤、昌螺、锥螺、狭口螺、拟沼螺以及淡水的河蚬、螺蛳等均可以作为对虾的适口饵料，直接活体投喂池中，既不污染水质，营养价值又高。

小型甲壳类如枝角类、桡足类、糠虾类、毛虾、端足类、等足类等与对虾同属甲壳动物，营养组成彼此相近，是对虾的又一优良饵料。但由于许多甲壳动物可能是一些病原的中间宿主，如近几年流行的白斑病毒综合征就是以小型甲壳动物为中间宿主在对虾养殖中传播，引起虾病流行，因此需要谨慎对待。

小杂鱼如梅童鱼、鳀鱼、虾虎鱼等也常作为饵料投喂对虾，但由于投喂鱼类对水质污染严重，一般不建议直接投喂。

配合饲料是根据对虾营养需求而人工设计配方，并根据配方加工生产的饵料，如表9-9是斑节对虾饲料的加工配方。配合饲料具有营养全面，使用方便，饵料系数低，对环境污染小等优点，对于一个稳定发展的产业来说，配合饲料是必需的，天然饵料只能作为补充。

表9-9　斑节对虾人工饲料基础配方

营养成分	建议饲料中含量	来源
水分	<10%	
粗蛋白	36%~46%	鱼粉、虾粉、乌贼粉、大豆粕
粗脂肪	5%~7%	海水鱼油或无脊椎动物油
其中：EPA 和 DHA	05%~1.0%	
胆固醇	0.3%~0.6%	
卵磷脂	1.0%~1.5%	大豆卵磷脂
粗纤维	<4%	
糖	20%~26%	
灰分	8%~15%	
其中：钙	2.5%~4.0%	肉骨粉、鱼粉、磷酸钙
磷	1%~1.5%	蚵粉、磷酸钠
镁	0.1%~0.3%	氯化镁、碳酸镁
钾	0.8%~1.5%	氯化钾、碳酸钾
铜	10~20 mg/kg	氧化铜、硫酸铜
锰	20~40 mg/kg	氧化锰、硫酸锰
铁	20~40 mg/kg	硫酸铁、碳酸铁
硒	1~2 mg/kg	硒酸钠

续表

营养成分	建议饲料中含量	来源
锌	50~100 mg/kg	氧化锌、硫酸锌
碘	10~20 mg/kg	碘化钾
维生素	见注	
代谢能	>3 200 kcal/kg	

注：维生素包括脂溶性维生素（IU/kg）：维生素A 500、维生素 D_3 2 000、维生素E 200、维生素K 40；水溶性维生素（mg/kg）：维生素C 2 000、维生素 B_2 40、维生素 B_6 100、维生素 B_{12} 0.05、生物素（bio-tin）0.8、胆碱500、叶酸15、肌醇600、苏碱酸250、泛酸100。

资料来源：王克行，2008

（2）摄食量和投喂量。对虾的摄食量较高，与其肠道较短有关。摄食量与众多因素相关，如饲料适口性、体长/体重、水温、昼夜、光照、溶解氧、氨氮、浮游植物繁殖等都有关系。一般夜间摄食比白天旺盛；在适宜水温条件下，水温越高，摄食量越大；溶解氧低，摄食量明显降低；另外浮游植物繁殖旺盛期，对虾摄食明显增加。表9-10是常见养殖虾类对不同饵料的摄食量和与体长和体重的关系。

表9-10　常见养殖对虾对不同饵料的摄食量与体长和体重的关系

对虾种类	摄食种类	试验温度/℃	摄食量与体长/（g/d）	摄食量与体重/（g/d）	日摄食率/（%）	取材
中国对虾	蛤仔肉	22~28	$0.061\,32\,L^{1.5613}$	$0.630\,1\,W^{0.5119}$	—	王克行1980
中国对虾	端足类	25~28	$0.020\,05\,L^{2.1395}$	$0.529\,5\,W^{0.6164}$	$52.95\,W^{-0.3836}$	黄海所对虾组1980
中国对虾	活蓝蛤	24~31	$0.042\,38\,L^{2.3918}$	$1.371\,0\,W^{0.8289}$	$137.10\,W^{-0.1711}$	黄海所对虾组1980
中国对虾	花生饼	25~28	$0.005\,508\,L^{1.8141}$	$0.087\,7\,W^{0.6183}$	$7.877\,W^{-0.3817}$	黄海所对虾组1980
斑节对虾	缢蛏肉	24~28	—	$0.562\,5\,W^{0.7266}$	$56.24\,W^{-0.2731}$	林元烧1994
长毛对虾	缢蛏肉	26.5~32.5	$0.023\,9\,L^{2.0161}$	$0.485\,3\,W^{0.6245}$	$49.45\,W^{-0.3611}$	沈国英1985
中国对虾	配合饲料	23	$0.337\,2\,e^{(-6.489/L)}$	—	—	乔国振1992
中国对虾	配合饲料	26	$0.380\,2\,e^{(-4.9952/L)}$	—	—	乔国振1992
中国对虾	配合饲料	30	$0.800\,9\,e^{(-2.3127/x)}$	—	—	乔国振1992

资料来源：王克行，2008

对虾的饵料投喂量就是针对对虾的摄食习性以及养殖池的对虾数量、个体大小，池内基础饵料生物丰富程度以及其他各种环境因子来决定饵料的日投喂量。日投喂量与对虾日摄食量不应相同，一般前者是后者的70%左右。下式是日投喂量的简易计算公式：

日投饵总量（kg/ $\times 10^4$ 尾）= $0.05\,L^2$ 　（L = 平均体长，cm）（王克行2008）

投喂量需根据如下一些因素随时进行调整：①气候、水质环境：阴天、闷热天、水质环境恶化等状况减少投喂；②胃饱满度：投饵1 h后，应有80%以上的对虾处于饱胃或接近饱胃为正常，否则视为投饵量不足；③生长状况：在正常水温状况，对虾的平均日生长应在0.8~1 mm，如果达不到，则需考虑是否与饵料不足有关；④剩饵情况：投喂后1~2 h，检查投饵场所剩饵情况，若有较多剩饵，则说明投饵过量。可用60~80目尼龙筛网做成饵料盘，置于池子周边投饵区，放上适量饵料，投喂后1~2 h检查饵料盘查看剩饵情况。

（3）投喂场所。幼虾一般都在浅水区活动，因此饵料投喂基本在池塘周边水深0.3~0.5 m区域。养殖中后期，尤其是夏天高温季节，虾多分布在水深1 m以上区域，此时投饵位置往水深处转移。由于对虾摄食一般仍围绕池周边进行，如中国明对虾有定时巡池运动、摄食的习性，因此饵料投喂仍基本以沿池塘四周边缘水深1 m以内为主。一般不往池中央或虾池沟渠中投饵，确保维持良好的对虾底栖环境。

（4）投喂次数。饵料投喂次数根据对虾生长阶段以及不同种类有所区别。一般幼虾期日投喂6次，中后期4次。对虾摄食一般傍晚和清晨较旺盛，而中午和午夜较小，如果每天4次，则建议5:00、10:00、17:00、20:00投喂，而且在5:00和17:00两次各占总投饵量的30%。生物饵料如蓝蛤等，一般安排在傍晚投喂较适宜。

（5）饲料系数。生产上常常遇到与投饵有关的几个概念如"饲料系数""饲料效率""投饵系数"等，它们分别反映了饵料质量、对虾利用效率以及投饵技术等内容。如上述几个因素都处于合理状态，就能大大提高对虾养殖效益。

①饲料系数：是指虾类摄食量与增重量之比，即：

$$F = R_1 + R_2 / G_1 + G_2 - G_0$$

式中，F为饲料系数、R_1为投饵量、R_2为剩饵量、G_0为实验开始时虾类重量、G_1为实验过程中死亡虾类重量、G_2为实验结束时虾类重量。

②饲料效率：是指虾类增重量与摄食量之百分比，即：

$$E = （ G_1 + G_2 - G_0 / R_1 + R_2 ） \times 100\%$$

③投饵系数：是指生产中的投饵量与虾类产量之比，即：

$$投饵系数 = 投饵总量 / 虾类产量$$

F或E是反映饲料质量的指标，投饵系数则除与饲料质量相关外，还与投饵技术及其他许多因子相关，如对虾健康状况，基础生物饵料的丰富程度，水质环境，以及投喂量、投喂场所、投喂次数和投喂时间等。

3. 浮游生物调控

浮游生物尤其是浮游植物的数量和种类直接决定了池塘的水色和透明度，是对虾池塘养殖生态系统的重要组成成分。浮游植物（单细胞藻类）作为池塘初级生产者，它们既能吸收池塘中的营养盐，繁殖自身，又能作为食物链中的重要一环成为浮游动物、底栖生物的饵料，进一步成为对虾的饵料。浮游植物的光合作用可以制造氧气，补充供给池塘中其他生物的呼吸，然而在黑暗条件下也能消耗氧气。合理的藻类密度可以有效抑制一些对虾病原的生存空间，对于建立一个有益于对虾生长的稳定平衡的生态系统具有重要意义。

（1）虾池浮游生物的组成。据相关地区调查，虾池中共记录过藻类82属，300余种，其中硅藻类228种，甲藻类31种，绿藻类30种，蓝藻类5种，隐藻和裸藻各3种。其中绿藻、硅藻和甲藻的数量在池塘中最高，常年维持在$1 \times （ 10^4 \sim 10^6 ）$个/mL水平。虾池中属于赤潮生物的藻类也很多，约30余种，主要为硅藻和甲藻。

虾池中若以绿藻为主要优势种，如波吉卵囊藻（*Oocystis borgei*）、小球藻

（*Chlorella* spp.）、透镜壳衣藻（*Phacotus lenticularis*）等，则池中藻类组成比较稳定，水色不容易突变，而硅藻为优势种则不够稳定，若蓝藻、甲藻成为优势种则直接危害对虾的健康生长。

虾池中的浮游动物主要有：桡足类、枝角类、介形类、糠虾类、端足类、箭虫类、轮虫类以及甲壳动物、贝类和多毛类幼体等，其中桡足类和枝角类常是优势种。

（2）浮游生物调控。主要是对浮游植物的调控。虾池透明度在30~50 cm为宜，养殖前期稍大，后期可小些，但小于20 cm则视为过肥，藻类繁殖过盛，需要进行调控。一般通过换水来实现，或条件允许，可以投喂蓝蛤、寻氏肌蛤等滤食部分藻类，也可通过适当混养扇贝等滤食性贝类降低藻类密度。

由于绿藻形成优势能保持虾池水质稳定，因此可以通过人工培育小球藻等绿藻，接种进入虾池，使其很快形成优势达到稳定水质的目的。如果发现甲藻、蓝藻或隐藻等有害藻类形成优势时，可以通过泼洒1~2.5 g/m³的硫酸铜的方法来减少危害。硫酸铜对过量繁殖的小型浮游动物如轮虫、栉毛虫等也有杀灭效果。在用化学药物处理藻类或浮游动物时，要注意水质的突变给对虾带来的负面影响，随时准备换入新水。

4.水质调控

水质是对虾养殖中，除饵料、苗种和病害之外的又一关键环节，良好的水质环境是确保对虾养殖成功的前提条件。

对虾养殖的基本水质指标如下：溶解氧大于5 mg/L（最低不低于3 mg/L）；氨氮小于0.2 mg/L，亚硝酸氮小于0.5 mg/L；化学耗氧量（COD）小于10 mg/L；pH值为7.8~9.0（淡水：6.5~8.5）。

（1）换水。换水是改善养殖池内水质状况的有效措施，一般在养殖前期（对虾小于6 cm），养殖池只适当添加水，直至满池后，再逐步换水，由日换水量20%左右，逐步增加到后期50%甚至更多。

换水需要考虑的因素很多，主要是养殖池内外的水质状况和养殖池内生物状况。若外界水质条件较差，尤其是处在疾病流行期，则停止换水。而池内浮游生物繁殖过度，透明度太低，池底污染严重，有硫化氢等气体溢出，以及出现糠虾、虾虎鱼等清晨浮头等现象，则需及时换水。

（2）增氧。增氧的作用不仅是给养殖对虾提供充足的氧气，同时还有助于养殖池内有机物的氧化分解，改善对虾生活环境。目前常用的增氧机有水车式增氧机、叶轮式增氧机和鼓风机等。

水车式增氧机比较适用浅水池塘，优点是除了增氧作用外，还能使池塘水形成水流，将颗粒物旋转集中在池子中部，如果此处设排污口，则非常有利于间断性排污。

叶轮式增氧机适用较深的养殖池，优点是可以使上下水层相互对流，避免底部缺氧状态发生。

增氧机的开启时间在中午前后和午夜至清晨最为需要。中午前后，表层水与底部水因温度原因，相互隔离，形成温跃层，而对虾基本在底部活动，容易造成局部缺氧，此时开启，有利于溶解氧的均匀分布。午夜至清晨是整个养殖池溶氧水平最低的时期，很容易造成低氧状态，尤其是养殖后期，因此此时的增氧是必需的。

（3）生物净化。对虾养殖池塘是一个小型的生态系统，水质调控的目的是如何保持系统相对稳定，不发生剧烈的变化，使各种生物在系统内和谐相处。但随着对虾生长，外界饵料的投入增多，系统逐步朝生物量越来越大，有机废物积累越来越多的方向发展，系统平衡很容易被打破。解决此问题可以通过一些生物净化方法来消耗过量的有机物，缓解系统不稳定状态。常用的生物有以下种类。

①微生物：如光合细菌、枯草芽孢杆菌、硝化菌、酵母菌、益生菌等，这些微生物或能吸收池底有机物合成自身，或能分解氨氮净化水质，或能直接成为对虾的营养食物，十分有利于对虾的生长。

②植物：如养殖池中混养江蓠、大叶藻、石莼、沟草等，能对养殖后期处于富营养状态的虾池水质改善带来较大的帮助，同时江蓠等本身也是经济水产品种。

③滤食生物：除适当放养罗非鱼外，可在虾池中放养部分滤食性贝类，消除过量的浮游生物，增加透明度。

（4）底质改良。底质改良也属水质调控的内容之一。对虾是底栖动物，基本都在底部活动、休息，因此底质的好坏直接影响了对虾的健康状况。随着养殖的持续，生物量加大，底部沉积的残饵、粪便、淤泥越来越多，池塘本身难以净化，使这些有机物进行缺氧分解，产生氨态氮、硫化氢、甲烷等有害物质影响对虾生长。因此养殖期间适当人工投入一些底质改良剂有助于底质的改良和对虾生长。

①生石灰：除改良底质外，还有助于提升pH值（养殖后期，pH值通常降低）。一般用量为1 500~2 000 kg/hm^2。

②氧化亚铁：有助于消除底部硫化氢，用量为1~2 kg/m^2。

③过氧化钙：与生石灰功能相似，除具有消毒、杀菌和改善pH值功能外，还具有产生氧气的功能，对虾紧急浮头时，可以通过使用过氧化钙来解救，具体用量为10~20 g/m^3。平时可每10 d施用5~10 mg/m^{3}来改善水质。

④沸石、麦饭石：是一类含碱金属的铝硅酸盐矿石，含有大量微孔及丰富的可交换性盐基如钠、钾、钙等，其功能是可吸附各种有机物、细菌、氨氮、甲烷等有害物质。养殖中后期可每月施用1~2次，每次30~45 g/m^2，严重污染池子可加大用量。

5. 日常管理

养殖期间，需要做好一些常规的观察、检测工作，同时做好记录，连续细致的日常记录对于积累经验，总结教训，对于来年养殖中发现问题，提出解决措施很有帮助。

（1）巡池。每天早、晚各1次。检查池子整体状况，观察对虾活动情况，如傍晚常规的成群集队的沿池边巡游；黎明前可能因缺氧在水表层缓慢游动；患病后在池边的呆滞等，如遇问题，及时处理。

（2）生长状况测量。一般每10 d测量一次对虾体长，每次采样2~3个点，每个点捕200~300尾虾，称重并测体长，判断对虾生长是否正常。

（3）水质指标测定。每天上午5:00和下午14:00分别检测水质指标1次，主要有温度、溶解氧、pH值、透明度等。根据需要不定期检测氨氮、亚硝酸氮、化学耗氧量等指标。

（4）紧急情况处理。在日常管理时经常会遇到一些突发状况，需要冷静果断处理。如以下一些状况。

①浮头：这是对虾养殖后期最容易出现，也是危害最大的突发状况。通常发生在凌

晨天亮之前或者高温闷热的阴天。发现浮头时，应立即采取措施，如加开增氧机、紧急换水、泼洒氧化钙、过氧化钙等，切忌人为用竹竿等硬性驱赶迫使对虾下沉，否则死亡更快。

②池水分层：夏季阳光强烈时，表层水体温度高，因藻类大量繁殖颜色很深，中下层水则清淡，温度低，可通过增氧机搅动上下水层，消除不良影响。

③池水发光：由一些发光细菌如发光弧菌（*Vibrio luminosus*）、哈维氏弧菌（*V. harveyi*）、亮弧菌（*V. splendidus*）以及夜光虫（*Noctiluca scientillans*）等微生物引起，可以施用含氯消毒剂如漂白粉（1 g/m³）、硫酸铜（0.3~0.4 g/m³）来杀除。

④有害鱼类：池塘如果发现过多的肉食性鱼类，则需用茶粕来杀除，用量是10~15 g/m³，施用时，可排水50%，用药后12 h，再将池水加满。

⑤水藻、水草：过量的水藻如浒苔、刚毛藻、沟草等也会给养殖带来负面影响，需要适当清除，通常人工捞取是最佳处理办法，也有用化学药物清除的，但有一定的副作用。

（六）收获

收虾是对虾养殖的最后一道工序，一般一次性收获采用闸门挂网放水收虾。如果养殖过程中因为密度太大，为了减低密度也可以提前捕获部分，通常采用旋网收捕。对于一些潜沙性种类，则需借助电网将水排至50 cm左右后进行收捕。

收获对虾时，需提前联系运输工具，采取降温设施等，保持对虾新鲜不变质。

二、河蟹养殖技术

河蟹养殖可分为三个阶段：仔蟹培育（豆蟹培育）、幼蟹培育（扣蟹培育）和成蟹养成。由于各阶段生态习性差异较大，因此养殖方法也有一定的区别。

（一）仔蟹（豆蟹）培育

生产上把大眼幼体到仔蟹Ⅲ期阶段称为仔蟹（也称豆蟹）培育阶段，时间约为15~20 d，其间幼体要蜕皮3次，规格达到16 000~20 000只/kg。这一阶段是河蟹从幼体发育到幼蟹的重要过渡阶段，也是河蟹养殖的关键时期，技术管理要求较高，一般成活率在30%，高的可达60%以上，而低的不到10%。

仔蟹阶段，河蟹的生态习性将发生如下变化。

（1）盐度适应：大眼幼体的最适盐度为7，仔蟹Ⅰ期为5，仔蟹Ⅱ期为1~3，而仔蟹Ⅲ期开始转为0.5以下的淡水。

（2）栖息习性：大眼幼体营浮游和爬行生活，仔蟹Ⅰ、Ⅱ期转入爬行并隐居生活，仔蟹Ⅲ期开始挖洞穴居生活，逃避敌害，与成蟹相似。

（3）食性过渡：大眼幼体以摄食浮游动物为主，兼食水生植物，仔蟹则过渡到以植物性食物为主，兼食其他饵料。

（4）形态变化：大眼幼体仍为龙虾形，仔蟹Ⅰ-Ⅱ期变为蟹形，但壳长大于壳宽，而仔蟹Ⅲ期，则壳宽大于壳长，与成蟹相像。

由于仔蟹阶段的特殊生态习性，此阶段的培育也需与之相适应。

1.培育池

培育池塘一般较小，也称一级培育池，300 m²左右为宜，水深约1 m。要求池塘水源充足，水质优良，纯淡水，底质为壤土。放养蟹苗前，彻底清塘、清淤、消毒、杀鱼和其他敌害生物。种植水生植物如水葫芦、浮萍或沉水植物，为蟹苗创造一个良好的生活环境。

2. 苗种来源

河蟹幼苗（大眼幼体）的来源主要有人工培育和天然捕捞。我国北至辽河、南到闽江的河口均有河蟹天然苗资源，其中辽河、长江和瓯江为三大主要蟹苗产地。苗期从南到北逐渐出现，前后相差时间约两个月。长江口一般在芒种前后，水温17~22℃。

3. 苗种质量

蟹苗的质量要求体色一致，呈姜黄色，略带光泽，活动能力强，手抓有粗糙感，放入苗箱能迅速散开，规格大小整齐，体重在$16 \times 10^4 \sim 20 \times 10^4$只/kg。

4. 苗种运输

一般采用干运，用蟹苗箱作为容器，大小为50 cm×30 cm×6 cm，每箱可装蟹苗1 kg左右，24 h内成活率可达90%。运苗箱需预先在水中浸泡12 h，然后铺上适量水草，保持箱内有一定的湿度，并通气。

蟹苗装入前可先装入筛绢袋内，去除附肢上的黏附水，然后均匀散布在苗箱水草上。

运输途中尽量避免阳光直射，风直吹，温度控制在20℃左右。

蟹苗运到培育池后，先将苗箱放入水中做短暂适应后，再将苗放入预先置于池塘的网箱中。待蟹苗活动正常，投喂饱食后，再将其放入培育池塘。

5. 放养密度

一般豆蟹培育阶段的密度可在$10 \sim 15 \text{ kg/hm}^2$，个体大，质量好的可低些，反之则密些。

6. 饵料投喂

仔蟹Ⅰ期主要投喂的饵料是水蚤，适当添加豆浆等，仔蟹Ⅱ期仍投喂水蚤，适当增加人工饵料，到仔蟹Ⅲ期，则以人工饵料为主（表9-11），人工饵料含粗蛋白40%以上。配方为：鱼粉25%，豆饼25%，菜饼23%，麦粉20%，骨粉2%，矿物添加剂2%，其他适当添加复合维生素、蜕壳素等，用机器碾至成颗粒饲料。

表9-11　仔蟹培育期间投饵模式

生长阶段	目标	经历时间/d	饵料	措施
第一阶段	蟹苗养成Ⅰ期仔蟹	3~5	水蚤	每天泼豆浆两次，上、下午各1次，45 kg干黄豆/hm²，浸泡后制成750 kg豆浆
第二阶段	Ⅰ期仔蟹养成Ⅱ期仔蟹	5~7	水蚤人工饵料	人工饵料为仔蟹总体重的15%~20%，上午9:00投1/3，晚19:00投2/3
第三阶段	Ⅱ期仔蟹养成Ⅲ期仔蟹	7~10	人工饵料	人工饵料为仔蟹总体重的10%~15%，上午9:00投1/3，晚19:00投2/3

资料来源：王武，2000

7. 水质管理

仔蟹培育阶段主要是往培育池加水，具体方法是分期注水，蟹苗刚放养时，水位在20~30 cm，蜕壳变为仔蟹Ⅰ后，加水10 cm，Ⅱ期时，再加15 cm，Ⅲ期时，再加

20~30 cm，直至加满。进水需用25目筛网过滤，防止敌害生物进入。

8. 日常管理

每天巡塘，检查仔蟹摄食、敌害、逃逸等情况，详细记录，发现问题，及时解决。

（二）幼蟹（扣蟹）培育

当仔蟹发育至Ⅲ期时，个体达到20 000只/kg，进入幼蟹培育阶段，也称扣蟹或1龄蟹培育。幼蟹经过7次左右的蜕皮，至第二年春天成为1龄蟹种（表9-12）。此养殖可分两个阶段，前期从20 000只/kg养殖至300只/kg，后期从300只/kg养殖到100~200只/kg。

表9-12　长江水系中华绒螯蟹的蜕壳与生长模式

蜕壳（皮）	名称	标准体重	生长阶段
卵孵出	Ⅰ期溞状幼体（Z_1）	0.13 mg	
第1次蜕皮	Ⅱ期溞状幼体（Z_2）	0.27 mg	
第2次蜕皮	Ⅲ期溞状幼体（Z_3）	0.50 mg	蟹苗阶段
第3次蜕皮	Ⅳ期溞状幼体（Z_4）	1.0 mg	（育苗）
第4次蜕皮	Ⅴ期溞状幼体（Z_5）	1.8 mg	
第5次蜕皮	大眼幼体（M）	5.0 mg	
第6次蜕皮	Ⅰ期仔蟹	10.0 mg	仔蟹阶段
第7次蜕壳	Ⅱ期仔蟹	20.0 mg	（发塘）
第8次蜕壳	Ⅲ期仔蟹	50.0 mg	
第9次蜕壳	幼蟹	0.125 g	
第10次蜕壳	幼蟹	0.30 g	
第11次蜕壳	幼蟹	1.0 g	幼蟹阶段
第12次蜕壳	幼蟹	3.0 g	（1龄蟹种培育）
第13次蜕壳	幼蟹	10.0 g	
第14次蜕壳	幼蟹	25.0 g	
第15次蜕壳	黄蟹	50.0 g	
第16次蜕壳	黄蟹	100.0 g	蟹种阶段
第17次蜕壳	黄蟹	150.0 g	（成蟹饲养）
第18次蜕壳	绿蟹	250.0 g	

资料来源：王武，2000

1. 培育池

幼蟹培育池一般2 000 m^2左右，水深1.5 m。池周边需种植水蕹菜、苦草、金鱼藻、水花生等沉水植物。为充分利用池塘，也可兼种水稻，混养适量青虾、鲢、鳙鱼。

2. 放养密度

幼蟹一般在每年6月前后放养，培育密度一般控制在30×10^4~50×10^4只/hm^2。尽量选择规格大小一致的蟹苗，做到一次放足，确保绝大多数能同步蜕皮，防止相互残杀。

3. 饵料投喂

幼蟹的食性很杂，水草仍是其喜爱的食物，但以人工饵料为主，包括小麦、大麦、玉米、南瓜、甘薯、小杂鱼、贝肉等均可作为饵料，基本以植物性饵料为主。但大规模产业化生产仍然需以加工的配合饲料为主，配方与仔蟹相似。

投喂场所一般在浅滩处，尽量培养幼蟹在岸边摄食习惯，便于观察摄食情况，防止剩饵污染水质。

4. 水质管理

要求水质清澈，透明度高，如水色发绿，则需及时换水。若池水过瘦，水生植物发黄，则应适当施肥。初期水位在60 cm左右，以后逐步添加至1.2~1.5 m，冬季保持在1.5 m。视水质情况适当换水，每次换水量控制在20~50 cm。若水色过浓，蓝藻繁殖太多，可用1 g/m³浓度的漂白粉处理，降低藻类密度。

5. 日常管理

与仔蟹培育基本相同。

6. 扣蟹捕捞

扣蟹起捕一般集中在第二年春天，尽量选择在幼蟹新年第一次蜕壳之后，以免捕捞时伤害幼蟹。捕捞方法有多种，如地笼网捕捞法、光诱捕法、流水捕捞法、干塘捕捉法等。生产实践中还有许多实用的方法，如在草袋、编织袋中装入水草和小鱼虾，诱使幼蟹进入口袋，定时收取。

（三）成蟹饲养

成蟹饲养是指将上年培育的扣蟹养殖至符合市场需求的商品蟹的过程。

成蟹养殖的方法有多种，如池塘养殖、稻田养殖、湖泊养殖、小河沟渠养殖等，这里主要介绍池塘养殖和湖泊围网养殖技术。

1. 池塘养殖

（1）蟹池条件。地势平坦、交通便利、水质优良、水源以水库或湖泊水为主。蟹池面积一般在1 hm²左右为宜，形状为长方形，东西长（3∶2或5∶3），池深2 m左右。泥沙底质（泥0.10~0.15 m），有利于水草及底栖动、植物生长。池底四周有深度为0.3~0.5 m的环沟，池中央还可以有几条同样深度的纵沟。挖沟带来的土可以在池中垒起小岛、土墩，有利于河蟹打洞和水生植物移植。

（2）防逃设施。河蟹外逃能力很强，尤其是生长接近商品蟹（第二年秋天）时，因此需要在池塘四周架设防逃网。材料一般是塑料板、水泥板、白铁皮、尼龙薄膜等，其中以尼龙薄膜最经济实用。具体方法是先在池塘四周固定木条，1根/m，将薄膜夹在两根木条之间。薄膜底部入土，用砖石压紧，上部高出地面0.6 m左右。若在薄膜外再设置一道尼龙网片围成的网墙则效果更好。在进、排水口也要做好防逃工作。

（3）水草移植。水草既是河蟹的饵料，又起到净化水质、调节水温、提供隐蔽栖息场所、提高河蟹品质的重要作用，因此可以说池塘内水草的数量、种类直接关系到河蟹养殖成功与否。在河蟹放养前应在池底和堤坝坡面栽植水草，放养后还可以在水面上移入浮萍、水莲、水葫芦等水生植物。

（4）蟹种放养。一般选择长江水系的天然蟹种或人工繁殖培育的扣蟹。要求规格为100~200只/kg，大小整齐、肢体完整、活动敏捷、无病原或畸形。放养密度根据水质及管理技术，同时参照预期养殖商品蟹规格等因素来决定，一般在5 000~10 000只/hm²。蟹种入池前，可先在池水中适应5~10 min，取出，再浸入，如此反复几次后，倒入水边，任其自行爬入水中。

（5）饵料投喂。河蟹的常用饵料有豆饼、花生饼、玉米、小麦、地瓜、南瓜、麸皮、米糠、瓜果、蔬菜、小杂鱼、鱼粉、螺蚌、动物内脏及人工配合饲料。河蟹成蟹养殖主要以植物性饵料为主，动物性饵料为辅，尤其是高温季节，混合投喂效果更好。黄豆、玉米、小麦等需在投喂前煮熟。饵料投喂量一般在蟹总量的8%~10%，以傍晚投喂为主。

（6）日常管理。日常管理以巡塘、防逃、防病、调控水质等。

①巡塘：早晚各1次，观察河蟹摄食、生长情况，病害现象、水质状况等。

②控水：根据水质情况适量换水。生长季节，一般每周换水1次，若水质恶化，则随时换水，并可泼洒生物净水剂或地质改良剂来改善。每两周可泼洒生石灰1次，用量为20~25 g/m³。

③控温：养殖池塘水温主要通过调控水深来实现。一般春、秋季控制在0.8~1.0 m，夏季在1.0~1.5 m。另外还可以在池塘南边堤坝上种植高粱、玉米等高秆作物，以起到遮阴降温的作用。

④护软：刚蜕壳的河蟹常软弱无力，易受到同类和敌害生物的侵袭，因此需要创造水草丰茂的环境，为蜕壳蟹提供合适的栖息环境。若发现软壳蟹可集中移至安全区域，等硬壳后，再放回养殖池。

2.湖泊围网养殖

湖泊是河蟹生长、育肥的理想场所，一般小型湖泊直接放蟹养殖，而大型湖泊则可进行围网养殖。

（1）湖泊条件。要求水质清新、无污染、饵料丰富、水草丰茂、水位稳定、长年在1.5 m以上。

（2）围网设施。围网面积根据水域状况、资金、管理水平等而定，一般多为3~7 hm²。

（3）蟹种放养。放养时间一般在3月，此时幼蟹的大小在40~50 g/kg。放养密度多在6 000只/hm²。可搭配放养一些鲢、鳙鱼等滤食性生物。

（4）饲养管理。围网养殖与池塘养殖相似，密度较高，因此除充分利用天然饵料生物外，还需保证人工饲料的投喂，饲料种类与池塘养殖相似，注意植物性饲料需先浸泡或熟化，动物性饲料需保证新鲜洁净、大小适口。平时注意水质变化，围网设施牢固安全，防止逃逸。

（5）适时捕捞。湖泊养殖的河蟹一般在9月中、下旬开始性腺发育成熟，进入生殖洄游阶段，因而开始攀爬逃逸，此时收获较适宜。一般多采用刺网、蟹笼等工具捕获。河蟹昼夜活动有规律，一般在凌晨4:30—7:00、16:00—20:00、22:00—24:00为活动高峰期，此时捕捞效果最好。

小 结

　　甲壳动物属动物界种类最多的节肢动物门，所有重要的养殖甲壳动物都属于十足目。它们的体表包被一层厚硬的甲壳，因此其个体生长必须伴随蜕皮。在交配时，雄性动物将精荚输入雌体，并在雌体产卵时，释放其中的精子与卵子受精。甲壳动物的蜕皮和卵巢发育受眼柄激素调控，去除眼柄可以加快动物蜕皮和性腺发育。

　　对虾养殖是技术最成熟、产业化程度最高的水产养殖业之一，主要养殖种类有中国明对虾、日本囊对虾、斑节对虾和凡纳滨对虾等。其中的关键是育苗技术的成功和推广。育苗场通过从海区或良种场获得亲虾，通过调控温度、提供亲虾专用饵料以及必要时通过人工切除眼柄等方法促使亲虾在水泥池中产卵、受精，受精卵很快孵化成为无节幼体，并经过溞状幼体、糠虾幼体后发育成为仔虾。在幼体培育过程中，需要调控温度、水质、充气，并且根据不同发育阶段投喂单细胞藻类、轮虫、卤虫以及人工配合饲料。从受精卵发育开始，经过约1个月的培育，仔虾生长到1 cm左右时可以移出育苗场放入池塘暂养或直接养殖。目前对虾养殖以池塘养殖为主，根据水质条件、池塘大小以及管理水平，放养密度差异较大，通常为$30 \times 10^4 \sim 75 \times 10^4$只/hm^{2}不等。养殖管理主要是换水、增氧、防病及投饵等，养殖阶段的饵料以人工配合饲料为主。经过120～150 d的养殖即可收获。

　　蟹类养殖主要在中国，主要种类有淡水蟹类（中华绒螯蟹）和海洋蟹类（三疣梭子蟹和青蟹），是一个庞大的产业。亲蟹的来源也同样依靠从自然水域捕捞或专门培养。河蟹交配产卵后，受精卵被逐步送至腹部附肢内肢刚毛上附着、发育，在经过15～20 d的胚胎及膜内无节幼体期和膜内溞状幼体期后，溞状幼体从膜内孵出成为Z_1幼体，进过Z_1–Z_5的5个发育阶段，大约15～20 d后变态为大眼幼体成为仔蟹（$14 \times 10^4 \sim 16 \times 10^4$只/kg），仔蟹再经3个阶段15～20 d（仔蟹Ⅰ期–仔蟹Ⅲ期）的发育成为幼蟹（16 000～20 000只/kg）。河蟹的养殖一般需两年，多为分级培育。第一年从大眼幼体至仔蟹Ⅰ–Ⅲ期为豆蟹培育（15～20 d），以后对幼蟹经过6～12个月的培育称为扣蟹培育，个体大小从20 000只/kg长到200只/kg，第二年春天开始进入商品规格的成蟹培育阶段。河蟹养殖有池塘养殖、稻田混养、湖泊养殖等不同方式，扣蟹养殖主要利用池塘或稻田混养，而湖泊主要是用于成蟹养殖。由于各阶段个体大小不同，培育池大小，放苗密度、饵料投喂都有较大的差异，但基本技术相似，池塘或湖泊需要水质清新、水草丰茂，高密度养殖均需投喂饵料，河蟹食性很杂，小麦、玉米、南瓜、小杂鱼等都可以作为饵料，一般水温较高的夏季主要以植物性饵料为主。河蟹养殖的一个重要工作是防逃逸，尤其是养殖后期。

第十章　鱼类养殖

鱼类是最古老的脊椎动物，它们几乎栖居于地球上所有的水生环境——从淡水的湖泊、河流到咸水的盐湖和海洋。鱼类终年生活在水中，用鳃呼吸，用鳍辅助身体平衡与运动。根据已故加拿大学者Nelson1994年统计，全球现生种鱼类共有24 618种，占已命名脊椎动物一半以上，且新种鱼类不断被发现，平均每年以约150种计，十多年应已增加超过1 500种，目前全球已命名的鱼种约在32 100种。据调查，我国淡水鱼有1 000余种，著名的"四大家鱼"青鱼（*Mylopharyngodon piceus*）、草鱼（*Ctenopharyngodon idllus*）、鲢鱼（*Hypophthalmichthys molitrix*）、鳙鱼（*Aristichthys nobilis*），另外如鲤鱼（*Cyprinus carpio*）、鲫鱼（*Carassius auratus*）、团头鲂（*Megalobrama amblycephala*）、翘嘴红鲌（*Erythroculter ilishaeformis*）、暗纹东方鲀（*Takifugu obscurus*）等50余种都是我国主要的优良淡水养殖鱼类；我国的海洋鱼类已知的有2 000余种，其中约有30种是我国的经济养殖种类，主要有大黄鱼（*Larimichthys crocea*）、褐牙鲆（*Paralichthys olivaceus*）、大菱鲆（*Scophthalmus maximus*）、半滑舌鳎（*Cynoglossus semilaevis*）、鲻鱼（*Mugil cephalus*）、尖吻鲈（*Lates calcarifer*）、花鲈（*Lateolabrax japonicus*）、赤点石斑鱼（*Epinephelus akaara*）、斜带石斑鱼（*Epinephelus coioides*）、卵形鲳鲹（*Trachinotus ovatus*）、军曹鱼（*Rachycentron canadum*）、红鳍东方鲀（*Fugu rubripes*）、眼斑拟石首鱼（*Sciaenops ocellatus*）、真鲷（*Pagrosomus major*）、花尾胡椒鲷（*Plectorhynchus cinctus*）等种类。目前，鱼类养殖是我国水产养殖最重要的产业。

第一节　鱼类生物学概念

一、鱼类的基本生物学特征

鱼，分类地位属动物界，脊索动物门（Chordata），脊椎动物亚门（Vertebrata）。可分为有颌类和无颌类。有颌类具有上下颌。多数具胸鳍和腹鳍；内骨骼发达，成体脊索退化，具脊椎，很少具骨质外骨骼；内耳具3个半规管；鳃由外胚层组织形成。由盾皮鱼纲、软骨鱼纲、棘鱼纲及硬骨鱼纲组成。其中盾皮鱼纲和棘鱼纲只有化石种类。现存种类分属板鳃亚纲和全头亚纲。板鳃亚纲600余种，全头亚纲有3科6属30余种。硬骨鱼纲可分为总鳍亚纲、肺鱼亚纲和辐鳍亚纲3亚纲。无颌类脊椎呈圆柱状，终身存在，无上下颌。起源于内胚层的鳃呈囊状，故又名囊鳃类；脑发达，一般具10对脑神经；有成对的视觉器和听觉器。内耳具1个或两个半规管。有心脏，血液红色；表皮由多层细胞组成。偶鳍发育不全，有的古生骨甲鱼类具胸鳍。对无颌类的分类不一。一般将其分为盲鳗纲、头甲鱼纲、七鳃鳗纲、鳍甲鱼纲等。

（一）鱼类的体型

鱼类的体型可分如下几类。

（1）纺锤型。也称基本型（流线型）。是一般鱼类的体形，适于在水中游泳，整个身体呈纺锤形而稍扁。在3个体轴中，头尾轴最长，背腹轴次之，左右轴最短，使整个身体呈流线型或稍侧扁。

（2）平扁型。这类鱼的3个体轴中，左右轴特别长，背腹轴很短，使体型呈上下扁平，行动迟缓，不如前两型灵活，多营底栖生活。

（3）棍棒型。又称鳗鱼型。这类鱼头尾轴特别长，而左右轴和腹轴几乎相等，都很短，使整个体型呈棍棒状。

（4）侧扁型。这类鱼的3个体轴中，左右轴最短，头尾轴和背腹轴的比例差不太多，形成左右两侧对称的扁平形，使整个体型显扁宽。

（二）鱼鳍、皮肤和鱼鳞

鱼类的附肢为鳍，鳍由支鳍担骨和鳍条组成，鳍条分为两种类型：一种是角鳍条，不分节，也不分枝，由表皮发生，见于软骨鱼类；另一种是鳞质鳍条或称骨质鳍条，由鳞片衍生而来，有分节、分枝或不分枝，见于硬骨鱼类，鳍条间以薄的鳍条相连。骨质鳍条分鳍棘和软条两种类型，鳍棘由一种鳍条变形形成，是既不分枝也不分节的硬棘，为高等鱼类所具有。软条柔软有节，其远端分枝（叫分枝鳍条）或不分枝（叫不分枝鳍条），都由左右两半合并而成。鱼鳍分为奇鳍和偶鳍两类。偶鳍为成对的鳍，包括胸鳍和腹鳍各1对，相当于陆生脊椎动物的前后肢；奇鳍为不成对的鳍，包括背鳍、尾鳍和臀鳍（肛鳍）。

软骨鱼的鳞片称盾鳞。硬鳞与骨鳞通常由真皮产生而来。现存鱼类的鱼鳞，根据外形、构造和发生特点，可分为楯鳞、硬鳞、侧线鳞3种类型。

鱼类的鳍条和鳞片是鱼类分类的重要依据。

鱼类的皮肤由表皮和真皮组成，表皮甚薄，由数层上皮细胞和生发层组成；表皮下是真皮层，内部除分布有丰富的血管、神经、皮肤感受器和结缔组织外，真皮深层和鳞片中还有色素细胞、光彩细胞以及脂肪细胞。

（三）鱼类的生长特点

鱼类的生长包括体长的增长和体重的增加。各种鱼类有不同的生长特性。

1. 鱼类生长的阶段性

生命在不同时期表现出不同的生长速度，即生长的阶段性。鱼类的发育周期主要包括胚胎期、仔鱼期、稚鱼期、幼鱼期和成鱼期。一般来说，鱼类首次性成熟之前的阶段，生长最快，性成熟后生长速度明显缓慢，并且在若干年内变化不明显。通常凡是性成熟越早的鱼类，个体越小；而性成熟晚的鱼类，个体则大。此外，雌性性成熟的年龄也因种类而异。对于存在性逆转的鱼类，其个体大小显然与性别相关。对于不存在性逆转的鱼类，通常雄鱼比雌鱼先成熟，鲤科鱼类的雄鱼大约比雌鱼早成熟1年。因此，雄鱼的生长速度提早下降，造成多数鱼类同年龄的雄鱼个体比雌鱼小一些。

2. 鱼类生长的季节性

生长与环境密切相关。鱼类栖息的水体环境、水温、光照、营养、盐度、水质等均影响鱼类的生长，尤以水温与饵料对鱼类生长速度影响最大。不同季节，水温差异很大，而饵料的丰歉又与季节有密切关系。因此鱼类的生长通常以1年为一个周期。从鱼类生长的适温范围看，鱼类可以分为冷水性鱼类（如虹鳟）、温水性鱼类（如青、草、鲢、鳙等）和暖水性鱼类（如军曹鱼）。此外，不同季节光照时间的长短差异很大。光通过视觉器官刺激中枢神经系统而影响甲状腺等内分泌腺体的分泌。现有的研究发现，光照周期在一定程度上也影响鱼类的生长。

3. 鱼类生长的群体性

鱼类常有集群行为。试验表明，多种鱼混养时其生长与摄食状况均优于单一饲养。将鲻鱼与肉食性鱼类混养，发现混养组的摄食频率增加，生长较快。以不同密度养殖鱼类，发现过低的放养密度并不能获得最大的生长率。鱼类的群居有利于群体中的每一尾鱼的生长，并有相互促进的作用，即所谓鱼类生长具有"群体效益"。当然，过高的密度对生长也不利。

二、鱼类的摄食特性及消化生理

（一）主要养殖鱼类的食性

不同种类的鱼类，其食性不尽相同，但在育苗阶段的食性基本相似。各种鱼苗从鱼卵中孵出时，都以卵黄囊中的卵黄为营养。仔鱼刚开始摄食时，卵黄囊还没有完全消失，肠管已经形成，此时仔鱼均摄食小型浮游动物，如轮虫、原生动物等；随着鱼体的生长，食性开始分化，至稚鱼阶段，食性有明显分化；至幼鱼阶段，其食性与成鱼食性相似或逐步趋近于成鱼食性。不同种类的鱼类，其取食器官构造有明显差异，食性也不一样。鱼类的食性通常可以划分为如下几种类型。

（1）滤食性鱼类。如鲢鱼、鳙鱼等。滤食性鱼类的口一般较大，鳃耙细长密集，其作用好比浮游生物的筛网，用来滤取水中的浮游生物。

（2）草食性鱼类。如草鱼、团头鲂等，均能摄食大量水草或幼嫩饲草。

（3）杂食性鱼类。如鲤鱼、鲫鱼等。其食谱范围广而杂，有植物性成分也有动物性成分，它们除了摄食水体底栖生物和水生昆虫外，也能摄食水草、丝状藻类、浮游动物及腐屑等。

（4）肉食性鱼类。在天然水域中，有能凶猛捕食其他鱼类为食物的鱼类，如鳜鱼、石斑鱼、乌鳢等。也有性格温和，以无脊椎动物为食的鱼类，如青鱼，黄颡鱼等。

一般来说，大多数鱼类通过人工驯化，均喜欢摄食高质量的人工配合饲料，这就为鱼类的人工饲养提供了良好的条件。

（二）鱼类消化系统的组成

鱼类的消化系统由口腔、食道、前肠或胃（亦有无胃者）、中肠、后肠、肛门以及消化腺构成。口腔是摄食器官，内生味蕾、齿、舌等辅助构造，具有食物选择、破损、吞咽等功能。鱼类鳃耙的有无及形态与食性有关。鱼类的食道短而宽，是食物由口腔进入胃肠的管道，也是由横纹肌到平滑肌的转变区。

胃的形态变化很大，很多研究者曾按照其形态进行分类。胃除了暂存食物外，更重要的是其消化功能及其他功能。胃的黏膜上皮有3类细胞：泌酸细胞、内分泌细胞和黏液细胞。泌酸细胞分泌胃蛋白酶原和盐酸；内分泌细胞也有3种，分别是促胃酸激素、生长激素抑制素和胰多肽的分泌细胞。黏液细胞也可能有3种，分别是唾液黏蛋白、硫黏蛋白和中性黏物质的分泌细胞。胃体常分为前后两部，前部称贲门胃，后部称为幽门胃。幽门胃之后便是中肠。有幽门垂的鱼，幽门垂总是出现在中肠之前。在无胃鱼中，食道与中肠连接。胆管总是进入中肠，且大多数紧靠幽门胃。有些无胃鱼（如金鱼）有一个看起来像胃的肠球，胆管常可进入肠球。肠球壁相对较薄，也不分泌蛋白酶和盐酸。有砂囊的鱼类（如遮目鱼），沙囊总是与胃相连，而不与肠球相连。

中肠也有特殊的上皮细胞、吸收细胞和分泌细胞。肠上皮有很深的皱褶，呈锯齿状或网状，或有与高等动物的胃绒毛相似的构造。中肠是食物消化吸收的重要场所。中肠与后肠之间的分界有的很明显，如斑点叉尾鮰有回肠瓣，其后肠肠壁开始增厚。鲑科鱼类的中肠与后肠的差异难以由肉眼辨别，但组织学显示一个由柱状分泌吸收上皮到扁平黏液分泌上皮的突然变化，这反映了一个由消化吸收到成粪排泄的功能变化过程。然而，消化道短的鱼类其后肠比消化道长的鱼类有更多的黏膜褶皱，这有增加食物停留时间和吸收的作用。后肠可能存在蛋白质等大分子的胞饮活动。

肝脏是动物的一个重要代谢器官。但就消化功能而言，它的最大作用就是分泌胆汁。胆汁是一种复杂的混合物。主要由胆固醇和血红蛋白的代谢产物——胆红素、胆绿素及其一些衍生物组成。它既含脂肪消化的乳化剂，又含有一些废物，如污染物，甚至毒素等。通常当食物进入中肠上部时，胆囊收缩，胆管括约肌松弛，向肠内释放胆汁。

鱼类的消化酶主要有蛋白质分解酶、脂肪分解酶和糖类分解酶。鱼类的蛋白分解酶主要由胃、肝脏及肠道等部位分泌或产生，个别鱼类（如遮目鱼）的食道有很强的蛋白酶活性。鱼类肠道消化酶的来源十分复杂，包括胰脏、肠壁、胆囊、食物和肠内微生物等，但肠道中的蛋白质分解酶大都来自胰脏。

胰脏是脂肪酶和酯酶的主要分泌器官，但也有组织学证据表明胃、肠黏膜及肝胰脏也能分泌脂肪酶。肉食性鱼类的胃黏膜上的脂肪酶、酯酶活性很高，表明胃黏膜存在胞饮活动。对7种海水鱼的脂肪酶、酯酶活性研究表明，脂肪酶的活性皆以幽门垂最高，而酯酶只在蓝石首鱼和褐舌鳎的幽门垂最高。脂肪酶几乎存在于所有被检查的组织中，且其活性与鱼类食物中脂肪含量呈正相关关系。

鱼类的消化道有多种糖类分解酶。草食性和杂食性鱼类比肉食性鱼类具有更高的糖酶活性，而且糖酶对草食性和杂食性鱼类具有更重要的意义。糖酶主要有淀粉酶和麦芽糖酶，还有少量蔗糖酶、β-半乳糖甘酶和β-葡萄糖甘酶等。消化道的不同部位糖酶活力也不同。例如，鲤的淀粉酶、麦芽糖酶活性在肠的后部较高，而蔗糖酶活性以肠的中部为最高。此外，肠内微生物区系在消化过程中可能起着重要作用，尤其是大多数动物本身难以消化纤维素、木聚糖、果胶和几丁质等。胃酸和胆汁虽不是消化酶，但在消化过程中起着非常重要的作用。

（三）影响鱼类消化吸收能力的因素

消化吸收是指所摄入的饲料经消化系统的机械处理和酶的消化分解，逐步达到可吸收状态而被消化道上皮吸收。鱼类吸收营养物质的主要方式有扩散、过滤、主动运输和胞饮4种。鱼类对营养物质的吸收能力，除了与鱼的种类和发育阶段有关外，更重要的是与食物的消化程度和消化速度有关。消化速度及消化率是衡量鱼类消化吸收能力的重要指标。而了解影响鱼、虾消化速度的因素，对养殖中投饲策略的制定具有指导意义。消化速度常指胃或整个消化道排空所需要的时间。单指胃时，叫胃排空时间；指整个消化道时，称总消化时间。确切地说，是食物通过消化道的时间。消化率是动物从食物中所消化吸收的部分占总摄入量的百分比。影响消化速度和消化率的因素众多而复杂，主要有鱼类的食性及发育阶段、水温、饲料性状及加工工艺、投饲频度和应激反应等。

三、鱼类性腺发育及其人工调控

（一）鱼类性腺发育的基本规律

鱼类的性腺是由体腔背部两个生殖褶发育而成。生殖褶由上皮细胞转化成为原始性细胞，随后进一步发育分化成卵原细胞及精原细胞，最终发育成卵子或精子。鱼类性腺发育的进程主要由卵子和精子的发生过程决定。

1. 鱼类卵细胞的发育与成熟

卵原细胞发育到成熟的卵子，需要依次经过3个阶段。

（1）卵原细胞分裂期。此阶段卵原细胞反复进行有丝分裂，细胞数目增加。分裂到一定程度，卵原细胞停止分裂，开始生长，向初级卵母细胞过渡。这个阶段的细胞为第 I 时相卵原细胞，以第 I 时相卵原细胞为主的卵巢称为第 I 期卵巢。

（2）卵母细胞生长期。此阶段可分为卵母细胞的染色体交会期、小生长期和大生长期3个阶段。

处于小生长期的卵母细胞，由于细胞核及细胞质的增长，引起卵母细胞体积增大。开始时，卵细胞膜很薄，外面散布着许多长形的有结缔组织所形成的核状物，细胞质呈微粒状，细胞核卵形，很大，占据卵母细胞的大部分，核内壁四周排列着许多核仁，中央为粒状的染色质，偶尔细胞质中可以出现卵黄核。卵母细胞进一步发育，在卵膜之外又长出了一层由单层上皮细胞组成的滤泡膜。小生长期发育到单层滤泡为止，此时的卵母细胞称为卵母细胞成熟的第 II 时相，以第 II 时相卵母细胞为主的卵巢称为 II 期卵巢。性未成熟的鱼类，其卵巢在相当时间内停留在 II 期。

大生长期是卵母细胞营养物质积累阶段。此时由于卵黄及脂肪的蓄积而使卵母细胞的体积大大增加，其边缘出现空泡，这是营养物质积累的预兆。卵黄颗粒沉积可以分为卵黄开始沉积和卵黄充塞两个阶段。在卵黄开始沉积阶段，卵膜变厚，出现放射形纹（此时卵膜也称为放射膜），且滤泡膜的上皮细胞分裂为两层，内层细胞具有卵形的大核，外层则为扁平的长形细胞。卵黄颗粒之间的细胞质成为网状结构。卵黄开始沉积阶段的卵母细胞称为成熟的第 III 时相，以第 III 时相卵母细胞为主的卵巢称为 III 期卵巢。卵黄充塞阶段的滤泡膜仍由两层细胞组成，但滤泡膜和卵膜之间新增1层漏斗管状细胞。卵黄颗粒沉积并充塞几乎全部的细胞质部分，只有靠近卵膜很薄的一层没有卵黄，卵黄颗粒的形状不一。在此时期的一些浮性卵中，也出现了形状和大小不一的油球。当卵黄充满整个卵母细胞时，营养生长即告结束。这时的卵母细胞已达到成熟的第 IV 时相，以第 IV 时相卵母细胞为主的卵巢称为 IV 期卵巢。一般春季产卵的鱼类在前一年的冬季即可进入本期。

（3）成熟期。卵子完成营养积累并进行核成熟变化的时期。完成营养积累的卵母细胞在成熟期内依次进行了两次成熟分裂（减数分裂和均等分裂）。成熟变化开始时，卵黄颗粒彼此融合连成一片，油球集中为一个，核及其周围的细胞质向卵膜孔附近移动，出现极化现象。与此同时，小核从边缘向中央集中，并溶解于核桨内。此后，核膜溶解，染色体进行第一次成熟分裂（减数分裂），释放1个只含有微量原生质的第一极体，这时的卵膜细胞由原来的初级卵母细胞变为次级卵母细胞。紧接着，开始第二次分裂，此时的次级卵母细胞就变成成熟的卵细胞。与此同时，产生第二极体。鱼类卵母细胞的第一次成熟分裂和第二次成熟分裂的初期是在体内进行的，由母体产出到受精以前正处于分裂中期，到精子入卵才排出第二极体完成第二次成熟分裂。在卵母细胞成熟的同时，滤泡上皮细胞分泌一种物质把滤泡膜和卵膜间的组织溶解并吸收，于是成熟的卵就排出滤泡之外，成为卵巢内流动的成熟卵，这个过程称为排卵。当成熟卵成为流动状态时，称为成熟的第Ⅴ时相，此时，前面提到的放射膜成为正式的卵膜。这个阶段的卵巢属第Ⅴ期。在适合的条件下，已经完成成熟且已排卵，处于游离状态的卵子从鱼体内自动产出的过程，称为产卵。

进行鱼类人工繁殖，关键是掌握小生长期、大生长期和成熟期的发育规律。卵母细胞从Ⅳ期到Ⅴ期的成熟过程是很快的，往往在数小时或数十小时内完成。如果滤泡过早排出卵子，而卵子尚未成熟则影响受精率。反之，滤泡未能及时排放成熟的卵子或卵子未能产出体外，则导致卵子过熟，同样影响受精率或卵细胞退化并被吸收。因此，在人工繁殖时要力争准确把握卵的成熟时机，及时开展授精。生产中，亲鱼成熟通常指亲鱼的性腺发育到Ⅳ期，可注射激素进行催产；而卵子成熟是指卵子处于Ⅴ期。

2. 鱼类精子的发生与成熟

鱼类精子的发生分为4个时期：繁殖期、生长期、成熟期和精子形成期。

（1）繁殖期。细胞相对较大的初级精原细胞进行多次有丝分裂形成大量细胞相对小的次级精原细胞。精原细胞的核形不规则，胞质内具有不少微管。

（2）生长期。次级精原细胞的体积增大，转变成初级精母细胞。初级精母细胞的核内染色体为线状，核呈椭圆形。在生长期的后阶段，初级精母细胞开始进入成熟分裂的前期，DNA加倍。

（3）成熟期。初级精母细胞体积增大后，进行两次成熟分裂。第一次为减数分裂，产生两个体积较小的次级精母细胞，次级精母细胞染色体的数目减少了一半。第二次为有丝分裂，次级精母细胞产生两个体积更小的精细胞。故一个初级精母细胞可以生成4个精细胞。

（4）精子形成期。这是雄性生殖细胞发育中特有的时期，过程很复杂，结果使精细胞成为前有顶器，后有尾部，能够运动的精子。

（二）卵巢和精巢的形态结构及分期

1. 卵巢分期

根据卵巢的体积、颜色、卵子成熟与否等标准，一般将鱼类卵巢发育过程分为6个时期。

Ⅰ期卵巢：卵巢紧贴在鱼鳔下两侧的体腔膜上，呈透明细线状，肉眼不能分辨雌雄，看不到卵粒，表面无血管或甚细弱。

Ⅱ期卵巢：为性腺正发育中的性未成熟或产后恢复阶段的鱼所具有。卵巢多呈扁带状，有细血管分布其中，肉眼尚看不清卵粒。

Ⅲ期卵巢：卵巢体积增大，肉眼可以看清卵粒，但卵粒不能从卵巢隔膜上分离剥落下来。卵母细胞开始沉积卵黄，卵母细胞直径不断扩大，卵质中尚未完全充塞卵黄，卵膜变厚，有些种类原生质中出现油球。

Ⅳ期卵巢：整个卵巢体积很大，占据腹腔的大部分，卵巢颜色为淡黄色或深黄色，结缔组织和血管很发达。卵膜具有弹性。卵粒内充满卵黄，大而饱满。Ⅳ期卵巢依发育进程又可细分为Ⅳ₁、Ⅳ₂和Ⅳ₃3个小期。生产实践表明，卵母细胞处于Ⅳ₁期时，用人工催情不能得到成熟的卵粒，只有发育到Ⅳ₂和Ⅳ₃，细胞核处于偏心或极化时，人工催情才能获得成熟的卵粒，从而使催情成功。

Ⅴ期卵巢：性腺完全成熟，卵巢松软，卵已排入卵巢腔中，提起亲鱼时，卵子从生殖孔自动流出，或轻压腹部即有成熟卵子流出。海水鱼类Ⅴ期卵子通常是透明的。

Ⅵ期卵巢：是刚产完卵以后的卵巢。可以分为一次产卵和分批产卵两种类型。一次产卵类型的卵巢体积大大缩小，组织松软，表明血管充血，卵巢内剩余Ⅱ期卵母细胞及已排出卵的滤泡膜。分批产卵类型的Ⅵ期卵巢，已产卵的卵巢中有不同时相的Ⅲ期、Ⅳ期卵母细胞，空滤泡膜并不多。

测定卵巢的成熟度，除了卵巢发育分期外，生产上常选用成熟系数这一指标衡量。成熟系数（GSI）=性腺重/去内脏后体重×100%。一般来讲，对于同一种鱼类，成熟系数越高，性腺发育越好。

2. 精巢分期

同卵巢一样，精巢的发育也可分为6期。

Ⅰ期精巢：生殖腺很不发达，呈细线状，紧贴在鱼鳔下两侧的体腔膜上，肉眼不能分辨雌雄。

Ⅱ期精巢：呈线状或细带状，半透明或不透明，血管不显著。

Ⅲ期精巢：呈圆杆状，挤压雄鱼腹部或剪开精巢都没有精液流出。

Ⅳ期精巢：呈乳白色，表面有血管分布。早期阶段挤压雄鱼腹部也不能流出精液，但在晚期则能挤出白色的精液。

Ⅴ期精巢：提起雄鱼头部或轻压腹部时，有大量较稠的乳白色精液从泄殖孔涌出。

Ⅵ期精巢：体积大大缩小，一般退回到第Ⅲ期，然后重新发育。

精巢也可使用成熟系数来表达其成熟度。

（三）精子和卵子的生物学特性

1. 精子的生物学特征

雄鱼精巢发育成熟后，精巢和输精管中含有大量的液状物称为精液。精液对精子有营养和利于输送的作用，精液中的各种氨基酸和矿物质含量及组成与精子的运动和寿命密切相关。精液中精子密度很高，缺乏氧气和水分，精子在精液中是不运动的，但是，精子遇水后，即开始剧烈运动，随之也很快死亡。精子在水中寿命短的主要原因是其本身含有的原生质量非常少，缺乏足够的能量贮备以支撑精子的运动及渗透压调节耗能。精子在水中活动时，只有部分能量消耗在运动方面，大部分能量是消耗在渗透压调节上。因此，盐度（渗透压）是影响鱼类精子活动和寿命的最主要因素。例如：黄鳍鲷精子在盐度为10的水体中的涡动时间仅为1 s，在盐度为21的水体中的涡动时间可达15 s。

此外，水温、pH值、氧气和二氧化碳、光线等因素也影响精子的活动和寿命。一般而言，各种鱼类的精子都要求一定的适宜温度，水温过高或过低都不利于精子存活；鱼类精子在弱碱性水中活动力最强，寿命也最长；精子在缺氧条件下比在有氧条件下存活的时间长；二氧化碳对精子有抑制作用，在缺氧和高二氧化碳浓度下精子保持不活动；紫外线和红外线对精子有较大的危害作用，白天散射光对精子无不良影响。

了解了鱼类精子的生物学特点，不仅能科学地进行人工授精，准确分析授精效果，还能利用精子在低温和原液条件下代谢水平低、寿命长的特点，长期保存精液。从而解决亲本不足或性成熟不同步问题，也可很好地满足育种需要。鱼类精液的保存有低温（0℃左右）保存和超低温（−196℃）液氮保存两种。

2. 卵子的生物学特征

成熟卵子的形态一般为圆球形、扁圆形或椭圆形。少数鱼类的卵则呈圆锥形、螺旋形或四角形。卵子比精子大得多，通常肉眼可见。卵子大小在不同物种中可以相差很大，但与亲本个体的大小没有关系，可能与亲本的营养状态及卵子在卵巢中的分布位置有关。

成熟的卵子有一定的极性，动物极在上半球，植物极在下半球。动物极的原生质较多，有核和极体存在。植物极中含量有较多的卵黄。此外，大多数鱼卵在原生质膜内有外周卵质。

从渗透压平衡的原理来看，淡水鱼卵在盐度为0.5的淡水中发育，处于低渗环境，水会向卵内渗入；含盐量为7~8的海水鱼卵在含盐为30~35的海水中发育，处于高渗环境，水要从卵渗出。但是，淡水鱼卵在淡水中发育并未因吸水而胀坏，海水鱼卵在海水中发育也未因失水而致死。这是因为卵黄外包着一薄层能够调节渗透压的原生质。该原生质层是胶质。当卵内水分过多时，它会把水排掉，缺水时则会吸水。但是，原生质层调节渗透压的能力是有一定限度的。淡水鱼卵只有防止外界水进入卵中的能力，而没有防止卵失水的能力。所以，只能在低渗液中正常发育，而不能在高渗环境中发育。海水鱼卵只有防止卵失水的能力，而没有防止水进入卵中的能力。因此，海水鱼只能在高渗的海水中发育，而不能在低渗的淡水中正常发育。但是，洄游鱼类如溯河洄游的海水鱼类（大马哈鱼等）和降海洄游的淡水鱼类（鳗鲡等）例外，它们具有在不同发育阶段调节渗透压的能力。

鱼类成熟卵产到水中后，卵膜很快吸水膨大、使受精孔封闭而失去受精能力，如鳙卵在水中仅1 min绝大部分即失去受精能力。但是，鱼卵在原卵液中或在等渗液中寿命则大为延长。鳙成熟卵置于原卵液中40 min以内，有半数以上的卵仍有受精力，140 min后仍有卵具有受精能力。

（四）受精

卵子和精子的结合叫受精。受精作用是精子通过卵膜和卵的表层原生质与卵核结合的一系列过程。受精的结果是形成一个有双倍染色体的新细胞，即受精卵或称合子。受精作用是精、卵相互作用的新陈代谢过程。

主要养殖鱼类的受精过程依次可大体分为受精膜的形成、卵子的排泄、雄性原核和精子星光形成、卵排出第二极体、胚盘形成和第一次有丝分裂出现等现象。

（1）精膜形成。精、卵接触后3~5 min，卵表面的放射膜向外隆起，形成一层透明膜叫受精膜。受精膜在卵子入卵处先举起，并迅速扩展到全卵。受精膜和质膜之间的腔隙叫围卵腔或卵黄间隙。随着受精膜向外扩展，围卵腔逐渐增大，直到受精卵分裂成8~16个细胞时期才完全定型。不同鱼类的围卵腔大小不同，卵吸水后受精膜向外扩展的程度也不尽相同，因而卵径各异。受精膜扩展膨大的速度是鉴别卵质量的标准之一，一般来说，质量好的卵膨胀快而大，质量差的卵膨胀慢而小。

（2）卵子排泄阶段。卵子在发育过程中积累了大量的营养物质，也积存了不少代谢废物。精子入卵后，卵子受到刺激，排泄动作十分迅速，如鳊鱼卵在受精后15 min，排泄结束，在卵周隙中可以见到一些排出的小颗粒状物。

（3）雄性原核和精子星光形成。精卵结合后，只有精子头部深入卵内，头部渐自膨大，趋向核化，精子星光形成。受精后10~15 min，精子头部完全核化，形成雄性原核，一个星光发展成双星光。

（4）卵排出第二极体。卵子形成雌原核。

（5）胚盘形成阶段。精子入卵后（水温24~26℃，25~30 min）两性原核向胚盘动、植物极的中轴线靠近，细胞原生质向动物极流动而集中成较透明的小盘状，称作"胚盘"，胚盘是未来胚胎的基础，但未受精卵入水受到刺激后也会形成胚盘。

（6）第一次有丝分裂出现。受精后40~50 min，两性原核形成的合子核膜消失，第一次有丝分裂出现。第一次有丝分裂出现标志受精成功。

鱼类精卵受精效果受内因和外因的影响。内因指卵子和精子的质量，从雄性生殖孔挤出的精液，呈乳白色，遇水迅速扩散，质量是上乘的精液，用来与"生理成熟"的卵子受精，一般受精率可达90%以上。外因主要有pH值、水温、光照、渗透压、无机盐类作用等，外界环境因子种类繁多，变化复杂，对受精影响各不相同。

（五）鱼类性腺发育的内分泌和神经调节

非生物环境因子对性腺发育的作用，往往是通过神经及内分泌调节来实现的。鱼脑神经中枢接受外界刺激后，首先释放出一类小分子神经介质（如多巴胺、去甲肾上腺素、羟色胺等）传递至性上位神经中枢——下丘脑，特别是位于视束交叉前部的视束前核和接近脑垂体柄的下丘脑隆起部的外侧核，是两个重要的神经分泌核，它们受刺激后分泌一种神经激素，称为性腺激素释放激素（GnRH），或促黄体激素释放激素（LRH），然后传递至脑垂体，触发脑垂体分泌储存的促性腺激素（GTH）（图10-1）。

目前，已知对鱼类性腺发育有调节作用的内分泌腺体主要有脑垂体的腺垂体部分、性腺内分泌腺和甲状腺。

鱼类的脑垂体位于间脑的腹面的蝶骨鞍里，用刀削去鱼的头盖骨，把鱼脑翻过来，即可看到乳白色的脑垂体。脑垂体借脑组织构成的柄与下丘脑相接，它是最重要的内分泌腺体之一。它分泌的激素不仅作用于身体各种组织，而且能调节其他内分泌腺体的活动。鱼类的脑垂体包括腺垂体和神经垂体量部分，腺垂体由前腺垂体、中腺垂体和后腺垂体组成，腺垂体能分泌多种激素，如促肾上腺激素、催乳素、促甲状腺激素、促生长激素、促性腺激素等，对鱼类的生长、性腺发育、甲状腺和肾上腺的发育及体色方面都有重要作用。

促性腺激素作用于性腺，使性腺内分泌腺合成多种激素，再由这些性激素调节和控制精子和卵子的发生和成熟。

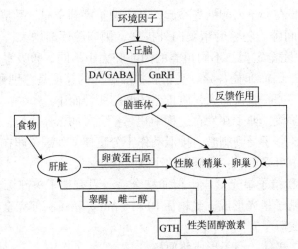

图 10-1　鱼类性腺发育成熟的神经内分泌调节示意图

DA：多巴胺；GABA：γ-氨基丁酸；GnRH：促性腺激素抑制激素；GTH：促性腺激素

资料来源：仿麦贤杰等，2005

　　促性腺激素作用于卵巢，可诱导卵巢的滤泡膜上的鞘膜细胞和颗粒细胞合成孕激素（包括孕酮、17α-羟孕酮、17α、20β-双羟孕酮）、雄激素（如脱氢表雄酮、雄烯二酮和睾酮）、雌激素（如雌二醇、雌酮）和皮质类固醇（如11-脱氧皮质类固醇）。上述性激素的化学本质是类固醇。各种性激素的机能是不同的，但主要有三方面的作用：一是刺激性腺成熟和发育；二是刺激第二性征的发育和性行为的发生；三是对垂体促性腺激素具有负反馈作用，从而维持性激素的正常调节功能。

　　促性腺激素作用于精巢，使精巢小叶的间质细胞、小叶界细胞和足细胞合成脱氢表雄酮，11-氧睾酮和雄烯二酮等雄激素。其中11-氧睾酮对性未成熟的鱼类具有促进脑垂体促性腺激素分泌细胞发育并积累促性腺激素的作用；对于性成熟鱼类则具有促进精子和副性征形成、刺激排精等生殖行为的作用。

　　鱼类甲状腺由许多球形腺泡组成，散布在腹侧主动脉和鳃区主动脉的间隙组织、基鳃骨及胸舌骨附近。甲状腺激素的主要作用是增强鱼类代谢，促进生长和发育成熟，也与鱼类性腺发育和成熟关系密切。鱼类在性腺发育成熟和繁殖季节时，甲状腺分泌活跃，血清中甲状腺素含量高。

　　对鱼类性腺发育具有调节作用的神经组织主要有下丘脑神经分泌组织和下丘脑-垂体-性腺轴。

　　下丘脑位于丘脑下部，含有具内分泌机能的神经细胞，这些细胞除了具有神经元的结构和功能外，还能接受来自脑的信号刺激，并释放化学递质（神经激素），这些神经激素运送到脑垂体的腺垂体部分后，调节腺垂体分泌细胞的功能。目前发现下丘脑神经激素至少有9种，其中有些是释放激素，有些是抑制激素。与养殖鱼类繁殖关系最密切的是促性腺激素释放激素（GnRH）和促性腺激素抑制激素（GRIH）。

　　下丘脑-垂体-性腺轴在调节鱼类性腺发育过程中既相互联系又相互制约，形成严密的调控模式。生殖细胞的生长、成熟和排放，除要受到性腺分泌的类固醇激素的调节外，还受到脑垂体间叶细胞分泌的促性腺激素的调节。促性腺激素（如促滤泡激素FSH

和黄体生成素LH）又受到下丘脑分泌的黄体生成素释放激素（LRH）控制。在雌性鱼类中，FSH能促进滤泡的生长发育和成熟，还可刺激卵巢产生雌激素并提高鱼卵对其他激素的敏感性。对于雄性亲鱼，FSH能促进精巢的发育和成熟，诱导精巢产生雄激素。LH的主要功能是促使生殖腺中成熟生殖细胞的释放，但必须要在FSH作用之后并在其他激素的协助下才能发挥作用。总之，垂体分泌的FSH通过血液循环达到性腺，刺激性腺生殖细胞的发育和成熟，也促进生殖腺分泌类固醇激素。如果FSH过多，将信号反馈到下丘脑和垂体，暂时抑制FSH的分泌，同时又刺激下丘脑释放和分泌LH，LH再通过一系列作用引起排精和产卵。

（六）环境因素对性腺发育的影响

鱼类性腺发育既受内在生理调节，也受外部环境条件的影响。影响鱼类性腺发育的外部环境因素主要有如下几方面。

（1）营养。鱼类性腺发育与营养的关系非常紧密。在鱼类性腺发育、成熟和产卵过程中，营养物质对卵母细胞的生长、卵黄发生和积累具有决定性的作用。在鱼类性腺发育后期，卵巢和精巢的性腺成熟系数显著增加，表明有大量的营养物质转移并贮存在卵巢和精巢中。由于卵母细胞大生长期主要积累卵黄蛋白。卵黄蛋白的主要成分是卵黄磷脂蛋白。因此，蛋白和脂肪是影响鱼类性腺发育最重要的营养物质。蛋白在卵巢中的形成，主要是在雌激素的刺激下，在肝脏内合成血浆特异性蛋白质，释放到血液后，作为卵黄的前身物质被卵母细胞吸收。同时肝脏也起着积极的脂质转移作用，在性腺发育过程中，脂质从正常蓄积组织及部位以中性脂肪和游离脂肪酸的形式释放到血液中，进入肝脏参与卵黄磷脂蛋白的合成。此外，肝脏也能将碳水化合物和蛋白转化成脂质，进而参与卵黄磷脂蛋白的合成。需要指出的是，鱼类卵巢中的脂肪和蛋白的蓄积程度和比例与卵巢的发育阶段和产卵类型有关。

（2）温度。温度是影响鱼类成熟和产卵的重要因素。鱼类是变温动物，水温的变化直接导致鱼体的代谢发生变化，从而加速或抑制性腺的发育和成熟过程。因此鱼类的性成熟年龄与水温（总积温）有关。对于达到性成熟年龄的鱼类，水温越高，性腺成熟所需的时间越短，利用这一特性，生产上可通过人工加温来促进某些鱼类的性腺发育速度，从而实现提早开展鱼类人工繁殖。

温度与鱼类的排卵、产卵也密切相关。即使鱼的性腺已发育成熟，但如果温度达不到产卵或排精的阈值，也不能完成生殖活动。对于正处于产卵的温水性鱼类或热带鱼类，如果遭遇寒流水温下降，则往往会发生停产现象，水温回升后又重新开始产卵。相反，冷水性鱼类在产卵季节出现水温上升则会导致停止产卵。

（3）盐度。固定生活在淡水或海水中的鱼类，它们在繁殖时仍需要与生长相近的盐度。而溯河性或降海性鱼类，在性腺成熟过程中，盐度是重要的刺激因子。大马哈鱼的性腺发育成熟和繁殖必须在盐度低于0.5的淡水中进行；而日本鳗鲡的性腺发育和繁殖则必须在高盐的海水中进行；有些栖息于河口和半咸水中的鱼类，如梭鱼，则只能在盐度高于3的水体中才能达到性成熟。

（4）光照。光照对鱼类的生殖活动具有相当大的影响力，且影响的生理机制复杂。一般认为，光周期、光照强度和光的波长对鱼类的性腺发育均有影响。有学者将鱼类按照性腺成熟与光照的关系分为长光照型鱼类和短光照型鱼类。长光照型鱼类一般指从春天到夏天这一长光照时间产卵的鱼类，若提前增加光照时间，则可以使长光照型鱼类提早成熟或产卵；而短光照型鱼类一般在秋、冬季产卵，这类鱼正好相反，提前将光照时间缩短，方能提早成熟和产卵。

（5）水流。水流对溯河性鱼类和产半浮性卵鱼类的生殖腺成熟和产卵非常重要。一些溯河性鱼类在溯河过程中才能产生高能量的代谢水平，是性腺完成发育成熟并产卵。产半浮性卵的鱼类，如"四大家鱼"，性腺发育到Ⅳ期后，若无水流刺激，性腺则不能过渡到第Ⅴ期，也不能产卵。因此，在人工养殖"四大家鱼"亲鱼的培育过程中，一定要给予流水刺激，以促进性腺发育成熟。

四、鱼类早期发育过程

鱼类的早期发育过程一般包括胚胎发育阶段和仔稚鱼发育阶段两部分。

（一）鱼类胚胎发育进程

鱼类胚胎发育是指从卵子受精之后再卵膜内发育至仔鱼孵化出膜这一过程。按发育的顺序，这一阶段可以分为受精卵、卵裂期、囊胚期、原肠胚期神经胚期、器官形成期和出膜期等发育期。

（1）受精卵。当精子入卵，受精膜形成直至第一次有丝分裂出现的阶段。

（2）卵裂期。这是胚体发育的初期，受精卵完成一系列的细胞分裂，一般指分裂成128～256个细胞、早期囊胚形成之前的发育阶段。

（3）囊胚期。卵裂之后分裂球增加到一定数量成为细胞团并形成特定结构时即进入囊胚期。随着细胞增多，胚盘下腔也同时发生变化，逐渐扩大发展成为囊胚腔。囊胚腔形成后，腔上方的分裂球已堆积数层呈帽状，此时的胚胎称为囊胚。一般鱼类的囊胚可分为囊胚早期、囊胚中期和囊胚后期。

（4）原肠胚期。囊胚的一部分细胞通过不同方式迁移到囊胚内部，形成原肠，这一时期的胚胎称为原肠胚。此时，细胞开始分化，形成了具有不同结构特点和发育潜能的3个胚层，在外面的称为外胚层，在内部的有中胚层和内胚层。胚层的分化使动物个体具有更多更复杂的组织并出现器官分化，从而具备了更丰富、更特殊的生理功能。

（5）神经胚期。在原肠胚期之后开始胚体的形成和神经管的形成，随后即出现体节，并开始中轴器官的早期发生，这一时期的胚胎称为神经胚，发育期称为神经胚期。这一发育期主要包括神经管形成、脊索和内胚层的分化、体节的形成及分化等过程。畸形多产生于这一时期，这是由于卵本身质量不好或外界因素影响所致。从胚胎器官发生上来看，畸形的原因是原肠胚细胞内卷运动秩序或破坏，诱导作用被扰乱，致使神经胚时期中轴器官不能正常形成。

（6）器官形成期。在这一时期，各胚层分化、发育形成神经系统、循环系统、消化系统和感觉器官等。

（7）出膜期。心脏跳动，尾部伸直胚体收缩能力增强，使胚体左右摆动，沿膜内缘不停地转动。胚胎头部出现的泡状单细胞腺体叫孵化腺，孵化腺分泌的孵化酶对卵膜有溶解作用，使胚胎能顺利地从卵中孵化出来。如果水温不正常，腺体分泌受阻，胚胎不能破膜而出，导致其死于膜中。

（二）环境因子对鱼类胚胎发育的影响

评价一种环境因子对鱼类胚胎发育影响的生物学指标包括：孵化期、培育周期、孵化周期、总孵化率、正常仔鱼孵化率等。其中，培育周期是指采自同一尾亲鱼同时受精的一批卵子中有50%孵化出膜时所用的时间；孵化周期是指采自同一尾亲鱼同时受精的一批鱼卵从第一尾仔鱼孵化出膜至最后一尾仔鱼孵化出膜的时间间隔；总孵化率是指孵化出的初孵仔鱼的数量占卵子总数量的百分比；正常仔鱼孵化率是指初孵仔鱼中形态和行为正常的仔鱼占卵子总数量的百分比。

海水鱼类的胚胎发育都在海水环境中进行，其胚胎发育及卵子孵化过程直接受海水环境的影响。常见的影响海水鱼类胚胎发育的环境因子有盐度、温度、酸碱度（pH值）、光照强度、溶氧量等。

（1）盐度。根据对盐度变化的适应能力，可以将海水鱼类成鱼分为广盐性和狭盐性两类。一般地说，它们的胚胎对盐度变化的适应能力与成鱼相一致或略低。研究表明，盐度影响海水鱼类及半咸水鱼类的胚胎孵化期、孵化率；盐度还对初孵仔鱼大小和卵黄体积有影响。

（2）温度。鱼类是变温动物，它们的体温几乎完全随着环境温度的变化而相应地变化，多数鱼类的体温与其周围的水温相差不超过1℃。任何一种鱼类的胚胎发育都需要在适宜的温度条件下进行。在适宜的温度条件下，胚胎能够以较低的能量消耗和较快的速度正常发育，获得较高的孵化率。但是不同的鱼种所要求的温度条件不同，对温度的适应范围也有很大差异。一般来说，鱼类在整个胚胎发育期间温度的变动不能超出该种鱼类产卵期自然水域的水温变化范围。在这一温度范围内温度上升时，胚胎发育速度会加快。在这一温度范围之外的过高或过低的温度，都会不同程度地破坏胚胎的正常发育，甚至导致胚胎死亡。

（3）酸碱度（pH值）。pH值除指示水体中的H^+离子浓度外，还间接反映水、CO_2、溶解氧及溶解盐类等水质状况。大多数海水鱼类的养殖品种适应于中性或偏弱碱性的水环境，pH值在7~8.5范围内为宜，一般不能低于6。各种鱼类胚胎发育期对海水环境中pH值的要求基本上与其成体相同。pH值对胚胎细胞的影响主要表现为对细胞代谢功能的影响、对细胞呼吸作用的影响及对细胞膜可能造成的破坏作用。水环境中不适的pH值可降低或抑制细胞内各种酶的活性，从而导致代谢活动的紊乱；可以抑制线粒体呼吸链的氧传递，破坏细胞呼吸功能；还能对细胞膜产生严重损伤，改变细胞膜的结构及通透性。若不及时调节pH值使之恢复正常，可导致胚胎死亡。

（4）光照强度。海水鱼类的胚胎发育要求一定的光照条件。在不适宜的光照条件下孵化卵子，则胚胎的新陈代谢作用将出现失调。有的鱼类整个胚胎发育过程可以在无光照的条件下进行，光线的存在反而会延缓其发育甚至产生致死的破坏作用。一般来说，浮性卵都需要充足的光照条件才能正常发育，若光照条件不足则会延缓发育，使胚胎发育不正常，孵化率降低。对于多数需要光照孵化的鱼卵来说，适当增强光照，会加快胚胎的发育进程，缩短孵化所需时间，而不影响胚胎的正常发育。

（5）溶解氧。海水鱼类胚胎的发育过程是一个需氧过程，只有水环境中溶解氧达到一定的浓度时，才能通过胚膜传递至胚胎内，供发育需要。通常，鱼类胚胎随着自身的发育，其需氧量逐渐增加，当外界环境温度升高时，其需氧量也会相应增加。

（三）鱼类胚后发育阶段的划分

（1）仔鱼期。仔鱼期的主要特征是鱼苗身体具有鳍褶。该期又可分为初孵仔鱼、仔鱼前期和仔鱼后期。初孵仔鱼特指刚从卵膜中脱离出来的仔鱼，仔鱼前期一般指孵化后以卵黄为营养、消化道未打通的鱼苗阶段。在淡水鱼类繁殖中，仔鱼前期的鱼苗通常称为水花。仔鱼后期是指消化道打通，卵黄囊消失开始摄食外界食物的鱼苗阶段，此时奇鳍褶分化为背、臀和尾3个部分并进一步分化为背鳍、臀鳍和尾鳍，此外，腹鳍也出现。

（2）稚鱼期。鳍褶完全消失，体侧开始出现鳞片以至全身被鳞。在淡水鱼类繁殖中，乌仔、夏花及小规格鱼种（全长7 cm以下）通常属于稚鱼期。

（3）幼鱼期。全身被鳞，侧线明显，胸鳍条末端分支，体色和斑纹与成鱼相似，全长在7.5 cm以上的鱼种属于幼鱼。

（4）性未成熟期。具有成鱼的形态结构，但性腺未发育成熟。

（5）成鱼期。性腺第一次成熟至衰老死亡属于成鱼期。

第二节　鱼类育苗

一、亲鱼培育

亲鱼是指已达到性成熟并能用于繁殖下一代鱼苗的父本（雄性鱼）和母本（雌性鱼）。培育可供人工催产的优质亲鱼，是鱼类人工繁殖决定性的物质基础。要获得大量的、具有优良性状和健康的鱼苗，就要认真做好亲鱼的挑选和亲鱼的培育工作。

（一）亲鱼挑选

"种好，收一半"，优良健康的种苗是搞好养殖生产的前提和关键。挑选优质亲鱼对保持优良的生物遗传性状十分重要，因此，繁殖用亲鱼的挑选必须选择优良品种，且按照主要性状和综合性状进行选择，如生长快、抗病强、体型好等性状，往往成为亲鱼挑选的主要因素。在正常的人工育苗生产中，亲鱼的挑选通常是在已达到性腺成熟年龄的鱼中挑选健康、无伤、体表完整、色泽鲜艳、生物学特征明显、活力好的鱼作为亲鱼。在一批亲鱼中，雄鱼和雌鱼最好从不同来源的鱼中挑选，防止近亲繁殖，以保证种苗的质量。亲本不能过少，并应定期检测和补充。

（二）饵料供应

与生长育肥期动物的培育有所不同，亲体的培育是为了促进性腺正常发育，以获得数量多、质量好的卵子和精子。影响亲体性腺发育和生殖性能的因素有很多，如饲养环境、管理技术、饲料的数量和质量、选育的品系或品种等。其中，营养和饲料无疑是十分重要的因子。众所周知，在生殖季节里，水产动物性腺（尤其是卵巢）的重量在一定时间内可增加数倍乃至十倍以上。在该发育期内，卵子需要合成和积累足够的各种营养物质，以满足胚胎和早期幼体正常发育所需。当食物的数量和质量不能很好地满足亲体性腺发育所需时，会极大地影响亲体的繁殖性能、胚胎发育和早期幼体的成活率。这些影响具体表现在：饲料的营养平衡与否会影响亲体第一次性成熟的时间、产卵的数量

（产卵力）、卵径大小和卵子质量，从而影响胚胎发育乃至后续早期幼体生长发育的整个过程。食物短缺会抑制初级卵母细胞的发育，或抑制次级卵母细胞的成熟，从而导致个体繁殖力下降。抑制次级卵母细胞的成熟主要表现在滤泡的萎缩和卵母细胞的重吸收，这在虹鳟、溪红点鲑等种类中十分普遍。食物不足直接使卵子中卵黄合成量减少，使卵径明显变小。从已有的研究来看，限食会降低雌体的繁殖力，使卵径减小。如果食物严重短缺，通常会造成群体中雌体产卵比例下降。下降的比例与食物受限程度，以及鱼的种类紧密相关。

卵子中含20%~40%的干物质，其中大多数是蛋白质和脂肪，主要以卵黄颗粒的形式存贮于卵子中。对于不含油球的种类而言，卵黄几乎是胚胎和早期幼体发育的唯一营养物质和能量来源，当幼体由内源性营养转向外源性营养阶段后，有时还需要部分依赖卵黄来提供营养，因此，卵黄所提供的营养物质和能量对幼体的发育和成活至关重要。

1. 蛋白质

蛋白质在水产动物的性腺发育和繁殖中扮演着极为重要的角色。由于蛋白质、脂类和糖等能量物质有非常密切的联系，所以往往把蛋白质和能量（能量/蛋白比）结合起来考虑。随着性腺发育和成熟，卵巢中蛋白质的含量升高，蛋白质通过参与卵黄物质如卵黄脂磷蛋白和卵黄蛋白原的合成，在性腺发育和生殖中发挥重要的作用。一般认为，水产动物繁殖期间对蛋白质有一个适宜的需求量，在一定范围内提高饲料蛋白质水平，可以促进亲鱼的卵巢发育，提高产卵力。蛋白源的质量对亲鱼成功繁殖是一个更重要的因素。与处于生长期的动物一样，亲体对蛋白质的需要，其实质是对氨基酸的需要。因此，对氨基酸营养的研究将更加重要。在完全弄清水产动物繁殖所需的氨基酸之前，一方面，可将亲本培育专用的高质量天然饵料的蛋白质、氨基酸组成作为参照，并通过比较野生群体的卵巢、卵子和幼体中氨基酸的组成和变化模式，来了解胚胎和幼体生物合成所必需的氨基酸，设计亲本专用饲料。

2. 脂类

水产动物对饲料脂类的需要，在很大程度上取决于其中的脂肪酸，尤其是不饱和脂肪酸的种类和数量。性腺成熟过程中对脂肪酸有明显的选择性，这主要取决于所需的脂肪酸到底是用于提供能量，还是参与合成性腺物质。磷脂和甘油三酯中的脂肪酸被分解，为胚胎和早期幼体的发育提供能量。同时 n-3 PUFA 参与细胞膜的形成。与机体其他组织相比，鱼类卵子中的脂肪酸、脂类成分组成相对稳定，不容易受外源食物组成的影响，表明动物性产物中脂类特别成分的重要性。即便如此，近年的研究和实践表明，人为措施可以在一定程度上改变水产动物卵子的脂肪酸组成，从而可有目的地提高性产物的数量和质量。研究证实，饲料中缺乏 n-3HUFA 会显著影响亲鱼的产卵力、受精率、幼体的孵化率和成活率。鱼类的成功繁殖在相当程度上取决于卵子的质量，但同时也与精子的质量紧密相关。人工养殖条件下，水产动物繁殖失败往往与营养不合理所导致的精子质量下降密切相关。

3. 维生素

有关亲鱼维生素营养的研究工作，主要围绕着维生素E和维生素C来进行。维生素E除有抗不育功用外，主要是作为抗氧化剂，避免细胞膜上的不饱和脂肪酸被氧化，从而保持细胞膜的完整性和正常的生理功能，这一点对胚胎的正常发育尤为重要。饲料维生素E含量缺乏，会导致一些鱼类性腺发育不良，降低孵化率和鱼苗的成活率。在真鲷饲料中把维生素E的含量提高到2 000 mg/kg，能够提高浮性卵、孵化率和正常幼鱼的比例。同样地，隆颈巨额鲷亲鱼饲料中的维生素E由22 mg/kg提高到125 mg/kg，就能显著减少畸形卵子的数量。饲料中缺乏维生素E对垂体－卵巢系统的显著影响，表明维生素E在鱼类繁殖生理过程中有重要的作用。

硬骨鱼类在生殖细胞发生过程中，维生素C的抗氧化作用对精子和卵子的受精能力，以及保护生殖细胞的遗传完整性都很重要。饲料缺乏维生素C会损害亲鱼的正常生殖性能。

类胡萝卜素是动物自身不能合成，必须从食物中摄取的色素物质。类胡萝卜素的不同形式在体内可以相互转化。类胡萝卜素对水产动物的幼体和亲体都很重要，这与其抗过氧化功能有关。动物在生长期间，把摄取和吸收的虾青素和角黄素先储存、富集在肌肉中。进入性腺成熟时，机体动员肌肉等组织中的类胡萝卜素，通过极高密度脂蛋白（VHDL）或高密度脂蛋白（HDL），以虾青素和角黄素形式被转运到卵巢中，最后进入幼体。对虹鳟来说，随着卵巢的发育成熟，几乎所有的类胡萝卜素都被动员和转运，但其数量仍然不能很好地满足卵巢快速增长和生理代谢的需要，仍必须从外界的食物中得到必要的补充。

4. 矿物质

尽管水产动物能通过鳃和皮肤等直接从水环境中吸收部分无机盐，但通常认为单从环境中摄取的无机盐，无法完全满足动物各种生理机能的需要，仍需从饲料中得到补充。饲料缺乏磷会降低亲鱼的产卵力，产卵量、浮性卵比例，孵化率都明显下降，而且不正常卵和畸形幼体的数量大大增加，但对卵子的相关生化成分影响不明显。

（三）培育管理

亲鱼的培育管理是鱼类人工繁殖的首要技术关键。只有培育出性腺发育良好的亲鱼，注射催情剂才能使其完成产卵和受精过程。如果忽视亲鱼培育，则通常不能取得好的催情效果。在淡水鱼类繁殖中，亲鱼的培育通常在池塘中进行，而海水鱼类繁育中亲鱼的培育则更多是在海区网箱中进行。

1. 亲鱼池塘培育

亲鱼池塘培育的一般要点如下。

（1）选择合适的亲鱼培养池。要求靠近水源，水质良好，注排水方便，环境开阔向阳，交通便利。布局上靠近产卵池和孵化池。面积以0.2~0.3 hm^{2}的长方形池子为好，水深1.5~2 m，池塘底部平坦，保水性好，便于捕捞。

（2）放养密度。亲鱼培养池的放养密度一般为9 000~15 000 kg/hm^2。雌雄放养比例约为1∶1，具体可根据不同种类适当调整。

（3）培养管理。亲鱼的池塘培育管理一般分阶段进行。

产后及秋季培育（产后到11月中下旬）：此阶段主要是要及时恢复产后亲鱼的体力以及使亲鱼在越冬前储存较多的脂肪。一般在在产卵后要给予优良的水质及充足营养的亲鱼饲料，一般投喂量占亲鱼体重的5%。

冬季培育和越冬管理（11月中下旬至翌年2月）：天气晴好，水温偏高时，鱼还摄食，应适当投饵，以维持亲鱼体质健壮，不掉膘。

春季和产前培育：亲鱼越冬后，体内积累的脂肪大部分转化到性腺，加之水温上升，鱼类摄食逐渐旺盛，同时性腺发育加快。此时期所需的食物，在数量和质量上都超过秋冬季节，是亲鱼培育非常关键的时期。此阶段要定期注排水，保持水质清新，以促进亲鱼性腺的发育。一般前期可7~10 d排放水1次，随着性腺发育，排放水频率逐渐提高到3~5 d排放水1次。

2. 亲鱼网箱培育

（1）选择合适的海区和网箱。网箱养殖海区的选择，既要考虑其环境条件能最大限度地满足亲鱼生长和成熟的需要，又要符合养殖方式的特殊要求。应事先对拟养海区进行全面详细的调查，选择避风条件好，波浪不大，潮流畅通。地址平坦、无水体物污染的内湾或浅海，且饵料来源及运输方便的海区。

亲鱼培育的网箱多为浮筏式网箱，根据亲鱼的体长选择合适的网箱规格，亲鱼体长小于50 cm，可选择3 m×3 m×3 m的网箱，亲鱼体长大于50 cm，则一般选择5 m×5 m×5 m的规格。网箱的网目，越大越好，以最小的亲鱼鱼头不能伸出网目为宜。

（2）确定合适的放养密度。亲鱼放养密度以4~8 kg/m³为好，密度小于4 kg/m³，则不能充分利用水体；密度大于8 kg/m³，亲鱼拥挤，容易发病，不利亲鱼培育。

（3）日常管理。每天早晚巡视网箱，观察亲鱼的活动情况，检查网箱有无破损。每天早上投喂1次，投喂量约为体重的3%。投喂时，注意观察亲鱼摄食情况。若水质不好，则减少投喂量；若水质和天气正常，但亲鱼吃食不好，则需取样检测是否有病。若有病则需及时对症治疗。在入冬前1个月，亲鱼每天需喂饱，使亲鱼贮存足够的能量安全越冬。20 d左右换网1次。台风季节做好防台风工作。

（4）产前强化培育。产卵前1个半月至两个月为强化培育阶段。在这个阶段，亲鱼的饵料以新鲜、蛋白含量高的小杂鱼为主，每天投喂1次，投喂量为亲鱼体重的4%，同时在饵料中加入营养强化剂如维生素、鱼油等，促进亲鱼性腺发育。一般经过1个半月至两个月的培育，亲鱼可以成熟，能自然产卵。检查亲鱼性腺成熟度的方法是：用手轻轻挤压鱼的腹部，乳白色的精液从生殖孔流出，表示雄鱼成熟。雌鱼可以用采卵器或吸管从生殖孔内取卵，若卵呈游离状态，表示雌鱼成熟。此时可以把亲鱼移到产卵池产卵，或在网箱四周加挂2~2.5 m深的60目筛绢网原地产卵。

（5）产卵后及时维护管理。亲鱼在产卵池产完卵后，应移入网箱培育。产后亲鱼体质虚弱，常因受伤感染疾病，必须采取防病措施，轻伤可用外用消毒药浸泡后再放入网箱；受伤严重，除浸泡外，还需注射青霉素（10 000 IU/kg），并视情况投喂抗生素药饵。

二、催产

（一）催产基本原理

在天然水域条件下，鱼类性腺发育成熟并出现产卵和排精活动，往往是水流等外界综合生态条件刺激及鱼体内分泌调节共同作用的结果。在人工养殖条件下，通常缺乏外界生态条件的有效刺激，从而影响养殖鱼类下丘脑合成并释放GnRH，导致亲鱼的性腺发育不能向第Ⅴ期过渡，进而在人工养殖条件下顺利产卵。因此，可采用生理、生态相结合的方法，即对鱼体直接注射垂体制剂或HCG，代替鱼体自身分泌GtH的作用，或者将人工合成的LRH-A注入鱼体代替鱼类自身的下丘脑释放的GnRH的作用，由它来触发垂体分泌GtH。总之，对鱼类注射催产剂是取代了家鱼繁殖时所需要的那些外界综合生态条件，而仅仅保留影响其新陈代谢所必需的生态条件（如水温、溶解氧等），从而促进亲鱼性腺发育成熟、排卵和产卵。

（二）雌雄鉴别及成熟亲鱼的选择

1. 雌雄亲鱼的鉴别

鱼类在接近或达到性成熟时，在性激素的作用下也会产生第二性征，尤其是淡水鱼类的雄性个体，在胸鳍上会出现"珠星"，用手摸有粗糙感。但不少海水鱼类中，这些副性征并不明显。在繁殖季节，一般雌性亲鱼由于卵巢充满成熟卵而腹部膨胀，可由体型判别雌雄，而且，雌性亲鱼生殖器外观较大、平滑、突出，内有3个孔，由前而后依次为肛门、生殖孔和泌尿孔，即将产卵的雌鱼生殖孔向外扩张呈深红色，而雄鱼只有肛门和尿殖孔两个孔。此外，一些海水鱼存在性转变现象，如鲷科鱼类为雌雄同体雄性先成熟的种类，石斑鱼则是雌雄同体雌性先成熟的种类，故在挑选亲鱼时，仅从个体大小即可初步鉴别亲鱼的性别。

2. 成熟亲鱼的选择与配组

一般认为，雌性亲鱼个体光滑、无损伤，腹部膨大松软，卵巢轮廓明显延伸到肛门附近，用手轻压腹部前后均松软，腹部鳞片疏开，生殖孔微红，稍微突出者为完好的成熟亲鱼。从外观上选择成熟亲鱼有时比较困难，检查前一定要停食1~2 d，避免饱食造成的假象。选择时将鱼腹部朝上，两侧卵巢下坠，腹中线下凹，卵巢轮廓明显，后腹部松软者为好。此外，也可从卵巢中取活卵进行成熟度的鉴别。

成熟雄鱼的选择相对简单，将雄鱼腹部朝上，轻轻挤压雄鱼腹部两侧，若是成熟的雄鱼，即有乳白色黏稠的精液涌出，滴入水中后即散开，若精液稀少，如水呈细线状不散，则表明尚未完全成熟，应继续培育；若挤出的精液稀薄，带黄色，表明精巢退化，不宜使用，否则受精卵低，畸形率高。

选择成熟亲鱼时，不论雌雄，不仅性腺发育要好，而且要求体质健壮，无损伤，否则催产效果差，且产后亲鱼易死。

催产时，雌雄亲鱼搭配比例要适当，一般雌雄比在1:（1~2）即可。

（三）催产方法及催产药物剂量

1. 催产药物

目前用于鱼类繁殖的催产剂主要有绒毛膜促性腺激素（HCG）、鱼类脑垂体（PG）和促黄体素释放激素类似物（LRH-A）等。

（1）绒毛膜促性腺激素（Hormone Chorionic Gonadotropin，HCG）。HCG是从怀孕2~4个月的孕妇尿中提取出来的一种糖蛋白激素，分子量为36 000左右，对温度的反应较敏感，且反复使用容易产生抗药性。在物理化学和生物功能上类似于哺乳类的促黄体素（LH）和促滤泡素（FSH），生理功能上似乎更类似于LH的活性。HCG直接作用于性腺，具有诱导排卵的作用；同时也具有促进性腺发育，促使雌雄性激素产生的作用。

（2）鱼类脑垂体（Pituitary Gland，PG）。鱼类脑垂体中含有多种激素，对鱼类催产最有效的成分是促性腺激素（GtH），GtH是一种分子量为30 000左右的大分子糖蛋白激素，反复使用也容易产生抗药性。但它直接从鱼类中取得，对温度变化的敏感性较低。GtH含有两种激素（即FSH和LH），它们直接作用于性腺，可以促使鱼类性腺发育；促进性腺成熟、排卵、产卵和排精；并控制性腺分泌性激素。在采集鱼类脑垂体时，必须考虑以下因素：脑垂体中的GtH具有种的特异性，不同鱼类的GtH，其氨基酸组成和排列顺序不尽相同，生产上一般采用分类上比较接近的鱼类，如同属或同科的鱼类脑垂体作为催产剂，效果显著。脑垂体中GtH含量与鱼是否性成熟有关，只有性成熟的鱼类，其脑垂体间叶细胞中的嗜碱性细胞才含量有大量的分泌颗粒，其GtH的含量高，反之则含量低。再有，脑垂体中GtH的含量与季节密切相关，其含量最高的时间是在鱼类产卵前的两个月内。成熟雌雄亲鱼的脑垂体均可用于制作催产剂。取出的脑垂体去除黏附的附着物后，浸泡在20~30倍体积的丙酮或乙醇中脱水脱脂，过夜后，更换同体积的丙酮或无水乙醇，再经24 h后取出在阴凉通风处吹干，密封在4℃保存待用。

（3）促黄体素释放激素类似物（Luteitropin Releasing Hormone-Analogue，LRH-A）LRH-A是一种人工合成的九肽激素，分子量为1 167。LRH-A是哺乳类下丘脑分泌的一种作用于脑垂体的激素——促黄体素释放激素（LRH）的类似物，LRH对哺乳类的催产效果很明显，但对鱼类的作用效果不强，为此人们合成了LRH-A，LRH-A对鱼类的作用效果明显，可反复使用不会产生抗药性，并对温度的变化的敏感性较低。由于它的靶器官是脑垂体，由脑垂体根据自身性腺的发育情况合成和释放适度的GtH，然后作用于性腺，因此，不易造成难产等现象的发生，且价格比HCG和PG便宜，在实际生产中广泛应用。LRH-A的功能包括如下几方面：刺激脑垂体释放LH和FSH；刺激脑垂体合成LH和FSH；刺激排卵。

近年来，我国又在研制LRH-A的基础上，研制出了LRH-A2和LRH-A3。实践证明，LRH-A2的催产效果比LRH-A更显著，且使用剂量可为LRH-A的1/10；而LRH-A3对促进亲鱼性腺成熟的作用比LRH-A好得多。

（4）地欧酮（DOM）。地欧酮是一种多巴胺抑制剂。鱼类下丘脑除了存在促性腺激素释放激素（GnRH）外，还存在促性腺激素释放激素的抑制激素（GRIH），GRIH对垂体GtH的释放和调节起了重要的作用。而多巴胺在硬骨鱼类中起着鱼GRIH相同的作用，它能直接抑制垂体GtH细胞自动分泌，又能抑制下丘脑分泌GnRH。采用地欧酮就可以抑制或消除促性腺激素释放激素抑制激素对下丘脑促性腺激素释放激素的影响，从而增强脑垂体GtH的分泌，促使性腺的发育成熟。生产上地欧酮不单独使用，主要与LRH-A混合使用，以进一步增强其活性。

2. 催产剂的注射

催产剂的剂量应根据亲鱼成熟情况，催产剂的质量等具体情况灵活掌握。一般在催产早期和晚期，剂量可适当偏高，中期可适当偏低；在水温较低或亲鱼成熟度较差时，剂量可适当偏高，反之可适当降低剂量。

催产剂注射次数应根据亲鱼的种类、催产剂的种类、催产季节和亲鱼成熟程度等来决定。如一次注射可达到成熟排卵，就不宜分两次注射，以免亲鱼受伤。成熟较差的亲鱼，可采用两次注射，尤以注射LRH-A为佳，以利促进性腺进一步发育成熟，提高催产效果。如采用两次注射，第一次注射量只能是全量的10%左右，第一次注射剂量过高，容易引起早产。

亲鱼催产激素的注射分体腔注射和肌肉注射两种。生产上多采用体腔注射法。注射时，使亲鱼侧卧在水中，把鱼上半部托出水面，在胸鳍基部无鳞片的凹入部位，将针头朝向头部前上方与体轴程45°~60°角刺入1.5~2.0 cm，然后把注射液徐徐推入鱼体。肌肉注射部位是在侧线鱼背鳍间的背部肌肉。注射时，把针头向头部方向稍微挑起鳞片刺入2 cm左右，然后把注射液徐徐注入。注射完毕迅速拔出针头。把亲鱼放入产卵池中。在注射过程中，当针头刺入后，若亲鱼突然挣扎扭动，应迅速拔出针头，以免造成大的伤害。可待鱼安定后再行注射。催产时需根据水温和催产剂的种类计算好效应时间，掌握适当的注射时间。

（四）效应时间

所谓效应时间是指亲鱼注射催产剂之后（末次注射）到开始发情产卵所需的时间。经催情注射的亲鱼，在产卵前有明显的雌、雄追逐兴奋表现，称之为发情。亲鱼的正常发情表象，首先是水面出现几次波浪，这是雌、雄鱼在水面下兴奋追逐的表现，如果波浪继续间歇出现，且次数越来越密，波浪越来越大，此时发情将达到高潮。

效应时间的长短与鱼催产剂的种类、水温、注射次数、亲鱼种类、年龄、性腺成熟度以及水质条件等密切相关。注射脑垂体比注射HCG效应时间要短，而注射LRH-A比注射脑垂体或HCG效应时间要长一些。水温与效应时间呈负相关。水温高，效应时间则短，水温低，效应时间则长，一般情况下，水温每差1℃，从打针到发情产卵的时间要增加或减少1~2 h。水温突然降低，不但会延长效应时间，甚至会导致亲鱼正常产卵活动停止。一般两次注射比一次注射效应时间短。两次注射LRH-A随针距延长，效应时间有缩短的趋势，如果鲢鱼两次注射LRH-A针距为24 h，效应时间大致可稳定在10 h左右。效应时间的长短也随鱼类的种类而不同，相同剂量下，草鱼的效应时间短，鲢鱼居中，鳙鱼和青鱼的效应时间略长。初次性成熟的个体，对LRH-A反应敏感，其效应时间比个体大、繁殖过多次的亲鱼要短。性腺发育良好和生态条件适宜，亲鱼能正常发情产卵，效应时间也比较短一些，反之，亲鱼成熟差，产卵的条件不适宜，往往拖延发情产卵，延长效应时间。

（五）产卵

一般发情达到高潮时亲鱼就产卵、排精。因此，准确地判断发情排卵时刻是很重要的，特别是采用人工授精方法时，如果发情观察不准确，采卵不及时，都直接影响鱼卵受精、孵化的效果。过早动网采卵，亲鱼未排卵；太迟采卵，可能在动网时亲鱼已把卵产出或卵子滞留在卵巢腔内太久，导致卵子过熟，受精率、孵化率低。

目前，生产中采用自然产卵受精及人工采卵授精两种方法。

（1）自然产卵受精。亲鱼自行把卵产在池中自行受精的称为自然产卵受精。对于产浮性卵的鱼类，在产卵池的集卵槽上挂上一个集卵网箱通过水流的带动，将受精卵集于网箱中，再将网箱中的受精卵用小手抄网移到孵化池中孵化；也可用小手抄网直接捞取浮在水面的受精卵转移到孵化池中孵化。对于产黏性卵的鱼类，则需在亲鱼产卵发情前在产卵池中放置处理好的鱼巢，供受精卵附着，然后转移到孵化池中孵化。

（2）人工采卵授精。当亲鱼真处于发情临产时，取雌雄亲鱼同时开始采卵和采精，把精、卵混合在一起进行人工授精。人工授精有干法授精、半干法授精和湿法授精3种。

三、孵化

孵化是指受精卵经胚胎发育到孵出仔鱼的全过程。人工孵化就是根据受精卵胚胎发育的生物学特点，人工创造适宜的孵化条件，使胚胎能正常发育孵出仔鱼。

（一）鱼卵质量鉴别

由于卵子本来的成熟程度不同，或排卵后在卵巢腔内停留的时间不同，使产出的卵质量上有很大的差异。

亲鱼经注射催产剂后，发情时间正常，排卵和产卵协调，产卵集中，卵粒大小一致，吸水膨胀快，配盘隆起后细胞分裂正常，分裂球大小均匀，边缘清晰，这类卵质量好，受精率高。

如果产卵的时间持续过长，产出的卵大小不一，卵子吸水速度慢，卵膜软而扁塌，膨胀度小，或已游离于卵巢腔中的卵子未及时产出而趋于成熟。这类卵质量差，一般不能受精或受精很差。过熟的卵，虽有的也能进行细胞分裂，但分裂球大小不一，卵子内含物很快发生分解。鱼卵质量可用肉眼从其外形上鉴别（表10-1）。

表10-1　鱼卵质量鉴别

性状	成熟卵子	不熟或过熟卵子
色泽	鲜明	暗淡
吸水情况	吸水膨胀速度快	膨胀速度慢，吸水不足
弹性	卵球饱满，弹性强	卵球扁塌，弹性差
鱼卵在盘中静止时胚胎所在位置	胚体（动物极）侧卧	胚体（动物极）朝上
胚胎发育情况	卵裂整齐，分裂清晰	卵裂不规则，发育不正常

（二）环境对孵化的影响及主要养殖鱼类的孵化理化参数

适宜的孵化条件是保障胚胎正常发育、提高出苗率的重要因素。影响鱼类孵化的环境因素主要有温度、溶解氧、盐度、水质和敌害生物（桡足类、霉菌）等。主要养殖鱼类的人工孵化理化参数见表10-2。

表10-2　主要养殖鱼类人工孵化理化参数

鱼类胚胎	孵化水温/℃	孵化溶解氧	孵化盐度	水流/（m/s）	孵化密度	水质要求
鲤鱼	20~25	>4	淡水	静水	50×10^4 粒/亩	未污染的清新水质
草鱼	22~28	6~8 mg/L	淡水	0.3~0.6	100×10^4 粒/m^3	未污染的清新水质
青鱼	22~28	6~8 mg/L	淡水	0.3~0.6	（100~200）$\times 10^4$ 粒/m^3	未污染的清新水质
鳙鱼	22~28	6~8 mg/L	淡水	0.3~0.6	（100~200）$\times 10^4$ 粒/m^3	未污染的清新水质
白鲢	22~28	6~8 mg/L	淡水	0.3~0.6	（100~200）$\times 10^4$ 粒/m^3	未污染的清新水质
鲫鱼	20~25	6~8 mg/L	淡水	0.3~0.6	（50~75）$\times 10^4$ 粒/m^3	未污染的清新水质
鳊鱼	20~28	6~8 mg/L	淡水	0.3~0.6	<50×10^4 粒/m^3	未污染的清新水质
海马	12~33	>3 mL/L	13	流水	300~500尾	需过滤沉淀的清新水质

续表

鱼类胚胎	孵化水温 /℃	孵化溶解氧	孵化盐度	水流 /（m/s）	孵化密度	水质要求
鲻鱼	17~22	>5 mg/g	30~32	静水	≤3 000×10⁴粒/m³	无污染的新鲜海水
尖吻鲈	28~29	>6 mg/L	28~32	流水	（10~50）×10⁴粒/m³	无污染的新鲜海水
花鲈	17~19	>5 mg/L	25~30	静水	（40~50）×10⁴粒/m³	无污染的新鲜海水
斜带石斑鱼	26.5~28.3	>5 mg/L	20~30	静水		经砂滤的天然海水
卵形鲳鲹	20~26	>4 mg/L	27~33		（35~50）×10⁴粒/m³	无污染的新鲜海水
军曹鱼	24~26	>5 mg/L	29~33	微流水	≤50×10⁴粒/m³	经沉淀、砂滤的洁净海水
眼斑拟石首鱼	22~30	≥3 mg/L	25~27	静水	≤10×10⁴粒/m³	无污染的新鲜海水
紫红笛鲷	20~25	9~14 mL/L	27.9	静水	（30~40）×10⁴粒/m³	无污染的新鲜海水
红笛鲷	24.7~25.9	>5 mg/L	32~35	静水	（20~30）×10⁴粒/m³	无污染的新鲜海水
星斑裸颊鲷	21.9~23	微充气	15~40	静水	（10~50）×10⁴粒/m³	无污染的新鲜海水
真鲷	15~17	弱充气	33	微流水	（5~10）×10⁴粒/m³	砂滤新鲜无污染的新鲜海水
花尾胡椒鲷	21~24	弱充气	24~32	微流水	（10~30）×10⁴粒/m³	无污染的新鲜海水
斜带髭鲷	23~25	微充气	24.2~32.1	静水	（30~50）×10⁴粒/m³	无污染的新鲜海水
中华乌塘鳢	20.5~27.5	4~8 mg/L	1.012~1.017	静水	1×10⁴粒/m³	无污染的新鲜海水
红鳍东方鲀	18~20	>5 mg/L	32	静水	0.35×10⁴粒/m³	无污染的新鲜海水
暗纹东方鲀	18~24	>5 mg/L	28~30	静水	（10~30）×10⁴粒/m³	无污染的新鲜海水

四、仔、稚鱼培育

仔、稚鱼培育一般有两种方式，一种是在室内水泥池培育，一般适用于海水鱼类及部分名贵的淡水鱼类。另一种是室外土池培育，在淡水常规鱼类的繁育中应用普遍，目前在我国海南及广东等地，土池培育方法也开始应用于石斑鱼等海水鱼类的苗种培育。

（一）室内水泥池培育

仔、稚鱼室内水泥池培育的育苗池根据实验和生产的规模，可以采用圆形、椭圆形、不透明、黑色或蓝绿色的容器，也可以是方形或长方形的水泥池。初孵仔鱼的放养密度与种类有关，花鲈的初孵仔鱼的放养密度为 10 000~20 000 尾/m^3；赤点石斑鱼初孵仔鱼的放养密度为 20 000~60 000 尾/m^3。在仔鱼放养前，先注入半池过滤海水，之后每天添水 10%，至满池再换水。育苗期间的主要管理工作有以下几点。

（1）饵料投喂。室内水泥池鱼苗培育的饵料有小球藻、轮虫、卤虫无节幼体、桡足类及人工配合饲料。小球藻主要作为轮虫的饵料，同时又可以改善培育池的水质，从仔鱼开口的 40 d 内，一般都要添加，小球藻的添加密度一般为 30×10^4~100×10^4 细胞/mL。轮虫作为仔鱼的开口饵料，一般在开口前一天的晚上添加。若是酵母培养的轮虫，则在投喂之前需要用富含 EPA 和 DHA 的营养强化剂进行营养强化。轮虫的投喂密度一般为 5~10 个/mL。轮虫的投喂期一般在 15~30 d，具体视鱼苗的种类及生长情况而定。当仔鱼培育至 10~15 d，视鱼苗口裂的大小，可以同时投喂卤虫无节幼体，卤虫无节幼体投喂前同样需要营养强化，投喂密度为 3~5 个/mL。一般种类在孵化后 20 d 左右，可以投喂桡足类，在 25~30 d 左右可以投喂人工配合饲料。各种饵料投喂需要有一定的混合，以保证饵料转换期不出现大的死亡率。

（2）水色及水质管理。在仔鱼培育时可利用单胞藻等以改善水质。利用小球藻、盐藻等单胞藻配成"绿水"培育仔鱼，如石斑鱼、真鲷、花尾胡椒鲷、鲻、军曹鱼等已有很多成熟的经验。水质管理要求使水温、盐度、溶解氧等指标处于鱼苗的最适宜范围内。特别要注意水体中氨氮等有毒物质的积累不能超标。一旦超出则需换水。一般初孵仔鱼日换水量可以控制在 20%，之后随鱼苗生长、鱼苗密度、投饵种类和数量、水质情况等逐渐加大换水量，最高日换水量可到 100%~150%。换水一般采用筛绢网箱内虹吸法进行。

（3）充气调节。初孵仔鱼体质较弱，在育苗池中充气时，若气流太大则易造成仔鱼死亡。在一般情况下，由通气石排出的微细气泡可附着于仔鱼身上或被仔鱼误食，造成仔鱼行动困难，浮于水面，生产上称为"气泡病"，是仔鱼时期数量减耗的原因之一。充气的目的是为了提高水体中的溶氧量和适当地促进水的流动。在生产性育苗中，每平方米水面有一个小型气泡石，进行微量充气即可满足要求。

（4）光照调节。在种苗生产中，不同种类的鱼对光照度的要求不同。如在真鲷培育中，育苗槽的水面光照度应调整在 3 000~5 000 lx 之间，夜间采用人工光源照射，可以促使仔鱼增加摄食量和运动量，并避免仔鱼因停止运动而有被冲走的危险。

（5）池底清污。在鱼苗投饵一周后，可采用人工虹吸法进行池底清污。一般投喂轮虫时，可 2~3 d 清污 1 次，若开始投喂配合饲料，则最好每天清污 1 次。

（6）鱼苗分选。鱼苗经过一个月的培育，大小会出现分化。若是一些肉食性的鱼类，则会出现明显的残杀现象。应及时用鱼筛分选，将不同规格的鱼苗分池培育，以提高成活率。

此外，培苗期间每天还应注意观察仔稚鱼的摄食和活动情况，做好工具的消毒工作，发现异常及时采取措施加以应对。

（二）室外土池培育

室外土池培育是我国淡水"四大家鱼"传统的育苗生产方式，一般在仔鱼开口后数天或稚鱼期后放入土池，以此降低生产成本。培育的要点是控制敌害，掌握在池内浮游生物快速增长时放苗，防止低溶氧等。同室内水泥池育苗相比较，其优点是可在育苗水体中直接培养生物饵料，饵料种类与个体大小呈多样性，营养全面，能满足仔、稚幼鱼不同发育阶段及不同个体对饵料的需求。仔、稚鱼摄食均衡，生长快速，个体相对整齐，减少了同类相残，且节省人力、物力及供水、饵料培育等附属设施，建池及配套设施投资少，操作简便，便于管理，有利于批量生产。但缺点是难以人为调控理化条件，更无法提早培育仔、稚鱼，只能根据自然水温条件适时进行育苗。主要的技术要点如下。

（1）池塘选择。选塘的标准应从苗种生活环境适宜、人工饲喂、管理及捕捞方便等几方面来考虑。同时亦应根据培育不同种类加以选择。池塘不宜过大，一般以面积 $0.1 \sim 0.3\ hm^2$、平均水深 $1.5\ m$ 以上为宜。要求进排水方便，堤岸完整坚固，堤壁光洁，无洞穴，不漏水，池底平坦，并向排水处倾斜，近排水处设一集苗池，可配套提水设备。池塘四周应无树阴遮蔽，阳光充足，空气流通，有利于饵料生物及鱼苗的生长。

（2）清塘。清塘的目的是把培育池中仔、稚鱼的敌害生物彻底清除干净，保证仔、稚鱼的健康和安全，这是提高鱼苗成活率的一个关键环节。比较常用的清塘药物有茶粕（$500 \sim 600\ kg/\ hm^2$）、生石灰（干塘 $750 \sim 1\,000\ kg/hm^2$；带水 $1\,500 \sim 2\,000\ kg/hm^2/m$ 水深）、漂白粉等。

（3）培养基础饵料。待清塘药物药效消失后，重新注入经双层100目过滤的清洁无污染渔业用水，待水位覆盖池底 $5 \sim 10\ cm$ 后，用铁耙人工翻动底泥，让轮虫冬卵上浮。然后继续进水，将水位升至 $50\ cm$ 左右。在鱼苗下塘前 $2\ d$，用全池泼洒的方式每亩施发酵猪肥 $200\ kg$，培养轮虫饵料，同时清除青蛙卵群。根据天气及鱼卵孵化进程调整施肥种类和数量，以使鱼苗下塘时池塘中轮虫等基础饵料处于高峰期。一般情况下，轮虫高峰期在进水施肥后的 $7 \sim 10\ d$ 出现。

（4）仔鱼放养。将孵化环道中或孵化桶中的鱼苗转移到鱼苗培育池旁边的暂养水槽内，保持环道和暂养水槽的水温基本一致。按 10×10^4 尾鱼苗投喂 1 个鸡蛋黄的用量，投喂经120目过滤的蛋黄液，同时向暂养水体中添加 10×10^{-6} 个的光合细菌，微充气。$1\ h$ 后将鱼苗转移到鱼苗培育池内。鱼苗下塘时，应注意风向。如遇刮风天气，则在上风口的浅水处将鱼苗轻缓投放在水中。鱼苗培育的投放密度控制在 $(1.5 \sim 2) \times 10^6$ 尾/ hm^2，具体视鱼苗种类、池塘饵料生物、培苗技术等作适当调整。

（5）培养管理。鱼苗下塘后，当天即应泼洒豆浆。并根据鱼苗的生长及池塘水质情况进行分阶段强化培育。鱼苗下塘第1周：每天均匀泼洒豆浆3次，每次使用黄豆 $15\ kg/hm^2$。黄豆在磨成豆浆前需浸泡 $8 \sim 10\ h$。每 $2 \sim 3\ d$ 添补新水 $10\ cm$，同时使用光合细菌菌液 $45\ L/hm^2$。鱼苗下塘第2周：每天均匀泼洒豆浆3次，每次使用黄豆 $20\ kg/hm^2$。每 $2 \sim 3\ d$ 添补新水 $15\ cm$。每次添水后增施发酵有机肥 $1\,000\ kg/hm^2$，并使用光合细菌菌液 $45\ L/hm^2$。鱼苗下塘第3周：每天在池塘浅水处投喂糊状或微颗粒状商品饵料3次。饵料的投喂量 $15 \sim 30\ kg/$次，视鱼苗的生长而逐步增加。同时每天均匀泼洒豆浆两次，每次使用黄豆 $15\ kg/hm^2$。每 $2 \sim 3\ d$ 添补新水 $15\ cm$，并使用光合细菌菌液 $45\ L/hm^2$。鱼苗下塘第4周：每天在池塘浅水处投喂微颗粒饵料4次。每亩日投喂量在100~200 kg/（hm²/d），视水体生物饵料的数量及鱼苗的生长而定。水位逐步加注到1.5~1.6 m后，视水质情况进行换水。每2~3 d使用光合细菌菌液45 L/hm²。整个鱼苗管理期间，注意巡塘和水质监控，防止鱼苗缺氧致死，同时及时捞出青蛙卵群和蝌蚪。

（6）拉网锻炼。在鱼苗下塘后第4周，选择晴天上午进行拉网，将鱼苗集中于网内，不离水的情况下半分钟后撤网。隔天再次拉网，并将鱼苗集中到网箱中1 h。期间网箱中布置气石充气以防止鱼苗缺氧，然后可将鱼苗出售或转移到鱼种培育池养殖。

五、鱼苗运输

（一）鱼苗运输的方法

根据所运鱼苗的数量、发运地至目的地的交通条件确定运输方式。鱼苗的运输方式有空运、陆运和海运3种。

（1）空运。适合远距离运输，具有速度快，时间短，成活率高。但要求包装严格，运输密度小，包装及运输费用高。一般采用双层聚乙烯充气袋结合航空专用泡沫包装箱和纸箱进行包装。往聚乙烯袋中装入1/3体积的海水及一定数量的鱼苗，赶掉袋中空气，冲入纯氧气，用橡皮筋扎紧后平放入泡沫箱中，然后将泡沫箱用纸箱包裹，用胶带密封。空运时间不宜超过12 h，且鱼苗在运输前1 d应停止投喂。运输海水最好用沙滤海水，气温和水温高时，泡沫箱中可以适当加冰降温。

（2）陆运。运输密度大，成本低。但远距离运输，时间太长，会影响成活率。陆运一般使用箱式货车进行，车上配备空袋、纸箱（或泡沫箱）、氧气和水等，以便途中应急，运输途中，不能日晒、雨淋、风吹，最好用空调保温车辆运输，运输方法有密封包装运输和敞开式运输两种。密封包装运输的包装方法和运输密度同空运，只是不需航空专用包装，外层纸箱可省掉，以降低运输成本。敞开式运输使用鱼篓、大塑料桶、帆布桶等进行运输。

（3）海运。运输量大，成本低，沿海可做长距离运输。但运输时间长，受天气、风浪影响大。将鱼苗装到船的活水舱内，开启水循环和充氧设备，使海水进入活水鱼舱内进行循环，整个运输途中，鱼苗始终生活在新鲜海水中。这种运输方式，相对要求鱼苗规格较大，但对鱼苗的影响小，途中管理方便，可操作性强，成活率高。通过大江大河入海口和被污染水域时应关闭活水舱孔，利用水泵抽水进行内循环，以免水质变化太大，造成鱼苗死亡。长距离运输途中要适当投喂。

（二）提高运输成活率的主要措施

在鱼苗运输中要保持成活率，以取得较好的经济效益。因此在整个运输过程中，必须改善运输环境，溶解氧、温度、二氧化碳、氨氮、酸碱度、鱼苗渗透压、鱼苗体质、水体细菌含量是影响鱼苗运输成活率的关键因素。运输中通常可采用的措施有以下几点。

（1）充氧。目前大多采用充氧机增加水中溶解氧的含量。

（2）降温。通过降低温度来减缓其机体的新陈代谢，以提高运输成活率。

（3）添加剂。为控制和改善运输环境，提高运输成活率，可在水中适当加入一些光合细菌或硝化细菌，以保持良好的水质。也可以适量添加维生素C等抗应激药物。

（4）运输密度。运输时，常用的鱼水之比为1∶（1~3），具体比例视品种、体质、运输距离、温度等因素而定。一般距离近、水温低、运输条件较好或体质好、耐低氧品种的运输密度可大些。

（5）运输途中管理。运输途中要经常检查鱼苗的活动情况，如发现浮头，应及时换水。换水操作要细致，先将水舀出1/3或1/2，再轻轻加入新水，换水切忌过猛，以免鱼体受冲击造成伤亡。若换水困难，可采用击水、送气或淋水等方法补充水中溶氧。另外要及时清除沉积于容器底部的死鱼和粪便，以减少有机物耗氧率。

第三节　鱼类养殖

一、鱼类养殖模式

我国目前鱼类养殖的模式主要有池塘养鱼、网箱养鱼、稻田养鱼、工厂化养鱼及天然水域鱼类增殖和养殖等。

（1）池塘养鱼。我国池塘养鱼主要利用经过整理或人工开挖面积较小（一般面积小的 $0.5 \sim 1 \ hm^2$，大的有 $1 \sim 3 \ hm^2$ 不等）的静水水体进行养鱼生产。由于管理方便，环境容易控制，生产过程能全面掌握，故可进行高密度精养，获得高产、优质、低耗和高效的结果。池塘养鱼体现着我国养鱼的特色和技术水平。我国的池塘养鱼素以历史悠久、技术精湛而闻名于世。

（2）网箱养鱼。网箱养鱼是在天然水域条件下，利用合成纤维网片或金属网片等材料装配成一定形状的箱体，设置在水体中，把鱼类高密度地养殖在箱中，借助箱体内外水体的不断交换，维持箱内适合鱼类生长的环境，利用天然饵料或人工投饵培养鱼种和商品鱼。网箱养鱼原是柬埔寨等东南亚国家传统的养殖方法，后来在全世界得以推广。网箱养殖具有不占土地，可进行高密度养殖，能充分利用水体天然饵料，捕捞方便等特点。目前，我国南方的海水鱼类养殖主要在网箱中进行，尤其以广东、福建及海南的规模最大。

（3）稻田养鱼。以稻为主，稻鱼兼作，充分挖掘稻田的生产潜力，以鱼促稻，稻鱼双丰收。稻田养鱼是我国淡水鱼类养殖的重要组成部分，具有悠久的历史。20世纪80年代以来，稻田养殖发展很快。根据生物学、生态学、池塘养鱼学和生物防治的原理，建立了鱼稻共生理论，使水稻种植和养鱼有机结合起来，进一步推动稻田养鱼的发展。因各地的自然条件不同，形成了多种类型的稻田养鱼类型，通常有稻鱼兼作、稻鱼轮作及冬闲田养鱼及全年养鱼4种类型。

（4）工厂化养鱼。工厂化养鱼是在高密度的养殖条件下，根据鱼类生长对环境条件的需要，建立人工高度可控的环境，营造鱼类最佳生长条件；根据鱼类生长对营养的需求，定量供应优质的配合饲料，促使鱼类在健康的条件下快速生长的养殖模式。工厂化养殖是世界水产养殖的前沿，具有养鱼设施和技术日趋高新化、养殖规模日趋大型化、养殖环节日趋产业化的特点。目前，工厂化养鱼主要有4种养殖类型：自流水式养殖、开放型循环流水养殖、封闭式循环流水养殖和温流水式养殖。

（5）天然水域鱼类增殖和养殖。天然水域鱼类增殖和养殖主要通过亲鱼和产卵场保护、仔鱼和幼鱼保护、增设人工产卵场和人工鱼礁、人工鱼苗放流、鱼类移植驯化等措施，增加天然水域的鱼类资源及其天然饵料的数量，从而提高水域的鱼类捕捞产量。天然水域合理鱼类增殖和养殖是天然水域生态友好型利用的重要补充。在鲟鱼、鲑鳟鱼类等品种上取得了很好的效果。

二、饲养管理

（一）池塘鱼类饲养管理

我国开展池塘鱼类饲养管理已有悠久的历史，在长期的养殖实践中，水产科技工作者将池塘养鱼生态系统进行简化和提炼，形成了"水、种、饵、密、轮、混、防、管"的"八字精养法"。水指水环境；种指养殖鱼类的种质；饵指鱼类摄食的饵料和饲料；密指合理的养殖密度；轮指养殖过程中轮捕轮放；混指合理混养；防指防病防灾；管指科学管理。这8个要素从不同方面反映了养鱼生产各环节的特殊性。其中水、种、饵是养鱼的3个基本要素，是池塘养鱼的物质基础，一切养鱼技术措施，都是根据水、种、饵的具体条件来确定的。三者密切联系，构成"八字精养法"的第一层。混养及合理养殖密度则能充分利用池塘水体和饵料，发挥各种鱼类群体生产潜力。轮养则是在混养和合理密养的基础上，进一步延长和扩大池塘的利用时间和空间。"密、轮、混"是池塘养鱼高产、高效的技术措施，构成"八字精养法"的第二层。防和管则是从养殖者的角度出发，发挥人的主观能动性，通过防和管，综合运用"水、种、饵"的物质基础和"密、轮、混"的技术措施，达到高产高效。防、管是构成"八字精养法"的第三层。

（二）网箱养殖饲养管理

1. 湖区或海区的选择

选择避风条件好，风浪不大的内湾或岛礁环抱挡风，以免受风暴潮或台风袭击；要求湖底或海底地势平坦，坡度小，底质为沙泥或泥沙；水深一般在6~15 m之间，最低潮位时水深不低于2 m，水质无污染，附近无大型工程，交通便捷，有电力供应。

2. 网箱类型和规格的选择

我国海水网箱养鱼目前有浮动式网箱、固定式网箱和沉降式网箱3种。以浮动式网箱最为普遍。浮动式网箱箱体部分利用浮子及网箱框浮出水面，网箱可随意移动，操作简便，水质状况较固定式好。固定式网箱用竹桩或水泥桩固定，网箱容积随水位涨落而变，只适用于在潮差不大或围堵的湾内。沉降式网箱在风浪较大或需要越冬时采用此种类型，它可以减少附着生物对网目的堵塞，水温较为稳定，但不易管理，投饵需设通道，不便观察。常见网箱规格有3 m×3 m×3 m、4 m×4 m×4 m、7 m×7 m×5 m、12 m×12 m×5 m等。随着网箱养殖的发展，海区网箱养殖甚至出现了直径60~100 m的大型圆形网箱。

3. 网箱布局

合理利用海区或湖区，使之可持续发展是网箱养殖的宗旨。要求养殖面积不能超过水域面积的1/15~1/10。且布局上尽可能合理搭配鱼、贝、藻的养殖，提高环境与生物之间的自然协调。鱼排的布置通常以9个网箱为1个鱼排，两个鱼排为1组。

4.养殖管理

鱼类网箱养殖管理的主要措施如下。

（1）确定合理的放养密度、放养规格和放养模式。网箱养鱼放养模式一般可分为单养和混养两种。合理的混养模式可充分利用水域中的天然饵料及主养鱼类的残饵，提高饵料利用率；或可带动抢食不旺盛鱼类的摄食活动；或可摄食网箱其附着生物的生长，防止网箱网眼堵塞。放养规格则根据鱼苗种类和来源、养殖条件、网箱网眼及养殖技术等多种因素考虑，没有统一要求。网箱放养密度则由鱼的种类及规格、水流条件、饵料及养殖管理水平而定，一般为 10 kg/m^3 左右。

（2）投饵。海水网箱养殖的饵料投喂最好在白天平潮时进行，若赶不上平潮，则应在潮流上方投喂，以减少饵料流失。投饵次数，鱼体较小时，每天可投喂 3~4 次，长大后每天可早、晚投喂两次，冬天低温期视情况可在中午投喂 1 次，夏天高温期则可在清晨投喂 1 次。投饵时要掌握慢、快、慢的节奏，以提高饵料的摄食率。

（3）巡箱检查。鱼种放养后，在整个养殖期间需经常巡箱检查，以便及早发现问题，尽快处理，不致造成损失。检查的内容包括鱼类活动情况、摄食情况、生长情况、网箱安全性及病害等方面。正常情况下网箱养殖鱼悠然自得或沉于网箱下部，如发现缓慢无力游于箱边、受惊吓后无反应或狂游、跳跃等都是不良征兆。而饵料的摄食速度和残饵剩余情况往往能反映出养殖鱼类的生理状态。根据生长期，每月或每半个月取样测定鱼类生长情况，以调整投饵种类和数量。

（4）鱼情记录。每天记录水文状况、饵料投喂情况、鱼体活动情况等，以便总结及发现问题。

（5）换箱去污。海区及湖区的网箱养殖，常因附着生物或鱼类生长，导致网箱网目不畅或偏小，水体交换不好，鱼类密度过大，从而影响鱼类的生长。应此，需定期分箱或更换网衣。

（6）灾害预防。网箱养殖的灾害主要由极端天气引发或诱导产生。主要的危害有风暴潮、洪水及暴雨、水温巨变、赤潮（水华）及水质突发性污染等，应根据相应的原因采取针对性的预防及保护措施。

（三）陆基工厂化养殖饲养管理

陆基工厂化鱼类养殖饲养管理的技术环节主要有：滤池生物膜的培养与维护及生物膜负荷测定；合适饲养鱼类的选择；养殖池容纳密度的调整；水流流量及水质的检测与调控；饵料投喂等管理环节。其中，滤池生物膜的培养与维护及生物膜负荷测定是工厂化鱼类养殖的特有技术环节，生物膜培养及维护的水平在一定程度上左右着养殖池容纳密度及养殖效益。其他技术环节可遵循鱼类基本生物学，结合池塘和网箱养殖方式的饲养管理进行。

三、代表性养殖鱼类的生物学特性及养殖管理

（一）淡水常规鱼类的养殖管理

1.池塘选择与清整

清整鱼池应在冬季进行。冬季干池曝晒后，在放鱼种前 10 d 注水 10~20 cm，用生石灰 2 000~3 000 kg/hm^2 彻底清池消毒，经 2~4 d 后放水，放水时在进水口设置过滤设

备防止野杂鱼进入。对注入鱼塘的水源及施入的粪肥须经消毒后入池，防止病菌等有害生物随水流入鱼塘，造成池塘污染。

2.优质鱼种的配比放养

必须选用健康活泼的优质鱼种，鱼种的亲本应来源于有资质的国家认定的原种场，苗种经无公害培育而成。鱼种放入前须经消毒处理，可选用二氧化氯、食盐、高锰酸钾等药物浸泡消毒。视鱼种来源可用3%~4%食盐水，或10 mg/L漂白粉溶液，或20 mg/L硫酸铜和8 mg/L硫酸亚铁混合溶液等进行洗浴，在水温15~20℃时，洗浴时间以20~25 min为宜。同时，根据鱼的状态灵活掌握洗浴时间。鲤、鳙鱼种规格一般在50~250 g/尾；草鱼种规格一般在100~750 g/尾；青鱼种规格一般在50~1 000 g/尾；鲢鱼种规格一般在10~13 cm/尾；鲤鱼种一般在10~16 cm/尾；鲫鱼种一般在3~6 cm/尾。对于一次性放足鱼种的池塘，在鱼池清整消毒后，尽量早放苗，一般以1—3月为宜。对于多次投放鱼种的池塘，应一次性放足80%的鱼种，剩余的部分按计划投放。

放养量的确定可参照表10-3至表10-5进行。

表10-3　以老口草鱼为主体鱼的亩放养模式搭配及放养量

种类	放养尾数/（尾/hm²）	重量/kg	规格/（kg/尾）	成活率/（%）
1冬龄草鱼	7 500	10	20	70
2冬龄草鱼	4 500	105	350	85
1冬龄鲢鱼	4 500	36	120	95
夏花鲢鱼	4 000	0.1	0.4	90
1冬龄鳙鱼	1 500	11	110	95
夏花鳙鱼	1 500	0.05	0.5	90
1冬龄团头鲂	2 000	4.5	30	90
1冬龄鲫鱼	1 200	25	30	95
2冬龄青鱼	150	3.5	350	95

表10-4　以1冬龄草鱼为主体鱼的亩放养模式搭配及放养量

种类	放养尾数/（尾/hm²）	重量/kg	规格/（kg/尾）	成活率/（%）
仔口草鱼	12 000	80	100	80
仔口鲢鱼	4 500	15	50	95
仔口鳙鱼	1 500	5	50	95
仔口鲫鱼	7 500	8.35	8.4	90
仔口团头鲂	3 000	5	25	85
仔口青鱼	1 500	2.5	25	70

表10-5　以1冬龄团头鲂为主体鱼的亩放养模式搭配及放养量

种类	放养尾数/（尾/hm²）	重量/kg	规格/（kg/尾）	成活率/（%）
1冬龄团头鲂	34 000	56	25	90
1冬龄鲢鱼	4 200	14	50	95
1冬龄鳙鱼	1 000	3.5	50	95

续表

种类	放养尾数/（尾/hm²）	重量/kg	规格/（kg/尾）	成活率/（%）
1冬龄鲫鱼	7 500	4.2	8.4	95
1冬龄青鱼	1 500	2.5	25	70

根据塘口条件，合理确定放养模式，以充分发挥池塘养殖潜力。总体而言，以草食性为主要品种的搭配类型，主养鱼以草、鳊鱼为主，搭配鱼类为鲢、鳙、青、鲤、鲫鱼等，所占比例：草、鳊鱼为总放养量的40%~50%，最高达60%，鲢、鳙鱼占放养量的30%，鲤、鲫鱼等占放养量的10%~15%，青鱼视螺蛳饵料多少决定投放量。以肥水鱼为主要品种的搭配型，主养鱼为鲢、鳙鱼，搭配鱼类为青、草、鳊、鲤、鲫鱼等。鲢、鳙鱼放养量所占比例为70%~75%，鲢、鳙鱼放养比例为（3~5）：1，草、鳊鱼等草食性鱼类占20%，其他底层杂食性鱼类占5%~10%，青鱼看螺蛳饵料多少决定投放量。同时，池塘中每亩可套养当年鳜鱼苗1~3尾后青虾虾苗10 000尾，具体视水体野杂鱼及浮游生物量而定，以充分利用水域空间、残饵及浮游生物，不断提高综合养殖效益。

3.科学投饵

采用科学配比的颗粒饲料，减少残饵对水质的污染，充分提高饵料利用率。主养鱼以草、鳊鱼为主的池塘，在投喂配合饲料的同时，搭配投喂的水旱草，应柔嫩、新鲜、适口。饼粕类及其他籽类饵料，要无霉变，无污染，无毒性，并经粉碎、浸泡、煮熟等方式处理后，制成草鱼便于取食易于消化的饵料。投喂饵料要坚持定时、定位、定质、定量的投饵原则，还要通过观察天气、水体情况及鱼的吃食量，确定合理的投喂量。不同混养模式下池塘投喂量的确定可参照表10-6至表10-8。颗粒饲料要驯化投喂，草类应专设固定框架，食场附近每周消毒一次，及时捞除残渣余饵，以免其腐烂变质，污染水体。做好池塘投喂管理记录和统计分析。

表10-6　以老口草鱼为主体鱼的养殖池塘全年饲料投饲分配

月份	4	5	6	7	8	9	10	11
投饲量/（%）	3	7	11	14	19	23	18.5	4.5

表10-7　以1龄大规格草鱼为主体鱼的养殖池塘全年饲料投饲分配

月份	4	5	6	7	8	9	10	11
投饲量/（%）	2	4.5	9	14	21	23.5	20	6

表10-8　以团头鲂为主体鱼的养殖池塘全年饲料投饲分配

月份	4	5	6	7	8	9	10	11
投饲量/（%）	3	9	12.5	16	19	21	16.5	3

4.合理的鱼病防治策略和措施

在池塘养殖过程中，鱼病的防治必须遵循"预防为主，防治结合"的思路。在具体的预防过程中，必须坚持"多用微生态制剂，合理使用免疫刺激剂，规范使用消毒剂，杜绝使用抗生素，营养水质有保障"的原则。在疾病流行季节进行药物预防。①外用药物预防，采用漂白粉挂篓，在每一个食台或食场挂2~5个小竹篓，每个篓中放100 g漂白粉。或用硫酸铜和硫酸亚铁合剂（5∶2）挂袋，在食场或食台的四周挂3个布袋，每个布袋中装硫酸铜100 g，硫酸亚铁40 g，每周挂袋1次 连挂3次。也可全池泼洒药物，疾病流行季节，每15 d泼洒1次漂白粉或生石灰。②鱼饵预防。对鱼体内疾病预防，主要采用口服药饵的方式进行。可将大蒜素或维生素C配成水溶液，均匀喷施在待投喂的饵料中，预防用量在（2~5）×10^{-6}。晾干1~2 h后投喂。高温季节，必要是委托饲料厂家生产含免疫调节剂的饲料用于预防。③水域微生态调控。利用光生物反应器，现场培养并使用具有高生物活性的微藻或微生态制剂（如光合细菌），调节水质，预防鱼类疾病的发生。

5.科学调节鱼塘水质

池塘水质控制是一项关键的技术环节，在无公害养殖中，保持良好的生态水域环境是养殖的基本要求。水理理化指标不能影响鱼的正常生长。水体中的浮游生物密度适宜，种类能被鱼摄食，水质保持清新、嫩爽，水域生态呈良性循环。主要措施是：

（1）定期施用生石灰。高温季节每15 d 1次，每次200~300 kg/（hm^2/m）水深，可改善底质，消除有害物质。

（2）施用微生物制剂。高温季节利用光生物反应器现场培养光合细菌，每个池塘每月泼洒两次，每次2~3 L/亩。可有效改善水质状况，使水体中的有益菌种占优势。使用微生态制剂时需在生石灰等消毒药物使用3 d后进行。

（3）合理使用增氧机。适时增加池中氧气，也可使用增氧剂，有利于促进鱼类生长，防止浮头，抑制厌氧菌及有害物质的繁衍和滋生。

（4）及时换水。特别在高温季节水质易老化，应及时更换新水，对改良水体环境，促进鱼的生长有益处，高温季节每周换水1次，每次30~50 cm，换出的池塘尾水经人工湿地处理后再次进入养殖池塘，从而既能保持池塘水质的优良状态，也可实现池塘水体的循环利用，收到良好的经济效益。

（二）大黄鱼的生物学及养殖管理

1.大黄鱼的生态习性与食性

大黄鱼［*Pseudosciaena Crocea*（Richardson）］，俗称黄瓜、黄花鱼等，属鲈形目，石首鱼科，黄鱼属，为传统"四大海产"（大黄鱼、小黄鱼、带鱼、乌贼）之一。我国近海主要经济鱼类。大黄鱼是杂食性兼肉食性、暖温性集群游鱼类。大黄鱼的食谱非常广泛，已知的有鱼类、甲壳类、头足类、水螅类、多毛类、星虫类、毛颚类、腹足类等8个生物类群。食物种类共有100种，其中重要的约20种，食物的个体大小为0.1~24 cm，一般 1~10 cm。鱼类在食物组成中的比重最大，鱼类中比较重要的龙头鱼、棘头梅童鱼、大黄鱼（幼鱼）、皮氏叫姑鱼等。甲壳类在食物中居第二位，以游泳虾类、虾蛄类、蟹类为主。厌强光，喜浊流，对温度适应范围10~32℃，最适生长温度为18~25℃，生存盐度范围24.8~34.5，适宜盐度30.0~32.5，最佳pH值为8.0以上，天然海水pH值为7.85~ 8.35。大黄鱼溶氧临界值为3 mL/L，一般要在4 mL/L以上。

大黄鱼产卵场一般位于河口附近岛屿、内湾近岸低盐水域内的浅水区。大黄鱼一生能多次重复产卵，生殖期中一般排卵2~3次。怀卵量与个体大小成正比，由（10~275）×10^4粒不等，一般为（20~50）×10^4粒。卵浮性，球形，卵径1.19~1.55 mm，卵膜光滑，有一无色油球，直径为 0.35~0.46 mm。受精卵在水温18℃时约经50 h孵出仔鱼。

2. 大黄鱼网箱养殖

（1）海区的选择。网箱的位置及水域环境直接影响大黄鱼的生长速度及成活率。在网箱设置前，必须对水域的底质及水质等作全面的调查，还要选择避风、向阳、风浪不大、盐度稳定的水域，特别不能受台风的正面袭击，还要水流畅通、水质清澈、流速较慢、交通便利的海区。最低水位要保持在5 m以上，海底质应选择以沙质为主、地面平坦、有机质沉积物少的海区，海区周围应无工业等污染源，年水温变化范围在10~30℃为佳。

（2）网箱结构。大都采用浮筏式网箱进行养殖，每台鱼排由9个、12个或16个网箱组成，网箱体积一般设计为3 m×3 m×3 m，每个网箱由箱体、柜架、浮力及其配件构成，箱底部用4个沙袋将网箱撑开保持形状不变，网箱上面四角用绳子固定在柜架上，网面加一网盖，以防大黄鱼外逃。

（3）鱼种运输。运输中的天气、方法、密度对养殖的成功与否关系密切。应选择体长3 cm以上，体质健壮、规格整齐、鳞片长齐的种苗。在运输前一天停喂，一般采用尼龙袋充氧和活水舱运输，但由于大黄鱼幼苗怕震动，最好以活水舱运输，选择阴天或早晚气温较低时进行。运输的密度要适中，一般以50~100尾/m³为宜。大黄鱼很娇嫩，操作务必小心谨慎，尽可能避免受伤或致死，以免影响养殖的成活率。

（4）放养密度。鱼苗运抵养殖区后，尽快拣出弱苗及死苗，用抗生素进行消毒后，投入暂养箱内暂养几天，进行检查，清点后放入网箱内正式养殖。为了便于管理，前期适当密集养殖，一般以3 cm的鱼种100~150尾/m³为宜。随着鱼体的不断生长，必须更换大网目的网箱，并及时进行筛选分级分箱养殖，降低放养密度。成鱼的放养密度以20~25尾/m³为宜。但放养密度还得综合考虑养殖海区的环境条件、饵料的营养水平及养殖技术和管理水平，因地制宜合理调整养殖密度。

（5）饵料的选择及投喂方法。大黄鱼是肉食性鱼类，但其摄食性不似真鲷、鲈鱼那样争食凶猛，其饵料要以新鲜的小杂鱼及低值鱼为主，配合其他辅助原料。将小杂鱼用搅肉机搅碎，添加辅助原料或饵料添加剂混合搅拌成肉糜放入水中呈半悬浮状的饵料，这种饵料的优点是鱼苗容易吞咽，但在水中易丧失许多营养成分，使鱼体营养失衡而产生疾病，从而影响生长速度。现在研发的优质大黄鱼颗粒饲料，可保持大黄鱼的营养平衡，提高增长速度，还可防病、抗病，增强体质，大大提高了饵料利用率和大黄鱼成活率。

天气正常情况下，每天日出前和日落后各投饵1次，鱼种培育期可酌情增投1次，越冬期减少1次。投饵量可根据鱼的摄食情况、水温高低、水质状况、气候等而增减。通常情况下，鱼种培育期投饵量为鱼体重的20%左右，成鱼养殖期为鱼体重的15%左右，越冬期略减，以鱼体摄食八成饱为宜，否则既浪费饵料，又污染水质，影响鱼体生长、健康和成本。

（6）日常管理。网箱养殖大黄鱼，是集约化养殖，单位水体密度较大，病原体传播机会较多，还由于是人工投饵，水质条件比自然海区差，所以日常管理非常重要。首先要定时测定水温、盐度、pH值、溶解氧、氨、氮等水环境理化因子，根据这些因子及时调整投饵量及鱼体的放养密度。不投喂不新鲜、变质的饵料，拌料的器具要经常冲洗，平时还要多注意观察鱼群的活动情况，以防鱼病的发生。在养殖的各个环节上都必须严防病菌带入养殖水体中，在饵料中定期加入有防病抗病能力及消食作用的药物以提高鱼体的抗病力。

（三）鲆鲽类的生物学及养殖管理

1.鲆鲽鱼种类及生态习性

鲆鲽类，俗称比目鱼，具有肉质细嫩、脂满味美、易消化的特点，也是营养价值极高的名贵鱼类。鲆鲽类种类很多，从形态分类的角度，有左鲆右鲽的说法。目前在我国有商业化养殖的鲆鲽类主要有以下种类。

（1）褐牙鲆。也称橄榄牙鲆（Olive flounder）（Paralichthys olivaceus），是亚洲沿岸的唯一牙鲆属物种，主要分布于中国、朝鲜半岛、日本和俄国远东沿岸海区。该品种是牙鲆属鱼类中研究最多、养殖技术最成熟、养殖产量和规模最大的，研究成果已经被其他鲆鲽类借鉴。我国人工繁殖研究开始于1959年，1965年获得初步成功。牙鲆产卵及胚胎孵化的适宜水温为14~16℃。但进入20世纪90年代才开始进行人工养殖，养殖适宜水温为10~25℃，1992年之后发展迅速，目前养殖区域已经扩展到我国南方。

（2）漠斑牙鲆。俗称南方鲆（Southern flounder）（Paralichthys lethostigma），分布在西大西洋，属亚热带种类，主要分布在北卡罗来纳至得克萨斯。雌鱼较雄鱼生长快。适合盐度范围为0~40，耐高温能力强，水温达到32℃对其生存和生长无明显影响，适宜温度范围为4~40℃。在海水中耐低温能力强于淡水，当温度降至2℃时，幼鱼在淡水中死亡率达60%，而海水中仅10%；水温降至1℃，成熟鱼在淡水中100%死亡，而海水中死亡率为60%；幼鱼在淡水中较成熟鱼死亡早，但在海水中晚。漠斑牙鲆雄鱼全长达到23 cm，在2龄前成熟，3龄前全长达到32 cm以上全部性成熟。雌鱼全长达到33 cm，在3龄前成熟，4龄前全长达到37 cm以上全部性成熟。一般全长达到26 cm即2年以上达性成熟。秋季、早冬繁殖水温16~18℃，仔鱼培育温度21~24℃，盐度大于4。50 d的稚鱼可以忍受盐度为5的环境，更大的个体可在淡水中生活。南方鲆近几年刚开始商业化养殖，我国已有引种养殖。

（3）犬齿牙鲆。俗称大西洋牙鲆（Atlantic flounder）（Paralichthys dentatus），也称巨齿牙鲆（Largetooth flounder）或箭齿牙鲆（Arrow tooth flounder），即夏季牙鲆（Summer flounder）。自然分布在北美洲大西洋东海岸。犬齿牙鲆为冷温性底栖鱼类，其适温范围为5~31℃，最适范围为17~27℃，最佳生长水温24℃。幼鱼在水温大于26℃生长最快，29℃仍能正常生长，但长期处于高温易生病死亡。适盐范围为5~35，最适范围为24~30，盐度大于25生存率极低，成熟个体可以在淡水中生存。pH值适宜范围为6~8.2，最适范围为7.7~8.0。适宜溶解氧为4~12 mg/L，最适范围为8~9 mg/L。繁殖发生在秋季水温下降时，属秋冬繁殖型。从大西洋北部9月开始逐渐向南一直到冬季2—3月份，产卵盐度32~36，自然产卵水温为12~19℃，产卵盛期水温为15~18℃。自然界犬齿牙鲆的生长速度最快在6—11月，犬齿牙鲆生长速度略快于我国牙鲆。未成熟的幼鱼雌、雄鱼生长无显著差异，但成鱼差异较大，雌鱼生长快于雄鱼。

（4）半滑舌鳎（Cynoglossus semilaevis）。属鲽形目，舌鳎科，舌鳎属，三线舌鳎亚属，俗称牛舌头、鳎米等。身体背腹扁平，呈舌状，体表呈褐色或暗褐色，雌、雄个体差异大。头部短，长度短于高度，尾鳍较小，身体中部肉厚，腹腔小。眼小，均在左侧。口弯曲呈弓状，上额的弯度较大。有眼侧有点状色素体，无眼侧光滑呈乳白色，有眼侧被栉鳞，无眼侧被圆鳞或杂有少量弱栉鳞。有眼侧有3条侧线，无眼侧无侧线。分布于朝鲜、中国、日本的近海，为近海常见的暖温性大型底层鱼类。我国主要分布于渤海、黄海海域。半滑舌鳎的适温范围广，最高可达32℃，最低水温为3℃，在水温7℃时仍能摄食，最适生长温度为20~26℃。适应盐度为10~35，最适生长盐度为20~32。最适pH值为8.0~8.3。最适溶解氧为6~8 mg/L，小于4 mg/L时生长受到抑制。半滑舌鳎平时游动甚少，惰性强，行动缓慢，多蛰伏于海底泥沙中，无互相残食现象，觅食时不跃起，匍匐于底部摄食。抗逆性强，食性广，在自然海区中主要摄食底栖虾类、蟹类、小型贝类及沙蚕类等。半滑舌鳎属秋季产卵型鱼类，自然繁殖季节为9—10月。半滑舌鳎在3龄前处于生长加速期，到3龄（生长拐点）其生长速度达到最高，此后生长速度下降。适合于我国沿海养殖。

（5）大鳞鲆。大菱鲆（*Scophthalmus maximus*）是欧洲名贵的经济鱼种，它适应低水温环境、生长快、抗逆性强、肉质细嫩、胶质丰富、口感独特，深受养殖者和消费者的喜爱。是冷水性鱼类，耐受温度范围为3~23℃，养殖适宜温度为10~20℃，14~19℃水温条件下生长较快，最佳养殖水温为15~18℃。大菱鲆养殖的适应盐度范围较宽，耐受盐度范围为12~40，适宜盐度为20~32，最适宜盐度为25~30。养殖水体的pH值应高于7.3，最好维持在7.6~8.2。溶解氧大于6 mg/L。自1992年引入我国以来，水产专家们创建了符合我国国情的"温室大棚+深井海水"的工厂化养殖模式，养殖技术十分成熟，在我国北方沿海迅速发展成为一项特色产业，养殖年产量近50 000吨，年总产值超过40亿元，成为我国北方海水养殖的一项支柱产业。

2.鲆鲽类养殖

以大菱鲆为例，介绍鲆鲽类养殖技术。

（1）养殖设施。大菱鲆的养殖主要采用室内工厂化养殖。包括养鱼车间、养殖池、充氧、调温、调光、进排水及水处理设施和分析化验室等。养鱼车间应选择在沿岸水质优良、无污染、能打出海水井的岸段建设，车间内保持安静，保温性能良好。养鱼池面积以30~60 m²为宜，平均池深80 cm左右。

（2）养殖环境条件。水质无污染，清澈不含泥沙量，符合国家渔业二级水质标准盐度在20以上。光照不宜太强，以500~1 500 lx为宜。光线应均匀、柔和、不刺眼，感觉舒适为度。光照节律与自然光相同。提倡在最适宜温度、盐度条件下养殖。

（3）鱼苗的选择。选购5 cm以上的苗种。要求苗种体形完整，无伤、无残、无畸形和无白化。鱼苗从育苗场运送到养殖场放养时，温差要控制在1~2℃范围内，盐度差在5以内。平均全长5 cm，放养密度为200~300尾/m²；平均全长10 cm，放养密度为100~150尾/m²；平均全长20 cm，放养密度为50~60尾/m²；平均全长30 cm，放养密度为20~25尾/m²；平均全长40 cm，放养密度为10~15尾/m²。实际生产中要根据池水的交换量和鱼苗的生长等情况，对养殖密度进行必要的调整。每次分池和倒池前需充分做好计划，以保证放养鱼苗至少在一个水池内稳定一段时间，再进行分池操作。

（4）饲料及投喂。大菱鲆对饲料的基本要求是高蛋白、中脂肪，与其他肉食性鱼类相比，它对脂肪的需求略低一些。苗种期（包括稚、幼鱼期）要求饲料中蛋白质含量在45%~56%，脂肪的含量为10%左右；养成期，饲料中蛋白质含量为45%~50%，脂肪含量为10%~13%。选择易投喂，水中不易溃散的颗粒饲料。为杜绝病源生物从饲料中带入养鱼池内，建议工厂化养殖禁止使用湿性颗粒饲料和任何生鲜料。饲料的投喂量依鱼体重、水温而定。一般在苗种期日投饵率在6%~4%，每天投喂6~10次，以后随着生长而逐渐减少投喂次数和投饵率。长到100 g左右，日投饵率在2%左右，每天投喂4次；长到300 g左右，日投饵率在1%~0.5%，每天投喂2~3次。在夏季高水温期，每天投喂1次，或2~3 d投喂1次，投饵量控制在饱食量的50%~60%。在实际投喂操作时，要密切注意鱼的摄食状态、残饵量，随时调整投喂量。在高温期间，要按日投喂量的1/5~1/2，每天投喂1次或隔天投喂1次，并添加复合维生素。以便养殖鱼能维持较高的体力和保证存活率。

（5）水质管理。大菱鲆目前的主要养殖模式为"温室大棚+深井海水"工厂化养殖模式，深井海水的质量直接影响和决定生产商品鱼的质量。大菱鲆养殖的水源可以抽取的自然海水和井水，可根据水源水质的具体情况，进行必要的沉淀、过滤、消毒（紫外线或臭氧）、曝气等措施处理后再入池使用，尤其地下井水含氧量低，需充分曝气使进水口的溶氧量达到5~7 mg/L入池使用。池内按3~4 m² 布气石1个，连续辅助充气，或充纯氧（液氧），使养鱼池内的溶解氧水平维持在6 mg/L以上，出水口处的溶解氧仍能达到5 mg/L。海水和地下井水入池后，应根据大菱鲆对环境条件要求，调节养殖水体的水温、pH值、盐度，并创造池内良好的流态环境。养成水深一般控制在40~60 cm，日换水量为养成水体的5~10倍，并根据养成密度及供水情况进行调整。日清底1~2次，及时清除养殖池底和池壁污物，保持水体清洁。

（6）其他日常管理。包括：①监测水质因子；②水质调节；③清污；④倒池：养鱼池要定期或不定期倒池。当个体差异明显，需要分选或密度日渐增大、池子老化及发现池内外卫生隐患时应及时倒池，进行消毒、洗刷等操作。⑤疾病预防：为了预防高温期疾病的发生，应采取降温措施。如遇短期高温，可加强海水消毒，加大流量，适当减少投喂量和增加饲料的营养和维生素水平等。做好养殖车间的保洁和消毒工作。白天要经常巡视车间，检查气、水、温度和鱼苗有无异常情况，及时捞出并做无害化处理。每月测量生长1次，统计投饵量和成活率，换算饲料转化率，综合分析养成效果。

（7）商品鱼出池。上市商品鱼要求体态完整、体色正常、无伤、无残，健壮活泼、大小均匀。养成鱼达到商品规格时，可考虑上市。目前国内活鱼上市规格每尾至少要达500 g以上，国际市场通常达到每尾1 kg以上，大菱鲆的生长速度和养殖效果与苗种质量、饲养水温、饲养密度、换水率、饲养方式、所用饲料和投喂方法等都关系密切，在良好的饲养条件下大菱鲆养殖第一年的体重增长可达1 000 g左右，第二年、第三年生长速度明显加快，体重增长可以超过1 000 g/a。商品鱼运输一般采用聚乙烯袋打包装运，车运或空运上市。

小　　结

鱼类是我国水产养殖最重要的类群。鱼类的生长具有阶段性、季节性和群体性的特点。成鱼的食性通常可以分为滤食性、草食性、杂食性和肉食性4类，且食性与鱼类取食器官的构造相适应，但在仔、稚鱼阶段基本以摄食小型浮游动物为主。鱼类所摄取的食物基本在前肠或胃（幽门盲囊）及中肠被消化吸收，鱼类的食性及发育阶段、水温、饲料性状及加工工艺、投饲频度和应激反应等因素是影响鱼类消化速度和消化率的重要因素。鱼类性腺发育起源于体腔背部的生殖褶。生殖褶由上皮细胞转化成为原始性细胞，进而发育分化成卵原细胞及精原细胞，最终发育成卵子或精子。鱼类卵巢（精巢）发育的进程主要由卵子（精子）的发生过程决定。精巢和卵巢的发育一般可分为6个时期。精巢和卵巢发育到Ⅳ期，可进行催产，发育到Ⅴ期，性腺完全成熟，能产卵排精。鱼类性腺发育既受内在的内分泌和神经调节，也受外部环境条件的影响。了解鱼类性腺发育的规律和调控机理，在生产上可人为注射催产激素及调节环境因子以调控鱼类的生殖行为的发生。精子和卵子结合后形成受精卵，开启胚胎发育阶段。鱼类胚胎的发育受盐度、温度、酸碱度（pH值）、光照强度、溶氧量等环境因子的影响，不同种类的鱼类胚胎孵化所需的适宜环境条件不同。鱼类胚胎孵化完成后，进入胚后发育阶段。鱼类的胚后发育可划分为仔鱼期、稚鱼期、幼鱼期、性未成熟期和成鱼期。鱼类的育苗工艺流程包括亲鱼的培育，催产，孵化，仔、稚鱼培育和鱼苗运输等环节。亲鱼培育主要有网箱培育和池塘培育两种方式，无论哪种方式，均要挑选良种，给予充足的营养及精细的管理。催产过程中常用的催产剂主要有绒毛膜促性腺激素（HCG）、鱼类脑垂体（PG）和促黄体素释放激素类似物（LRH-A）等。效应时间是指亲鱼注射催产剂之后（末次注射）到开始发情产卵所需的时间。鱼类催产后效应时间的长短因催产剂的种类、水温、注射次数、亲鱼种类、年龄、性腺成熟度以及水质条件而不同，生产上应根据效应时间安排授精及孵化工作。生产上受精卵的获取有自然产卵受精及人工采卵授精两种方法。仔、稚鱼培育一般有两种方式，室内水泥池培育主要海水鱼类及部分名贵的淡水鱼类。室外土池培育在淡水常规鱼类的繁育中应用普遍。鱼类的养殖有池塘养鱼、网箱养鱼、稻田养鱼、工厂化养鱼及天然水域鱼类增殖和养殖等多种模式。我国开展池塘养鱼已有悠久的历史，并在长期的养殖实践中提炼出"水、种、饵、密、轮、混、防、管"的"八字精养法"池塘养殖精髓。池塘养鱼是我国淡水"四大家鱼"养殖的最重要养殖方式；网箱养鱼则是我国海水鱼类（如大黄鱼）养殖的最常见方式；工厂化养鱼目前主要应用于鲆鲽类的养殖。

主要参考文献

卞伯仲，孟庆显，俞开康. 1987. 虾类疾病与防治. 北京：海洋出版社.

蔡英亚，张英，魏若飞. 1978. 贝类学概论. 上海：上海科学技术出版社.

蔡生力. 2007. 甲壳动物健康养殖与种质改良. 北京：海洋出版社.

常亚青. 2007. 贝类增养殖学. 北京：中国农业出版社.

长江水产研究所. 1973. 家鱼人工繁殖技术. 北京：农业出版社.

陈昌齐，叶元土. 1998. 集约化水产养殖技术. 北京：中国农业出版社.

陈国宏，张勤. 2009. 动物遗传学原理与育种方法. 北京：中国农业出版社.

陈金桂. 1979. 网箱养鱼. 济南：山东科学技术出版社.

陈金桂. 1992. 大水面养殖. 北京：高等教育出版社.

陈明耀. 1995. 生物饵料培养. 北京：中国农业出版社.

陈品健，宋振荣. 1992. 贝类养殖学. 厦门：厦门水产学院.

陈宗尧，王克行. 1987. 实用对虾养殖技术. 北京：农业出版社.

成永旭. 2005. 生物饵料培养学. 北京：中国农业出版社.

堵南山. 1993. 甲壳动物学（下册）. 北京：科学出版社.

杜守恩，赵芬芳，唐衍力. 1998. 海水养殖场设计与施工技术. 青岛：青岛海洋大学出版社.

范兆廷. 2005. 水产动物育种学. 北京：中国农业出版社.

葛国昌. 1991. 海水鱼类增养殖学. 青岛：青岛海洋大学出版社.

黄朝禧. 2005. 水产养殖工程学. 北京：中国农业出版社.

纪成林，陈光辉. 1989. 中国对虾养殖新技术. 北京：金盾出版社.

金岚，等. 1998. 环境生态学. 北京：高等教育出版社.

孟庆显. 1996. 海水养殖动物病害学. 北京：中国农业出版社.

雷霁霖. 2005. 海水鱼类养殖理论与技术. 北京：中国农业出版社.

雷慧僧. 1981. 池塘养鱼学. 上海：上海科学技术出版社.

雷衍之. 2004. 养殖水环境化学. 北京：中国农业出版社.

李爱杰. 1996. 水产动物营养与饲料学. 北京：中国农业出版社.

李德尚. 1993. 水产养殖手册. 北京：农业出版社.

李复兴，李希佩. 1994. 配合饲料大全. 青岛：青岛海洋大学出版社.

李明云. 2011. 水产经济动物增养殖学. 北京：海洋出版社.

李思发，等. 1998. 中国淡水主要养殖鱼类种质研究. 上海：上海科学技术出版社.

李太吾. 2013. 海洋生物学. 北京：海洋出版社.

李应森. 1998. 名特水产品稻田养殖技术. 北京：中国农业出版社.

梁象秋，方纪祖，杨和荃. 1996. 水生生物学. 北京：中国农业出版社.

林鼎，毛永庆. 1989. 鱼类的营养与配合饲料. 广州：中山大学出版社.

林乐峰. 1999. 河蟹养殖与经营. 北京：中国农业出版社.

刘建康，何碧梧. 1992. 中国淡水鱼类养殖学（第三版）. 北京：科学出版社.

刘建康，等. 1998. 高级水生生物学. 北京：科学技术出版社.

刘焕亮，等. 2014. 水产养殖生物学. 北京：科学出版社.

刘瑞玉. 1955. 中国北部经济虾类. 北京：科学技术出版社.

刘世禄. 2000. 水产养殖苗种培育技术手册. 北京：中国农业出版社.

刘世禄，杨爱国. 2005. 中国主要海产贝类健康养殖技术.

刘筠. 1992. 中国养殖鱼类繁殖生理学. 北京：农业出版社.

楼允东. 2001. 鱼类育种学. 北京：中国农业出版社.

楼允东. 1998. 组织胚胎学. 北京：中国农业出版社.

罗有声. 1983. 贻贝养殖技术. 上海：上海科学技术出版社.

麦康森. 2012. 水产动物营养与饲料学. 北京：中国农业出版社.

麦贤杰，黄伟健，叶富良，等. 2005. 海水鱼类繁殖生物学和人工繁育. 北京：海洋出版社.

齐钟彦. 1998. 中国经济软体动物. 北京：中国农业出版社.

上海水产学院. 1982. 鱼类学与海水鱼类养殖. 北京：农业出版社.

沈国英，等. 2010. 海洋生态学. 北京：科学出版社.

沈红保. 2005. 池塘养鱼新技术. 西安：西北农林科技大学出版社.

申玉春. 2008. 鱼类增养殖学. 北京：中国农业出版社.

宋盛宪，郑石轩. 2001. 南美白对虾健康养殖. 北京：海洋出版社.

孙儒泳，等. 1986. 动物生态学原理. 北京：北京师范大学出版社.

孙效文，等. 2010. 鱼类分子育种学. 北京：海洋出版社.

孙振兴. 1995. 海水贝类养殖. 北京：中国农业出版社.

谭玉钧. 1987. 池塘养鱼学. 北京：农业出版社.

谭玉钧，徐尚达，王武等. 1990. 池塘高产养鱼新技术. 上海：上海科学技术出版社.

谭玉钧. 1994. 淡水养殖. 北京：中央广播电视大学出版社.

王道尊，刘永发，徐寿山等. 2004. 渔用饲料实用手册. 上海：上海科学技术出版社.

王吉桥，赵兴文等. 2000. 鱼类增养殖学. 大连：大连理工大学出版社.

王金玉，陈国宏. 2004. 数量遗传与动物育种. 苏州：东南大学出版社.

王克行. 1997. 虾蟹类增养殖学. 北京：中国农业出版社.

王克行. 2008. 虾类健康养殖原理与技术. 北京：科学出版社.

王清印，等. 2013. 水产生物育种理论与实践. 北京：科学出版社.

王如才，王克行. 1980. 贝类养殖学. 北京：中国农业出版社.

王如才，王昭萍，张建中. 2002. 海水贝类养殖学. 青岛：青岛海洋大学出版社.

王武. 1991. 池塘养鱼高产技术. 北京：农业出版社.

王武. 1995. 特种水产品养殖新技术. 北京：中国农业出版社.

王义强，黄世蕉，赵维信，等. 1990. 鱼类生理学. 上海：上海科学技术出版社.

王渊源. 1993.鱼虾营养概论. 厦门：厦门大学出版社.

王昭萍，王如才. 2008.海水贝类养殖学. 青岛：青岛海洋大学出版社.

魏利平，于连君，李碧全. 1995.贝类养殖学. 北京：中国农业出版社.

吴琴瑟. 1992.虾蟹养殖高产技术.北京：农业出版社.

吴宝铃. 1999.贝类繁殖附着变态生物学. 济南：山东科学技术出版社.

徐君卓. 1999.海水网箱养鱼. 北京：中国农业出版社.

徐恭昭，郑澄伟. 1987.海产鱼类养殖与增殖. 济南：山东科学技术出版社.

薛俊增，堵南山. 2008.甲壳动物学.上海：上海科学技术出版社.

杨丛海. 1999.对虾繁殖与发育生物学. 济南：山东科学技术出版社.

养鱼世界编辑部.1988.养虾总览.台北：养鱼世界杂志社.

杨星星，等. 2006.抗风浪深水网箱养殖实用技术.北京：海洋出版社.

相建海.2003.海洋生物学.北京：科学出版社.

杨德渐，孙世春. 1999.海洋无脊椎动物学.青岛：青岛海洋大学出版社.

俞开康，战文斌，周丽. 2000.海水养殖病害诊断与防治手册.上海：上海科学技术出版社.

于瑞海，王如才，邢克敏. 1993.海产贝类苗种生产. 青岛：青岛海洋大学出版社.

尤洋.2013.网箱养鱼配套技术手册. 北京：中国农业出版社.

张根玉. 2006.淡水养鱼高产新技术. 北京：金盾出版社.

张美昭，杨雨虹，董云伟. 2006.海水鱼类健康养殖技术. 青岛：青岛海洋大学出版社.

张列士. 1993.网箱养鱼与围栏养鱼. 北京：金盾出版社.

张玺，齐钟彦. 1961.贝类学纲要. 北京：科学出版社.

张杨宗，谭玉钧，欧阳海. 1989.中国池塘养鱼学. 北京：科学出版社.

赵法箴. 对虾（*Penaeus orientalis* Kisinouye）幼体发育形态. 海洋水产研究资料.

赵素芬. 2012.海藻与海藻栽培学. 北京：国防工业出版社.

赵文.2005.水生生物学.北京：中国农业出版社.

浙江省海洋与渔业局. 2006.海水养殖. 杭州：浙江科学技术出版社.

郑严，马志珍，周利.2004.现代生物饵料培养及开发利用.北京：中国农业出版社.

钟麟，等. 1965.家鱼的生物学和人工繁殖.北京：科学出版社.

中国水产学会渔业史研究会. 1986.范蠡养鱼经. 北京：农业出版社.

中国水产学会. 2003.世界水产养殖科技大趋势. 北京：海洋出版社.

朱学宝，施正峰，等. 1995.中国鱼池生态学研究. 上海：上海科学技术出版社.

Dall W. 1992.对虾生物学. 陈楠生译.青岛：中国海洋大学出版社.

John S Lucas，Paul C Southgate. 2005. Aquaculture Farming Aquatic Animals and Plants. Oxford，Iowa，and Victoria: Blackwell Publishing.

Matthew Landau. 1991. Introduction to Aquaculture. New York & Toronto: John wiley & Sons，Inc.

Rick Parker. 1994. Aquaculture Science. London & New York: Delmar Publishers.

John Reseck，jr. Marine Biology. 1980. Virginia: Reston publishing company，inc.

Peter Castro，Michael E Huber. 2007. Marine Biology. London & New York: Higher Education.

Halver J E，Hardy R W 2002. Fish Nutrition（Third edition）. Academic Press.

Lee R E eds. 2008. Phycology（Fourth edition）. Cambridge University Press.

附 录

附录1 水质检测技术

一、氨氮的测定（纳氏试剂分光光度法）

中华人民共和国国家环境标准HJ 535—2009；代替GB 7479—87；2009 - 12 - 31发布，2010 - 04 - 01实施

警告：二氯化汞（$HgCl_2$）和碘化汞（HgI_2）为剧毒物质，避免与皮肤和口腔接触。

1 适用范围

本标准规定了测定水中氨氮的纳氏试剂分光光度法。

本标准适用于地表水、地下水、生活污水和工业废水中氨氮的测定。

当水样体积为50 mL，使用20 mm比色皿时，本方法的检出限为0.025 mg/L，测定下限为0.10 mg/L，测定上限为2.0 mg/L（均以N计）。

2 方法原理

以游离态的氨或铵离子等形式存在的氨氮与纳氏试剂反应生成淡红棕色络合物，该络合物的吸光度与氨氮含量成正比，于波长420 nm处测量吸光度。

3 干扰及消除

水样中含有悬浮物、余氯、钙镁等金属离子、硫化物和有机物时会产生干扰，含有此类物质时要作适当处理，以消除对测定的影响。

若样品中存在余氯，可加入适量的硫代硫酸钠溶液去除，用淀粉—碘化钾试纸检验余氯是否除尽。在显色时加入适量的酒石酸钾钠溶液，可消除钙镁等金属离子的干扰。若水样浑浊或有颜色时可用预蒸馏法或絮凝沉淀法处理。

4 试剂和材料

除非另有说明，分析时所用试剂均使用符合国家标准的分析纯化学试剂，实验用水为按4.1制备的水。

4.1 无氨水，在无氨环境中用下述方法之一制备。

4.1.1 离子交换法

蒸馏水通过强酸性阳离子交换树脂（氢型）柱，将流出液收集在带有磨口玻璃塞的玻璃瓶内。每升流出液加10 g同样的树脂，以利于保存。

4.1.2 蒸馏法

在1 000 mL的蒸馏水中，加0.1 mL硫酸（ρ=1.84 g/mL），在全玻璃蒸馏器中重蒸

馏，弃去前50 mL馏出液，然后将约800 mL馏出液收集在带有磨口玻璃塞的玻璃瓶内。每升馏出液加10 g强酸性阳离子交换树脂（氢型）。

4.1.3 纯水器法

用市售纯水器临用前制备。

4.2 轻质氧化镁（MgO）

不含碳酸盐，在500℃下加热氧化镁，以除去碳酸盐。

4.3 盐酸，$\rho_{(HCl)}$=1.18 g/mL。

4.4 纳氏试剂，可选择下列方法的一种配制。

4.4.1 二氯化汞一碘化钾一氢氧化钾（$HgCl_2$-KI-KOH）溶液

称取15.0 g氢氧化钾（KOH），溶于50 mL水中，冷却至室温。

称取5.0 g碘化钾（KI），溶于10 mL水中，在搅拌下，将2.50 g二氯化汞（$HgCl_2$）粉末分多次加入碘化钾溶液中，直到溶液呈深黄色或出现淡红色沉淀溶解缓慢时，充分搅拌混合，并改为滴加二氯化汞饱和溶液，当出现少量朱红色沉淀不再溶解时，停止滴加。

在搅拌下，将冷却的氢氧化钾溶液缓慢地加入到上述二氯化汞和碘化钾的混合液中，并稀释至100 mL，于暗处静置24 h，倾出上清液，贮于聚乙烯瓶内，用橡皮塞或聚乙烯盖子盖紧，存放暗处，可稳定1个月。

4.4.2 碘化汞一碘化钾一氢氧化钠（HgI2-KI-NaOH）溶液

称取16.0 g氢氧化钠（NaOH），溶于50 mL水中，冷却至室温。

称取7.0 g碘化钾（KI）和10.0 g碘化汞（HgI_2），溶于水中，然后将此溶液在搅拌下，缓慢加入到上述50 mL氢氧化钠溶液中，用水稀释至100 mL。贮于聚乙烯瓶内，用橡皮塞或聚乙烯盖子盖紧，于暗处存放，有效期1年。

4.5 酒石酸钾钠溶液，ρ=500 g/L。

称取50.0 g酒石酸钾钠（$KNaC_4H_6O_6 \cdot 4H_2O$）溶于100 mL水中，加热煮沸以驱除氨，充分冷却后稀释至100 mL。

4.6 硫代硫酸钠溶液，ρ=3.5 g/L。

称取3.5 g硫代硫酸钠（$Na_2S_2O_3$）溶于水中，稀释至1 000 mL。

4.7 硫酸锌溶液，ρ=100 g/L。

称取10.0 g硫酸锌（$ZnSO_4 \cdot 7H_2O$）溶于水中，稀释至100 mL。

4.8 氢氧化钠溶液，ρ=250 g/L。

称取25 g氢氧化钠溶于水中，稀释至100 mL。

4.9 氢氧化钠溶液，$C_{(NaOH)}$=1 mol/L。

称取4 g氢氧化钠溶于水中，稀释至100 mL。

4.10 盐酸溶液，$C_{(HCl)}$=1 mol/L。

量取8.5 mL盐酸（4.3）于适量水中用水稀释至100 mL。

4.11 硼酸（H_3BO_3）溶液，ρ=20 g/L。

称取20 g硼酸溶于水，稀释至1 L。

4.12 溴百里酚蓝指示剂（bromthymol blue），ρ=0.5 g/L。

称取0.05 g溴百里酚蓝溶于50 mL水中，加入10 mL无水乙醇，用水稀释至100 mL。

4.13 淀粉—碘化钾试纸

称取 1.5 g 可溶性淀粉于烧杯中，用少量水调成糊状，加入 200 mL 沸水，搅拌混匀放冷。加 0.50 g 碘化钾（KI）和 0.50 g 碳酸钠（Na_2CO_3），用水稀释至 250 mL。将滤纸条浸渍后，取出晾干，于棕色瓶中密封保存。

4.14 氨氮标准溶液

4.14.1 氨氮标准贮备溶液，ρ_N =1 000 μg/mL。

称取 3.819 0 g 氯化铵（NH_4Cl，优级纯，在 100~105℃ 干燥 2 h），溶于水中，移入 1 000 mL 容量瓶中，稀释至标线，可在 2~5℃ 保存 1 个月。

4.14.2 氨氮标准工作溶液，ρ_N =10 μg/mL。

吸取 5.00 mL 氨氮标准贮备溶液（4.14.1）于 500 mL 容量瓶中，稀释至刻度。临用前配制。

5 仪器和设备

5.1 可见分光光度计：具 20 mm 比色皿。

5.2 氨氮蒸馏装置：由 500 mL 凯式烧瓶、氮球、直形冷凝管和导管组成，冷凝管末端可连接一段适当长度的滴管，使出口尖端浸入吸收液液面下。亦可使用 500 mL 蒸馏烧瓶。

6 样品

6.1 样品采集与保存

水样采集在聚乙烯瓶或玻璃瓶内，要尽快分析。如需保存，应加硫酸使水样酸化至 pH 值小于 2，2~5℃ 下可保存 7 d。

6.2 样品的预处理

6.2.1 去除余氯

若样品中存在余氯，可加入适量的硫代硫酸钠溶液（4.6）去除。每加 0.5 mL 可去除 0.25 mg 余氯。用淀粉—碘化钾试纸（4.13）检验余氯是否除尽。

6.2.2 絮凝沉淀

100 mL 样品中加入 1 mL 硫酸锌溶液（4.7）和 0.1~0.2 mL 氢氧化钠溶液（4.8），调节 pH 约为 10.5，混匀，放置使之沉淀，倾取上清液分析。必要时，用经水冲洗过的中速滤纸过滤，弃去初滤液 20 mL。也可对絮凝后样品离心处理。

6.2.3 预蒸馏

将 50 mL 硼酸溶液（4.11）移入接收瓶内，确保冷凝管出口在硼酸溶液液面之下。分取 250 mL 样品，移入烧瓶中，加几滴溴百里酚蓝指示剂（4.12），必要时，用氢氧化钠溶液（4.9）或盐酸溶液（4.10）调整 pH 值至 6.0（指示剂呈黄色）~7.4（指示剂呈蓝色），加入 0.25 g 轻质氧化镁（4.2）及数粒玻璃珠，立即连接氮球和冷凝管。加热蒸馏，使馏出液速率约为 10 mL/min，待馏出液达 200 mL 时，停止蒸馏，加水定容至 250 mL。

7 分析步骤

7.1 校准曲线

在 8 个 50 mL 比色管中，分别加入 0.00、0.50、1.00、2.00、4.00、6.00、8.00 和 10.00 mL 氨氮标准工作溶液（4.14.2），其所对应的氨氮含量分别为 0.0、5.0、10.0、20.0、40.0、60.0、80.0 和 100 μg，加水至标线。加入 1.0 mL 酒石酸钾钠溶液（4.5），摇

匀，再加入纳氏试剂1.5 mL（4.4.1）或1.0 mL（4.4.2），摇匀。放置10 min后，在波长420 nm下，用20 mm比色皿，以水作参比，测量吸光度。

以空白校正后的吸光度为纵坐标，以其对应的氨氮含量（μg）为横坐标，绘制校准曲线。

注：根据待测样品的质量浓度也可选用10 mm比色皿。

7.2 样品测定

7.2.1 清洁水样：直接取50 mL，按与校准曲线相同的步骤测量吸光度。

7.2.2 有悬浮物或色度干扰的水样：取经预处理的水样50 mL（若水样中氨氮质量浓度超过2 mg/L，可适当少取水样体积），按与校准曲线相同的步骤测量吸光度。

注：经蒸馏或在酸性条件下煮沸方法预处理的水样，须加一定量氢氧化钠溶液（4.9），调节水样至中性，用水稀释至50 mL标线，再按与校准曲线相同的步骤测量吸光度。

7.3 空白试验

用水代替水样，按与样品相同的步骤进行前处理和测定。

8 结果计算

水中氨氮的质量浓度按式（1）计算：

$$\rho N = (As - Ab - a)/bV \tag{1}$$

式中：ρN——水样中氨氮的质量浓度（以N计），mg/L；

As——水样的吸光度；

Ab——空白试验的吸光度；

a——校准曲线的截距；

b——校准曲线的斜率；

V——试料体积，mL。

9 准确度和精密度

氨氮浓度为1.21 mg/L的标准溶液，重复性限为0.028 mg/L，再现性限为0.075 mg/L，回收率在94%～104%。

氨氮浓度为1.47 mg/L的标准溶液，重复性限为0.024 mg/L，再现性限为0.066 mg/L，回收率在95%～105%。

10 质量保证和质量控制

10.1 试剂空白的吸光度应不超过0.030（10 mm比色皿）。

10.2 纳氏试剂的配制

为了保证纳氏试剂有良好的显色能力，配制时务必控制$HgCl_2$的加入量，至微量HgI_2红色沉淀不再溶解时为止。配制100 mL纳氏试剂所需$HgCl_2$与KI的用量之比约为2.3∶5。在配制时为了加快反应速度、节省配制时间，可低温加热进行，防止HgI_2红色沉淀的提前出现。

10.3 酒石酸钾钠的配制

酒石酸钾钠试剂中铵盐含量较高时，仅加热煮沸或加纳氏试剂沉淀不能完全除去氨。此时采用加入少量氢氧化钠溶液，煮沸蒸发掉溶液体积的20%～30%，冷却后用无氨水稀释至原体积。

10.4 絮凝沉淀

滤纸中含有一定量的可溶性铵盐，定量滤纸中含量高于定性滤纸，建议采用定性滤纸过滤，过滤前用无氨水少量多次淋洗（一般为100 mL）。这样可减少或避免滤纸引入的测量误差。

10.5 水样的预蒸馏

在蒸馏刚开始时，氨气蒸出速度较快，加热不能过快，否则造成水样暴沸，馏出液温度升高，氨吸收不完全。馏出液速率应保持在10 mL/min左右。

蒸馏过程中，某些有机物很可能与氨同时馏出，对测定仍有干扰，其中有些物质（如甲醛）可以在酸性条件（pH值<1）下煮沸除去。部分工业废水，可加入石蜡碎片等做防沫剂。

10.6 蒸馏器清洗

向蒸馏烧瓶中加入350 mL水，加数粒玻璃珠，装好仪器，蒸馏到至少收集了100 mL水，将馏出液及瓶内残留液弃去。

附表1-1　氨的水溶液中非离子氨的百分比

温度/℃	pH值								
	6.0	6.5	7.0	7.5	8.0	8.5	9.0	9.5	10.0
5	0.013	0.040	0.12	0.39	1.2	3.8	11	28	56
10	0.019	0.059	0.19	0.59	1.8	5.6	16	37	65
15	0.027	0.087	0.27	0.86	2.7	8	21	46	73
20	0.040	0.13	1.40	1.2	3.8	11	28	56	80
25	0.057	0.18	1.57	1.8	5.4	15	36	64	85
30	0.080	0.25	2.80	2.5	7.5	20	45	72	89

附表1-2　总氨（NH_4^++NH_3）的浓度，其中非离子氨浓度0.020 mg/L（NH_3）mg/L

温度/℃	pH值								
	6.0	6.5	7.0	7.5	8.0	8.5	9.0	9.5	10.0
5	160	51	16	5.1	1.6	0.53	0.18	0.071	0.036
10	110	34	11	3.4	1.1	0.36	0.13	0.054	0.031
15	73	23	7.3	2.3	0.75	0.25	0.093	0.043	0.027
20	50	16	5.1	1.6	0.52	0.18	0.070	0.036	0.025
25	35	11	3.5	1.1	0.37	0.13	0.055	0.031	0.024
30	25	7.6	2.5	0.81	0.27	0.099	0.045	0.028	0.022

二、亚硝酸盐氨氮的测定（分光光度法）（GB 7493—87）

1 适用范围

本标准规定了用分光光度法测定饮用水、地下水、地面水及废水中亚硝酸盐的方法。

1.1　测定上限

当试份取最大体积（50 mL）时，用本方法可以测定亚硝酸盐氮浓度高达 0.20 mg/L。

1.2　最低检出浓度

采用光程长为 10 mm 的比色皿，试份体积为 50 mL，以吸光度 0.01 单位所对应的浓度值为最低检出限浓度，此值为 0.003 mg/L。

采用光程长为 30 mm 的比色皿，试份体积为 50 mL，最低检出浓度为 0.001 mg/L。

1.3　灵敏度

采用光程长为 10 mm 的比色皿，试份体积为 50 mL，亚硝酸盐氮浓度 c_N=0.20 mg/L，给出的吸光度约为 0.67 单位。

1.4　干扰

当试样 pH ≥ 11 时，可能遇到某些干扰，遇此情况，可向试份中加入酚酞溶液（3.12）1 滴，边搅拌边逐滴加入磷酸溶液（3.4），至红色刚消失。经此处理，则在加入显色剂后，体系 pH 值为 1.8 ± 0.3，而不影响测定。

试样如有颜色和悬浮物，可向每 100 mL 试样中加入 2 mL 氢氧化铝悬浮液（3.9），搅拌，静置，过滤，弃去 25 mL 初滤液后，再取试份测定。

水样中常见的可能产生干扰物质的含量范围见附录 A。其中氯胺、氯、硫代硫酸盐、聚磷酸钠和三价铁离子有明显干扰。

2　原理

在磷酸介质中，pH 值为 1.8 时，试份中的亚硝酸根离子与 4-氨基苯磺酰胺（4-aminobenzenesulfonamide）反应生成重氮盐，它再与 N-（1-萘基）-乙二胺二盐酸盐［N-（1-naphthyl-1, 2'-diaminoethane dihydrochloride）］偶联生成红色染料，在 540 nm 波长处测定吸光度。如果使用光程长为 10 mm 的比色皿，亚硝酸盐氮的浓度在 0.2 mg/L 以内其呈色符合比尔定律。

3　试剂

在测定过程中，除非另有说明，均使用符合国家标准或专业标准的分析纯试剂，实验用水均为无亚硝酸盐的二次蒸馏水。

3.1　实验用水

采用下列方法之一进行制备：

3.1.1　加入高锰酸钾结晶少许于 1 L 蒸馏水中，使成红色，加氢氧化钡（或氢氧化钙）结晶至溶液呈碱性，使用硬质玻璃蒸馏器进行蒸馏，弃去最初的 50 mL 馏出液，收集约 700 mL 不含锰盐的馏出液。

3.1.2　于 1 L 蒸馏水中加入硫酸（3.3）1 mL、硫酸锰溶液［每 100 mL 水中含有 36.49 硫酸锰（$MnSO_4 \cdot H : 0$）］0.2 mL，滴加 0.04%（V/V）高锰酸钾溶液至呈红色（1~3 mL），使用硬质玻璃蒸馏器进行蒸馏，弃去最初的 50 mL 馏出液，收集约 700 mL 不含锰盐的馏出液，待用。

3.2　磷酸：15 mol/L，ρ=1.70 g/mL

3.3　硫酸：18 mol/L，ρ=1.84 g/mL

3.4　磷酸：1+9 溶液（1.5 mol/L）溶液至少可稳定 6 个月。

3.5 显色剂

500 mL烧杯内置入250 mL水和50 mL磷酸（3.2），加入20.0 g 4−氨基苯磺酰胺（$NH_2C_6H_4SO_2NH_2$）。再将1.00 g N−（1−萘基）−乙二胺二盐酸盐（$C_{10}H_7NHC_2H_4NH_2·2HCl$）溶于上述溶液中，转移至500 mL容量瓶中，用水稀至标线，摇匀。此溶液贮存于棕色试剂瓶中，保存在2~5℃，至少可稳定1个月。

注：本试剂有毒性，避免与皮肤接触或吸入体内。

3.6 亚硝酸盐氮标准贮备溶液：$C_N = 250$ mg/L。

3.6.1 贮备溶液的配制

称取1.232 g亚硝酸钠（$NaNO_2$），溶于150 mL水中，定量转移至1 000 mL容量瓶中，用水稀释至标线，摇匀。

本溶液贮存在棕色试剂瓶中，加入1 mL氯仿，保存在2~5℃，至少稳定1个月。

3.6.2 贮备溶液的标定

在300 mL具塞锥形瓶中，移入高锰酸钾标准溶液（3.10）50.00 mL、硫酸（3.3）5 mL，用50 mL无分度吸管，使下端插入高锰酸钾溶液液面下，加入亚硝酸盐氮标准贮备溶液50 mL，轻轻摇匀，置于水浴上加热至70~80℃，按每次10 mL的量加入足够的草酸钠标准溶液（3.11），使高锰酸钾标准溶液褪色并使过量，记录草酸钠标准溶液用量V_2，然后用高锰酸钾标准溶液（3.10）滴定过量草酸钠至溶液呈微红色，记录高锰酸钾标准溶液总用量V_1。

再以50 mL实验用水代替亚硝酸盐氮标准贮备溶液，如上操作，用草酸钠标准溶液标定高锰酸钾溶液的浓度C_1。

按式（1）计算高锰酸钾标准溶液浓度C_1（1/5 $KMnO_4$ mol/L）：

$$C_1 = \frac{0.050\ 0 \times V_4}{V_3} \qquad (1)$$

式中：V_3——滴定实验用水时加入高锰酸钾标准溶液总量，mL；

V_4——滴定实验用水时加入草酸钠标准溶液总量，mL；

0.050 0——草酸钠标准溶液浓度C（1/2$Na_2C_2O_4$）mol/L。

（2）计算亚硝酸盐氮标准贮备溶液的浓度C_N（mg/L）

$$C_N = \frac{(V_1C_1 - 0.050\ 0V_2) \times 7.00 \times 100\ 0}{50.00} \qquad (2)$$

式中：V_1——滴定亚硝酸盐氮标准贮备溶液时加入高锰酸钾标准溶液总量，mL；

V_2——滴定亚硝酸盐氮标准贮备溶液时加入草酸钠标准溶液总量，mL；

C_1——经标定的高锰酸钾标准溶液的浓度，mol/L；

7.00——硝酸盐氮（1/2 N）的摩尔质量；

50.00——亚硝酸盐氮标准贮备溶液取样量，mL；

0.050 0——草酸钠标准溶液浓度$C_{(1/2Na_2C_2O_4)}$，mol/L。

3.7 亚硝酸盐氮中间标准液：$C_N = 50.0$ mg/L。

取亚硝酸盐氮标准贮备溶液（3.6）50.00 mL置250 mL容量瓶中，用水稀释至标线，摇匀。此溶液贮于棕色瓶内，保存在2~5℃，可稳定一星期。

3.8 亚硝酸盐氮标准工作液：$C_N = 1.00$ mg/L。

取亚硝酸盐氮中间标准液（3.7）10.00 mL置500 mL容量瓶中，用水稀释至标线，摇匀。此溶液使用时，当天配置。

> 注：亚硝酸盐氮中间标准液和标准工作液的浓度值，应采用贮备溶液标定后的准确浓度的计算值。

3.9　氢氧化铝悬浮液

溶解125 g硫酸铝钾〔$KAl(SO_4)_2 \cdot 12H_2O$〕或硫酸铝铵〔$NH_4Al(SO_4)_2 \cdot 12H_2O$〕于1 L一次蒸馏水中，加热至60℃，在不断搅拌下，徐徐加入55 mL浓氢氧化铵，放置约1 h后，移入1 L量筒内，用一次蒸馏水反复洗涤沉淀，最后用实验用水洗涤沉淀，直至洗涤液中不含亚硝酸盐为止。澄清后，把上清液全部倾出，只留稠的悬浮物，最后加入100 mL水。使用前应振荡均匀。

3.10　高锰酸钾标准溶液：$C_{(1/5KMnO_4)}$ = 0.050 mol/L。

溶解1.6 g高锰酸钾（$KMnO_4$）于1.2 L水中（一次蒸馏水），煮沸0.5~1 h，使体积减少到1 L左右，放置过夜，用G-3号玻璃砂芯滤器过滤后，滤液贮存于棕色试剂瓶中避光保存。高锰酸钾标准溶液按3.6.2第二段所述方法进行标定和计算。

3.11　草酸钠标准溶液：$C_{(1/2Na_2C_2O_4)}$ = 0.050 0 mol/L。

溶解经105℃烘干2 h的优级纯无水草酸钠（$Na_2C_2O_4$）3.350 0 ± 0.000 4 g于750 mL水中，定量转移至1 000 mL容量瓶中，用水稀释至标线，摇匀。

3.12　酚酞指示剂：C = 10 g/L。

0.5 g酚酞溶于95%（V/V）乙醇50 mL中。

4　仪器

所有玻璃器皿都应用2 mol/L盐酸仔细洗净，然后用水彻底冲洗。

常用实验室设备及分光光度计。

5　采样和样品

5.1　采样和样品保存

实验室样品应用玻璃瓶或聚乙烯瓶采集，并在采集后尽快分析，不要超过24 h。若需短期保存（1~2天），可以在每升实验室样品中加入40 mg氯化汞，并保存于2~5℃。

5.2　试样的采集

实验室样品含有悬浮物或带有颜色时，需按照1.4第二段所述的方法制备试样。

6　步骤

6.1　试份

试份最大体积为50.0 mL，可测定亚硝酸盐氮浓度高至0.20 mg/L。浓度更高时，可相应用较少量的样品或将样品进行稀释后，再取样。

6.2　测定

用无分度吸管将选定体积的试份移至50 mL比色管（或容量瓶）中，用水稀释至标线，加入显色剂（3.5）1.0 mL，密塞，摇匀，静置，此时pH值应为1.8 ± 0.3。

加入显色剂20 min后、2 h以内，在540 nm的最大吸光度波长处，用光程长10 mm的比色皿，以实验用水做参比，测量溶液吸光度。

> 注：最初使用本方法时，应校正最大吸光度的波长，以后的测定均应用此波长。

6.3　空白试验

按6.2所述步骤进行空白试验，用50 mL水代替试份。

6.4 色度校正

如果实验室样品经5.2的方法制备的试样还具有颜色时，按6.2所述方法，从试样中取相同体积的第二份试份，进行测定吸光度，只是不加显色剂（3.5），改加磷酸（3.4）1.0 mL。

6.5 校准

在一组6个50 mL比色管（或容量瓶）内，分别加入亚硝酸盐氮标准工作液（3.8）0.00、1.00、3.00、5.00、7.00和10.00 mL，用水稀释至标线，然后按6.2第二段开始到末了叙述的步骤操作。

从测得的各溶液吸光度，减去空白试验吸光度，得校正吸光度A_T，绘制以氮含量（ug）对校正吸光度的校准曲线，亦可按线性回归方程的方法，计算校准曲线方程。

7 结果表示

7.1 计算方法

试份溶液吸光度的校正值Ac，按式（3）计算：

$$A_T=Aa-Ab-Ac \tag{3}$$

式中：Aa——试份溶液测得吸光度；

Ab——空白试验测得吸光度；

Ac——色度校正测得吸光度。

由校正吸光度A_T值，从校准曲线上查得（或由校准曲线方程计算）相应的亚硝酸盐氮的含量m_N（μg）。

试份的亚硝酸盐氮浓度按式（4）计算：

$$C_N=\frac{m_N}{V} \tag{4}$$

式中：C_N——亚硝酸盐氮浓度，mg/L；

m_N——相应于校正吸光度月A_T的亚硝酸盐氮含量；

V——取试份体积，mL。

试份体积为50 mL时，结果以三位小数表示。

7.2 精密度和准确度

7.2.1

取平行双样测定结果的算术平均值为测定结果。

7.2.2

23个实验室测定亚硝酸盐氮浓度为7.46×10^{-2} mg/L的试样，重复性为1.1×10^{-3} mg/L，再现性为3.7×10^{-3} mg/L，加标百分回收率范围为96%~104%。

15个实验室测定亚硝酸盐氮浓度为6.19×10^{-2} mg/L的试样，重复性为2.0×10^{-3} mg/L，再现性为3.7×10^{-3} mg/L，加标百分回收率范围为93%~103%。

三、硝酸盐氮（锌镉还原—重氮偶氮法）

1. 方法原理

在一定盐度条件下，加锌卷和氯化镉溶液于水样中，其中的硝酸盐氮被还原为亚硝酸盐，然后按重氮—偶氮法或分光光度法（GB 7493—87）测出亚硝酸盐氮的总含量，扣除水样中原有的亚硝酸盐氮含量即得硝酸盐氮的含量。本法最低检出浓度为 0.7 μg（N）/L，测定上限为 140 μg（N）/L。

2　仪器及设备

2.1　分光光度计及配套比色皿。

2.2　具塞比色管。

2.3　容量瓶、移液管等常规实验室设备。

3.　试剂及其配制

3.1　磺胺溶液：同亚硝酸盐氮的测定。

3.2　盐酸萘乙二胺溶液：同亚硝酸盐氮的测定。

3.3　氯化镉溶液（20%）：称取 20 g 氯化镉（$CdCl_2 \cdot 2.5H_2O$）溶于蒸馏水中，稀释至 100 mL，盛于滴瓶中。

3.4　锌卷：将锌片（AR）截成 5 cm × 6 cm 的锌片，用 1.5 cm 外径的试管卷成 5 cm 高的锌卷，置于具盖的 1 000 mL 广口瓶中。

3.5　氯化钠溶液（20%）：以 AR 试剂配制。

3.6　硝酸钾标准贮备液［0.14 mg（N）/mL］：称取 KNO_3（AR，于 115℃烘 1 h）1.011 g，溶于蒸馏水中，并于 1 000 mL 容量瓶中定容，加 1 mL 氯仿并避光保存。

3.7　硝酸钾标准使用液［1.4 mg（N）/l］：移取 1.00 mL 标准贮备液于 100 mL 容量瓶中用蒸馏水定容、混匀，临使用前配制。

4.　测定步骤

4.1　绘制工作曲线

4.1.1　在 6 个清洁、干燥的 60 mL 广口试剂瓶中分别移入标准使用液 0.00、1.00、2.00、3.00、4.00、5.00 mL，并分别加蒸馏水至 50 mL（若是淡水样品，再分别加入 5 mL 20% 的 NaCl 溶液，混匀）。

4.1.2　分别用镊子夹入锌卷 1 卷，氯化镉溶液 2 滴，加上瓶盖，顺序放入振荡器振荡 10 min。

4.1.3　将广口试剂瓶中的溶液顺序倒入 6 个清洁、干燥的 50 mL 具塞比色管中，分别加入磺胺溶液 1 mL，混匀。

4.1.4　分别加入盐酸萘乙二胺溶液 1 mL，混匀，放置 15 min。

4.1.5　用分光光度计在 543 nm 波长处于 20 mm 比色皿对照纯水测定各溶液的吸光度 E（其中未加标准使用液为试剂空白 E_0）。

4.1.6　在坐标纸上，以吸光度 $E - E_0$ 为纵坐标，硝酸盐氮浓度为横坐标作图，得工作曲线。

附表 1-3

序列号	1	2	3	4	5	6
硝酸钾标准使用液体积/mL	0.00	1.00	2.00	3.00	4.00	5.00
硝酸盐氮浓度/［mg（N）/L］	0.00	0.028	0.056	0.084	0.112	0.140

4.2 水样测定

量取50 mL过滤水样及50 mL蒸馏水，置于60 mL广口试剂瓶中（若是淡水水样，再分别加入5 mL 20%的NaCl溶液），混匀。参照工作曲线绘制过程中步骤4.1.2~4.1.5，显色并测定该水样的吸光值$E—E_0$。

5 结果计算

由水样的测定值$E—E_0$查工作曲线，得该水样中硝酸盐氮和亚硝酸盐氮的总量C总。将两者总量扣除水样中亚硝酸盐氮的含量，即得硝酸盐氮的含量：

$$CNO_3-N（mg/L）=C总-CNO_2-N$$

6 注意事项

若水样是海水样品，则在工作曲线制定过程中，应以无氮海水代替纯水配制标准系列；而海水中因含有大量的NaCl等强电解质，所以在还原前不必再外加NaCl溶液。

四、总氮（凯氏定氮法）（GB 11891—89）

本标准参照采用国际标准ISO 5663—1984《水质－凯氏氮的测定－硒催化矿化法》。

1 主题内容与适用范围

1.1 主题内容

本标准规定了以凯氏（Kjeldahl）法测定氮含量的方法。它包括了氨氮和在此条件下能被转化为铵盐的有机氮化合物。此类有机氮化合物主要是指蛋白质、胨、胨、氨基酸、核酸、尿素及其他合成的氮为负三价态的有机氮化合物。它不包括叠氮化合物、连氮、偶氮、腙、硝酸盐、亚硝基、硝基、亚硝酸盐、腈、肟和半卡巴腙类的含氮化合物。

1.2 适用范围

本标准适用于测定工业废水、湖泊、水库和其他受污染水体中的凯氏氮。

1.3 测定范围

凯氏氮含量较低时，分取较多试样，经消解和蒸馏，最后以光度法测定氨。含量较高时，分取较少试样，最后以醋酸滴定法测定氨。

1.4 最低检出浓度

试剂体积为50 mL时，使用光程长度为10 mm比色皿，最低检出浓度为0.2 mg/L。

2 原理

水中加入硫酸并加热消解，使有机物中的胺基氮转变为硫酸氢铵，游离氨和铵盐也转为硫酸氢铵。消解时加入适量硫酸钾提高沸腾温度，以增加消解速率，并以汞盐为催化剂，以缩短消解时间。

消解后液体，使成碱性并蒸馏出氨，吸收于硼酸溶液中，然后以滴定法或光度法测定氨含量。

汞盐在消解时形成汞铵络合物，因此，在碱性蒸馏时，应同时加入适量硫代硫酸钠，使络合物解离。

3 试剂

本标准所用试剂除另有说明外，均为分析纯试剂。实验用水均为无氨水。

3.1 无氨水制备

3.1.1 离子交换法：将蒸馏水通过一个强酸性阳离子交换树脂（氢型）柱，流出液收集在带有磨口玻塞的玻璃瓶中，密塞保存。

3.1.2　蒸馏法：于1 L蒸馏水中，加入0.1 mL浓硫酸，并在全玻璃蒸馏器中重蒸馏，弃去50 mL初馏液，然后集取约800 mL馏出液于具磨口玻塞的玻璃瓶中，密塞保存。

3.2　硫酸，$\rho_{20} = 1.84$ g/mL。

3.3　硫酸钾（K_2SO_4）。

3.4　硫酸汞溶液：称取2 g红色氧化汞（HgO）或2.74 g硫酸汞（$HgSO_4$），溶于40 mL（1+5）硫酸溶液中。

3.5　硫代硫酸钠—氢氧化钠溶液：称取500 g氢氧化钠溶于水，另称取25 g硫代硫酸钠（$Na_2S_2O_3 \cdot 5H_2O$）溶于上述溶液中，稀释至1 L，贮于聚乙烯瓶中。

3.6　硼酸溶液：称取，20 g硼酸（H_3BO_3）溶于水，稀释至1 L。

3.7　硫酸标准溶液，$C_{(1/2H_2SO_4)} = 0.02$ mol/L：分取11 mL（1+19）硫酸，用水稀释至1 L。按下述操作进行标定。

称取经180℃干燥2 h的基准试剂级碳酸钠（Na_2CO_3）约0.5 g（称准至0.000 1 g），溶于新煮沸放冷的水中，移入500 mL容量瓶内，稀释至标线。

移取上述25.00 mL碳酸钠溶液于150 mL锥形瓶中，加25 mL新煮沸放冷的水，加1滴甲基橙指示液（0.5 g/L），用硫酸标准溶液滴定至淡橙红色止，记录用量。

计算：

$$C_1 = \frac{m \times 1\,000}{V \times 53} \times \frac{25}{250} \qquad (1)$$

式中：C——硫酸标准溶液浓度，mol/L；

　　　m——称取碳酸钠质量，g；

　　　V——硫酸标准溶液滴定消耗体积，mL；

　　　53——碳酸钠（$\frac{1}{2}Na_2CO_3$）的摩尔质量。

3.8　甲基红—亚甲蓝混合指示液：称取200 mg甲基红溶于100 mL 95%乙醇；称取100 mg亚甲蓝溶于50 mL 95%乙醇。以两份甲基红溶液与一份亚甲蓝溶液混合后供用。每月配制。

4　仪器

4.1　凯氏定氮蒸馏装置

参见下图。

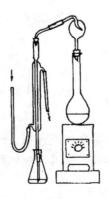

4.1.1 500 mL凯氏瓶。

4.1.2 氮球。

4.1.3 直形冷凝管（300 mm）。

4.1.4 导管。

4.2 10 mL酸式微量滴定管。

5 采样和样品贮存

实验室样品可贮于玻璃瓶或聚乙烯瓶中。

如不能及时进行测定，应加入足够的硫酸（3.2），使pH值小于2，并在4℃保存。

6 步骤

6.1 试料

分取250 mL试样，经消解、蒸馏后所得馏出液，取试料最大体积为50.0 mL，可测定凯氏氮最低浓度为0.2 mg/L（光度法）。分取25.0 mL试样，经消解、蒸馏后所得馏出液全部作为试料，可测定凯氏氮浓度高至100 mg/L（酸滴定法）。

6.2 测定

6.2.1 试样体积的确定：按下表分取适量，移入凯氏瓶中。

水样中凯氏氮含量（mg/L）	试样体积（mL）
0~10	250
10~20	100
20~50	50.0

6.2.2 消解：加10.0 mL硫酸（3.2），2.0 mL硫酸汞溶液（3.4），6.0 g硫酸钾（3.3）和数粒玻璃珠于凯氏瓶中，混匀，置通风柜内加热煮沸，至冒三氧化硫白色烟雾并使液体变清（无色或淡黄色），调节热源使之继续保持沸腾30 min，放冷，加250 mL水，混匀。

6.2.3 蒸馏：将凯氏瓶斜置使之成约45°角，缓缓沿瓶颈加入40 mL硫代硫酸钠—氢氧化钠溶液（3.5），使在瓶底形成碱液层，迅速连接氮球和冷凝管，以50 mL硼酸溶液（3.6）为吸收液，导管管尖伸入吸收液液面下约1.5 cm，摇动凯氏瓶使溶液充分混合，加热蒸馏，至收集馏出液达200 mL时，停止蒸馏。

6.2.4 氮的测定：加2~3滴甲基红—亚甲蓝指示液（3.8）于馏出液中，用硫酸标准溶液（3.7）滴定至溶液颜色由绿色至淡紫色为终点，记录用。

6.3 空白试验

按6.2所述步骤进行空白试验，以与试样相同体积的水代替试样。

7 结果的表示

凯氏氮含量按式（2）计算：

$$C_N = (V_1 - V_0) \times C \times 14.01 \times \frac{1\,000}{V} \tag{2}$$

式中：C_N——凯氏氮含量，mg/L；

V_1——试样滴定所消耗的硫酸标准溶液体积，mL；

V_0——空白试验滴定所消耗的硫酸标准溶液体积，mL；

V——试样体积，mL；

C——滴定用硫酸标准溶液浓度，mol/L；

14.01——氮（N）的摩尔质量。

五、总酸（钼酸铵分光光度法）（GB11893—89）

1　主题内容与适用范围

本标准规定了用过硫酸钾（或硝酸—高氯酸）为氧化剂，将未经过滤的水样消解，用钼酸铵分光光度测定总磷的方法。

总磷包括溶解的、颗粒的、有机的和无机的磷。

本标准适用于地面水、污水和工业废水。

取25 mL试料，本标准的最低检出浓度为0.01 mg/L，测定上限为0.6 mg/L。

在酸性条件下，砷、铬、硫干扰测定。

2　原理

在中性条件下用过硫酸钾（或硝酸—高氯酸）使试样消解，将所含磷全部氧化为正磷酸盐。在酸性介质中，正磷酸盐与钼酸铵反应，在锑盐存在下生成磷钼杂多酸后，立即被抗坏血酸还原，生成蓝色的络合物。

3　试剂

本标准所采用试剂除另有说明外，均应使用符合国家标准或专业标准的分析试剂和蒸馏水或同等纯度的水。

3.1　硫酸（H_2SO_4），密度为1.84 g/mL。

3.2　硝酸（HNO_3），密度为1.4 g/mL。

3.3　高氯酸（$HClO_4$），优级纯，密度为1.68 g/mL。

3.4　硫酸（H_2SO_4），1+1。

3.5　硫酸，约$C_{(\frac{1}{2}H_2SO_4)}=1$ mol/L；将27 mL硫酸（3.1）加入到973 mL水中。

3.6　氢氧化钠（NaOH），1 mol/L溶液：将40 g氢氧化钠溶于水并稀释至1 000 mL。

3.7　氢氧化钠（NaOH），6 mol/L溶液：将240 g氢氧化钠溶于水并稀释至1 000 mL。

3.8　过硫酸钾，50 g/L溶液：将5 g过硫酸钾（$K_2S_2O_8$）溶解于水，并稀释至100 mL。

3.9　抗坏血酸，100 g/L溶液：溶解10 g抗坏血酸（$C_6H_8O_6$）于水中，并稀释至100 mL。此溶液贮存于棕色的试剂瓶中，在冷处可稳定几周，如不变色可长时间使用。

3.10　钼酸盐溶液：溶解13 g钼酸铵$[(NH_4)_6Mo_7O_{24}\cdot 4H_2O]$于100 mL水中。溶解0.35 g酒石酸锑钾（$KSbC_4H_4O_7\cdot\frac{1}{2}H_2O$）于100 mL水中，在不断搅拌下把钼酸铵溶液徐徐加到300 mL硫酸（3.4）中，加酒石酸锑钾溶液并且混合均匀。

此溶液贮存于棕色试剂瓶中，在冷处可保存2个月。

3.11　浊度—色度补偿液：混合两个体积硫酸（3.4）和一个体积抗坏血酸溶液（3.9），使用当天配制。

3.12　磷标准贮备溶液：称取0.219 7±0.001 g于110℃干燥2 h在干燥器中放冷的磷酸氢钾（KH_2PO_4），用水溶解后转移至1 000 mL容量瓶中，加入大约800 mL水、加50 mL硫酸（3.4）用水稀释至标线并混匀。1.00 mL此溶液含有50.0 μg磷。

本溶液在玻璃瓶中可贮存至少6个月。

3.13 磷标准使用溶液：将10.0 mL的磷标准溶液（3.12）转移至250 mL容量瓶中，用水稀释至标线并混匀。1.00 mL此标准溶液含2.0 μg磷。

使用当天配制。

3.14 酚酞，10 g/L溶液；0.5 g酚酞溶于50 mL 95%的乙醇中。

4 仪器

实验室常用仪器设备和下列仪器。

4.1 医用手提式蒸气消毒器或一般压力锅（1.1～1.4 kg/cm²）。

4.2 50 mL具塞（磨口）刻度管。

4.3 分光光度计。

注：所有玻璃器皿均应用稀盐酸或稀硝酸浸泡。

5 采样和样品

5.1 采取500 mL水样后加入1 mL硫酸（3.1）调节样品的pH值，使之低于或等于1，或不加任何试剂于冷处保存。

注：含磷量较少的水样不要用塑料瓶采样，因磷酸盐易吸附在塑料瓶壁上。

5.2 试样的制备：

取25 mL样品（5.1）于具塞刻度管中（4.2）。取时应仔细摇匀，以得到溶解部分和悬浮部分均具有代表性的试样。如样品中含磷浓度较高，试样体积可以减少。

6 分析步骤

6.1 空白试验

按（6.2）的规定进行空白试验，用水代替试样，并加入与测定时相同体积的试剂。

6.2 测定

6.2.1 消解

6.2.1.1 过硫酸钾消解：向（5.2）试样中加4 mL过硫酸钾（3.8），将具塞刻度管的盖塞紧后，用一小块布和线将玻璃塞扎紧（或用其他方法定），放在大烧杯中，置于高压蒸气消毒器（4.1）中加热，待压力1.1 kg/cm²，相应温度为120℃时，保持30 min后停止加热。待压力表读数降至零后取出放冷。然后用水稀释至标线。

注：如用硫酸保存水样。当用过硫酸钾消解时，需先将试样调至中性。

6.2.1.2 硝酸—高氯酸消解：取25 mL试样（5.1）于锥形瓶中，加数粒玻璃珠，加2 mL硝酸（3.2）在电热板上加热浓缩至10 mL。冷后加5 mL硝酸（3.2），再加热浓缩至10 mL，放冷。加3 mL高氯酸（3.3），加热至高氯酸冒白烟，此时可在锥形瓶上加小漏斗或调节电热板温度，使消解液在锥形瓶内壁保持回流状态，直至剩下3～4 mL，放冷。

加水10 mL，加1滴酚酞指示剂（3.14）。滴加氢氧化钠溶液（3.6或3.7）至刚呈微红色，再滴加硫酸溶液（3.5）使微红刚好退去，充分混匀。移至具塞刻度管中（4.2），用水稀释至标线。

质控样品主要成分是乙氨酸（NH_2CH_2COOH）和甘油磷酸钠（$C_3H_7Na_2O_4P \cdot 2.5H_2O$）

注：a 用硝酸—高氯酸消解需要在通风橱中进行。高氯酸和有机物的混合物经加热易发生危险，需将试样先用硝酸消解，然后再加入硝酸—高氯酸消解。

b 绝不可把消解的试样蒸干。

c 如消解后有残渣时，用滤纸过滤于具塞刻度管中，并用水充分清洗锥形瓶及滤纸，一并移到具塞刻度管中。

d 水样中的有机物用过硫酸钾氧化不能完全破坏时，可用此法消解。

6.2.2　发色

分别向各份消解液中加入 1 mL 抗坏血酸溶液（3.9）混匀，30 s 后加 2 mL 钼酸盐溶液（3.10）充分混匀。

注：a 如试样中含有浊度或色度时，需配制一个空白试样（消解后用水稀释至标线），然后向试料中加入 3 mL 浊度—色度补偿液（3.11），但不加抗坏血酸溶液和钼酸盐溶液。然后从试料的吸光度中扣除空白试料的吸光度。

b 砷大于 2 mg/L 干扰测定，用硫代硫酸钠去除。硫化物大于 2 mg/L 干扰测定，通氮气去除。铬大于 50 mg/L 干扰测定，用亚硫酸钠去除。

6.2.3　分光光度测量

室温下放置 15 min 后，使用光程为 30 mm 比色皿，在 700 nm 波长下，以水做参比，测定吸光度，扣除空白试验的吸光度后，从工作曲线（6.2.4）上查得磷的含量。

注：如显色时室温低于 13℃，可在 20~30℃ 水浴上显色 15 min 即可。

6.2.4　工作曲线的绘制

取 7 支具塞刻度锌（4.2）分别加入 0.0，0.50，1.00，3.00，5.00，10.0，15.0 mL 磷酸盐标准溶液（3.14）。加水至 25 mL。然后按测定步骤（6.2）进行处理。以水做参比，测定吸光度。扣除空白试验的吸光度后，和对应的磷的含量绘制工作曲线。

7　结果的表示

总磷含量以 C（mg/L）表示，按下式计算：

$$C = \frac{m}{V} \tag{2}$$

式中：m——试样测得含磷量，μg；

$\quad\quad V$——测定用试样体积，mL。

8　精密度与准确度

8.1　13 个实验室测定（采用 6.2.1.1 消解）含磷 2.06 mg/L 的统一样品

8.1.1　重复性

实验室内相对标准偏差为 0.75%。

8.1.2　再现性

实验室间相对标准偏差为 1.5%。

8.1.3　准确度

相对误差为＋1.9%。

8.2　6 个实验室测定（采用 6.2.1.2 消解）含磷量 2.06 mg/L 的统一样品

8.2.1　重复性

实验室内相对标准偏差为 1.4%。

8.2.2　再现性

实验室间相对标准偏差为 1.4%。

8.2.3　准确度

相对误差为 1.9%。

六、化学需氧量（COD）（重铬酸盐法）（BG 11914—89）

1 主题内容与应用范围

本标准规定了水中化学需氧量的测定方法。

本标准适用于各种类型的含COD值大于30 mg/L的水样，对未经稀释的水样的测定上限为700 mg/L。

本标准不适用于含氯化物浓度大于1 000 mg/L（稀释后）的含盐水。

2 定义

在一定条件下，经重铬酸钾氧化处理时，水样中的溶解性物质和悬浮物所消耗的重铬酸盐相对应的氧的质量浓度。

3 原理

在水样中加入已知量的重铬酸钾溶液，并在强酸介质下以银盐做催化剂，经沸腾回流后，以试亚铁灵为指示剂，用硫酸亚铁铵滴定水样中未被还原的重铬酸钾，由消耗的硫酸亚铁铵的量换算成消耗氧的质量浓度。

在酸性重铬酸钾条件下，芳烃及嘧啶难以被氧化，其氧化率较低。在硫酸银催化作用下，直链脂族化合物可有效地被氧化。

4 试剂

除非另有说明，实验时所用试剂均为符合国家标准的分析纯试剂，试验用水均为蒸馏水或同等纯度的水。

4.1 硫酸银（Ag_2SO_4），化学纯

4.2 硫酸汞（$HgSO_4$），化学纯

4.3 硫酸（H_2SO_4），ρ=1.84 g/mL

4.4 硫酸银—硫酸试剂：向1 L硫酸（4.3）中加入10 g硫酸银（4.1）放置1~2天使之溶解，并摇匀，使用前小心摇动。

4.5 重铬酸钾标准溶液

4.5.1 浓度为C（$\frac{1}{6}$ $K_2Cr_2O_7$）=0.250 mol/L的重铬酸钾标准溶液：将12.258 g在105℃干燥2 h后的重铬酸钾溶于水中，稀释至1 000 mL。

4.5.2 浓度为C（$\frac{1}{2}$ $K_2Cr_2O_7$）=0.025 0 mol/L的重铬酸钾标准溶液：将4.5.1条的溶液稀释10倍而成。

4.6 硫酸亚铁铵标准滴定溶液

4.6.1 浓度为C（$(NH_4)_2Fe(SO_4)_2 \cdot 6H_2O$）≈0.10 mol/L的硫酸亚铁铵标准滴定溶液：溶解39 g硫酸亚铁铵$[(NH_4)_2Fe(SO_4)_2 \cdot 6H_2O]$于水中，加入20 mL硫酸（4.3），待其溶液冷却后稀释至1 000 mL。

4.6.2 每日临用前，必须用重铬酸钾标准溶液（4.5.1）准确标定此溶液（4.6.1）的浓度。取10.00 mL重铬酸钾标准溶液（4.5.1）置于锥形瓶中，用水稀释至约100 mL，加入30 mL硫酸（4.3），混匀，冷却后，加3滴（约0.15 mL）试亚铁灵指示剂（4.7），用硫酸亚铁铵（4.6.1）滴定溶液的颜色由黄色经蓝绿色变成红褐色，即为终点。记录下

硫酸亚铁铵的消耗量（mL）。

4.6.3　硫酸亚铁铵标准滴定溶液浓度的计算：

$$C_{[(NH_4)_2Fe(SO_4)_2\cdot 6H_2O]}=（10.00\times0.250）/V=2.50/V$$

式中：V——滴定时消耗硫酸亚铁铵溶液的毫升数。

4.6.4　浓度为 $C_{[(NH_4)_2Fe(SO_4)_2\cdot 6H_2O]}\approx$ 0.010 mol/L 的硫酸亚铁铵标准滴定溶液：将4.6.1条的溶液稀释10倍，用重铬酸钾标准溶液（4.5.2）标定，其滴定步骤及浓度计算分别与4.6.2条及4.6.3条雷同。

4.7　邻苯二甲酸氢钾标准溶液：$C_{(KC_8H_5O_4)}=2.082\ 4\ m\ mol/L$：称取105℃时干燥2 h的邻苯二甲酸氢钾（HOOCC₆H₄COOK）0.425 1 g溶于水，并稀释至1 000 mL，混匀。以重铬酸钾为氧化剂，将邻苯二甲酸氢钾完全氧化的COD值为1.176 g氧/克（指1 g邻苯二甲酸氢钾耗氧1.176 g），故该标准溶液的理论COD值为500 mg/L。

4.8　1，10-菲绕啉（1, 10-phenanathroline monohydrate）指示剂溶液：溶解0.7 g七水合硫酸亚铁（FeSO₄·7H₂O）于50 mL的水中，加入1.5 g1，10-菲绕啉，搅动至溶解，加水稀释至100 mL。

4.9　防爆沸玻璃珠。

5　仪器

常用实验室仪器和下列仪器。

5.1　回流装置

带有24号标准磨口的250 mL锥形瓶的全玻璃回流装置。回流冷凝管长度为300～500 mm。若取样量在30 mL以上，可采用带500 mL锥形瓶全玻璃回流装置。

5.2　加热装置

5.3　25 mL或50 mL酸式滴定管。

6　采样和样品

6.1　采样

水样要采集于玻璃瓶中，应尽快分析。如不能立即分析时，应加入硫酸（4.3）至pH<2，置4℃下保存。但保存时间不多于5天。采集水样的体积不得少于100 mL。

6.2　试料的准备

将试样充分摇匀，取出20.0 mL作为试料。

7　步骤

7.1　对于COD值小于50 mg/L的水样，应采用低浓度的重铬酸钾标准溶液（4.5.2）氧化，加热回流以后，采用低浓度的硫酸亚铁铵标准溶液（4.6.4）回滴。

7.2　该方法对未经稀释的水样其测上限为700 mg/L，超过此限时必须经稀释后测定。

7.3　对于污染严重的水样，可选取所需体积1/10的试料和1/10的试剂放入10×150 mm硬质玻璃管中，摇匀后，用酒精灯加热至沸数分钟，观察溶液是否变成蓝绿色。如呈蓝绿色，应再适当少取试料，重复以上试验，直至溶液不变蓝绿色为止。从而确定待测水样适当的稀释倍数。

7.4　取试料（6.2）于锥形瓶中，或取适量试料加水至20.0 mL。

7.5　空白试验：按相同步骤以20.0 mL水代替试料进行空白试验，其余试剂和试料测定（7.8）相同，记录下空白滴定时消耗硫酸亚铁铵标准溶液的毫升数V₁。

7.6 校核试验：按测定试料（7.8）提供的方法分析20.0 mL邻苯二甲酸氢钾标准溶液（4.7）的COD值，用以检验操作技术及试剂纯度。

该溶液的理论COD值为500 mg/L，如果校核试验的结果大于该值的96%，即可认为实验步骤基本上是适宜的，否则，必须寻找失败的原因，重复实验，使之达到要求。

7.7 去干扰试验：无机还原性物质如亚硝酸盐、硫化物及二价铁盐将使结果增加，将其需氧量作为水样COD值的一部分是可以接受的。

该实验的主要干扰物为氯化物，可加入硫酸汞（4.2）部分地除去，经回流后，氯离子可与硫酸汞结合成可溶性的氯汞络合物。

当氯离子含量超过1 000 mg/L时，COD的最低允许值为250 mg/L，低于此值结果的准确度就不可靠。

7.8 水样的测定：于试料（7.4）中加入10.0 mL重铬酸钾标准溶液（4.5.1）和几颗防爆沸玻璃珠（4.9）摇匀。

将锥形瓶接到回流装置（5.1）冷凝管下端，接通冷凝水。从冷凝管上端缓慢加入30 mL硫酸银—硫酸试剂（4.4），以防止低沸点有机物的逸出，不断旋动锥形瓶使之混合均匀。自溶液开始沸腾起回流2小时。

冷却后，用20~30 mL水自冷凝管上端冲洗冷凝管后，取下锥形瓶，再用水稀释至140 mL左右。

溶液冷却至室温后，加入3滴1，10菲绕啉指示剂溶液（4.8），用硫酸亚铁铵标准滴定溶液（4.6）滴定，溶液的颜色由黄色经蓝绿色变为红褐色即为终点。记下硫酸亚铁铵标准滴定溶液的消耗毫升数V_2。

7.9 在特殊情况下，需要测定的试料在10.0 mL到50.0 mL之间，试剂的体积或重量要按附表1-4作相应的调整。

附表1-4　不同取样量采用的试剂用量

样品量/mL	$0.250NK_2Cr_2O_7$ /mL	$Ag_2SO_4-H_2SO_4$ /mL	$HgSO_4$ /g	$(NH_4)_2Fe(SO_4)_2 \cdot 6H_2O$ /(mol/L)	滴定前体积 /mL
10.0	5.0	15	0.2	0.05	70
20.0	10.0	30	0.4	0.10	140
30.0	15.0	45	0.6	0.15	210
40.0	20.0	60	0.8	0.20	280
50.0	25.0	75	1.0	0.25	350

8 结果表示

8.1 计算方法

以mg/L计的水化学需氧量的计算公式如下：

$$COD=(mg/L)=\frac{C(V_1-V_2)\times 8\ 000}{V_0}$$

式中：C——硫酸亚铁铵标准滴定溶液（4.6）的浓度，mol/L；

　　　V_1——空白试验（7.4）所消耗的硫酸亚铁铵标准滴定溶液的体积，mL；

V_2——试料测定（7.8）所消耗的硫酸亚铁铵标准滴定溶液的体积，mL；

V_0——试料的体积，mL；

8 000——$\dfrac{1}{4}O_2$ 的摩尔质量以 mg/L 为单位的换算值。

测定结果一般保留三位有效数字，对 COD 值小的水样（7.1），当计算出 COD 值小于 10 mg／L 时，应表示为 "COD<10 mg/L"。

8.2　精密度

8.2.1　标准溶液测定的精密度

40 个不同的实验室测定 COD 值为 500 mg/L 的邻苯二甲酸氢钾（4.7）标准溶液，其标准偏差为 20 mg/L，相对标准偏差为 4.0%。

8.2.2 工业废水测定的精密度（见附表 1-5）

附表1-5　工业废水 COD 测定的精密度

工业废水类型	参加验证的实验室个数	COD 均值，/（mg/L）	实验室内相对标准偏差/%	实验室间相对标准偏差/%	实验室间总相对标准偏差/%
有机废水	5	70.1	3.0	8.0	8.5
石化废水	8	398	1.8	3.8	4.2
染料废水	6	603	0.7	2.3	2.4
印染废水	8	284	1.3	1.8	2.3
制药废水	6	517	0.9	3.2	3.3
皮革废水	9	691	1.5	3.0	3.4

七、五日生化需氧量（BOD_5）（稀释与接种法）

HJ 505—2009，代替 GB/T 7488—1987；2009‑10‑20 发布，2009‑12‑01 实施

警告：丙烯基硫脲属于有毒化合物，操作时应按规定要求佩戴防护器具，避免接触皮肤和衣服；标准溶液的配制应在通风橱内进行操作；检测后的残渣残液应做妥善的安全处理。

1　适用范围

本标准规定了测定水中五日生化需氧量（BOD_5）的稀释与接种的方法。

本标准适用于地表水、工业废水和生活污水中五日生化需氧量（BOD_5）的测定。

方法的检出限为 0.5 mg/L，方法的测定下限为 2 mg/L，非稀释法和非稀释接种法的测定上限为 6 mg/L，稀释与稀释接种法的测定上限为 6 000 mg/L。

2　规范性引用文件

本标准内容引用了下列文件中的条款。凡是不注日期的引用文件，其有效版本适用于本标准。

GB/T 6682　分析实验室用水规格和试验方法

GB/T 7489　水质　溶解氧的测定　碘量法

GB/T 11913 水质 溶解氧的测定 电化学探头法

HJ/T 91 地表水和污水监测技术规范

3 方法原理

生化需氧量是指在规定的条件下，微生物分解水中的某些可氧化的物质，特别是分解有机物的生物化学过程消耗的溶解氧。通常情况下是指水样充满完全密闭的溶解氧瓶中，在（20±1）℃的暗处培养 5 d±4 h 或（2+5）d±4 h［先在 0～4℃的暗处培养 2 d，接着在（20±1）℃的暗处培养 5 d，即培养（2+5）d］，分别测定培养前后水样中溶解氧的质量浓度，由培养前后溶解氧的质量浓度之差，计算每升样品消耗的溶解氧量，以 BOD_5 形式表示。

若样品中的有机物含量较多，BOD_5 的质量浓度大于 6 mg/L，样品需适当稀释后测定；对不含或含微生物少的工业废水，如酸性废水、碱性废水、高温废水、冷冻保存的废水或经过氯化处理等的废水，在测定 BOD_5 时应进行接种，以引进能分解废水中有机物的微生物。当废水中存在难以被一般生活污水中的微生物以正常的速度降解的有机物或含有剧毒物质时，应将驯化后的微生物引入水样中进行接种。

4 试剂和材料

本标准所用试剂除非另有说明，分析时均使用符合国家标准的分析纯化学试剂。

4.1 水：实验用水为符合 GB/T 6682 规定的 3 级蒸馏水，且水中铜离子的质量浓度不大于 0.01 mg/L，不含有氯或氯胺等物质。

4.2 接种液：可购买接种微生物用的接种物质，接种液的配制和使用按说明书的要求操作。也可按以下方法获得接种液。

4.2.1 未受工业废水污染的生活污水：化学需氧量不大于 300 mg/L，总有机碳不大于 100 mg/L。

4.2.2 含有城镇污水的河水或湖水。

4.2.3 污水处理厂的出水。

4.2.4 分析含有难降解物质的工业废水时，在其排污口下游适当处取水样作为废水的驯化接种液。也可取中和或经适当稀释后的废水进行连续曝气，每天加入少量该种废水，同时加入少量生活污水，使适应该种废水的微生物大量繁殖。当水中出现大量的絮状物时，表明微生物已繁殖，可用作接种液。一般驯化过程需 3～8 d。

4.3 盐溶液

4.3.1 磷酸盐缓冲溶液：将 8.5 g 磷酸二氢钾（KH_2PO_4）、21.8 g 磷酸氢二钾（K_2HPO_4）、33.4 g 七水合磷酸氢二钠（$Na_2HPO_4 \cdot 7H_2O$）和 1.7 g 氯化铵（NH_4Cl）溶于水中，稀释至 1 000 mL，此溶液在 0～4℃可稳定保存 6 个月。此溶液的 pH 值为 7.2。

4.3.2 硫酸镁溶液，$\rho(MgSO_4) = 11.0$ g/L：将 22.5 g 七水合硫酸镁（$MgSO_4 \cdot 7H_2O$）溶于水中，稀释至 1 000 mL，此溶液在 0～4℃可稳定保存 6 个月，若发现任何沉淀或微生物生长应弃去。

4.3.3 氯化钙溶液，$\rho(CaCl_2) = 27.6$ g/L：将 27.6 g 无水氯化钙（$CaCl_2$）溶于水中，稀释至 1 000 mL，此溶液在 0～4℃可稳定保存 6 个月，若发现任何沉淀或微生物生长应弃去。

4.3.4 氯化铁溶液，$\rho(FeCl_3) = 0.15$ g/L：将 0.25 g 六水合氯化铁（$FeCl_3 \cdot 6H_2O$）

溶于水中，稀释至 1 000 mL，此溶液在 0～4℃可稳定保存 6 个月，若发现任何沉淀或微生物生长应弃去。

4.4　稀释水：在 5～20 L 的玻璃瓶中加入一定量的水，控制水温在（20±1）℃，用曝气装置（5.9）至少曝气 1 h，使稀释水中的溶解氧达到 8 mg/L 以上。使用前每升水中加入上述四种盐溶液（4.3）各 1.0 mL，混匀，20℃保存。在曝气的过程中防止污染，特别是防止带入有机物、金属、氧化物或还原物。

稀释水中氧的质量浓度不能过饱和，使用前需开口放置 1 h，且应在 24 h 内使用。剩余的稀释水应弃去。

4.5　接种稀释水：根据接种液的来源不同，每升稀释水（4.4）中加入适量接种液（4.2）：城市生活污水和污水处理厂出水加 1～10 mL，河水或湖水加 10～100 mL，将接种稀释水存放在（20±1）℃的环境中，当天配制当天使用。接种的稀释水 pH 值为 7.2，BOD_5 应小于 1.5 mg/L。

4.6　盐酸溶液，$C(HCl)=0.5$ mol/L：将 40 mL 浓盐酸（HCl）溶于水中，稀释至 1 000 mL。

4.7　氢氧化钠溶液，$C(NaOH)=0.5$ mol/L：将 20 g 氢氧化钠溶于水中，稀释至 1 000 mL。

4.8　亚硫酸钠溶液，$C(Na_2SO_3)=0.025$ mol/L：将 1.575 g 亚硫酸钠（Na_2SO_3）溶于水中，稀释至 1 000 mL。此溶液不稳定，需现用现配。

4.9　葡萄糖—谷氨酸标准溶液：将葡萄糖（$C_6H_{12}O_6$，优级纯）和谷氨酸（HOOC－CH_2－CH_2－CHNH$_2$－COOH，优级纯）在 130℃干燥 1 h，各称取 150 mg 溶于水中，在 1 000 mL 容量瓶中稀释至标线。此溶液的 BOD_5 为（210±20）mg/L，现用现配。该溶液也可少量冷冻保存，融化后立刻使用。

4.10　丙烯基硫脲硝化抑制剂，$\rho(C_4H_8N_2S)=1.0$ g/L：溶解 0.20 g 丙烯基硫脲（$C_4H_8N_2S$）于 200 mL 水中混合，4℃保存，此溶液可稳定保存 14 d。

4.11　乙酸溶液，1+1。

4.12　碘化钾溶液，$\rho(KI)=100$ g/L：将 10 g 碘化钾（KI）溶于水中，稀释至 100 mL。

4.13　淀粉溶液，$\rho=5$ g/L：将 0.50 g 淀粉溶于水中，稀释至 100 mL。

5　仪器和设备

本标准除非另有说明，分析时均使用符合国家 A 级标准的玻璃量器。本标准使用的玻璃仪器须清洁、无毒性和可生化降解的物质。

5.1　滤膜：孔径为 1.6 μm。

5.2　溶解氧瓶：带水封装置，容积 250～300 mL。

5.3　稀释容器：1 000～2 000 mL 的量筒或容量瓶。

5.4　虹吸管：供分取水样或添加稀释水。

5.5　溶解氧测定仪。

5.6　冷藏箱：0～4℃。

5.7　冰箱：有冷冻和冷藏功能。

5.8　带风扇的恒温培养箱：（20±1）℃。

5.9　曝气装置：多通道空气泵或其他曝气装置；曝气可能带来有机物、氧化剂和金属，导致空气污染，如有污染，空气应过滤清洗。

6 样品

6.1 采集与保存

样品采集按照HJ/T 91的相关规定执行。

采集的样品应充满并密封于棕色玻璃瓶中，样品量不小于1 000 mL，在0~4℃的暗处运输和保存，并于24 h内尽快分析。24 h内不能分析，可冷冻保存（冷冻保存时避免样品瓶破裂），冷冻样品分析前需解冻、均质化和接种。

6.2 样品的前处理

6.2.1 pH值调节

若样品或稀释后样品pH值不在6~8范围内，应用盐酸溶液（4.6）或氢氧化钠溶液（4.7）调节其pH值至6~8。

6.2.2 余氯和结合氯的去除

若样品中含有少量余氯，一般在采样后放置1~2 h，游离氯即可消失。对在短时间内不能消失的余氯，可加入适量亚硫酸钠溶液去除样品中存在的余氯和结合氯，加入的亚硫酸钠溶液的量由下述方法确定。

取已中和好的水样100 mL，加入乙酸溶液（4.11）10 mL、碘化钾溶液（4.12）1 mL，混匀，暗处静置5 min。用亚硫酸钠溶液滴定析出的碘至淡黄色，加入1 mL淀粉溶液（4.13）呈蓝色。再继续滴定至蓝色刚刚褪去，即为终点，记录所用亚硫酸钠溶液体积，由亚硫酸钠溶液消耗的体积计算出水样中应加亚硫酸钠溶液的体积。

6.2.3 样品均质化

含有大量颗粒物、需要较大稀释倍数的样品或经冷冻保存的样品，测定前均需将样品搅拌均匀。

6.2.4 样品中有藻类

若样品中有大量藻类存在，BOD_5的测定结果会偏高。当分析结果精度要求较高时，测定前应用滤孔为1.6 μm的滤膜（5.1）过滤，检测报告中注明滤膜滤孔的大小。

6.2.5 含盐量低的样品

若样品含盐量低，非稀释样品的电导率小于125 μS/cm时，需加入适量相同体积的4种盐溶液（4.3），使样品的电导率大于125 μS/cm。每升样品中至少需加入各种盐的体积V按式（1）计算：

$$V = (\Delta K - 12.8)/113.6 \qquad (1)$$

式中：V——需加入各种盐的体积，mL；

ΔK——样品需要提高的电导率值，μS/cm。

7 分析步骤

7.1 非稀释法

非稀释法分为两种情况：非稀释法和非稀释接种法。

如样品中的有机物含量较少，BOD_5的质量浓度不大于6 mg/L，且样品中有足够的微生物，用非稀释法测定。若样品中的有机物含量较少，BOD_5的质量浓度不大于6 mg/L，但样品中无足够的微生物，如酸性废水、碱性废水、高温废水、冷冻保存的废水或经过氯化处理等的废水，采用非稀释接种法测定。

7.1.1 试样的准备

7.1.1.1 待测试样

测定前待测试样的温度达到（20±2）℃，若样品中溶解氧浓度低，需要用曝气装置（5.9）曝气15 min，充分振摇赶走样品中残留的空气泡；若样品中氧过饱和，将容器2/3体积充满样品，用力振荡赶出过饱和氧，然后根据试样中微生物含量情况确定测定方法。非稀释法可直接取样测定；非稀释接种法，每升试样中加入适量的接种液（4.2），待测定。若试样中含有硝化细菌，有可能发生硝化反应，需在每升试样中加入2 mL丙烯基硫脲硝化抑制剂（4.10）。

7.1.1.2 空白试样

非稀释接种法，每升稀释水中加入与试样中相同量的接种液（4.2）作为空白试样，需要时每升试样中加入2 mL丙烯基硫脲硝化抑制剂（4.10）。

7.1.2 试样的测定

7.1.2.1 碘量法测定试样中的溶解氧

将试样（7.1.1.1）充满两个溶解氧瓶（5.2）中，使试样少量溢出，防止试样中的溶解氧质量浓度改变，使瓶中存在的气泡靠瓶壁排出。将一瓶盖上瓶盖，加上水封，在瓶盖外罩上一个密封罩，防止培养期间水封水蒸发干，在恒温培养箱（5.8）中培养5 d±4 h或（2+5）d±4 h后，测定试样中溶解氧的质量浓度。另一瓶15 min后测定试样在培养前溶解氧的质量浓度。溶解氧的测定按GB/T 7489进行操作。

7.1.2.2 电化学探头法测定试样中的溶解氧

将试样（7.1.1.1）充满一个溶解氧瓶（5.2）中，使试样少量溢出，防止试样中的溶解氧质量浓度改变，使瓶中存在的气泡靠瓶壁排出。测定培养前试样中的溶解氧的质量浓度。

盖上瓶盖，防止样品中残留气泡，加上水封，在瓶盖外罩上一个密封罩，防止培养期间水封水蒸发干。将试样瓶放入恒温培养箱（5.8）中培养5 d±4 h或（2+5）d±4 h。测定培养后试样中溶解氧的质量浓度。

溶解氧的测定按GB/T 11913进行操作。

空白试样的测定方法同7.1.2.1或7.1.2.2。

7.2 稀释与接种法

稀释与接种法分为两种情况：稀释法和稀释接种法。

若试样中的有机物含量较多，BOD_5的质量浓度大于6 mg/L，且样品中有足够的微生物，采用稀释法测定；若试样中的有机物含量较多，BOD_5的质量浓度大于6 mg/L，但试样中无足够的微生物，采用稀释接种法测定。

7.2.1 试样的准备

7.2.1.1 待测试样

待测试样的温度达到（20±2）℃，若试样中溶解氧浓度低，需要用曝气装置（5.9）曝气15 min，充分振摇赶走样品中残留的气泡；若样品中氧过饱和，将容器的2/3体积充满样品，用力振荡赶出过饱和氧，然后根据试样中微生物含量情况确定测定方法。稀释法测定，稀释倍数按表1和表2方法确定，然后用稀释水（4.4）稀释。稀释接种法测定，用接种稀释水（4.5）稀释样品。若样品中含有硝化细菌，有可能发生硝化反应，需在每升试样培养液中加入 2 mL 丙烯基硫脲硝化抑制剂（4.10）。

稀释倍数的确定：样品稀释的程度应使消耗的溶解氧质量浓度不小于 2 mg/L，培养后样品中剩余溶解氧质量浓度不小于 2 mg/L，且试样中剩余的溶解氧的质量浓度为开始浓度的 1/3~2/3 为最佳。

稀释倍数可根据样品的总有机碳（TOC）、高锰酸盐指数（I_{Mn}）或化学需氧量（COD_{Cr}）的测定值，按照附表 1-6 列出的 BOD_5 与总有机碳（TOC）、高锰酸盐指数（I_{Mn}）或化学需氧量（COD_{Cr}）的比值 R 估计 BOD_5 的期望值（R 与样品的类型有关），再根据附表 1-7 确定稀释因子。当不能准确地选择稀释倍数时，一个样品做 2~3 个不同的稀释倍数。

附表 1-6　典型的比值 R

水样的类型	总有机碳 R（BOD_5/TOC）	高锰酸盐指数 R（BOD_5/I_{Mn}）	化学需氧量 R（BOD_5/COD_{Cr}）
未处理的废水	1.2~2.8	1.2~1.5	0.35~0.65
生化处理的废水	0.3~1.0	0.5~1.2	0.20~0.35

由附表 1-6 中选择适当的 R 值，按式（2）计算 BOD_5 的期望值：

$$\rho = R \times Y \tag{2}$$

式中：ρ——五日生化需氧量浓度的期望值，mg/L；

Y——总有机碳（TOC）、高锰酸盐指数（I_{Mn}）或化学需氧量（COD_{Cr}）的值，mg/L。

由估算出的 BOD_5 的期望值，按附表 1-7 确定样品的稀释倍数。

附表 1-7　BOD_5 测定的稀释倍数

BOD_5 的期望值 /（mg/L）	稀释倍数	水样类型
6~12	2	河水，生物净化的城市污水
10~30	5	河水，生物净化的城市污水
20~60	10	生物净化的城市污水
40~120	20	澄清的城市污水或轻度污染的工业废水
100~300	50	轻度污染的工业废水或原城市污水
200~600	100	轻度污染的工业废水或原城市污水
400~1 200	200	重度污染的工业废水或原城市污水
1 000~3 000	500	重度污染的工业废水
2 000~6 000	1 000	重度污染的工业废水

按照确定的稀释倍数，将一定体积的试样或处理后的试样用虹吸管（5.4）加入已加部分稀释水或接种稀释水的稀释容器中（5.3），加稀释水或接种稀释水至刻度，轻轻混合避免残留气泡，待测定。若稀释倍数超过 100 倍，可进行两步或多步稀释。

若试样中有微生物毒性物质，应配制几个不同稀释倍数的试样，选择与稀释倍数无关的结果，并取其平均值。试样测定结果与稀释倍数的关系确定如下：

当分析结果精度要求较高或存在微生物毒性物质时，一个试样要做两个以上不同的稀释倍数，每个试样、每个稀释倍数做平行双样同时进行培养。测定培养过程中每瓶试样氧的消耗量，并画出氧消耗量对每一稀释倍数试样中原样品的体积曲线。

若此曲线呈线性，则此试样中不含有任何抑制微生物的物质，即样品的测定结果与稀释倍数无关；若曲线仅在低浓度范围内呈线性，取线性范围内稀释比的试样测定结果计算平均BOD_5值。

7.2.1.2 空白试样

稀释法测定，空白试样为稀释水（4.4），需要时每升稀释水中加入2 mL丙烯基硫脲硝化抑制剂（4.10）。

稀释接种法测定，空白试样为接种稀释水（4.5），必要时每升接种稀释水中加入2 mL丙烯基硫脲硝化抑制剂（4.10）。

7.2.2 试样的测定

试样和空白试样的测定方法同7.1.2.1或7.1.2.2。

8 结果计算

8.1 非稀释法

非稀释法按式（3）计算样品BOD_5的测定结果：

$$P = P_1 - P_2 \tag{3}$$

式中：P ——五日生化需氧量质量浓度，mg/L；

P_1——水样在培养前的溶解氧质量浓度，mg/L；

P_2——水样在培养后的溶解氧质量浓度，mg/L。

8.2 非稀释接种法

非稀释接种法按式（4）计算样品BOD_5的测定结果：

$$P = (P_1 - P_2) - (P_3 - P_4) \tag{4}$$

式中：P ——五日生化需氧量质量浓度，mg/L；

P_1——接种水样在培养前的溶解氧质量浓度，mg/L；

P_2——接种水样在培养后的溶解氧质量浓度，mg/L；

P_3——空白试样在培养前的溶解氧质量浓度，mg/L；

P_4——空白试样在培养后的溶解氧质量浓度，mg/L。

8.3 稀释与接种法

稀释法与稀释接种法按式（5）计算样品BOD_5的测定结果：

$$P = \frac{(P_1 - P_2) - (P_3 - P_4) f_1}{f_2} \tag{5}$$

式中：P ——五日生化需氧量质量浓度，mg/L；

P_1——接种稀释水样在培养前的溶解氧质量浓度，mg/L；

P_2——接种稀释水样在培养后的溶解氧质量浓度，mg/L；

P_3——空白试样在培养前的溶解氧质量浓度，mg/L；

P_4——空白试样在培养后的溶解氧质量浓度，mg/L；

f_1——接种稀释水或稀释水在培养液中所占的比例；

f_2——原样品在培养液中所占的比例。

BOD_5测定结果以氧的质量浓度（mg/L）报出。对稀释与接种法，如果有几个稀释倍数的结果满足要求，结果取这些稀释倍数结果的平均值。结果小于100 mg/L，保留一位小数；100~1 000 mg/L，取整数位；大于1 000 mg/L以科学计数法报出。结果报告中应注明：样品是否经过过滤、冷冻或均质化处理。

9 质量保证和质量控制

9.1 空白试样

每一批样品做两个分析空白试样，稀释法空白试样的测定结果不能超过0.5 mg/L，非稀释接种法和稀释接种法空白试样的测定结果不能超过1.5 mg/L，否则应检查可能的污染来源。

9.2 接种液、稀释水质量的检查

每一批样品要求做一个标准样品，样品的配制方法如下：取20 mL葡萄糖－谷氨酸标准溶液（4.9）于稀释容器中，用接种稀释水（4.5）稀释至1 000 mL，测定BOD_5，结果应在180~230 mg/L范围内，否则应检查接种液、稀释水的质量。

9.3 平行样品

每一批样品至少做一组平行样，计算相对百分偏差RP。当BOD_5小于3 mg/L时，RP值应≤ ±15%；当BOD_5为3~100 mg/L时，RP值应≤ ±20%；当BOD_5大于100 mg/L时，RP值应≤ ±25%。计算公式如下：

$$RP = \frac{P_1 - P_2}{P_1 + P_2} \times 100\% \tag{6}$$

式中：RP——相对百分偏差，%；

P_1——第一个样品BOD_5的质量浓度，mg/L；

P_2——第二个样品BOD_5的质量浓度，mg/L。

10 精密度和准确度

非稀释法实验室间的重现性标准偏差为0.10~0.22 mg/L，再现性标准偏差为0.26~0.85 mg/L。稀释法和稀释接种法的对比测定结果重现性标准偏差为11 mg/L，再现性标准偏差为3.7~22 mg/L。

八、pH值（玻璃电极法）（GB 6920—86）

1 适用范围

1.1 本方法适用于饮用水、地面水及工业废水pH值的测定。

1.2 水的颜色、浊度、胶体物质、权化剂、还原剂及较高含盐量均不干扰测定，但在pH小于1的强酸性溶液中，会有所谓酸误差，可按酸度测定；在pH大于10的碱性溶液中，因有大量钠离子存在，产生误差，使读数偏低，通常称为钠差。消除钠差的方法，除了使用特制的低钠差电极外，还可以选用与被测溶液的pH值相近似的标准缓冲溶液对仪器进行校正。

温度影响电极的电位和水的电离平衡。须注意调节仪器的补偿装置与溶液的温度一致，并使被测样品与校正仪器用的标准缓冲溶液温度误差在±1℃之内。

2　定义

pH是从操作上定义的。对于溶液X，测出伽伐尼电池的电动势E_x。将未知pH（X）的溶液X换成标准pH溶液S，同样测出电池的电动势E_s，则pH（X）=pH（S）+（E_s-E_x）F/（RTln10），因此，所定义的pH是无量纲的量。

pH没有理论上的意义，其定义为一种实用定义。但是在物质的量浓度小于0.1 mol dm³的稀薄水溶液有限范围，既非强酸性又非强碱性（2<pH<12）时，则根据定义，有：

$$pH=-\log_{10}\left[C(H)\,y/(mol\cdot dm^3)\right]\pm0.02$$

式中：$C(H)$——氢离子H的物质的量浓度；

　　　y——溶液中典型l-1价电解质的活度系数。

3　原理

pH值由测量电池的电动势而得。该电池通常由饱和甘汞电极为参比电级，玻璃电极为指示电极所组成。在25℃，溶液中每变化1个pH单位，电位差改变为59.16 mV，据此在仪器上直接以pH的读数表示。温度差异在仪器上有补偿装置。

4　试剂

4.1　标准缓冲溶液（简称标准溶液）的配制方法

4.1.1　试剂和蒸馏水的质量

4.1.1.1　在分析中，除非另作说明，均要求使用分析纯或优级纯试剂。购买经中国计量科学研究院检定合格的袋装pH标准物质时，可参照说明书使用。

4.1.1.2　配制标准溶液所用的蒸馏水应符台下列要求：煮沸并冷却、电导率小于2×10^6 S cm的蒸馏水，其pH值以6.7～7.3之间为宜。

注：电导的单位是西（门子）（Siemens），用符号"S"表示，1 S=1 Ω。

4.1.2　测量pH值时，按水样呈酸性、中性和碱性三种可能，常配制以下三种标准溶液：

4.1.2.1　pH标准溶液甲（pH 4.008，25℃）

称取先在110～130℃干燥2～3 h的邻苯二甲酸氢钾（$KHC_8H_4O_4$）10.12 g，溶于水并在容量瓶中稀释至1 L。

4.1.2.2　pH标准溶液乙（pH 6.865，25℃）

分别称取先在110～130℃干燥2～3 h的磷酸二氢钾（KH_2PO_4）3.388 g和磷酸氢二钾（$K_2H PO_4$）3.533 g，溶于水并在容量瓶中稀释至1 L。

4.1.2.3　pH标准溶液丙（pH 9.180，25℃）

为了使晶体具有一定的组成，应称取与饱和溴化钠（或氯化钠加蔗糖）溶液（室温）共同放置在干燥器中平衡两昼夜的硼砂（$Na_2B_4O_7\cdot10H_2O$）3.80 g，溶于水并在容量瓶中稀释至1 L。

4.2　当被测样品pH值过高或过低时，应参考附表1-8配制与其pH值相近似的标准溶液校正仪器。

附表 1-8　pH 标准溶液的制备

标准溶液中溶质的质量摩尔浓度/（mol/kg）	25℃的pH值	每100 mL 25℃水溶液所需药品重量
基本标准		
酒石酸氢钾（25℃饱和）	3.557	6.4 g KHC$_4$H$_4$O$_6$（大约溶解度）
0.05 m 柠檬酸二氢钾	3.776	11.4 g KH$_2$C$_6$H$_5$O$_7$
0.05 m 邻苯二甲酸氢钾	4.008	10.12 g KHC$_8$H$_4$O$_4$
0.025 m 磷酸二氢钾	6.865	3.388 g KH$_2$PO$_4$
0.025 m 磷酸氢二钠		3.533 g Na$_2$HPO$_4$
0.008695 磷酸二氢钾	7.413	1.179 g KH$_2$PO$_4$
0.03043 磷酸氢二钠		4.302 g Na$_2$H$_2$PO$_4$
0.01 m 硼砂	9.180	3.80 g Na$_2$B$_4$O$_7$ · 10H$_2$O
0.025 m 碳酸氢钠	10.012	2.092 g NaHCO$_3$
0.025 m 碳酸钠		2.640 g Na$_2$CO$_3$
辅助标准		
0.05 m 四草酸钾	11.679	12.61 g KH$_3$C$_4$O$_8$ · 2H$_2$O
氢氧化钙（25℃饱和）	12.454	1.5 g Ca(OH)$_2$

4.3　标准溶液的保存

4.3.1　标准溶液要在聚乙烯瓶或硬质玻璃瓶中密闭保存。

4.3.2　在室温条件下标准溶液一般以保存 1~2 个月为宜，当发现有浑浊、发霉或沉淀现象时，不能继续使用。

4.3.3　在 4℃冰箱内存放，且用过的标准溶液不允许再倒回去，这样可延长使用期限。

4.4　标准溶液的 pH 值随温度变化而稍有差异。一些常用标准溶液的 pH（S）值见附表 1-9。

附表 1-9　五种标准溶液的 pH（S）值

t/℃	A	B	C	D	E
0		4.003	6.984	7.534	9.464
5		3.999	6.951	7.500	9.395
10		3.998	6.923	7.472	9.332
15		3.999	6.900	7.448	9.276
20		4.002	6.881	7.429	9.225
25	3.557	4.008	6.865	7.413	9.180
30	3.552	4.015	6.853	7.400	9.139
35	3.549	4.024	6.844	7.389	9.102
38	3.548	4.030	6.840	7.384	9.081

续表

t/℃	A	B	C	D	E
40	3.547	4.035	6.838	7.380	9.068
45	3.547	4.047	6.834	7.373	9.038
50	3.549	4.060	6.833	7.367	9.011
55	3.554	4.075	6.834		8.985
60	3.560	4.091	6.836		8.962
70	3.580	4.126	6.845		8.921
80	3.609	4.164	6.859		8.885
90	3.650	4.205	6.877		8.850
95	3.674	4.227	6.886		8.833

这些标准溶液的组成是:

A: 酒石酸氢钾(25℃饱和);

B: 邻苯二甲酸氢钾, 0.05 mol/kg;

C: 磷酸二氢钾, 0.025 mol/kg;

磷酸氢二钠, 0.025 mol/kg;

D: 磷酸二氢钾, 0.008 695 mol/kg;

磷酸氢二钠, 0.030 43 mol/kg;

E: 硼砂, 0.01 mol/kg。

这里溶剂是水。

5　仪器

5.1　酸度计或离子浓度计

常规检验使用的仪器, 至少应当精确到0.1 pH单位, pH范围从0至14。

如有特殊需要, 应使用精度更高的仪器。

5.2　玻璃电极与甘汞电极

6　样品保存

最好现场测定。否则, 应在采样后把样品保持在0~4℃, 并在采样后6 h之内进行测定。

7　步骤

7.1　仪器校准: 操作程序按仪器使用说明书进行。先将水样与标准溶液调到同一温度, 记录测定温度, 并将仪器温度补偿旋钮调至该温度上。

用标准溶液校正仪器, 该标准溶液与水样pH相差不超过2个pH单位。从标准溶液中取出电极, 彻底冲洗并用滤纸吸干。再将电极浸入第二个标准溶液中, 其pH大约与第一个标准溶液相差3个pH单位, 如果仪器相应的值与第二个标准溶液的pH(S)值之差大于0.1 pH单位, 就要检查仪器、电极或标准溶液是否存在问题。当三者均正常时, 方可用于测定样品。

7.2 样品测定

测定样品时，先用蒸馏水认真冲洗电极，再用水样冲洗，然后将电极浸入样品中，小心摇动或进行搅拌使其均匀，静置，待读数稳定时记下 pH 值。

8 精密度（见附表 1-10）

附表 1-10

pH范围	允许误差，pH单位	
	重复性	再现性
6	± 0.1	± 0.3
6~9	± 0.1	± 0.2
9	± 0.2	± 0.5

9 注释

9.1 玻璃电极在使用前先放入蒸馏水中浸泡 24 h 以上。

9.2 测定 pH 时，玻璃电极的球泡应全部浸入溶液中，并使其稍高于甘汞电极的陶瓷芯端，以免搅拌时碰坏。

9.3 必须注意玻璃电极的内电极与球泡之间、甘汞电极的内电极和陶瓷芯之间不得有气泡，以防断路。

9.4 甘汞电极中的饱和氯化钾溶液的液面必须高出汞体，在室温下应有少许氯化钾晶体存在，以保证氯化钾溶液的饱和。但须注意氯化钾晶体不可过多，以防止堵塞与被测溶液的通路。

根据一个实验室中对 pH 值在 2.21~13.23 范围内的生活饮用水，轻度、中度、重度污染的地面水及部分类型工业废水样品进行重复测定的结果而定。

根据北京地区 19 个实验室共使用 10 种不同型号的酸度计，4 种不同型号的电极用本法对 pH 值在 1.41~11.66 范围内的 7 个人工合成水样及 1 个地面水样的测定结果而定。

9.5 测定 pH 时，为减少空气和水样中二氧化碳的溶入或挥发，在测水样之前，不应提前打开水样瓶。

9.6 玻璃电极表面受到污染时，需进行处理。如果系附着无机盐结垢，可用温稀盐酸溶解，对钙镁等难溶性结垢，可用 EDTA 二钠溶液溶解；沾有油污时，可用丙酮清洗。电极按上述方法处理后，应在蒸馏水中浸泡一昼夜再使用。注意忌用无水乙醇、脱水性洗涤剂处理电极。

10 试验报告

试验报告应包括下列内容：

a. 取样日期、时间和地点；

b. 样品的保存方法；

c. 测定样品的日期和时间；

d. 测定时样品的温度；

测定的结果（pH 值应取最接近于 0.1 pH 单位。如有特殊要求时，可根据需要及仪器的精确度确定结果的有效数字位数）；

f. 其他需说明的情况。

九、溶解氧的测定（碘量法）

中华人民共和国环境保护标准 HJ 506—2009；代替 GB 11913—89；2009–10–20 发布，2009–12–01 实施。

本法适用于大洋和近岸海水及河水、河口水溶解氧的测定。

（一）方法原理

用锰（Ⅱ）在碱性介质中与溶解氧反应生成亚锰酸（H_2MnO_4），然后在酸性介质中使亚锰酸和碘化钾反应，析出碘（I_2），最后用硫代硫酸钠（$Na_2S_2O_3$）滴定析出的 I_2 的量。

（二）仪器及设备

1. 棕色水样瓶（容积 125 mL 左右的棕色瓶，瓶塞为锥形，磨口要严密，容积须经校正）

2. 碱式滴定管

3. 移液管及吸管

4. 碘量瓶

5. 温度计

6. 一般实验室常备仪器和设备

（三）试剂及其制备

1. 硫酸锰溶液：称取 240 g 硫酸锰（$MnSO_4 \cdot 4H_2O$）溶于水，并稀释至 500 mL。

2. 碱性碘化钾溶液：称取 250 g 氢氧化钠（NaOH），在搅拌下溶于 250 mL 水中，冷却后，加 75 g 碘化钾（KI），稀释至 500 mL，盛于具橡皮塞的棕色试剂瓶中。

3. 硫酸溶液（1:1）：在搅拌下，将 50 mL 浓硫酸（H_2SO_4，$\rho = 1.84$ g/mL）小心加入同体积的水中，混匀。盛于试剂瓶中。

4. 硫代硫酸钠溶液（$C_{Na_2S_2O_3} = 0.01$ mol/L）：称取 2.5 g 硫代硫酸钠（$Na_2S_2O_3 \cdot 5H_2O$），用刚煮沸冷却的蒸馏水溶解，加入约 2 g 碳酸钠，稀释至 1 L，移入棕色试剂瓶中，置于阴凉处保存。

5. 重铬酸钾标准溶液（$C_{\frac{1}{6}K_2Cr_2O_7} = 0.010\ 0$ mol/L）：称取 $K_2Cr_2O_7$ 固体（AR，于 130℃ 烘 3 h）0.490 4 g，溶解后在 1 000 mL 容量瓶中定容。

6. 碘化钾溶液（10%）：将 5 g 碘化钾（KI）溶于水中，并稀释至 50 mL。

7. 0.5% 淀粉溶液：称取 1 g 可溶性淀粉，用少量水搅成糊状，加入 100 mL 煮沸的蒸馏水，混匀，继续煮至透明。冷却后加入 1 mL 乙酸，稀释至 200 mL，盛于试剂瓶中。

（四）测定步骤：

1. $Na_2S_2O_3$ 溶液浓度的标定　移取 $K_2Cr_2O_7$ 标准溶液 20.00 mL 于 250 mL 碘量瓶中，加入 KI 溶液 5 mL 和 H_2SO_4 溶液 2 mL，盖上瓶盖混匀并在暗处放置 5 min，加纯水 50 mL。以 $Na_2S_2O_3$ 溶液滴至淡黄，加入淀粉溶液 1 mL，继续滴至溶液呈无色为止，读取滴定管读数 V（双样滴定取平均值），依下式计算 $Na_2S_2O_3$ 溶液的准确浓度：

$$C_{Na_2S_2O_3} = (C_{\frac{1}{6}K_2Cr_2O_7} \times 20.00)/V\ (\text{mol/L})$$

标定时发生的反应如下：

$$K_2Cr_2O_7+6KI+7H_2SO_4 = 3I_2+Cr_2(SO_4)_3+7H_2O+4K_2SO_4$$

$$2Na_2S_2O_3+I_2=2NaI+Na_2S_4O_6$$

综合上述两式，得 $Na_2S_2O_3$ 相当于 $\frac{1}{6}K_2Cr_2O_7$。

2.水样的分析

①样的采集　采水器出水后，立即套上橡皮管以引出水样。采集时使水样先充满橡皮管并将水管插到瓶底，放入少量水样冲洗水样瓶，然后让水样注入水样瓶，装满后并溢出部分水样（约水样瓶体积的1/2左右），抽出水管并盖上瓶盖（此时瓶中应无空气泡存在）。

②水样的固定　打开水样瓶盖，立即依次加入 $MnSO_4$ 溶液和 KI-NaOH 溶液，（加液时移液管尖应插入液面下约 1 cm 处），塞紧瓶盖（瓶内不能有气泡），按住瓶盖将瓶上下颠倒不少于20次，静置让沉淀尽可能下沉到水样瓶底部。

③酸化滴定　小心打开水样瓶瓶盖，将上层澄清液倒出少许于碘量瓶中（切勿倒出沉淀），于水样瓶中加入 H_2SO_4 溶液 1 mL，盖上瓶盖摇动水样瓶使沉淀完全溶解，并把瓶中溶液倒入碘量瓶中，以 $Na_2S_2O_3$ 溶液滴至淡黄，加入淀粉溶液 1 mL，再继续滴至无色，倒出少量溶液回洗水样瓶，倒回碘量瓶后再继续滴至无色为止，记下滴定管读数 V_1。

（五）结果计算

1. 可按下式计算水样中溶解氧的含量：

$$DO(mg/L)=(C_{Na_2S_2O_3} \times V_1 \times 8 \times 1\,000)/(V_{水样瓶}-2)$$

式中：DO——水样中溶解氧的浓度，mg/L；

$C_{Na_2S_2O_3}$ —— $Na_2S_2O_3$ 溶液的浓度，mol/L；

V_1 —— 滴定水样时用去 $Na_2S_2O_3$ 溶液的体积，mL；

$V_{水样瓶}$——水样瓶的容积，mL。

2. 将水样中的溶解氧换算为在标准状态下的体积（mL）：

$$DO(mL/L)=[(C_{Na_2S_2O_3} \times V_1 \times 8 \times 1\,000)/(V_{水样瓶}-2)]/1.429\,2\,(mg/L)$$

$$=5.598 \times 1\,000 \times C_{Na_2S_2O_3}/(V_{水样瓶}-2)\,(mg/L)$$

3. 溶解氧饱和度：

$$DO\%=(DO/DOs) \times 100\%$$

式中：DO —— 水样中溶解氧的浓度；

DOs —— 相同温度和含盐量条件下水体中溶解氧的饱和浓度。

（六）注意事项

1. 采样后需及时固定并避免阳光的强烈照射；水样固定后，如不能立即进行酸化滴定，必须把水样瓶放入桶中水密放置，但一般不得超过24 h。

2. 水样固定后，沉淀降至瓶体高1/2时，即可进行酸化滴定。

3. 滴定临近终点，速度不宜太慢，否则终点变色不敏锐。如终点前溶液显紫红色，表示淀粉溶液变质，应重新配制。

4. 水样中含有氧化性物质可以析出碘产生正干扰，含有还原性物质消耗碘产生负干扰。

5.在碱性碘化钾中配入1% NaN_3（叠氮化钠），可以消除水样中高达2 mg/L的NO_2-N的干扰，此为修正碘量法，常应用于养殖用水中溶氧测定。

同一水样的两次分析结果，其偏差不超过0.08 mg/L（或0.06 mL/L）。

十、硫酸根（EDTA滴定法）

（一）方法原理

采用EDTA滴定法测定天然淡水中SO_4^{2-}含量。在水样中加入过量的$BaCl_2$溶液，把SO_4^{2-}转变为难溶的$BaSO_4$沉淀。过量部分的Ba^{2+}连同水样的Ca^{2+}、Mg^{2+}在pH约为10的氨缓冲条件下，用EDTA标准溶液滴定。另外，同时测定水样中的钙镁总量，以便计算时加以校正。

（二）仪器及设备

实验室常规设备

（三）试剂及其配制

（1）氨缓冲溶液（内含Mg-EDTA盐）：溶液A——20 g NH_4Cl固体溶愚纯水中，加入100 mL浓氨水并稀释至1 L；溶液B——0.25 g $MgCl_2 \cdot 6H_2O$溶解后于100 mL容量瓶中定容，然后用干燥洁净的移液管移取50.00 mL溶液，加5 mL NH_3-NH_4Cl溶液，4滴铬黑T指示剂，用0.1 mol/L的EDTA-Na_2溶液滴定至溶液由紫红色变为纯蓝色为止，取与此等体积的EDTA-Na_2溶液加入容量瓶中与剩余的$MgCl_2$溶液混合，即成Mg-EDTA盐溶液。将溶液A与溶液B混合即得含Mg-EDTA盐的氨缓冲溶液。

（2）铬黑T指示剂（0.5%）：0.5 g铬黑T固体溶于100 mL纯水中，于棕色瓶中保存。

（3）EDTA-Na_2标准溶液（0.01 mol/L）：1 L溶液中含EDTA-Na_2（基准级）4克，其准确浓度以标准Zn^{2+}溶液标定。

（4）金属锌。

（5）$BaCl_2$标准溶液（0.01 mol/L）：$BaCl_2$固体1.04 g溶解后，稀释至500 mL。

（6）$BaCl_2$溶液（5%）。

（7）HCl溶液（1∶1）。

（四）测定步骤

1.EDTA溶液的标定

准确称取0.33 g的金属锌置于小烧杯中，加入10 mL HCl溶液，盖上表面皿，待锌完全溶解后，将溶液全部转入250 mL容量瓶中定容，摇匀后即得Zn^{2+}标准溶液。

准确移取Zn^{2+}标准溶液20 mL于250 mL锥形瓶中，逐滴加入氨水，待溶液有氨味后加入氨缓冲溶液5 mL，铬黑T指示剂3滴，用EDTA溶液滴定至溶液由紫红色变为纯蓝色即为滴定终点。EDTA溶液的准确浓度可由下式计算：

$$C_1 = （W \times 20.00 \times 1\ 000）/（V_1 \times 65.38 \times 250）（mol/L）$$

式中：W——称取金属锌的准确质量；

V_1——标定时消耗EDTA溶液的毫升数。

2.$BaCl_2$标准溶液的标定

移取$BaCl_2$标准溶液20.00 mL，加入纯水30 mL，氨缓冲溶液5 mL，铬黑T指示剂

3滴，用EDTA标准溶液滴定，当溶液刚由紫红色变为稳定的纯蓝色，即为滴定终点，记录EDTA溶液的消耗体积V_2（双样标定，取平均值），按下式计算$BaCl_2$标准溶液的准确浓度C_2：$C_2=C_1V_2/20$ mol/L

式中：C_1——EDTA标准溶液的准确浓度，mol/L；

V_2——滴定消耗的EDTA标准溶液的体积，mL。

3. 水样中SO_4^{2-}含量的略测：取5 mL水样于试管中，加入1：1 HCl溶液2滴，5% $BaCl_2$溶液5滴，摇荡均匀，观察沉淀的生成情况，并根据下表决定准确测定时的取样体积和$BaCl_2$标准溶液的预加量。

附表1-11　SO_4^{2-}含量略测表

浑浊情况	SO_4^{2-}大概含量/（mg/L）	取样体积/mL	$BaCl_2$标准溶液的预加量/mL
数分钟后浑浊	<10	50	5
立即出现轻微浑浊	25~50	50	10
立即出现浑浊	50~100	25	10
浑浊程度较大	100~300	10	10

4. 水样中SO_4^{2-}含量的测定

① 按略测结果准确移取适量的水样于锥形瓶中，并加纯水至50 mL，滴加1：1 HCl溶液至pH<3，加热煮沸2 min以去除二氧化碳，并趁热准确加入$BaCl_2$标准溶液V_3毫升，继续加热至沸，冷却后放置5 h以上使$BaSO_4$结晶陈化。而后加入氨缓冲溶液5 mL，铬黑T指示剂3滴，以EDTA标准溶液滴定至溶液刚由紫红色转变为稳定的纯蓝色，即为滴定终点，记录EDTA标准溶液的消耗量V_4（双样测定，取平均值）。

② 移取同体积水样，加纯水至50 mL，滴加1：1 HCl溶液使水样酸化，加热煮沸除去二氧化碳后，加入氨缓冲溶液5 mL，铬黑T指示剂3滴，以EDTA标准溶液滴定至溶液刚由紫红色转变为稳定的纯蓝色，即为滴定终点，记录EDTA标准溶液的消耗量V_5（双样测定，取平均值）。

（五）结果计算

水样中的SO_4^{2-}含量可按下式计算：

$$\rho SO_4^{2-}=96.06 \times 1\,000 \times \left[C_2V_3-C_1\left(V_4-V_5 \right) \right] /V_w\left(mg/L \right)$$

式中：C_1——EDTA标准溶液的准确浓度，mol/L；

C_2——$BaCl_2$标准溶液的准确浓度，mol/L；

V_3——预加的$BaCl_2$标准溶液体积，mL；

V_4——滴定水样时消耗的EDTA-Na_2标准溶液的体积，mL；

V_5——滴定水样中Ca^{2+}、Mg^{2+}消耗的EDTA标准溶液的体积，mL；

V_w——水样体积，mL。

（六）注意事项

当水样中SO_4^{2-}含量低于20 mg/L时，也可采用硫酸钡比浊法测定，测定时将水样调节至酸性，加入$BaCl_2$溶液和明胶溶液保护胶，使SO_4^{2-}与Ba^{2+}形成均匀的$BaSO_4$微粒并悬浮于溶液中，在波长600~700 nm下测定其吸光度，其溶液的吸光度与水样的SO_4^{2-}含量成正比。

电极的再生包括更换溶解氧膜罩、电解液和清洗电极。

每隔一定时间或当膜被损坏和污染时，需要更换溶解氧膜罩并补充新的填充电解液。如果膜未被损坏和污染，建议2个月更换一次填充电解液。

更换电解质和膜之后，或当膜干燥时，都要使膜湿润，只有在读数稳定后，才能进行校准（7.1），仪器达到稳定所需要的时间取决于电解质中溶解氧消耗所需要的时间。

（七）其他注意事项

当将探头浸入样品中时，应保证没有空气泡截留在膜上。

样品接触探头的膜时，应保持一定的流速，以防止与膜接触的瞬时将该部位样品中的溶解氧耗尽而出现错误的读数。应保证样品的流速不致使读数发生波动，在这方面要参照仪器制造厂家的说明。

电极的再生包括更换溶解氧膜罩、电解液和清洗电极。

每隔一定时间或当膜被损坏和污染时，需要更换溶解氧膜罩并补充新的填充电解液。如果膜未被损坏和污染，建议2个月更换一次填充电解液。

更换电解质和膜之后，或当膜干燥时，都要使膜湿润，只有在读数稳定后，才能进行校准（7.1），仪器达到稳定所需要的时间取决于电解质中溶解氧消耗所需要的时间。

附录2　生物饵料培养技术

一、单细胞藻类培养

1. 常用单细胞藻类的培养生态及应用

单细胞藻类作为水产动物的活饵料之一，在水产养殖上不仅具有营养功能，而且还具有调节改善水质，促进水体形成稳定的藻——菌微生态系，抑制致病菌的滋生等功能，在水产上的应用日趋广泛。目前，我国已培养并有应用的单胞藻有30多种。重要的培养种类如下。

（1）小球藻（*Chlorella* spp.）

形态：个体为球形或广椭圆形，细胞通常具有较厚的细胞壁，细胞内有杯状或边缘生板状色素体，细胞中央有一细胞核。细胞大小随种类及培养条件而有差异，一般细胞直径在2~10 μm，蛋白核小球藻的直径为3~5 μm。

培养生态：随种类而有所不同。淡水种类适宜在淡水中生长，海水种类对盐度的适应范围很广，海水小球藻甚至可驯化移植到淡水中。一般而言，小球藻在含有机质（特别是氮肥）丰富的水体中生长繁茂。人工培养的适宜温度为10~35℃，最适温度在25℃左右，最适光照强度在10 000 lx左右，培养液的适宜pH为6~8。

应用：小球藻属的种类易于培养。但一般认为小球藻有较厚的细胞壁，不易被鱼虾幼体所消化，很少直接用于投喂鱼、虾、贝的幼体。小球藻通常用于培养动物性生物饵料（如轮虫、卤虫等），也广泛用于鱼类和甲壳类育苗中水色及水质的调控。

（2）微绿球藻（*Nannochloropsis oculata*）

形态：细胞球形，直径2~4 μm。有侧生色素体一个，呈淡绿色。有淡橘红色的圆形眼点，无蛋白核。淀粉核1~3个，侧生。细胞壁极薄。藻体的颜色与培养水体中氮肥的浓度有关，在缺氮的情况下，通常为黄绿色。

培养生态：本藻为广盐性种类，正常生长繁殖盐度为4~36。人工培养时最适生长温度为25~30℃；最适光强为10 000 lx；适宜pH值为7.5~8.5；在氨氮多的水体中生长特别繁茂。

应用：该藻容易培养，在环境条件适宜时，繁殖迅速，且具有较强的稳定水质的能力。营养上含有较高的EPA。多用于培养亲贝和动物性生物饵料，在河蟹早期幼体的培育中充当饵料，也取得了很好的效果。也广泛用于鱼类和甲壳类育苗中水色及水质的调控。

（3）亚心形四爿藻［*Tetraselmis subcordiformis*（Wille）Hazen］

形态：藻体呈扁平的广卵形。前端较宽，且中央有一浅凹陷，由此生出鞭毛4条。细胞后端有一大型、绿色的、杯状色素体，有红色眼点和蛋白核。有一层薄的纤维质细胞壁。藻体依靠鞭毛能够在水体中快速游动。细胞长11~14 μm，宽7~9 μm，厚3.5~5 μm。

培养生态：本藻为广温广盐性种类。人工培养的最适盐度为30~40；最适温度为

20~28℃；最适光强为 5 000~10 000 lx；最适 pH 值为 7.5~8.5。

应用：亚心形四爿藻，也称亚心形扁藻，是我国培养最早、应用很广泛的一种优良的海产单胞藻类饵料。广泛应用于贝类育苗中［还有同属的青岛大四爿藻（*Tetraselmis helgolandica* Kylin var. *tsingtaiensis* Tseng et T. J. Chang var. nov.）］，常作为亲贝或浮游幼虫的优良饵料。在各种贝类育苗中与湛江等鞭藻混合使用效果更佳。四爿藻也常用于培养轮虫等动物性生物饵料。

（4）三角褐指藻（*Phaeodactylum tricornutum* Bohlin）

形态：藻体有卵形（长 8 μm，宽 3 μm）、梭形（长约 20 μm）或三出放射形（长 10~18 μm）3 种形态，具体随环境条件而变。在正常的液体培养条件下，细胞多为梭形和三出放射形。在固体培养基上培养时细胞多为卵形。梭形和三出放射形都没有硅质的细胞壁。细胞中心部分有一细胞核，有黄褐色的色素体 1~3 片。

培养生态：本藻为广盐偏低温性种类。人工培养时最适盐度为 25~32；最适温度为 10~15℃，致死温度为 25℃；最适光照为 3 000~5 000 lx；最适 pH 值为 7.5~8.5。

应用：三角褐指藻是我国较广泛应用的一种单胞藻类饵料，主要应用于对虾、河蟹等甲壳类的育苗生产中，也可作为海胆等棘皮动物幼体及贻贝幼虫的早期饵料之一。但由于该藻为偏低温种，使培养和应用受到较大的限制，该藻在南方只限于冬季和早春育苗的早期使用。

（5）小新月菱形藻（*Nitzschia closterium* f. *minutissima* Allen & Nelsen）

形态：藻体为笔直或月牙形弯曲的纺锤形，细胞中央膨大，有一细胞核。两片黄褐色的色素体分别位于细胞核的两端。细胞长 12~23 μm，宽 2~3 μm。

培养生态：本藻为广盐喜低温性种类。培养的最适盐度为 25~32；最适温度为 15~20℃，致死温度为 28℃；最适光强为 3 000~8 000 lx；最适 pH 值为 7.5~8.5。

应用：小新月菱形藻俗称小硅藻，也是我国较早培养和应用的单胞藻类。其应用范围与三角褐指藻相似。

（6）牟氏角毛藻（*Chaetoceros müelleri* Lemmermann）

形态：藻体为单细胞或 2~3 细胞组成的群体。壳面椭圆或圆形，壳环面长方形，四角长有细而长的角毛，两端角毛以细胞体为中心而略呈"S"形。有片状黄褐色色素体一个。细胞体环面长宽一般为 3.45~4.6 μm 和 4.6~9.2 μm，角毛一般长 20.7~34.5 μm。在人工培养过程中常出现细胞变形或角毛消失现象。

培养生态：本藻为半咸水喜高温种，盐度适应范围广。培养的最适盐度为 10~15，最适温度为 30℃，最适光强为 10 000~15 000 lx，最适 pH 值为 8.0~8.9。

应用：在我国南方地区，本藻广泛应用于斑节对虾等甲壳类的育苗中。用角毛藻和三角褐指藻的混合藻液培养刺参幼体的效果也很好。近年在江浙一带本藻也作为泥蚶育苗的常用饵料之一。

（7）中肋骨条藻（*Skeletonema costatum* Greville）

形态：细胞体为透镜形或圆柱形，直径 6~7 μm。壳面圆而鼓起，周缘有一圈细长的刺，与相邻细胞的对应刺连接成长链。刺的数目界于 8~30 条之间，细胞间隙长短不一，通常大于细胞本身的长度。色素体 1~10 个。细胞核在细胞中央。有时可见有圆形的增大孢子，其直径为母细胞的 1~3 倍。增大孢子的形成与温度、盐度和光照强度有密切关系。

培养生态：本藻为广温广盐种。培养的最适盐度为15~30，最适温度为20~30℃，适宜光强为5 000 lx，最适pH值为7.5~8.5。

应用：广泛应用于对虾类育苗，为斑节对虾等对虾类幼体的优良饵料。主要在我国的台湾及福建以南地区使用。在江浙一带后期的河蟹育苗中使用也较普遍。

（8）舟形藻（*Navicula* spp.）

形态：细胞壳面椭圆形或舟形，壳面上有点纹、孔纹或线纹。具中央节和极节。壳长15~25 μm。

培养生态：本藻营底栖生活，培养的最适宜盐度为30~32，适宜温度为20~25℃，适宜光强为1 500~3 000 lx，适宜pH值为7.5~8.5。

应用：舟形藻为底栖硅藻，同卵形藻（*Cocconeis* sp.）、月形藻（*Amphora* sp.）、东方弯杆藻（*Achnanthes orientalis* Hustedt）等底栖硅藻一道，主要用作鲍鱼育苗中匍匐幼虫和稚鲍的饵料。

（9）等鞭金藻（*Isochrysis galbana* Parke）OA-3011

形态：无细胞壁，形态多变，大多数呈椭圆形，前端有两等长的平滑的鞭毛，其长度为细胞的1~2倍，鞭毛基部有液泡。细胞内有一两个侧生的色素体，一般为金黄色。细胞中央有一暗红色眼点和一细胞核。活动细胞长4.4~7.1 μm，宽为2.7~4.4 μm，厚2.4~3 μm。

培养生态：本藻为广温广盐性种类，生长的最适盐度为10~30，最适温度为20~30℃，最适光强为7 000~9 000 lx，适宜pH值为7.5~8.5。

应用：主要用于双壳贝类的育苗和养殖，是贻贝、扇贝等多种双壳贝类幼虫的优良饵料，也可用于棘皮动物和甲壳动物的育苗生产。

（10）湛江等鞭藻（*Isochrysis zhanjiangensis* Hu & Lui sp. nov.）

形态：运动细胞多为卵形或球形，前端有两等长的平滑的鞭毛，有两片金黄色的周边色素体，每片色素体内侧有一蛋白核。无眼点，细胞核位于细胞后端两片色素体之间。细胞大小为6~7 μm×5~6 μm。

培养生态：本藻为广盐喜高温性种类，生长的最适盐度为22.7~35.8，最适温度为25~32℃，最适光强为5 000~11 000 lx，最适pH值为7.5~8.5。

应用：湛江等鞭藻是双壳类和海参类幼虫的优质饵料，广泛用于双壳类和海参的育苗和养殖。在双壳贝类人工育苗中用湛江等鞭藻和亚心形鞭藻混合或交替投喂效果甚好。

2. 单细胞藻类的培养方法

单细胞藻类的培养过程可分为容器和工具的消毒、培养液的配制、接种、培养管理及采收5个步骤。

（1）容器和工具的消毒

对藻类培养的容器和工具进行消毒的目的是为了消灭培养藻类的捕食者和竞争者。藻种级培养（纯培养）需灭菌，可将容器和工具放入高压灭菌锅115℃灭菌15~30 min。生产性藻类培养（单种培养）通常采用消毒方式。常见的消毒方法有：

加热消毒法

此法只限用于耐高温的容器和工具的消毒。具体有如下3种。

①直接灼烧灭菌。将待消毒的工具直接放入酒精灯或煤气灯的火焰上灼烧30 s。适用于小型金属或玻璃工具的消毒。

②煮沸消毒。将待消毒的工具放入沸水中煮5~10 min。适用于小型容器或工具。

③烘箱干燥消毒。将待消毒的工具用牛皮纸包扎后放入烘箱，在120~160℃恒温烘烤2 h，待烘箱温度自然降至60℃以下可拿出。

化学药品消毒法

此法应用于生产性培养中大型容器、工具及水池的消毒。常采用如下4种方法。

①用70%浓度的酒精溶液涂抹消毒10 min。

②用浓度为300 mg/L高锰酸钾溶液浸泡淋洗5~10 min。

③用3%~5%浓度的苯酚溶液浸泡消毒30 min。

④用10%的工业盐酸浸泡消毒5 min。

凡是用化学药品消毒好的容器和工具，在使用前应用消毒水冲洗2~3次，以消除残留在器具上的化学药品。

（2）培养液的配制

培养液的配制是指根据培养藻类对各种营养盐的需求水平，在经消毒的培养用水中添加适量营养盐及生长因子。配制合适的培养液是开展藻类培养的基础。

配制培养液时，首先需根据培养藻类对营养盐的需求，选择合适的培养液配方。不同的藻类，对营养盐的需求水平不同。以下介绍国内外较常用的培养液配方。

配方1（一般用培养液配方，可用于培养绿藻类、金藻类、硅藻类、蓝藻类等）

$NaNO_3$	0.03 g	$CO(NH_2)_2$	0.03 g
KH_2PO_4	0.005 g	$FeC_6H_5O_7$（1%溶液）	0.2 mL
维生素B_1	200 μg	维生素B_{12}	200 L μg
Na_2SiO_3（仅在培养硅藻时添加）		海水	1 000 mL
	0.02 g	人尿	1.5 mL

配方2（绿藻类培养液配方，培养亚心形扁藻及其他绿藻使用，多用于小型培养和中继培养）

$NaNO_3$	0.05 g	KH_2PO_4	0.005 g
$FeC_6H_5O_7$（1%溶液）	0.2 mL	维生素B_1	200 μg
维生素B_{12}	200 μg	人尿	2 mL
海泥抽出液（见配方16）	20 mL	海水	1 000 mL

配方3（大量培养海产小球藻用配方）

过磷酸钙	50 g	$(NH_4)_2SO_4$	300 g
海水	1 m^3		

配方4（生产性培养扁藻用配方）

人尿	3 L	KH_2PO_4	1.0 g
$CaCl_2$	1.0 g	柠檬酸铁铵	1.0 g
海水	1 m^3		

配方5（硅藻培养液配方，培养三角褐指藻、小新月菱形藻、角毛藻等）

$NaNO_3$	0.08 g	K_2HPO_4	0.008 g
$FeC_6H_5O_7$（1%溶液）	0.2 mL	Na_2SiO_3	0.02 g
维生素 B_1	200 μg	维生素 B_{12}	200 μg
人尿	1.5 mL	海水	1 000 mL

配方6（培养中肋骨条藻用配方）

KNO_3	60 mg	$Na_2HPO_4 \cdot 12H_2O$	10 mg
Na_2SiO_3	10 mg	海水	1 000 mL

配方7（即F/2培养液配方，小型培养金藻使用，也常用于培养硅藻）

$NaNO_3$	74.8 mg	NaH_2PO_4	4.4 mg
$Na_2SiO_3 \cdot 9H_2O$	8.4~16.7 mg	F/2微量元素溶液（见配方15）	1 mL
F/2维生素溶液（见配方15）	1 mL	海水	1 000 mL

配方8（F/2改良培养液，生产性培养金藻等）

$NaNO_3$	74.8 mg	NaH_2PO_4	4.4 mg
人尿	1.5 mL	海泥抽出液	20~60 mL
海水	1 000 mL		

配方9（培养等鞭藻OA-3011培养液配方）

$NaNO_3$	60 mg	KH_2PO_4	4 mg
$FeC_6H_5O_7$	0.5 mg	Na_2SiO_3	5 mg
维生素 B_{12}	0.5~1.5 μg	维生素 B_1	100~500 μg
$NaHCO_3$	1 g	海水	1 000 mL

配方10（生产性培养微绿球藻的培养液配方）

微量元素溶液配方

配方11（F/2微量元素溶液配方）

$ZnSO_4 \cdot 4H_2O$	23 mg	$MnCl_2 \cdot 4H_2O$	178 mg
$CuSO_4 \cdot 5H_2O$	10 mg	$Fe\ C_6H_5O_7 \cdot 5H_2O$	3.9 g
$Na_2MoO_4 \cdot 2H_2O$	7.3 mg	$CoCl_2 \cdot 6H_2O$	12 mg
Na_2EDTA	4.35 g	H_2O	1 000 mL

维生素溶液配方

配方12（F/2维生素溶液配方）

维生素 B_{12}	0.5 mg	维生素 H	0.5 mg
维生素 B_1	100 mg	H_2O	1 000 mL

为了使用上的方便，通常将培养液配方中的营养盐先配成高浓度的母液。主要的营养元素可以纯水为溶剂，单项元素配成母液，也可两种或若干种元素同配在一起。微量元素和辅助生长物质通常多种组合在一起配成母液。配成的母液因含高浓度的营养盐，大多数生物不能生长，一般不用消毒。但对一些微量元素或维生素等有机物配成的母液，为了便于保存，通常需经高压蒸汽灭菌。在配制培养液的使用液时，只需吸取一定量的各种营养盐母液添加到消毒后的培养用水中，使培养用水中各营养盐达到配方所需的水平。

培养用水的消毒通常可采用以下方法：

（1）加热消毒法

将过滤后的培养用水装在烧瓶或铝锅中加热达90℃左右维持5 min或达到沸腾即停止加温，然后自然冷却后待用。加热消毒法多在藻种培养中应用。

（2）过滤除害法

把沉淀后的培养用水用沙滤装置和陶瓷过滤罐进行二次过滤或采用双层300目筛绢网（中间夹一层脱脂棉）过滤，可除去微小生物。过滤除害法一般只在生产性藻类培养中应用。

（3）有效氯消毒法

把过滤水用20 mg/L的有效氯处理6~8 h后，用25 mg/L大苏打还原，并充分暴气4~6 h，用酸性碘化钾—淀粉试剂测定无余氯存在即可使用。次氯酸钠消毒法一般用于中继培养和生产性培养中。

在往消毒后的培养水中添加营养盐时，应待消毒海水正常后，逐一加入营养盐，并在下一种营养盐加入之前进行充分搅拌。营养盐加入的顺序：先氮后磷再铁，直至所有营养盐都按需加入到消毒水中。

3. 接种

当容器、工具的消毒和培养液的配制工作完成后，即可进行接种工作。把选好的藻种添加到新配好的培养液中。成功接种的关键是把握好藻种的质量、藻种的数量和接种的时间。

对选择作为藻种的藻液，在质量上要求选取无敌害生物污染、生活力强、生长旺盛的藻种，藻液的外观颜色正常（绿藻类呈鲜绿色，硅藻类呈黄褐色，金藻类呈金褐色），无大量沉淀和明显附壁现象。对于有运动能力的种类，还要求上浮明显，其藻类生长处于指数生长期阶段。

对接种时藻种的数量，要求藻种的藻细胞浓度达到或接近藻液的采收浓度，并掌握好藻种量和培养液量的比例。在条件许可时，藻种量尽可能大，这样可使接种的藻液尽快进入指数生长期。一般，藻种级培养时的藻种量与培养液量之比为1：2~1：3，中继培养和生产性培养的接种比例一般不小于1：10~1：20。按接种后藻液的细胞浓度算，金藻和硅藻的接种密度应在50×10^4个细胞/mL以上，扁藻的接种密度应在10×10^4个细胞/mL以上，小球藻和微绿球藻的接种密度应在100×10^4个细胞/mL左右。培养池容量大，藻种量不够时，可采取分次添加培养液的方法，来保证高比例接种。

对接种时间，一般应选择在晴天上午8:00—10:00接种，这样能够把上浮的、运动能力强的、生命力旺盛的藻细胞选作藻种，以缩短接种后的延缓期。

4. 单细胞藻的培养管理

单细胞藻类的培养管理工作可分为两大部分，即日常管理和敌害生物的防治。有关单细胞藻类培养过程中敌害生物的防治，将在下一节中详细介绍。培养过程中的日常管理工作包括两大块：

（1）藻细胞生长环境因子的监测和为维持藻细胞最佳生长状态而对环境因子进行的调控。例如，定期搅拌和充气，以供给二氧化碳，防止藻细胞下沉，防止藻液面形成菌膜；调节光照、调节温度、调节pH值（多选用盐酸或氢氧化钠）等以维持藻类最佳的生长环境。

（2）藻液生长情况检查。宏观上，可检查藻液的颜色、藻细胞的运动或悬浮的情况、有无藻细胞沉淀或附壁、有无菌膜或敌害的产生等。微观上，可在显微镜下检查藻细胞的形态有无异常、有无敌害生物的出现、藻细胞数量增加情况等。

（3）敌害生物污染防治。敌害生物的污染和危害是造成当前单胞藻培养不稳定的主要原因。在单细胞藻类的培养生产中，敌害生物污染单胞藻的途径如下：培养用水消毒不彻底或消毒后二次污染；空气中敌害生物的传播，特别是开放式培养模式，更易受此途径污染；容器和工具消毒不彻底；使用的肥料或营养盐受到敌害生物的污染；某些昆虫如蚊子可传播敌害生物；操作人员不严格的操作导致敌害生物的污染。对待敌害生物的污染和危害应实行以防为主，防治结合的措施。

5. 单细胞藻类的采收

正常情况下，当培养的藻类进入相对生长下降期，即可考虑采收。为了准确界定所培养的藻类是否进入相对生长下降期，在培养过程中必须测定藻细胞的增长数量。准确掌握所培养藻类的细胞密度，既是培养管理所需，也是单胞藻作为饵料投喂时所应了解的。

常见的微藻细胞定量方法有细胞计数法、光密度法、重量法和浓缩细胞体积法。

当前水产养殖上单胞藻的使用基本上是现培养现用，使用时连同大量的培养液一起投喂到种苗培育池。这样的使用方式一方面影响培苗效果，另一方面也不利于藻液的运输和存储。因此，改变单胞藻的采收和使用方式，变得越来越重要。藻细胞的采收有以下3种方法。

（1）使用连续式离心分离机

将培养的藻液用连续式离心机离心分离，得到糊状的藻细胞浓缩液。此法最为理想，但其设备较贵。

（2）过滤收集

对于一些大型的单胞藻或集群单细胞藻类，如螺旋藻、骨条藻，可用300目的筛网直接滤取藻液中的藻细胞。

（3）沉淀收集

沉淀收集法对绿藻较为适用。具体可分自然沉降和药物沉降两种。

自然沉降法：培养到一定浓度的藻液在遮光、停气的条件下，经过一段时间后大部分细胞沉于池底，然后将上层培养液转移到另外池子继续培养，收集底层即为浓缩藻液。

药物沉淀法：使用某些化学药品，可使藻细胞沉底。但因成本高，且某些药物使用后对微藻细胞的食用价值有影响，故目前使用很少。常用的药物有消石灰、硫酸锰等。

二、褶皱臂尾轮虫的培养

根据培养过程中人为控制程度，轮虫的培养可分为粗养和精养。按培养和收获的特点，可分为一次性培养、半连续培养和大面积土池培养。一般在实验室内的培养，多采用精养；生产性培养中，常采用粗养。以下介绍目前常用的几种轮虫培养方式及培养方法。

（一）一次性培养

一次性轮虫培养一般在室内小型水池中进行，其特点是：在轮虫接种后直至轮虫收获，中间一般不换水。轮虫培养密度高，培养期间水质变化大，培养周期短，产量高但不稳定。其一次性轮虫培养的一般培养规程如下。

1.培养容器和培养池的选择和处理

根据培养的规模选择合适的容器。实验室培养种轮虫或培养实验，一般用小型的玻璃容器（三角烧瓶、玻璃缸等）或 50 L 白色塑料桶，生产性培养一般用聚乙烯水槽和小型水泥池（2~10 m³）。在培养之前，对培养容器进行适当的消毒，具体可参照第一章单胞藻培养中工具或容器的消毒。

2.培养用水的处理

为了防止敌害生物和其他浮游动物的侵入，影响到轮虫培养效果，培养用水需经沙滤或密筛绢（300 目）过滤，并将盐度、温度调节到褶皱臂尾轮虫生长的最适范围，如要在培养用水中先培养单胞藻，则最好用 20 mg/L 的有效氯充分消毒培养用水。

3.轮虫饵料的准备

室内小型培养，多用单胞藻为饵料进行投喂。生产性培养，前期大多采用在原池先培养一定量的单胞藻，后期再人工投喂酵母。因此，在轮虫培养之前需准备好一定数量的单胞藻，通常作为轮虫饵料的单胞藻主要为绿藻类，具体有小球藻、微绿球藻、扁藻、盐藻及塔胞藻等。

4.接种

轮虫的接种量视轮虫种的多少而定。轮虫的接种量越大，接种密度越高，轮虫的繁殖速度越快，这样可缩短轮虫培养的周期。一般而言，单纯以单胞藻为饵料，轮虫接种密度可小些（0.1~0.5 个/mL），若以酵母为饵料进行培养，则适宜的接种量应大些（14~70 个/mL）。

5.投饵

投饵是一次性轮虫培养的重要环节，应掌握好确切的投饵量。投饵不足，影响轮虫的生长繁殖。同样，投饵过量，尤其是以酵母为饵料时，会影响水质，也会对轮虫的生长繁殖产生抑制作用，缩短培养周期。

以单胞藻为饵料时，一般每天投喂两次。投喂后培养水体中的单胞藻应达到的密度与轮虫密度、培养温度、单胞藻的种类等有关。轮虫密度越高，投喂后培养水体的单胞藻密度也应越高；在轮虫生长繁殖的适宜范围内，温度越高，投喂后水体的单胞藻密度也应越高。同样的轮虫密度和培养温度条件下，小球藻和微绿球藻的投喂密度要大于扁藻的投喂密度。在实际的轮虫培养生产过程中，主要根据培养水体的水色来调整单胞藻的投喂量。其原则是：投饵后，使培养用水呈现淡的藻色，待水变清时，则需及时供饵。

若以酵母为饵料时，每天投喂 3~4 次，日投饵量根据轮虫的数量而定，具体可参考以下公式计算：

$$日投饵量（g/日）=培养水体体积（mL）\times 轮虫密度（个/mL）$$
$$\times 单个轮虫湿重（2\ \mu g）\times 投喂率 \times 10^6$$

式中，投喂率与轮虫密度和培养温度有关，在轮虫密度为 500 个/mL 以下，若培养水温为25℃，投喂率取值为2；若水温为30℃，投喂率为3~4；35℃时，投喂率取3为好。随轮虫培养密度的增加，投喂率应适当减少。

培养水体中轮虫密度的定量，可通过随机均衡采样计数后获得。通常使用移液管（小水体）直接计数法定量，具体操作如下：

选择一支管壁明净、1~2 mL具刻度的移液管为计数定量工具。如果是不充气培养或充气量不够，轮虫分布不均匀时，应先搅拌均匀后取样。方便的话，可直接在培养容器中用移液管吸取水样。用移液管取样时，要求快速准确吸取接近1 mL水样，用右手食指紧压移液管上端管口，再用左手食指紧压移液管下端管口，不让水样滴出。然后把移液管倾斜，对光，则可见管内轮虫成小白点，缓慢移动。可先从移液管尖端开始计数，直至把水样中的轮虫计数完毕。计得的轮虫数除以水样体积即为轮虫密度。在计数过程中可转动移液管，有助于计数准确。若轮虫密度过大，则可将所取水样转移到浮游动物计数框内，用碘液固定后在解剖镜下计数。如果培养水体大，则应先用小容量的烧杯在水体的不同部位均衡取样，将取得的各水样充分混匀后再用移液管二次取样计数。

6.搅拌、充气及生长情况的检查

在小型容器中，以单胞藻为饵料，一般不需要连续充气，但在每次投饵后要搅拌水体，使饵料分布均匀，同时增加水体溶氧。若投喂酵母进行生产性培养，则需连续充气，以保证提供充足的溶氧。在正常的情况下，充气量维持每分钟在6~8 L/m³，并根据轮虫的密度、水温和投饵量作适当的调整。当用油脂酵母培养轮虫的后期阶段，轮虫密度接近1 000个/mL时，必须提供每分钟60~100 L/m³的充气量。

在轮虫培养过程中，每天要定时检查轮虫的活力和密度，以便及时调整培养措施，保证培养的顺利进行。具体可用一个小烧杯取培养池水对着亮光观察，注意轮虫的活动状况和密度。如果轮虫游泳活泼，分布均匀，密度随培养时间的延长明显增加，则表明轮虫的生长情况良好。反之，若观察到的轮虫活动力弱，多沉于底部或黏附于培养容器的壁上，密度随培养时间的延长增加不明显甚至减少，则表明轮虫种群的增长不是很好，应分析培养要素，及时有针对性地调整培养措施。为了更好地掌握轮虫增长情况，一般要求每天至少对培养水体的轮虫密度进行1次定量。

除肉眼观察外，在必要时还可吸取少量水样于小培养皿中，在解剖镜下镜检。生长良好的轮虫，身体肥壮，肠胃道饱满，游动活泼，多数成体尾部带有1~3个非混交卵，无雄轮虫和休眠卵的出现。如果镜检水样中的雌轮虫多数不带卵或带有混交卵，且有雄轮虫出现，轮虫活力不强，在培养水体中饵料丰富的情况下轮虫的肠胃道仍不饱满，说明种群的生长情况不好。

7.收获

轮虫一次性培养的培养周期为3~7 d，培养的密度一般可达200~600个/mL。国内张道南等（1983）报道单纯用酵母为饵料，最高培养密度可达4 256个/mL。在日本，以浓缩的小球藻为饵料，轮虫的培养密度可高达5 000~8 000个/mL。若同时调节溶解氧和酸碱度，则最高培养密度可达20 000个/mL。

一次性培养的轮虫收获可采用虹吸过滤的方法，将培养水体中的轮虫用100 μm网眼的筛绢袋过滤收集后，或用于投喂，或作为种轮虫进一步扩大培养。

（二）半连续培养

轮虫半连续培养的特点是：在轮虫接种并达到一定密度后，每天用虹吸法采收一定量的轮虫，并添加等量的培养用水，培养过程中水质较稳定，培养时期长。半连续培养是目前生产性轮虫培养的常用方式。

用于半连续培养的培养池容量较一次性培养为大，一般在30~40 m³。通常的培养方法是在池子清洗消毒后，过滤进水，调节好温度和盐度，施肥培养一定数量的单胞藻，然后接种轮虫（30~50个/mL）进行培养，并根据轮虫的数量投喂酵母。酵母的投喂量参照一次性轮虫培养中酵母投喂量的计算公式。当接种培养3~5 d后，轮虫的密度超过100个/mL时，根据轮虫的繁殖速率，每天采收水体容量的1/3~1/5。采收方法同一次性培养。采收后补充足量的培养用水，并调整投饵量。成功进行轮虫半连续培养的关键是控制好轮虫的采收量及培养用水水质之间的平衡。采收量小，可使短时间内培养池内轮虫密度维持在一较高的水平，但势必减少水体的交换率，过快引起水质恶化，不利轮虫种群的进一步增长，使培养周期缩短。若采收量过大，引起培养池中留存的轮虫数量偏少，虽然水质情况理论上有利于轮虫种群的增长潜能，但单位水体的采收量受到影响，在实际轮虫生产中也有其局限性。采用半连续培养方式，一般每次培养周期能维持15~25 d，最多可达30 d。最后全部采收，清池，开始新一轮的培养。

（三）大面积土池培养

轮虫大面积土池培养也是一种半连续培养的模式，其特点是：利用室外土池培养，培养技术较易掌握，成本低，轮虫培养密度小，但收获量大，轮虫基本靠摄食池塘的天然浮游植物为饵料，轮虫的营养质量好。

目前，采用大面积土池轮虫培养技术，生产鲜活轮虫以替代或部分替代卤虫无节幼体，已成为虾蟹育苗中降低育苗成本和育苗风险、提高育苗效益的有效措施。

大面积土池轮虫培养的具体做法如下。

1.选择培养池

培养轮虫的土池，要求水源充足，进排水方便，水质无污染，最好有淡水水源。培养池的面积以600~1 300 m²为好，也可使用6 000~10 000 m²的养虾池培养轮虫。池塘的底质以不渗漏的泥质或泥沙质底为好。要求池底平坦，有一定的淤泥厚度。长方形、方形、椭圆形土池均可作为培养池。为了便于轮虫捕捞，靠近堤埂设有100 cm宽，50 cm深的环沟。培养池的有效水深在100~120 cm，进水闸门处安装250目或300目密筛绢的过滤网。排水闸门最好采用活动闸门，以便在培养过程中根据所需，灵活排放表层水或底层水。

2.清池消毒

轮虫培养池的清池方法可参照鱼虾养殖过程中池塘的清池处理方法，先平整池底，清除杂物，然后用药物清池。用药前将池水水深控制在10~20 cm。通常采用漂白粉（60 g/m³）、氨水（250 mL/m³）、五氯酚钠（2~4 g/m³）和敌百虫（10 g/m³）等其中一种进行清池处理。漂白粉的药效在清池后可维持3~5 d，氨水的药效可维持2~3 d，五氯酚钠的药效仅能维持数小时，而敌百虫的药效需10 d后才能消失。

3.进水

在清池药效消失之后，即可通过250目或300目的密筛绢网过滤进水，将轮虫的敌害生物拒轮虫培养池外。为了有利于池水中单细胞藻类的繁殖，初次进水后水深一般控制在20~30 cm。待培养池中单胞藻繁殖起来后，再逐步添加新水。

4.施肥培养单细胞藻类

初次进水后即可施肥培养单细胞藻类。采用有机肥和无机肥混合使用的方法，可使轮虫培养池在相当长的时间内维持肥效，以供应单细胞藻类大量繁殖后的营养需求。通常以有机肥做基肥，常用的有机肥有发酵后的鸡粪、牛粪、马粪等，无机肥通常用作追肥。做追肥使用的无机肥配比有：①硫酸铵100 g/m³，过磷酸钙15 g/m³，尿素5 g/m³；②尿素10 g/m³，过磷酸钙2.5 g/m³。有机肥以发酵鸡粪的效果最为理想，根据池塘底泥情况，每666 m²用量100~150 kg，施肥时，先将1/2的发酵鸡粪均匀撒于培养池水中，其余1/2堆在池塘四周，依靠雨水使肥分缓慢流入池中或做日后追肥用。同时视池塘进水的浮游植物的情况，再施少量无机肥。施肥培养单胞藻后，根据海区浮游植物的生物量及天气的情况，一般经4~7 d单细胞藻类即可繁殖起来，轮虫培养池水色变深，透明度降低。当藻类数量大，透明度低于20 cm时，可隔天加水5~10 cm。当水位达到50~60 cm时，可接种轮虫。同时每隔5~7 d继续施追肥以维持水体中一定的单胞藻数量。若将无机肥做追肥用，切不可将其均匀布撒全池，否则在捕捞轮虫时，肥料碎屑与轮虫混在一起无法分离，影响轮虫在育苗中的应用价值。

5.接种

当培养池内单细胞藻类的生物量达到一定数量后，就可接种轮虫。接种轮虫要求在晴天上午8:00以后进行。接种时要注意土池池水盐度和轮虫原生活盐度相差不宜太大，温差也不宜超过5℃。土池大面积培养轮虫，轮虫的接种量视种轮虫量而定，一般为0.5~1个/mL。若前一年已培养过轮虫，则池中会留存大量的休眠卵，可少种或不接种，只需在排水清塘晾晒5~7 d，在清除敌害的同时有助于激活底泥中的轮虫休眠卵的萌发。

6.日常管理

相对于前面两种培养方式，土池大面积轮虫培养的人为控制程度低，轮虫培养的好坏在很大程度上依赖气候等非人为因素的好坏。因此在培养过程中，应结合天气情况，恰当开展有关管理工作。土池培养轮虫的日常管理工作的核心是维持水体中轮虫密度和单胞藻数量之间的平衡。具体工作主要有：①单胞藻和轮虫的定量；②追肥；③定时测量水温、水质；④调节池水盐度；⑤增氧；⑥敌害防治。

土池培养轮虫，一般是不投饵的，轮虫主要靠摄取施肥培养的天然单细胞藻类。当天气晴朗，水温持续稳定在15℃以上，轮虫的摄食单胞藻的速度远高于单胞藻的自身繁殖速度，在规模化培养过程中，藻类的增殖有一定的限度，轮虫的滤水量又很大，要依靠藻类自身繁殖来维持轮虫的持续高产和稳产，显然是很困难的。因此，人为调控轮虫和单胞藻的种群增长速度十分必要。目前主要通过控制轮虫存池数量和维持培养水体中足够的营养盐来调控。必要时可泼洒豆浆进行投饵。土池培养的轮虫密度不能过高，否则培养池中的藻类饵料一下子被吃光，会引起池中轮虫种群因饵料缺乏而大量死亡。为了平衡轮虫和饵料之间的关系，通常在轮虫的密度达到10~20个/mL时，每天采收1/2左右的轮虫量，具体视天气、水温和池中浮游植物的量的情况而定。使轮虫密度维持在5~10个/mL；同时通过施追肥，维持藻类的增殖，使藻类的净增殖量和池中轮虫的摄食量基本平衡。当气候适宜时，轮虫繁殖迅速。池水的透明度在短时间内明显增大。这时轮虫密度可能突破40个/mL，常因水中溶解氧含量的不足，在清晨日出前巡塘，若发现轮虫群聚于水面呈白色或稍带粉红色。应立即采收一部分，否则密度过大会突然大量死亡。

由于土池轮虫培养绝大多数属于露天作业，培养过程中经常会受到寒潮、连绵阴雨及暴雨等不利天气的影响。因此，培养过程中应重视轮虫培养环境的检测，以便及时作出应对措施。当寒潮来临后，培养池的水温会下降，而水温对土池轮虫的生长繁殖具有显著影响。一旦水温下降到15℃以下，轮虫的繁殖基本停止，轮虫的采收应暂停或降低采收强度。连绵的阴雨常常造成培养池内轮虫适口微藻的繁殖速度下降，此时应加大轮虫的采捕强度，降低培养池内的轮虫密度，或通过泼洒豆浆和光合细菌等增加培养池内轮虫的饵料。暴雨的侵袭会引起培养池水盐度短时间内变动过大，影响轮虫的正常生长繁殖。在暴雨来临的同时，通过活动闸门排去培养池的表层水，可有效降低暴雨对轮虫繁殖生长的影响。

培养过程中要注意监测培养池的水质变化。尤其是培养后期，池塘中氨氮、H_2S等有毒物质积累较多，在天气闷热、水温较高的情况下易引发轮虫种群的突然垮塌。可通过控制轮虫密度，在培养期间定期换水来预防此类情况的发生。通常每4~6 d更换部分池水，每次换水15~20 cm。

当轮虫培养密度相对较高时，水体中的浮游单胞藻数量下降很快。此时浮游植物光合作用增氧有限，水体中的溶解氧难以满足轮虫的正常生长繁殖，尤其是在阴雨天。在轮虫培养土池人工增氧是保持轮虫持续高产的重要措施。有条件时可安放增氧机，并根据天气及轮虫的增殖情况适时开机增氧。

在轮虫培养期间，尽管实行了清塘措施，换水也经过严格过滤，但在某些情况下，还会出现甲壳类、摇蚊幼虫及丝状藻类（水绵、刚毛藻、螺旋藻、颤藻）等危害轮虫种群增长的敌害生物出现。对于甲壳类和摇蚊幼虫，一般可通过泼洒0.5~1.0 g/m³的敌百虫杀灭。而对于培养过程中出现的丝状藻类，尚没有很好针对性的杀灭方法，可采用保持池水一定的浑浊度和人工捞取的方法得到改善。

7.采收

土池培养轮虫的采收方法，多采用200目筛绢做成的拖网在下风口或沿池边进行采收。也可利用轮虫趋光性的特点，利用光诱，使轮虫大量聚集在一起，然后用水桶直接舀取。用筛网捕捞轮虫时，应注意避免轮虫在筛网中存留时间过长而造成轮虫死亡。土池捕捞的轮虫在投喂前要清洗干净，最好用低剂量的高锰酸钾消毒后再投喂到育苗池。

土池大面积培养轮虫是典型的粗放式培养模式，其培养产量除了技术因素外，还与天气情况密切相关。连续的低温阴雨天对土池轮虫培养很不利。一旦天气晴好，水温维持在15℃以上，则轮虫的产量就比较可观。

三、卤虫无节幼体的孵化

（一）卤虫卵的孵化容器

一般的孵化容器都可以用来孵化卤虫休眠卵。尤以底部为锥形漏斗状的水槽或小水泥池为好。在这种容器中孵化，容器底部放一气石，充气后不易形成死角，虫卵在容器内上下翻滚，始终保持悬浮状态，不会堆积在一起，影响孵化效果。

（二）卤虫卵孵化的生态要求

1.温度

卤虫卵在7~30℃的范围内均可孵化，但温度对卤虫卵的孵化速度和孵化率有显著影响。随温度的升高，孵化速度加快。

研究表明，多数产地卤虫卵孵化的最适温度范围为25~30℃。不同品系的卤虫卵的最佳孵化温度略有差异。天津产卤虫卵的最佳孵化温度为30℃，山东埕口盐场、海南岛莺歌海盐场、青海柯柯盐湖卤虫卵的最佳孵化温度分别为25.5~28.5℃、27.0~30.0℃和27.0~33.0℃，西藏卤虫卵的最适孵化温度为22℃左右，明显低于其他品系卤虫卵的最适孵化温度。

孵化温度还会显著影响卤虫无节幼体出膜时间。对中国12个主要地理品系卤虫卵的孵化速度的分析结果表明：各品系卤虫卵的孵化速度因温度不同而差异极显著；相同温度下各品系间速度也有显著差异。

2.盐度

一般来讲，卤虫卵的可孵化盐度范围为5~140，但不同产地及品系的卤虫卵对孵化盐度的耐受范围及最适值有差异。

我国塘沽产的卤虫卵的可孵化盐度的上限为100，最适孵化盐度为28~30。埕口盐场的卤虫卵的最适孵化盐度为30，孵化的最高盐度为100；海南莺歌海盐场的卤虫卵的最适孵化盐度为20，孵化的最高盐度为120；青海柯柯盐湖卤虫卵的最适孵化盐度为35，孵化的最高盐度为80。如前分析，盐度也影响卤虫卵孵化的速度和孵化后卤虫无节幼体的能量含量。生产上一般取低盐度（10~20）进行孵化。

3.酸碱度

卤虫卵孵化的最适pH值范围为8~9。在卤虫卵孵化过程中，卵的密度过高，常会使孵化用水的pH值小于8。在实际生产中，为了维持pH值的稳定，可在每升孵化用水中加入1g碳酸氢钠或65mg氧化钙。

4.溶解氧

卤虫卵孵化对溶解氧的需求不高，其最低限值为1mg/L。但在实际的孵化过程中，通常需给予不间断充气。这样做的目的除了供给孵化所需的氧气外，更重要的是防止卤虫卵沉底堆积，保持卵在水层中呈悬浮状态，使虫卵都有机会漂浮到水表层接受光照。

5.光照

一般认为，光照会影响卤虫卵的孵化率和孵化速度，特别是在孵化开始的前几个小时，光照对孵化是必需的生态因子。同一种卤虫卵在黑暗中的孵化率大约只有在充足光照条件下的孵化率的50%左右，同时卵的孵化速度也减慢。但也有特例，新疆巴里坤湖卤虫卵的孵化率不受光照影响，但光照会影响其孵化同步性。在实际孵化过程中，考虑到卤虫各品系之间的差别，水表面连续进行2000lx的光照可以获得好的孵化效果。

（三）卤虫卵的孵化流程

卤虫卵的孵化流程一般包括以下步骤：

1. 准备工作

包括孵化容器的安装、消毒及孵化用水的准备。

2. 卤虫卵的清洗、浸泡与消毒

一般粗加工卤虫卵产品往往含较多的杂质，须先清洗。通常将卤虫卵装入150目的筛绢袋中，在自来水中充分搓洗，直至搓洗后的水较为澄清。然后将虫卵在洁净的淡水中浸泡1 h。

为了防止卤虫卵壳表面黏附的细菌、纤毛虫以及其他有害生物在卤虫孵化中恢复生长、繁殖，并在投喂时随卤虫无节幼体进入育苗池，最好将浸泡后的卤虫卵进行消毒。常用的卤虫卵的消毒方法有：用200 mg/L的有效氯或甲醛浸泡30 min，再用海水冲洗至无味；或用300 mg/L的高锰酸钾溶液浸泡5 min，用海水冲洗至流出的海水无色。

3. 卤虫卵的孵化

把消毒好的虫卵放入孵化容器，控制各孵化参数。为了取得较好的孵化效果，虫卵的孵化密度应小于每升水2~3 g卤虫卵，同时控温、控光、控气及控pH值。

4. 幼体适时采收分离

当绝大多数可孵化的虫卵已孵出幼体后，应适时将无节幼体分离采收。过早地分离采收会影响卤虫卵的孵化率，过迟则会影响卤虫幼体的营养价值和活力。无节幼体在孵化后24 h内即会进行蜕皮生长，而蜕皮使初孵无节幼体的单个干重、热量值和类脂物含量分别会下降20%、27%和27%左右。同时，随时间的推移，无节幼体逐渐长大，游泳速度也增快，在无食物的情况下体色逐渐由橘红色变为透明。

（四）卤虫初孵无节幼体的分离

卤虫无节幼体的分离通常采用静置和光诱相结合的方法。当虫卵的孵化完成后，停止充气，并在孵化容器顶端蒙上黑布，静置10 min。在黑暗环境中，未孵化率最先沉入池底，并聚集在容器的锥形底端，而卵壳则漂浮在水体表层。初孵无节幼体因运动能力弱，在黑暗中因重力作用大多聚集在水体的中下层。缓慢打开孵化容器底端的出水阀门，将最先流出的未孵化卵排掉，在出水口套上120目的筛绢网袋，收集无节幼体。当容器中液面降到锥形底部，取走筛绢网袋，将卵壳排掉。将筛绢袋中的无节幼体转移到装有干净海水的分离水槽中，利用无节幼体的趋光性，进一步做光诱分离，得到较为纯净的卤虫无节幼体。

附录3　人工饲料配方

1. 草鱼饲料配方1

鱼粉4%，血粉3%，肉粉22.5%，去皮豆粕16.5%，菜粕26%，次粉23%，米糠11.5%，膨润土3%，磷酸二氢钙1.5%，磷脂油2.5%，豆油1.0%，氯化胆碱0.5%，草鱼用多维0.5%，草鱼用多矿1%，DDGS 5%。

2. 草鱼饲料配方2

豆粕24.25%，棉籽粕7.5%，菜籽粕25%，小麦麸8.5%，鱼粉3%，次粉24.5%，鱼油2%，豆油2%，氯化胆碱0.5%，维生素预混料0.25%，矿物元素预混料0.5%，磷酸二氢钙2%。

3. 鲤鱼鱼种饲料配方

豆饼21%，膨化全脂大豆12%，花生饼12%，菜籽饼5%，秘鲁鱼粉9%，酵母粉3%，小麦粉17%，麦麸12%，草粉4%，膨润土2%，磷酸二氢钙1.5%，预混料1.5%。

4. 鲤鱼成鱼饲料配方

豆粕17.3%，菜籽粕16%，棉籽粕9%，秘鲁鱼粉3%，酵母粉3%，小麦粉19%，麦麸13%，酒糟12%，膨润土3%，豆油2%，磷酸二氢钙1.2%，预混料1.5%。

5. 青鱼饲料配方

豆饼40%，菜籽粕30%，混合氨基酸5%，麸皮11%，混合粉10%，矿物质2%，食盐2%。

6. 罗非鱼饲料配方

豆粕16%，菜籽粕12.2%，花生饼10%，鱼粉5%，大豆磷脂4%，麦麸14%，小麦粉16%，麦芽根8%，酒糟8%，膨润土3%，磷酸二氢钙1.3%，预混料2.5%。

7. 虹鳟鱼（海水）饲料配方

鱼粉55%，大豆粉5%，小麦粉14.4%，维生素预混料1%，微量元素预混料0.1%，氯化胆碱（含量60%）0.4%，维生素C 0.1%，鱼油24%，加力素粉红0.01%。

8. 虹鳟鱼（淡水）饲料配方

鱼粉40%，肉骨粉8%，血粉0%~5%，大豆粉5%~10%，小麦粉12%~25%，维生素预混料1%，微量元素预混料0.1%，氯化胆碱（含量60%）0.4%，维生素C0.1%，鱼油12%~21%，加力素粉红0.01%。

9. 团头鲂鱼种饲料配方

蚕蛹15%，豆粕15%，菜饼35%，棉仁粕15%，米糠10%，大麦粉4.5%，多维0.5%，矿物质5%。

10. 鲫鱼饲料配方

鱼粉12%，豆饼40%，麦麸34%，玉米面8%，面粉5%，预混料1%。

11. 加州鲈鱼饲料配方

鱼粉43%，血球粉3%，去皮豆粕12%，花生粕5%，玉米蛋白粉8%，乌贼膏2%，谷朊粉5%，磷脂油2%，淀粉10%，混合维生素0.8%，混合矿物盐1%，磷酸二氢钙0.8%，大豆油5.5%，沸石粉2%。

12. 真鲷饲料配方

鱼粉43%，南极磷虾25%，豆粕2%，玉米蛋白粉3%，次粉24.7%，维生素混合物1%，氯化胆碱0.3%，无机盐混合物1%。

13. 花鲈饲料配方

鱼粉50%，虾头粉5%，酵母粉10%，豆饼8%，面粉7%，维生素混合物2%，矿物质混合物3%，淀粉15%，鱼油（另加）4%。

14. 对虾饲料配方1

鱼粉30%，鱿鱼内脏粉5%，虾壳粉5%，豆粕15.2%，花生粕10%，面粉25%，啤酒酵母3%，大豆磷脂1%，鱼油1%，虾用多维1%，虾用多矿1%，磷酸二氢钙2%，氯化胆碱0.3%，胆固醇0.5%。

15. 对虾饲料配方2

秘鲁鱼粉18%，鱿鱼内脏粉3%，虾壳粉5%，啤酒酵母3%，发酵血粉5%，大豆磷脂2%，豆粕30%，小麦粉12%，米糠9.1，棉仁粕8%，虾用多维0.2%，虾用多矿3%，鱼油1%，黏合剂0.6%，脱壳素0.1%。

16. 罗氏沼虾饲料配方

次粉30%，豆粕4.4%，菜籽粕15%，棉籽粕10%，鱼粉15%，发酵血粉5.7%，花生饼5%，啤酒酵母2%，虾头粉7%，沸石粉3%，食盐0.2%，矿物质混合物2.5%，维生素混合物0.1%，氯化胆碱0.1%。

附录4 4种人工海水配方

配方1：

附表4-1 朱树屏人工海水配方（Cl‰=1.9）*

盐类	g/kg	盐类	g/kg
NaCl	23.476	$SrCl_2$	0.024
$MgCl_2$	4.981	NaF	0.003
Na_2SO_4	3.917	$NaNO_3$	0.050
$CaCl_2$	1.102	NaH_2PO_4	0.005
KCl	0.664	$Na_2SiO_3 \cdot 9H_2O$	0.010
$NaHCO_3$	0.192	$MnCl_2$	0.000 2
KBr	0.096	$FeC_6H_5O_7 \cdot 3H_2O$	0.000 54
H_3BO_3	0.026	总计	34.548

* 将上述盐类分别溶解后，加水至1 000 g，然后通气使溶解氧达到饱和，并调节pH值在7.9~8.3之间。

配方2：

附表4-2 Backhaus人工海水配方（454.6 L）*

	成分	含量	说明
	NaCl	27 556	
	$MgCl_2 \cdot 6H_2O$	5 369	
	$MgSO_4 \cdot 7H_2O$	6 922	
	KCl	733	
	$NaHCO_3$	209	
I	$SrCl_2 \cdot 6H_2O$	19	将这些物质加以搅拌混合
	$MnSO_4$	4	
	$NaH_2PO_4 \cdot 7H_2O$	3	
	LiCl	1	
	$Na_2MoO_4 \cdot H_2O$	1	
II	$CaCl_2$	1 379	溶于温水，加入I中，并加水授解，调剂到所需海水比重
	H2O		

	成　分	含量	说明
	* $C_{12}H_{2}2O_{14}Ca$	6.25	
	KI	0.9	
Ⅲ	KBr	270	取 80 mL 加入水中
	$CuSO_4 \cdot 5H_2O$	4.3	*是葡萄糖酸钙的分子式
	H_2O	2 000 mL	
	$Al_2（SO_4）_3$	4.5	
	$CoSO_4$	0.5	
Ⅳ	RbCl	1.5	取 80 mL 加入水中
	$ZnSO_4 \cdot 7H_2O$	0.96	
	H_2O	2 000 mL	

*调至所需相对密度后，通气使之饱和，pH值应在7.9~8.3之间。

配方3：

附表4-3　Kester人工海水配方（1967）（Cl‰=1.9）

盐类	克数	说明
NaCl	23.926	将盐类溶解于水后，分别加入1.0 mol $MgCl_2$ 溶液10.33 mL；0.1 mol $SrCl_2$
Na_2SO_4	4.008	溶液0.9 mL，然后加水至重量为1 000 g，通气使 O_2 达到饱和，pH值应为
KCl	0.677	7.9~8.3。
$NaHCO_3$	0.196	
KBr	0.098	
H_3BO_3	0.026	
NaF	0.003	

配方4：

附表4-4　Kalle的配方（1945）（Cl‰=1.9）

盐类	克数/g	盐类	克数/g
NaCl	28.014	$CaCO_3$	0.122 1
$MgCl_2$	3.812	KBr	0.101 3
$MgSO_4$	1.752	$SrSO_4$	0.028 2
$CaSO_4$	1.283	H_3BO_3	0.027 7
K_2SO_4	0.816 3		

加水至总重量为1 000 g。

附录5 盐度与相对密度换算表（水的温度为17.5℃）

附录5-1 盐度与相对密度换算表

海水相对密度与盐度换算表

相对密度	盐度	相对密度	盐度	相对密度	盐度
1.001 5	2.00	1.014 1	18.44	1.023 9	31.26
1.001 6	2.03	1.015 2	19.89	1.024 4	31.98
1.002 0	2.56	1.016 0	20.97	1.025 0	32.74
1.003 0	3.87	1.017 1	22.41	1.025 4	33.26
1.004 0	5.17	1.018 2	23.86	1.026 0	34.04
1.005 0	6.49	1.018 4	24.22	1.026 5	34.70
1.006 0	7.79	1.019 5	25.48	1.027 1	35.35
1.007 0	9.11	1.020 0	26.20	1.028 0	36.65
1.008 1	10.42	1.020 0	26.2	1.028 5	37.30
1.009 0	11.73	1.021 5	28.19	1.029 0	38.95
1.010 0	12.85	1.022 2	29.29	1.0295	38.60
1.011 5	15.01	1.022 9	37.97	1.030 5	39.90
1.013 0	17.00	1.023 5	30.72	1.031 5	41.20